Markov Chain Monte Carlo;
MCMC

Maple과 R-project에 의한

마르코프 연쇄 몬테카를로

이상호 지음

KYOWOO

머 리 말

이미 다가온 4차 산업혁명 시대에는 전문적인 지식과 기술을 배경으로 이루어질 수 밖에 없다. 특히, 미래를 예측하고, 보이지 않는 것을 볼 수 있게 하여 주는 이론인 확률론과 확률과정은 그 역할이 대단히 클 것이다. 확률과정(stochastic process)에서 아주 제한적이지만 대단히 흥미롭고 사회 곳곳에서 많이 활용하고 응용될 수 있는 기본적이고 필수적인 확률과정 중 하나인 마르코프 연쇄(Markov chain)와 그 응용을 다룬다. 일반적으로 확률과정에서 가장 기본과 기초가 되는 것이 마르코프 과정(Markov process)인데 이것은 응용 분야에서 많이 사용된다. 마르코프 연쇄(Markov chain)는 마르코프 과정에서 더 많은 제한적인 조건을 가지고 있는 확률과정이다. 마르코프 연쇄는 주로 이 책의 앞부분에서 다루었는데 급변하는 시대적 상황과 필요성에 부응하는 데 초점을 두었고, 많은 부분 이상호(2003)의 '마르코프 연쇄'의 내용을 인용하고 보완 그리고 첨가하였다.

초급단계로 마르코프 연쇄에 대한 여러 성질과 특성들을 응용과 활용에 중요한 도구가 되는 컴퓨터 패키지를 이용하여 얻어내는 방법들 배우고, 마르코프 연쇄에 대한 많은 정보를 가지고 있는 추이행렬(transition matrix)을 추정하는 통계적 방법을 다룬다. 그러므로 어느 정도의 통계적 추론(statistical inference)에 관한 지식이 요구된다. 마르코프 연쇄를 응용하는 사용자들은 많은 경우 추이행렬의 추정과 검정도 정확하게 다루지 못하고 있는 실정이다. 왜냐하면, 마르코프 연쇄의 추이행렬을 추정하고 검정하려면 확률적, 통계학적 이론과 지식을 아는 것뿐만 아니라 이것을 실제 자료를 사용하여 수행하려면 컴퓨터 패키지를 어느 정도 다룰 수가 있어야 하는데 일반적으로 개인이 이 모든 지식을 갖추기가 쉽지 않다. 다음으로 난수(random numbers)와 확률론(probability theory)을 이용하는 몬테카를로 적분(Monte Carlo integration)을 다루며, 마지막 부분에서는 이 두 가지 모두를 이용하는 마르코프 연쇄 몬테카를로(Markov chain Monte Carlo; MCMC)를 다룬다. 특히 이 부분은 활용성이 넓어 여러 분야에서 많이 사용하고 있지만, 전문적인 지식을 요구하기 때문에 일부 연구가나 특수한 사람들만 사용하였다. 하지만 누구나 쉽게 접근하여 사용할 수 있도록 실제적인 예제들을 많이 다루었다.

이 책의 특징들 몇 가지와 저자가 인식하고 있는 한계와 바람을 언급하고자 한다. 먼저 시대와 환경의 변화가 대단히 커졌다는 것을 지적하지 않을 수 없다. 인류가 발견하고 알아내고 성취한 모든 지식은 곳곳에 흩어져 있는 것이 아니라, 한 곳으로 모아지고 있다는 것이고, 그것을 활용하는 면에서의 접근성도 대단히 용이하고 편리해졌다는 것이다. 즉 인터넷을 통하여 언제 어디서나 거의 모든 지식과 정보를 쉽게 얻을 수 있게 되었다는 것이다. 물론 모두가 인지하고 있듯이 인터넷에는 쓸모없는 지식과 정보도 엄청나게 많이 있다는 문제점도 갖고 있는 것도 사실이다. 그러므로 유용하고 실용적인 지식을 식별하여 활용할 수 있는 기본적이고 기초적인 정확한 지식에 근거한 분별력이 강하게 요구된다는 것을 인식할 필요가 있다. 또한, 일개인이 커다란 업무를 수행하는 데는 한계가 있어 협업이 요구된다는 것을 강조하고 싶다.

이러한 상황과 환경을 고려하여 몇 가지를 강조하고자 하였다. 첫째는 이론과 활용에 큰 거리가 있다고 판단하여 이들을 연결시켜야 된다고 생각하여 실제 현장에서 사용할 수 있는 도구인 소프트웨어를 선택하고 직접 사용하여 원하는 결과를 도출하였다. 그리고 둘째로 마르코프 연쇄 몬테카를로(MCMC)법은 확률론, 마르코프 연쇄 이론과 몬테카를로 법이 연결되어 있음을 강조시키려고 함께 다루었다. 실제로 여러 분야에서 마르코프 연쇄와 관련된 활용과 연구가 시도되고 있지만 정확하고 올바르게 사용하거나 활용하는 데 많은 어려움이 있음을 알게 되었고, 마르코프 연쇄 몬테카를로(MCMC)법을 사용하고 활용을 하는 경우도 자체 기법과 방법만을 사용하거나 일부만을 사용하여 마르코프 연쇄와 관련된 지식을 다루지 않거나 함께 고려하지 않았음을 알고 이것을 해소시키려고 노력하였다.

또 다른 하나는 기초적인 지식과 활용하려고 하는 대상과 분야에 적용시키기 위한 도구의 사용과 활용 능력이 있어야 한다는 것이다. 이 책의 경우 확률론을 기초지식으로 하여 여러 분야에 활용하기 위한 도구로 소프트웨어 Maple과 R-project를 사용하였고, 특히 세부적인 활용을 위하여 전문적인 내용을 다루기 위한 도구로 각각의 소프트웨어로 만들어진 패키지나 모듈을 사용하였다. 문제는 이것들이 수시로 개선되고, 새로운 것들이 만들어진다는 것이다. 그러므로 인터넷에서 이러한 도구들을 탐색하고 선별하는 노력과 분별력이 요구된다. 특별한 경우에는 사용하려는 도구 특히 패키지나 모듈이 아직 존재하지 않는 경우가 있기 때문에 이들 소프트웨어를 이용하여 프로그램을 짜야 하는 코딩(cording)작업을 하는 능력을 갖출 수 있도록 유도하고 제시하였다.

이 책에서 다루진 못한 여러 형태의 확률과정에 관한 이론과 응용에 대해서는 보다 전문적인 서적을 참조하길 바랍니다. 이 책에서 다룬 마르코프 연쇄와 마르코프 연쇄 몬테카를로를 활용한 이론들은 여러 전문분야에서 사용하고, 활용되고 있기 때문에 각 분야에서 많은 사람들이 관심을 갖고 있다고 생각되어 그분들에게 조금이나마 도움이 되었으면 합니다. 이 저서는 '2017년 강릉원주대학교 전임교원 연구년 지원'에 의하여 수행되었습니다. 마지막으로 이 책이 출판되기까지 여러분의 도움이 있었다. 특히 초고를 쓸 때 무척 어렵고 힘든 상황이었는데도 불구하고 언제나 큰 힘으로 격려해준 사랑하는 식구들과 친지들께 감사하며, 출판에 힘써준 교우사의 출판 관계자 여러분께 진심으로 감사드립니다.

맑은 동해 너머를 바라보며

저자 **이 상 호**

차 례

1장 확률과정(Stochastic Process) ········ 1

1.1 서론(Introduction) ········ 2
1.2 확률과정(Stochastic Processes) ········ 3
1.3 확률과정의 용어(Terminology) ········ 7
1장 연습문제 ········ 13

2장 마르코프 연쇄(Markov Chain) ········ 15

2.1 서론(Introduction) ········ 16
2.2 마르코프 연쇄(Markov Chain) ········ 17
2.3 추이행렬과 추이도(Transition Matrix and Transition Diagram) ········ 19
2.4 마르코프 연쇄의 모의실험(Simulation of Markov Chain) ········ 56
2장 연습문제 ········ 68

3장 상태의 분류(Classification of States) ········ 71

3.1 서론(Introduction) ········ 72
3.2 재귀상태와 일시상태(Recurrent State and Transient State) ········ 72
3.3 흡수상태(Absorbing State) ········ 77
3.4 기본행렬(Fundamental Matrix) ········ 89
3.5 에르고딕 마르코프 연쇄와 정칙 마르코프 연쇄
(Ergodic Markov Chain and Regular Markov Chain) ········ 119
3장 연습문제 ········ 123

**4장 마르코프 연쇄의 극한분포
(Limiting Distribution of Markov Chain) ········ 125**

4.1 서론(Introduction) ········ 126
4.2 정상분포(Stationary Distribution) ········ 127
4.3 가역 마르코프 연쇄(Reversible Markov Chain) ········ 184
4.4 마르코프 연쇄의 중심극한정리(Central Limit Theorem of Markov Chain) ········ 202
4장 연습문제 ········ 204

**5장 마르코프 연쇄에 대한 통계적 추론
(Statistical Inference for Markov Chain) ········ 209**

5.1 서론(Introduction) ········ 210
5.2 k차 마르코프 연쇄(The kth Order Markov Chain) ········ 210
5.3 추이확률의 추정(Estimation of Transition Probability) ········ 212
5.4 추이확률의 검정(Test of Transition Probability) ········ 224
5.5 마르코프 성질에 대한 검정(Test of the Markov Property) ········ 237
5.6 정상성의 검정(Test of Stationarity) ········ 238
5.7 차수의 추정과 검정(Estimation and Test of the Order) ········ 245
5장 연습문제 ········ 249

6장 은닉 마르코프 모형(Hidden Markov Model;HMM) **251**
6.1 서론(Introduction) 252
6.2 은닉 마르코프 모형의 구조(Structure of HMM) 252
6.3 관측확률의 계산(Evaluation of Observation Probability) 258
6.4 표본경로의 판독(Decoding of Sample Path) 262
6.5 모형의 모수 추정(Parameter Estimation of Model) 270
6.6 은닉 마르코프 모형의 응용(Application of HMM) 275
6장 연습문제 283

7장 몬테카를로 적분(Monte Carlo Integration) **285**
7.1 서론(Introduction) 286
7.2 적중법(Hit or Miss Method) 287
7.3 표본평균법(Sample Mean Method) 291
7.4 주표집법(Importance Sampling Method) 302
7.5 기각법(Rejection Sampling Method) 319
7장 연습문제 329

8장 마르코프 연쇄 몬테카를로 (Markov Chain Monte Carlo;MCMC) **331**
8.1 서론(Introduction) 332
8.2 베이즈 추론(Bayesian Inference) 334
8.3 메트로폴리스-헤이스팅스 표집(Metropolis-Hastings Sampling) 341
8.4 메트로폴리스 표집(Metropolis Sampling) 352
8.5 깁스 표집(Gibbs Sampling) 358
8.6 분할 표집(Slice Sampling) 366
8장 연습문제 370

해답 **371**

참고문헌 **411**

기호찾기 **414**

찾아보기(국문) **424**

찾아보기(영문) **434**

1장

확률과정
(Stochastic Process)

1.1 서론(Introduction)

1.2 확률과정(Stochastic Processes)

1.3 확률과정의 용어(Terminology)

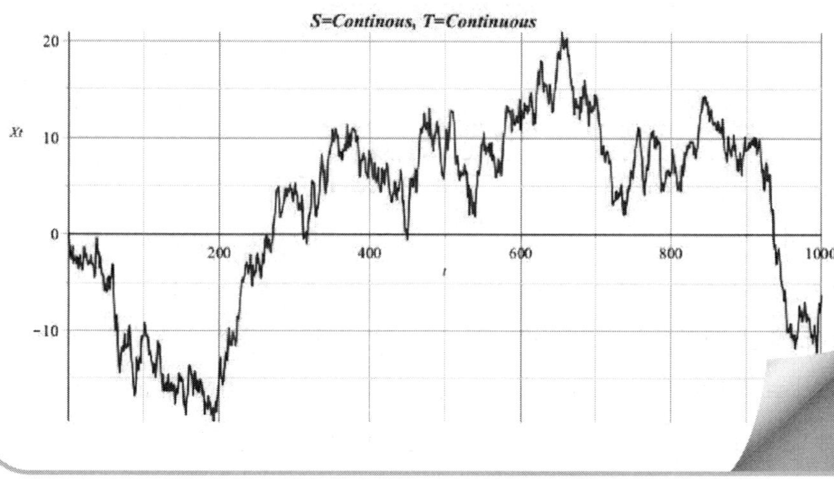

1장

확률과정
(Stochastic Process)

1.1 서론(Introduction)

일반적으로 확률과 관련된 문제들을 다룰 때는 시간적인 개념을 고려하지 않는다. 하지만 사실 우리가 다루고자 하는 관심 있는 대부분은 시간에 따라 변하는 것들이다. 그런데 처음부터 시간을 고려하기에는 너무나 복잡하고 전문적인 지식이 요구되기 때문에 시간적인 요인을 고려하지 않는다. 그러나 현실에서 접하는 많은 것들은 시간에 따라 나타나는 현상들이며 **무작위**(random)적인 특성을 갖는 경우가 아주 많이 있다. 예를 들면 매일의 고객 수의 변화라든가 주식 가격의 변화, 공기 오염도의 변화, 미세먼지의 변화 그리고 상품의 재고량 변화 등은 시간과 관련하여 확률적으로 변하는 특성을 지니고 있다. 이와 같은 현상과 관련된 정보를 분석하거나, 특정한 사건들을 예측하여 의사결정에 도움을 주고자 하는 것들에 관심을 가질 수가 있다. 시간을 고려한 확률변수들의 집합을 **확률과정**(stochastic process)이라 한다. 시간을 고려하지 않은 상태에서의 확률이론은 **정적**(static)인 반면에 시간을 고려한 확률이론을 **동적**(dynamic)이라 볼 수 있다. 시간을 고려하지 않은 상태에서는 **사건**(event)을 다루었지만, 시간을 고려한 상태에서는 시간에 따라 변하는 **과정**(process)을 다룬다.

시간을 고려한 확률현상은 주사위를 계속해서 던지는 실험을 떠올릴 수가 있다. 하나의 주사위를 계속 던지는 실험을 하는 경우, 시간이 흐르기 때문에 매번 주사위를 던져서 나오는 숫자들의 변화를 하나의 확률과정으로 볼 수 있다. 그러나 이 실험의 경우에 시간에 따라 변하는 것, 예를 주사위가 시간에 따라 닳거나 주사위를 던질 때 위치나 미세한 습도나 온도, 먼지의 상태변화는 일반적인 사람들이 인식할 수 없을 정도로 작다. 실제로 그러한 것을 고려할 수 없는 경우가 대부분이고 고려 할 수 있는 방법이 있다고 하더라도 실험결과 아주 큰 영향을 주지 않는다. 그래서 각각의 실험이 서로 아무런 영향을 주지 않고 동일한 주사위로 실험을 한다고 가정하고 이론을 전개하였기 때문에 일반적인 교재에서 주사위 문제를 다룰 때 시간을 제외한 것이다.

하지만 대부분의 현상들은 시간 영향을 받는다. 만약 시간에 따라 변하는 정도가 큰 경우에는, 즉 무시하지 못할 정도인 경우에는 확률과정으로 취급해야 할 것이다. 이와 같이 시간에 영향을 받는 경우는 그러한 현상을 취급하기가 쉽지 않다. 더 복잡하고 전문적인 지식이 필요하게 된다. 물론 시간을 고려하는 것이 더 실제적이고 활용성이 많은 것은 사실이다. 제한적이지만 이 책에서는 시간에 종속인 경우, 즉 시간에 영향을 받는 것을 취급한다. 전문적인 확률과정과 관련된 내용을 다루기 위해서는 수준 높은 다른 분야의 지식을 필요로 한다.

확률과정을 공부하는데 어려워하는 것들 몇 가지는 많은 정의들과 이들을 수식에 의한 표현하는 것 그리고 그것들을 올바로 이해하는 것들이다. 왜냐하면 원래 통계학이나 확률의 이론에서 익숙하지 않은 기호와 수식이 많이 나오기 때문에 배우고 익히는 것을 어려워하는데 확률과정에서는 이것에 더해 시간까지 고려해야하기 때문에 더 많은 수식을 취급해야 하고, 다루는 현상과 사실들도 더 복잡해지기 때문이다. 그렇기 때문에 가능한 관련된 분야에서 많은 사람들이 사용하는 기호와 표현을 사용하고 다루려고 했다. 기호와 수식에 의한 표현은 다루고자 하는 대상이 너무 복잡하고 규모가 매우 큰 경우에 이들을 간단히 그리고 명료하게 압축하고 요약하는 역할을 한다. 어떤 과정을 수식에 의하여 표현하는 것은 매우 중요하다. 왜냐하면 만약 확률과정과 관련된 기호와 수식을 잘 알고 있다면 확률과정의 개념과 정보를 완전히 전달할 수 있으며 이것으로 인하여 새로운 원칙과 규칙을 찾아낼 수 있기 때문이다. 따라서 기호와 수식들을 잘 다루도록 해야 할 것이다.

1.2 확률과정(Stochastic Processes)

이 절에서는 확률과정의 정의와 수식에 의한 표현 등을 고려한다. 확률과정의 가장 두드러진 점은 먼저 시간을 고려한 확률모형이라는 것이다. 그러므로 먼저 확률론에서 사용한 기호와 정의에 시간에 관한 내용을 첨가시킨다.

정의 1.2.1 확률공간($\Omega\times T$, $\mathscr{F}\times T$, $P\times T$)에 정의된 확률변수들의 모임을 **확률과정** (stochastic process or random process)이라 한다. 그리고 다음과 같이 표현한다.

$$\{X(\omega,t) \mid (\omega,t)\in\Omega\times T\}$$

여기서 T는 시간 공간(time space) 또는 **매개변수 공간**(parameter space) 또는 **매개변수 집합**(parameter set)이라 한다. 그리고 $S\equiv\{s \mid s=X(\omega,t),\ t\in T,\ \omega\in\Omega\}$, 즉 확률변수들이 취하는 값의 집합을 상태 공간(state space)이라 한다.

위의 정의를 수학적인 기호를 사용하여 표현한다면, 모든 $(\omega,t)\in\Omega\times T$에 대하여, 다음과 같이 된다.

$$\begin{array}{rcccc} X(\cdot\,,\cdot\,): & \Omega\times T & \longrightarrow & \mathbb{R} \\ & \Cup & & \Cup \\ & (\omega,t) & \longrightarrow & X(\omega,t) \end{array}$$

특히, 시간 공간 T는 특별한 언급이 없는 한 대부분이 시간(time)을 의미하고, 이 집합이 **연속**(continuous)이냐 **이산**(discrete)이냐에 따라서 확률과정을 **연속시간 확률과정**(continuous time stochastic process;CTSP) 또는 **이산시간 확률과정**(discrete time stochastic process;DTSP)으로 나눈다. 그리고 고정된 $\omega\in\Omega$에 대하여, $X(t)\equiv X(\omega,t)$를 **표본경로**(sample path or realization)라 하고, 고정된 $t\in T$에 대하여, $X(\omega)\equiv X(\omega,t)$은 **확률변수**(random variable)가 된다.

일반적으로 고정된 $\omega\in\Omega$에 대해서 시간과 관련된 것들을 다루기 때문에 $X(\omega,t)$ 대신 $X(t)$를 사용한다. 따라서 확률과정도 간단히 다음과 같이 표현하여 사용한다.

$$\{X(t)\mid t\in T\}$$

그리고 상태 공간도 다음과 같이 표현한다.

$$S\equiv\{s\mid X(t)=s,t\in T\}$$

확률과정의 시간 공간과 상태 공간의 형태에 따라서, 즉 이산이냐 연속이냐에 따라서 4가지로 구분할 수 있다. 상태 공간과 시간 공간이 모두 이산이 경우가 있고, 상태 공간은 연속이고 시간 공간이 이산인 경우도 있고, 반대로 상태 공간은 이산이고 시간 공간이 연속인 경우와 상태 공간과 시간 공간이 모두 연속인 경우 4가지로 나눌 수 있다. 상태 공간과 시간 공간이 모두 이산인 경우의 예는 대표적인 것은 **베르누이 과정**(Bernoulli process), **마르코프 연쇄**(Markov chain), **분기 과정**(branching process), **랜덤 워크**(random walk) 등이 있으며, 시간 공간이 연속이고 상태 공간이 이산인 과정의 예는 **포아송과정**(Poisson process), **재생과정**(renewal process), **출생-사망 과정**(birth and death process) 및 **대기과정**(queueing process) 등이 있고, 시간 공간이 이산이고 상태 공간이 연속인 과정의 예는 아래의 예에서 시간 공간을 이산으로 취급하고, 상태 공간이 연속으로 만든 것과 같은 것으로, 특별히 시간 공간을 이산으로 강조한, **이산시간 마르코프 과정**(discrete time Markov process)이 있으며, 시간 공간과 상태 공간이 모두 연속인 경우의 예로는 **가우스 과정**(Gaussian process)과 **위너 과정**(Wiener process) 등이 있다.

일반적으로 확률과정의 이론들을 다루려면 관련되는 여러 다른 학문의 이론들의 알아야 한다. 예를 들면 수학의 고등미적분학(advanced calculus)은 물론 선형대수학(linear algebra), 측도론(measure theory), 함수해석학(functional analysis) 등 고급 이론들을 알아야 한다. 그렇기 때문에 수학분야에서도 확률과정을 많이 연구하고 있다. 그러나 시간 공간과 상태 공간이 모두 연속인 경우를 제외하고는 비교적 다루기가 용이하고, 응용과 활용성이 넓기 때문에 정보통신 및 컴퓨터 등 많은 분야에서도 연구하고 활용하고 있다. 그리고 분자생물학(molecular biology)과 유전학(genetics) 분야에서도 DNA(deoxyribonucleic acid)를 구성하는 4종류의 핵산(nucleic acid)의 배열에 특성 등을 연구하는 도구로 사용되고 있다.

다음은 상태 공간과 시간 공간을 연속과 이산에 따라 분류한 그래프이다.

- **상태 공간과 시간 공간이 모두 이산인 경우의 확률과정의 그래프**

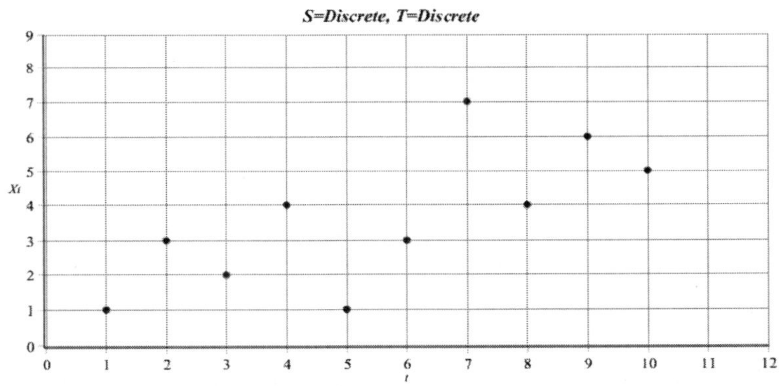

상태 공간과 시간 공간이 모두 이산인 경우에 대한 확률과정의 예는 일일 교통사고 발생 건수와 매일의 상품 구매요청 건수 같은 것들이 있다.

- **상태 공간이 이산이고 시간 공간은 연속인 경우의 확률과정의 그래프**

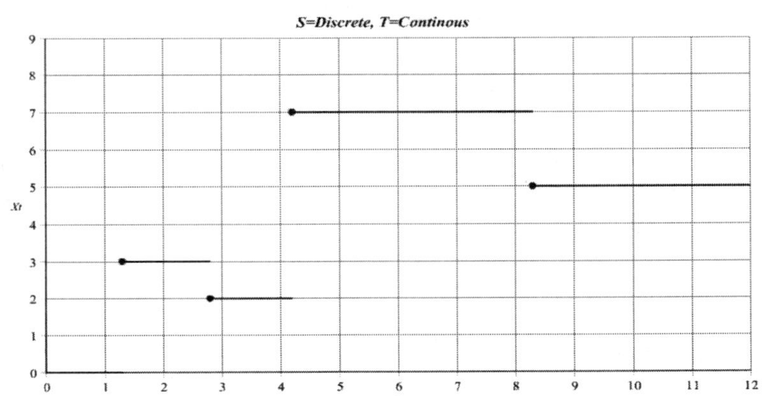

상태 공간이 이산이고 시간 공간은 연속인 경우의 예는 특정 시간에 상점 안에 있는 고객의 수 또는 일별 전염병 환자의 수 등과 같은 것들이 있다.

- **상태 공간이 연속이고 시간 공간은 이산인 경우의 확률과정의 그래프**

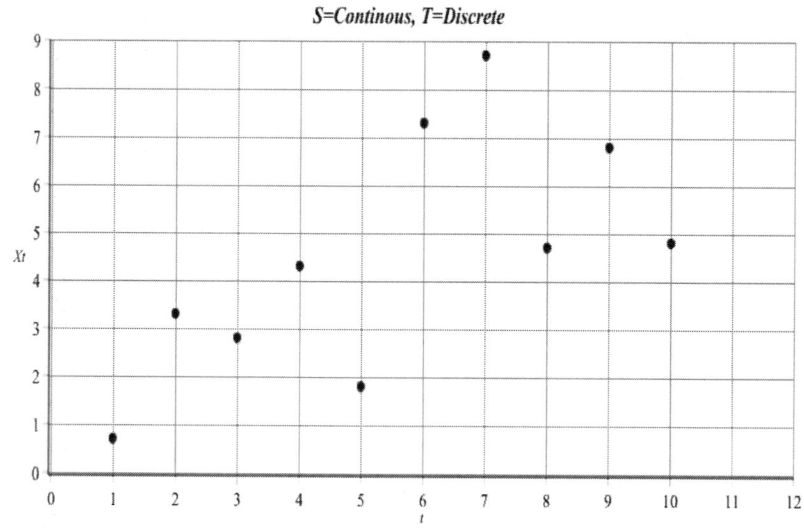

상태 공간이 연속이고 시간 공간은 이산인 경우의 예는 월별 강우량, 일일 최고온도, 일별 최대 미세먼지 농도 등등이 있다.

- **상태 공간도 연속이고 시간 공간도 연속인 경우의 확률과정의 그래프**

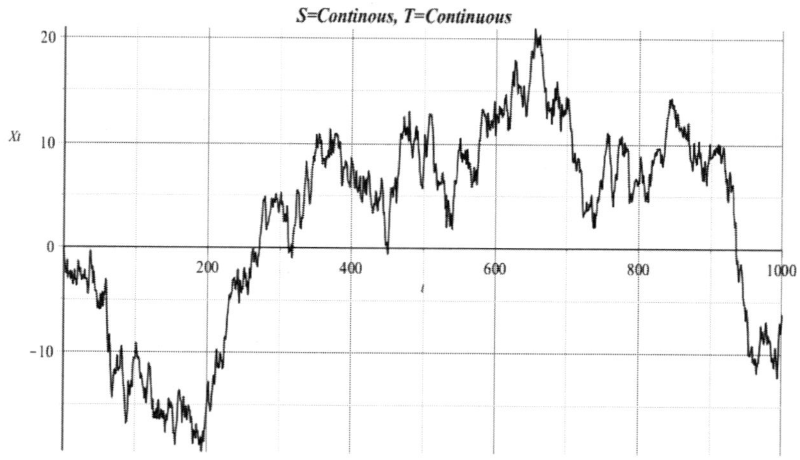

상태 공간도 연속이고 시간 공간도 연속인 경우의 예로는 댐의 수위라든가 총 전력 소비량 그리고 특정 지역은 해수면의 온도 등등이 있다.

1.3 확률과정의 용어(Terminology)

복잡하고 수준이 높은 대상을 연구하거나 공부하는 경우에 최대의 과제는 표현의 **단순화**(simplification)이다. 이것은 어렵고 복잡한 문제의 핵심을 파악하고 거대한 양의 정보를 압축하는 수단이 된다. 그렇기 때문에 문제를 다루는 데 있어서 단순화는 가장 기본적이고 필수적인 절차이며 과정이다. 물론 **수학기호**(mathematical symbol), 혹은 더 넓은 의미를 갖고 있는 **수학공식**(mathematical formula)이 그 역할을 담당하게 된다. 따라서 처음부터 어떤 개념을 이해하고 표현하고자 할 때 적절한 기호나 수식에 의한 표현과 정의는 대단히 중요하다. 이 단순화 과정을 잘 다루게 되면 복잡한 문제의 핵심을 정확히 알아내는 데 도움이 되며 그렇게 함으로써 문제의 해결 방법을 찾는데도 엄청난 기여를 하게 된다.

그리고 단순한 표현이나 정확한 정의는 얻은 정보를 전달하는 데도 큰 도움이 된다. 대부분 교육의 목적을 이루는 데는 지식의 전달 또는 교환이 선행된다고 볼 수 있다. 즉 얻은 정보와 지식을 다른 사람들에게 전달하는 것이다. 시간이 지날수록 사회의 문제들은 점점 복잡하고 규모가 커져가고 있는 것을 고려한다면 개념을 정의하고 표현하는 과정은 매우 중요하고 필수적이다. 그러므로 이 절에서 다루는 용어의 정의와 표현은 대단히 중요하다.

확률론에 시간과 관련된 요인을 더 부가한 것이 확률과정이므로 확률론에서 사용한 기호와 정의들을 시간과 함께 새로 정의할 필요가 있다. 그러나 시간을 고려한다는 것을 제외하고는 커다란 차이가 없기 때문에 가능한 확률론에서 사용한 용어들을 그대로 혹은 유사한 형태로 사용하려고 한다. 독자들이 잘 구별할 것으로 판단되어 특별히 시간에 대한 언급을 하지 않고 사용하는 경우도 있을 것이다. 또한 특별한 경우를 제외하고 연속과 이산으로 분리하여 모두 정의하지 않고, 한 경우, 예를 들면 시간 공간 T와 상태 공간 S가 모두 연속인 경우만을 고려하고 나머지는 생략한다. 먼저 분포함수는 다음과 같다.

$$F(x:t) \equiv P(X(t) \leq x)$$

이것을 $X(t)$의 1계 **분포함수**(first order distribution function)라 한다. 물론 구분하는 데 문제가 없다면 그냥 **분포함수**(distribution function)를 사용하기로 한다. 그리고 **밀도함수**(density function)는 확률론에서와 같이 다음과 같은 관계가 있다.

$$f(x:t) = \frac{\partial F(x:t)}{\partial x}$$

이것을 $X(t)$의 1계 **밀도함수**(first order density function)라 한다. 이것도 분포함수의 경우와 마찬가지로 구분하는 데 어려움이 없다면 그냥 **밀도함수**(density function)라는 용어를 사용한다.

두 개의 확률변수 $X(t_1), X(t_2)$과 관련하여 결합분포함수와 결합밀도함수는 다음과 같이 정의한다.

$$F(x_1, x_2 : t_1, t_2) \equiv P(X(t_1) \le x_1,\ X(t_2) \le x_2)$$

$$f(x_1, x_2 : t_1, t_2) \equiv \frac{\partial^2 F(x_1, x_2 : t_1, t_2)}{\partial x_1 \partial x_2}$$

그리고 각각 $X(t)$의 2계 **분포함수**(second order distribution function)와 2계 **밀도함수**(second order density function)라 한다. 더 확장하여 n개의 경우도 마찬가지고 각각 다음과 같이 정의한다.

$$F(x_1, x_2, \cdots, x_n : t_1, t_2, \cdots, t_n) \equiv P(X(t_1) \le x_1, \cdots, X(t_n) \le x_n)$$

$$f(x_1, x_2, \cdots, x_n : t_1, t_2, \cdots, t_n) = \frac{\partial^n F(x_1, \cdots, x_n : t_1, \cdots, t_n)}{\partial x_1 \cdots \partial x_n}$$

그리고 각각 $X(t)$의 n계 **분포함수**(n–th order distribution function)와 n계 **밀도함수**(n–th order density function)라 정의한다. 마찬가지로 이것들도 분포함수와 밀도함수로 사용한다.

유사한 방법으로 여러 성질과 정의를 고려할 수 있다. 예를 들면 **주변분포함수**(marginal distribution function)와 **주변확률밀도함수**(marginal probability density function)의 경우도 다음과 같이 정의한다.

$$F(x_1 : t_1) \equiv F(x_1, \infty : t_1, t_2)$$

$$f(x_1 : t_1) \equiv \int_{-\infty}^{\infty} f(x_1, x_2 : t_1, t_2) dx_2$$

$X(t)$의 기댓값과 분산은 t의 함수로 각각 다음과 같이 된다.

$$\mu(t) \equiv E[X(t)] = \int_{-\infty}^{\infty} x\, f(x,t) dx$$

$$\sigma^2(t) \equiv Var(X(t)) \equiv E[(X(t) - \mu(t))^2]$$

따라서 이것들을 **평균[기댓값]함수**(mean[expectation] function) 또는 **분산함수**(variance function)라 표현하기도 한다. 그리고

$$R(t_1,t_2) \equiv E[X(t_1)X(t_2)] = \int_{-\infty}^{\infty} x_1 x_2 f(x_1,x_2 : t_1,t_2) dx_1 dx_2$$

라 하면, $t_1 = t_2 = t$일 때 $R(t,t) = E[X^2(t)]$가 된다.

그리고 다음과 같이 정의되는 것을 **자기공분산함수**(auto-covariance function) 또는 간단히 **자기공분산**(auto-covariance)이라 한다.

$$\begin{aligned} C(t_1,t_2) &\equiv Cov(X(t_1),X(t_2)) \\ &= E[(X(t_1)-E(X(t_1))(X(t_2)-E(X(t_2))] \\ &= E(X(t_1)X(t_2)) - E(X(t_1))E(X(t_2)) \\ &= R(t_1,t_2) - \mu(t_1)\mu(t_2) \end{aligned}$$

만약 $t_1 = t_2 = t$이면 $C(t,t) = R(t,t) - \mu^2(t) = E[X^2(t)] - \mu^2(t) = Var(X(t))$가 된다.

또한 **자기상관함수**(autocorrelation function;ACF)는 다음과 같이 정의한다.

$$Corr(X(s),X(t)) \equiv \frac{Cov(X(s),X(t))}{\sigma(s)\sigma(t)} \qquad s,t \in T$$

지금까지 다룬 여러 정의들과 수식들은 시간을 고려하는 것을 제외하고는 대부분 확률론과 통계학에서 다룬 표현과 일치하거나 유사하다. 시간을 고려한 위와 같은 표현들은 특히 시간 공간과 상태 공간이 연속일 경우의 확률과정을 다룰 때 유용하게 쓰인다.

일반적으로 시간을 첨가하여 고려하기 때문에 우리가 다루고자 하는 문제들은 확률론에서 다루던 것보다 더욱더 복잡하고 광범위해진다. 따라서 우리가 다루고자 하는 확률과정은 시간과 관련된 약간의 제약조건 있는 특수한 형태의 확률과정만을, 즉 간단한 형태의 확률과정을 다룰 것이다.

정의 1.3.1 임의의 $t_1 < t_2 < \cdots < t_n$에 대해서, 확률과정 $\{X(t) \mid t \geq 0\}$의 증분들

$$X(t_2) - X(t_1), \quad X(t_3) - X(t_2), \quad \cdots, \quad X(t_n) - X(t_{n-1})$$

이 서로 독립일 때 이 확률과정을 **독립증분**(independent increment)을 갖는 확률과정이라 한다.

정의 1.3.2 임의의 $s,t>0$에 대하여 $X(t)-X(0)$와 $X(t+s)-X(s)$이 같은 분포를 가질 때 확률과정$\{X(t) \mid t \geq 0\}$을 **정상 과정**(stationary process) 혹은 간단히 **정상**(stationary)이라 한다. 특히 이 확률과정을 **강정상 과정**(strongly stationary or strictly stationary process)이라 한다.

정의 1.3.3 임의의 $s,t>0$에 대하여 기댓값 $\mu(t)=E[X(t)]=c$(상수)이고, 아래의 자기공분산이 s만의 함수일 때,

$$C(t,\ t+s) \equiv Cov(X(t),\ X(t+s))$$

이 확률과정$\{X(t) \mid t \geq 0\}$을 약정상 과정(weakly stationary or wide sense stationary or second-order stationary or covariance stationary process) 혹은 간단히 약정상(weak stationary)이라 한다.

만약 확률과정이 정상이면 $C(t,\ t+h) \equiv Cov(X(t),\ X(t+h)) \equiv \gamma(h)$는 **시차**(lag) h만의 함수가 되므로 **자기상관함수**(autocorrelation function;ACF)는 다음과 같이 된다.

$$ACF(h) \equiv \rho(h) \equiv Corr(X(t),\ X(t+h)) \equiv \frac{Cov(X(t),\ X(t+h))}{\sigma(t)\sigma(t+h)} = \frac{\gamma(h)}{\gamma(0)}$$

※ 위의 정의에 의하여 강정상 과정이면, 당연히 약정상 과정임을 알 수 있다. 그리고 **강정상성**(strong stationarity)은 유한 차원의 분포의 시간에 의한 **이동-불변성**(shift-invariance)에 관한 것이고, **약정상성**(weakly stationarity)은 시간에 의한 일차와 이차 적률(moment)과 관련이 있다는 것을 알 수 있다.

정의 1.3.4 만약 모든 $t \in T$에서, $\mu(t)=E(X(t))=\mu$이고, $\sigma^2(t)=V(X(t))=\sigma^2$이고, t와 $t+h$의 자기상관함수가 h만의 함수인 경우, 즉 $C(t,t+h) \equiv Cov(X(t),$ $X(t+h)) \equiv \gamma(h)$인 경우에 이 확률과정을 **공분산-정상**(covariance-stationary)이라 한다.

정의 1.3.5 확률과정 $\{X(t) \mid t \in T\}$이 아래의 조건들을 만족하는 경우에는 평균이 0, 분산이 σ^2를 갖는 **백색 잡음**(white noise)이라 하고, $X(t) \sim WN(0,\ \sigma^2)$으로 표현한다.
모든 $t=0 \pm 1, \pm 2, \cdots$,과 h에 대하여

1. $E(X(t))=0$
2. $V(X(t))=\sigma^2$
3. $Cov(X(t),\ X(t+h))=0$

예제 1.3.6 확률과정 $\{X(t) \mid t \in T\}$의 상태 공간 S와 시간 공간 T가 모두 이산인 경우를 고려하자. 특히 시간 공간이 $T = \{0,1,2,\cdots\} \equiv \mathbb{N}_0$, 즉 0을 포함한 자연수들의 집합이다. 이 경우 $X(n) \equiv X_n$로 쓰자. 그러면 확률과정은 $\{X_n \mid n \in \mathbb{N}_0\}$로 표현할 수 있다. 만약 $X_1, X_2, \cdots,$가 서로 독립이고, 기댓값이 0이고, 분산이 1인 동일한 분포를 따르는 확률변수열이라 한다면 확률과정$\{X_n \mid n \in \mathbb{N}_0\}$은 약정상 확률과정임을 보여라.

풀이 모든 n에 대하여, 기댓값은

$$\mu(n) \equiv E(X(n)) = E(X_n) = 0$$

이고, 자기공분산은 다음과 같이 된다.

$$Cov(X_{n+k}, X_n) = \begin{cases} 1 & k = 0 \\ 0 & k \neq 0 \end{cases}$$

이것은 k만의 함수임을 알 수 있다. 그러므로 이 확률과정은 약정상확률과정이다. □

예제 1.3.7 모든 $n = 0,1,2,3,\cdots$에 대하여, 기댓값이 $E(Y_n) = 0$이고, 분산이 $V(Y_n) = \sigma^2$인 서로 독립인 확률변수열 $\{Y_n \mid n = 0,1,\cdots,\}$을 생각하자. α_i, $i = 0,\cdots,k$가 $\sum_{i=0}^{k} \alpha_i = 1$을 만족하는 상수일 때

$$X_n = \alpha_0 Y_n + \alpha_1 Y_{n-1} + \cdots + \alpha_k Y_{n-k} \qquad n \geq k$$

을 $k+1$차 **이동평균**(moving average of order $k+1$)이라 한다. 그러면 확률과정 $\{X_n \mid n \geq k\}$는 약정상 과정임을 보여라.

풀이 모든 $n = 0,1,2,3,\cdots$에 대하여, 기댓값과 분산은 다음과 같다.

$$E(X_n) = E(\sum_{i=0}^{k} \alpha_i Y_{n-k}) = \sum_{i=0}^{k} \alpha_i E(Y_{n-k}) = 0 \qquad n \geq k$$

$$V(X_n) = V(\sum_{i=0}^{k} \alpha_i Y_{n-k}) = \sum_{i=0}^{k} \alpha_i^2 V(Y_{n-k}) = \sum_{i=0}^{k} \alpha_i^2 \sigma^2 \qquad n \geq k$$

그리고 자기공분산은 다음과 같이 구해진다.

$$Cov(X_{n+m}, X_n) = E(X_{n+m}X_n) = \begin{cases} \left(\sum_{j=0}^{k-m} \alpha_j \alpha_{j+m}\right)\sigma^2 & m = 0, 1, \cdots, k \\ 0 & m = k+1, k+2, \cdots \end{cases}$$

이것은 m만의 함수이므로, 약정상 과정임을 알 수 있다. □

주의 이동평균은 **시계열분석**(time series analysis)에서 **평활**(smoothing)과 **예측**(prediction)에서 중요한 역할을 한다.

정의 1.3.8 확률과정 $\{X(t) \mid t \geq 0\}$이 다음을 만족할 때 **시간 동질**(time homogeneous) 또는 **시간 불변**(time invariant)이라 한다. 간단히 **동질성**(homogeneity)을 갖는다고 한다.

$$P(X(t) \mid X(t-a)) = P(X(x) \mid X(s-a)) \qquad \forall t, s \in T$$

특별한 언급이 없는 한 이 책에서 다루는 확률과정은 독립증분을 가지고 있는 정상 과정인 경우로만 제한한다.

1장 연습문제

1. 확률과정을 공부하기 위하여 준비해야 할 것들에 대하여 조사하여 설명하라.

2. 확률과정을 시간 공간에 따라 분류하고 대표적인 모형을 조사하여 특성에 대하여 논하라.

3. 현실에서 나타나는 백색잡음에 대하여 조사하고, 응용하고 활용하는 분야와 방법에 대하여 논하라.

4. $X(t)$가 $E(X(t))=\mu=0$ 그리고 유한 분산 $V(X(t))=\sigma^2$을 갖는 독립이고, 동일한 분포를 하는(independent and identically distributed;iid) 확률변수일 때 확률과정$\{X(t) \mid t\in N_0\}$는 강정상인 백색잡음(white noise)이 됨을 보여라.

5. 백색 잡음이 약정상임을 보여라.

6. 만약 ϵ_t가 백색잡음이라면 $X_t=(\epsilon_t+\epsilon_{t-1})/2$가 정상임을 보여라.

7. 약정상과정은 강정상과정이 되지 않음을 다음을 이용하여 설명하여라. $Z_t \underset{iid}{\sim} N(0,1)$이고, 확률과정 $\{X_t\}$가 다음과 같이 정의될 때 이것은 약정상과정이지만 강정상과정이 되지 않음을 보여라.

$$X_t=\begin{cases} Z_t & \text{if } t \text{ is even} \\ \dfrac{1}{\sqrt{2}}(Z_t^2-1) & \text{if } t \text{ is odd} \end{cases}$$

8. 상관이 없고 각각의 기댓값이 모두 0이고, 각각의 분산이 모두 σ^2인 두 확률변수 A, B에 대하여

$$X_n=A\cos(n\lambda)+B\sin(n\lambda), \qquad n=\cdots,-1,0,1,\cdots, 0\leq\lambda\leq 2\pi$$

일 때 확률과정 $\{X_n \mid n=\cdots,-1,0,1,\cdots\}$가 약정상과정임을 보여라.

9. $\epsilon_t \sim WN(0,\sigma^2)$이고 $X_t=\sum_{r=1}^{t}\epsilon_r$라 할 때, 확률과정$\{X_t\}$가 정상 여부를 밝혀라.

2장

마르코프 연쇄 (Markov Chain)

2.1 서론(Introduction)

2.2 마르코프 연쇄(Markov Chain)

2.3 추이행렬과 추이도(Transition Matrix and Transition Diagram)

2.4 마르코프 연쇄의 모의실험(Simulation of Markov Chain)

Transition Diagram

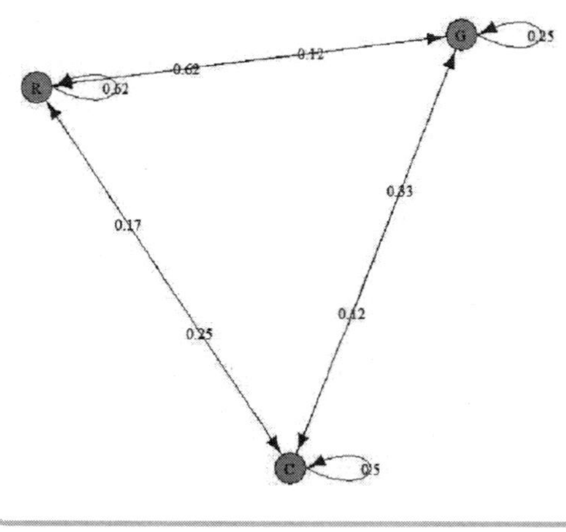

Transition Matrix

$$P = \begin{matrix} & C & G & R \\ C & 1/2 & 1/3 & 1/6 \\ G & 1/8 & 1/4 & 5/8 \\ R & 1/4 & 1/8 & 5/8 \end{matrix}$$

2장

마르코프 연쇄
(Markov Chain)

2.1 서론(Introduction)

이 장에서는 확률과정 중에서 가장 기본적이고 활용성이 높은 간단하고 기초적인 마르코프 연쇄(Markov chain)를 정의하고, 이것을 다루기 위해 필요한 관련된 지식과 연결시켜 기초적인 예제를 소개하며 이것들을 컴퓨터 패키지에 의하여 처리하고 취급하는 방법을 소개한다.

시간을 고려한 임의의 확률공간($\Omega \times T$, $\mathscr{F} \times T$, $P \times T$)에 정의된 확률과정의 상태 공간과 시간 공간이 모두 이산(discrete)이라 가정한다. 특히, 시간 공간의 관점에서 이와 같은 확률과정을 **이산시간 확률과정**(discrete time stochastic process;DTSP)이라 하고, 시간 공간이 연속인 경우를 **연속시간 확률과정**(continuous time stochastic process;CTSP)이라 한다. 이 절에서는 상태 공간과 시간 공간이 모두 이산인 경우만 고려한다. 이외의 확률과정은 전문서적을 참고하길 바란다.

이론 전개의 편리성을 위하여, 두 공간, 상태 공간과 시간 공간이 각각 $S = \{0, 1, \cdots\}$, $T \equiv \mathrm{N}_0 \equiv \{0, 1, \cdots\}$인 경우의 확률과정 $\{X(t) \mid t \in T\}$은 간단히 $X(t) \equiv X_t$을 이용하여 다음과 같이 표기한다.

$$\{X_t \mid t \in T\}$$

그리고 여기서 $X_t = j$는 과정이 t시간에 j상태에 있다는 것을 의미한다.

여러 형태의 확률과정이 있지만, 우리 사회에서 공통으로 많이 나타나는 현상을 다룰 수 있는 확률과정을 다룬다. 그것은 1907년에 러시아 수학자 **마르코프**(A. A. Markov)가 생각한 것으로 현재 실험의 결과가 다음 실험의 결과에는 영향을 주지만 그 이전의 결과들에는 영향을 주지 않는 확률과정이다. 우리 사회에 이와 유사한 현상을 따르는 확률과정의 예들이 아주 많고, 이것에 대한 풍부한 이론들이 있다. 이것들을 잘 이해하여 적용하고 활용한다면 이런 현상을 따르는 사회현상에 대하여 많은 유익한 결과들을 얻을 수가 있을 것이다. 예를 들면 시간이 지나면서 나타나는 결과들을 예측하고 대처할 수 있을 것이다. 먼저 그와 같은 대상과 성질들을 수식으로 명확히 정의하자.

2.2 마르코프 연쇄(Markov Chain)

먼저 이미 가정한 것들을 바탕으로 마르코프 연쇄는 다음과 같이 정의한다.

정의 2.2.1 확률과정 $X \equiv \{X_t \mid t \in T\}$가 다음 식을 만족할 때 **마르코프 연쇄**(Markov chain)라 한다. 모든 $j \in S,\ n \in T \equiv \mathbb{N}_0$에 대하여

$$P(X_{n+1} = j \mid X_0, X_1, \cdots, X_n) = P(X_{n+1} = j \mid X_n).$$

위와 같은 성질을 **마르코프 성질**(Markov property)이라 한다.

마르코프 성질이란 '**과거와 현재에 관한 정보가 주어질 때 미래에 관한 조건부 분포는 현재의 정보에만 의존하고 과거의 정보와는 무관하다**'는 의미가 된다. 실제로 이와 같은 경우와 사례들은 아주 많다. 정확하게 마르코프 성질을 만족하지 않더라도 거의 유사하게 이 성질을 따르는 것들도 오차를 감안하고 사용할 수 있다.

만약 시간이 이산이 아니고 연속인 경우에는 위의 정의는 다음과 같이 된다.

정의 2.2.2 모든 $j \in S,\ t, s \in T \equiv [0, \infty)$에 대하여

$$P(X(s+t) = j \mid X(s) = i, \{X(u) : 0 \le u < s\}) = P(X(s+t) = j \mid X(s) = i) \equiv P_{ij}(t)$$

을 만족할 때 확률과정 $X \equiv \{X(t) \mid t \in T\}$을 **연속시간 마르코프 연쇄**(continuous time Markov chain;CTMC)라 한다. 그리고 위의 등식을 **마르코프 성질**(Markov property)이라 한다.

주의 마르코프 연쇄 $X \equiv \{X_n \mid n \in \mathbb{N}_0\}$는, 임의의 $t_1 < \cdots < t_n$와 $j_1, j_2, \cdots, j_n$에 대하여, 다음이 성립한다.

$$\begin{aligned}
&P(X_{t_1} = j_1, \cdots, X_{t_n} = j_n) \\
&= P(X_{t_1} = j_1) \times P(X_{t_2} = j_2 \mid X_{t_1} = j_1) \times P(X_{t_3} = j_3 \mid X_{t_2} = j_2, X_{t_1} = j_1) \\
&\quad \times \cdots \times P(X_{t_n} = j_n \mid X_{t_{n-1}} = j_{n-1} \cdots X_{t_2} = j_2, X_{t_1} = j_1) \\
&= P(X_{t_1} = j_1) \times P(X_{t_2} = j_2 \mid X_{t_1} = j_1) \times P(X_{t_3} = j_3 \mid X_{t_2} = j_2,) \\
&\quad \times \cdots \times P(X_{t_n} = j_n \mid X_{t_{n-1}} = j_{n-1})
\end{aligned}$$

확률과정은 시간에 따라 움직이는데 한 상태에 있다가 다른 상태로 움직인다. 이와 같은 하나의 움직임에 대한 시간 단위를 **단계**(step)라 한다. 편리성을 고려하여 시간 대신 단계라는 단어를 주로 사용한다.

확률과정을 공부하면서 느끼는 어려움 중 하나는 복잡한 기호를 취급하는 문제이다. 따라서 기호를 명확하게 사용하고 이해하는 것이 중요하다. 먼저 각 상태 $i,j \in S$와 $n,m \in \mathbb{N}_0$에 대하여, n단계에 i상태에 있던 확률과정이 m단계에 상태 j에 있게 될 조건부 확률을 다음과 같이 쓰기로 한다.

$$P^{(n,m)}(i,j) \equiv P_{ij}^{(n,m)} \equiv P(X_m = j \mid X_n = i)$$

우리가 다루고 있는 확률과정은 정상 과정이므로 $P_{ij}^{(n,m)} = P_{ij}^{(0,m-n)}$임을 알 수 있다. 그리고 n단계에 i상태에 있다가 다음 단계, 즉 $n+1$에 상태 j에 있게 될 조건부 확률을 그 확률과정의 1-단계 **추이확률**(1-step transition probability)이라 하고, n에 관계없이, 다음과 같이 쓴다.

$$P(i,j) \equiv P_{ij} \equiv P(X_{n+1} = j \mid X_n = i)$$

또한 n단계에 i상태에 있다가 다음 $k(\geqq 2)$단계 후, 즉 $n+k$ 단계에 j에 있게 될 조건부 확률을 그 확률과정의 k-단계 **추이확률**(k-step transition probability)이라 하고, n에 관계없이, 다음과 같이 쓴다.

$$P^{(k)}(i,j) \equiv P_{ij}^{(k)} \equiv P(X_{n+k} = j \mid X_n = i)$$

주의 모든 $i,j \in S$에 대하여, $P_{ij}^{(1)} = P_{ij}$로 표현한다.

그리고 논리적 전개를 위하여 시간의 변하지 않는 상태에 대하여, 즉 0-단계 추이확률(0-step transition probability)은 다음과 같이 정의한다.

$$P_{ij}^{(0)} \equiv \delta_{ij} = \begin{cases} 1 & i = j \\ 0 & i \neq j \end{cases}$$

여기서 δ_{ij}는 **크로네커 델타**(Kronecker delta)라 한다.

특별히, 마르코프 연쇄에 대한 정상에 대하여 다음과 같이 정의하기도 한다.

정의 2.2.3 모든 $i,j \in S$에 대하여, 다음 추이확률이 n과 독립일 때,

$$P_{ij} \equiv P(X_{n+1} = j \mid X_n = i)$$

마르코프 연쇄 $X \equiv \{X_n \mid n \in T\}$을 **시간적으로 동질**(homogeneous in time) 또는 간단히 **정상**(stationary)이라 하고, 모든 n, m에 대하여, 다음이 만족될 때

$$P(X_{n+m} = j \mid X_m = i) = P(X_n = j \mid X_0 = i) = P_{ij}^{(n)}$$

$P_{ij}^{(n,m)}$을 **정상추이확률**(stationary transition probability)이라 한다. 만약 마르코프 연쇄가 정상추이 확률을 가지고 있다면, 이 마르코프 연쇄를 간단히 **정상**(stationary)이라 한다.

특별한 언급이 없는 한 이 책에서는 모두 정상인 마르코프 연쇄로 제한한다. 이와 같은 제한은 계산을 함에 있어서 용이함을 줄 뿐 만아니라, 시간적으로 동질이 아닌 경우에도 약간의 변환으로 시간적으로 동질로 만들어 줄 수 있기 때문에 일반성도 잃지 않는다. 초기 단계에서 정상 마르코프 연쇄를 다루고 점차 일반적인 경우로 확장하게 될 것이다. 뒤에 다루겠지만 우리가 다루는 마르코프 연쇄가 정상인지를 확인할 필요가 있다. 5장에서 마르코프 연쇄의 정상성(stationarity)의 검정에서 다룰 것이다.

2.3 추이행렬과 추이도(Transition Matrix and Transition Diagram)

마르코프 연쇄 $\{X_n \mid n \in T\}$가 유한한 상태 공간 $S = \{s_1, s_2, \cdots, s_m\}$를 갖는다면 1-단계 추이확률 $\{P_{ij}\}$, $i = 1,2,\cdots,m$, $j = 1,2,\cdots,m$은 모두 m^2개의 원소가 있다. 이것들이 마르코프 연쇄 $\{X_n \mid n \in T\}$의 대부분의 정보들을 가지고 있다. 따라서 이것들 모두를 쉽게 다룰 수 있는 가장 좋은 방법은, 다음 정의와 같이 하나의 **행렬**(matrix)로 나타내는 것이다.

정의 2.3.1 상태 공간 $S = \{0, 1, \cdots\}$를 갖는 마르코프 연쇄 $\{X_n \mid n \in T\}$가 1-단계 추이확률 P_{ij}, $i,j \in S$를 가질 때 이들로 이루어진 행렬을

$$\boldsymbol{P}^{(1)} \equiv \boldsymbol{P} \equiv \left[P_{ij} \right] \equiv \begin{array}{c} i \backslash j \\ 0 \\ 1 \\ 2 \\ \vdots \end{array} \begin{array}{c} \begin{array}{cccc} 0 & 1 & 2 & \cdots \end{array} \\ \begin{bmatrix} P_{00} & P_{01} & P_{02} & \cdots \\ P_{10} & P_{11} & P_{12} & \cdots \\ P_{20} & P_{21} & P_{22} & \cdots \\ \vdots & \vdots & \vdots & \ddots \end{bmatrix} \end{array}$$

를 마르코프 연쇄 $\{X_n \mid n \in T\}$의 1-단계 **추이확률행렬**(1-step transition probability matrix) 또는 간단히 1-단계 **추이행렬**(1-step transition matrix)이라 한다. 혹은 **전이행렬**로 쓰기도 한다.

맨 위쪽과 맨 왼쪽은 상태 i에서 상태 j로 가는 것을 표시한 것이고, 혼동되지 않는다면 이 부분은 생략하여 사용한다. 마찬가지로 k-단계 추이확률 $P_{ij}^{(k)}$, $i, j \in S$를 가질 때 행렬

$$\boldsymbol{P}^{(k)} = \left[P_{ij}^{(k)} \right] = \begin{array}{c} i \backslash j \\ 0 \\ 1 \\ 2 \\ \vdots \end{array} \begin{array}{c} \begin{array}{cccc} 0 & 1 & 2 & \cdots \end{array} \\ \begin{bmatrix} P_{00}^{(k)} & P_{01}^{(k)} & P_{02}^{(k)} & \cdots \\ P_{10}^{(k)} & P_{11}^{(k)} & P_{12}^{(k)} & \cdots \\ P_{20}^{(k)} & P_{21}^{(k)} & P_{22}^{(k)} & \cdots \\ \vdots & \vdots & \vdots & \ddots \end{bmatrix} \end{array}$$

을 마르코프 연쇄 $\{X_n \mid n \in T\}$의 k-단계 **추이확률행렬**(k-step transition probability matrix) 또는 간단히 k-단계 **추이행렬**(k-step transition matrix)이라 한다.

상태 공간 S가 유한인 경우, 예를 들어 $S = \{s_1, s_2, \cdots, s_m\}$인 경우에는 상태 공간의 개수를 $|S|$라 하면, $|S| = m$이므로, 위의 추이행렬은 $m \times m$ **정방행렬**(square matrix)이 된다.

주의 연속시간 마르코프 연쇄의 경우에는 추이행렬은 다음과 같이 된다. 모든 $t \geq 0$에 대하여 $\boldsymbol{P}(0) = \boldsymbol{I}$이고, $P(t) \equiv \left[P_{ij}(t) \right]$가 된다.

추이 확률들을 나타내는 또 하나의 방법은 화살표에 의한 방법으로 만약 $P_{ij} > 0$이면 i에서 j를 하나의 화살표를 $i \longrightarrow j$[1]와 같이 연결하여 나타내는 것인데, 이것을 **추이도** 또는 **추이 다이어그램**(transition diagram)이라 한다.

---

1) 이 표현에 대한 보다 일반적인 것은 3장에서 다룬다.

예제 2.3.2 내일 비가 올 것인가 안 올 것인가는 오늘의 날씨에 의존한다고 하자. 1은 비가 오는 날씨를, 2는 비가 오지 않는 날씨를 나타내며, 오늘 비가 온 상태에서 내일 비가 올 확률이 $1-\alpha$이고, 오늘 비가 오지 않은 상태에서 내일 비가 올 확률이 β라 할 때 시간에 따른 날씨들은 마르코프 연쇄임을 보이고 1-단계 추이 행렬과 추이도를 구하라.

풀이 특별한 날짜와 관계없이 내일 비가 올 것인가 안 올 것인가는 오늘의 날씨에 의존하므로 마르코프 연쇄임을 알 수 있고, 1-단계 추이행렬은

$$\boldsymbol{P}=\begin{array}{c} \\ 1 \\ \\ 2 \end{array}\overset{\begin{array}{cc} 1 & 2 \end{array}}{\begin{bmatrix} P_{11} & P_{12} \\ & \\ P_{21} & P_{22} \end{bmatrix}} = \begin{array}{c} \\ 1 \\ \\ 2 \end{array}\overset{\begin{array}{cc} 1 & 2 \end{array}}{\begin{bmatrix} 1-\alpha & \alpha \\ & \\ \beta & 1-\beta \end{bmatrix}}$$

이고, 추이도는 다음과 같다.

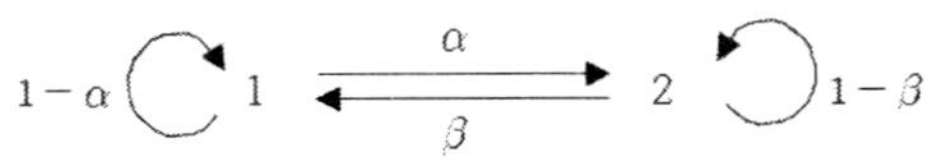

□

예제 2.3.3 **확률보행 모형**(random walk model)

서로 독립이고 동일한 분포를 갖는 확률변수열 $\{Y_i \mid i=1,2,\cdots\}$이 있다. 모든 $i=1,2,\cdots$에 대하여, 모든 확률변수는 $P(Y_i=1)=p$, $P(Y_i=-1)=q=1-p$, $0<p<1$와 같은 확률분포를 한다. 만약 $X_0=0$. $X_n=Y_1+\cdots+Y_n$, $n \geq 1$라 한다면 확률과정 $\{X_n \mid n \geq 1\}$가 마르코프 연쇄가 됨을 보여라.

풀이 정의에 의하여 $X_{n+1}=Y_{n+1}+X_n$이고 X_{n+1}의 값은 $\{Y_i \mid i=1,2,\cdots\}$ 서로 독립이므로 $X_0, X_1, \cdots, X_{n-1}$의 값에 영향을 받지 않고 오직 X_n의 값에만 영향을 받는다. 그러므로 $\{X_n \mid n \geq 1\}$은 마르코프 연쇄이다. 특히 이와 같은 확률과정을 **확률보행** 혹은 **랜덤워크**(random walk)라 하고, 모든 n에 대하여,

$$P_{ij}=P(X_{n+1}=j \mid X_n=i)=\begin{cases} p & \text{if } Y_{n+1}=1 \\ q & \text{if } Y_{n+1}=-1 \end{cases}$$

이므로, 추이행렬은 다음과 같다.

$$\boldsymbol{P} = \begin{bmatrix} \cdots & & & & \\ q & 0 & p & & \\ & q & 0 & p & \\ & & q & 0 & p \\ & & & & \cdots \end{bmatrix}$$

그리고 추이도는 다음과 같이 된다.

$$\cdots \underset{q}{\overset{p}{\rightleftarrows}} -2 \underset{q}{\overset{p}{\rightleftarrows}} -1 \underset{q}{\overset{p}{\rightleftarrows}} 0 \underset{q}{\overset{p}{\rightleftarrows}} 1 \underset{q}{\overset{p}{\rightleftarrows}} 2 \underset{q}{\overset{p}{\rightleftarrows}} \cdots \quad \square$$

주의 만약 $p=1/2=q$인 경우 단순 랜덤워크(simple random walk)라 한다.

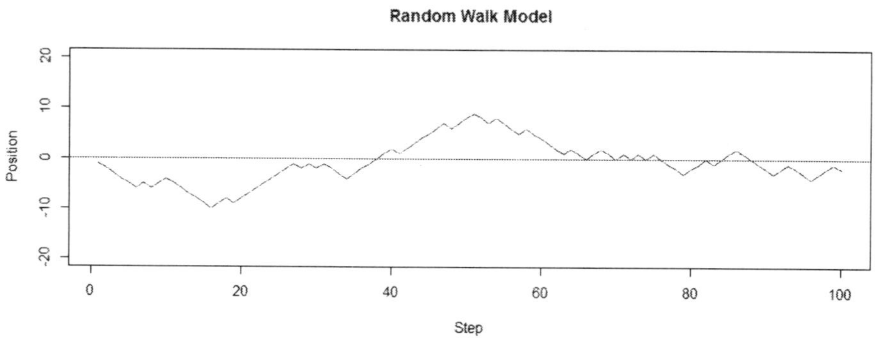

정리 2.3.4 모든 $n, m \in \mathbb{N}_0$, $m \geqq 1$ $i_0, i_1, \cdots, i_m \in S$에 대하여 다음이 성립한다.

$$P\{X_{n+1}=i_1, \cdots, X_{n+m}=i_m \mid X_n = i_0\} = P_{i_0 i_1} P_{i_1 i_2} \cdots P_{i_{m-1} i_m}$$

증명 마르코프 연쇄와 조건부 확률의 정의에 의하여 다음과 같이 얻어진다.

$$\begin{aligned} & P\{X_{n+1}=i_1, \cdots, X_{n+m}=i_m \mid X_n = i_0\} \\ &= P(X_{n+1}=i_1 \mid X_n=i_0) P(X_{n+2}=i_2 \mid X_n=i_0, X_{n+1}=i_1) \times \cdots \\ &\quad \times P(X_{n+m}=i_m \mid X_n=i_0, X_{n+1}=i_1, \cdots, X_{n+m-1}=i_{m-1}) \\ &= P(X_{n+1}=i_1 \mid X_n=i_0) P(X_{n+2}=i_2 \mid X_{n+1}=i_1) \times \cdots \\ &\quad \times P(X_{n+m}=i_m \mid X_{n+m-1}=i_{m-1}) \\ &= P_{i_0 i_1} P_{i_1 i_2} \cdots P_{i_{m-1} i_m} \end{aligned}$$

$\square$

보다 일반적인 형태의 확률을 고려하자. 추이확률 $P(X_0 = i_0, X_1 = i_1, \cdots, X_m = i_m)$은 **초기확률**(initial probability) $u_i^{(0)} \equiv P(X_0 = i)$과 **추이행렬**(transition matrix)에 의하여 얻어진다. 이 확률을 얻기 위하여 몇 가지 기호를 정의한다. 먼저, **n-단계 상태확률**(n-step state probability)을 다음과 같은 행벡터(row vector)

$$\boldsymbol{U}^{(n)} \equiv (P(X_n = i_1), P(X_n = i_2), \cdots) = (u_{i_1}^{(n)}, u_{i_2}^{(n)}, \cdots)$$

로 나타내고, **0-단계 상태확률**(0-step state probability)은 초기 상태의 확률들 즉 초기 상태의 확률분포를 벡터를 사용하여 다음과 같이 표현한다.

$$\boldsymbol{U}^{(0)} \equiv (P(X_0 = i_1), P(X_0 = i_2), \cdots) = (u_{i_1}^{(0)}, u_{i_2}^{(0)}, \cdots)$$

이와 같은 기호를 사용하여 n-단계 후의 상태에 관한 확률적 정보는 다음의 정리에 의하여 구할 수 있게 된다.

정리 2.3.5

$$\boldsymbol{U}^{(n)} = \boldsymbol{U}^{(0)} \cdot \boldsymbol{P}^{(n)}$$

증명 임의의 상태 $j \in S$에 대하여 다음과 같이 되어 증명된다.

$$u_j^{(n)} \equiv P(X_n = j) = \sum_i P(X_n = j \mid X_0 = i) P(X_0 = i)$$

$$= \sum_i u_i^{(0)} P_{ij}^{(n)}$$

□

위의 정리와 다음 정리에 의하면 마르코프 연쇄의 모든 확률적 성질은 추이확률과 초기분포에 의하여 완전히 얻어짐을 알 수 있다. 확률과정의 한 움직임 즉 경로를 지나게 될 확률은 다음과 같이 구해진다.

정리 2.3.6 모든 $i_k \in S$에 대하여 초기확률이 $u_{i_k}^{(0)} \equiv P(X_0 = i_k)$라 한다면, 모든 $m \in \mathrm{N}_0$와 $i_0, \cdots, i_m \in S$에 대하여, 다음이 성립한다.

$$P\{X_0 = i_0,\ X_1 = i_1,\ \cdots,\ X_m = i_m\} = u_{i_0}^{(0)} P_{i_0 i_1} \cdots \ P_{i_{m-1} i_m}$$

증명 조건부 확률의 성질과 위의 정리에 의하여 다음과 같이 표현할 수가 있다.

$$
\begin{aligned}
&P(X_0 = i_0, X_1 = i_1, \cdots, X_m = i_m) \\
&= P(X_0 = i_0) P(X_1 = i_1, X_2 = i_2, \cdots, X_m = i_m \mid X_0 = i_0) \\
&= P(X_0 = i_0) P_{i_0 i_1} P_{i_1 i_2} \ \cdots \ P_{i_{m-1} i_m} \\
&= u_{i_0}^{(0)} P_{i_0 i_1} P_{i_1 i_2} \ \cdots \ P_{i_{m-1} i_m}
\end{aligned}
$$

□

위의 두 정리에 의하여, 추이행렬의 역할과 중요성을 알 수 있다. 사실 추이행렬은 이후에도 여러 중요한 이론들과 깊은 관계가 있으며 실제적인 많은 정보를 제공한다. 따라서 이 행렬과 관련하여 보다 일반적인 경우에 대하여 고려하자.

정의 2.3.7 $|S| \times |S|$ 정방행렬(square matrix) $\boldsymbol{P} = \left[P_{ij} \right]$의 (i, j) 원소 P_{ij}에 대하여 다음의 두 조건, 모든 원소가 비음(non-negative)이고, 모든 열의 합이 1인 경우, 즉

a) $P_{ij} \geq 0$ 모든 $i, j \in S$

b) $\sum_{j \in S} P_{ij} = 1$ 모든 $i \in S$

을 만족할 때 행렬 $\boldsymbol{P}$를 **마르코프 행렬**(Markov matrix) 또는 **확률행렬**(stochastic matrix)이라 한다. 그리고 임의의 벡터 $\boldsymbol{\pi} = (\pi_1, \pi_2, \cdots)$의 각 원소들이 비음(non-negative)이고, 모든 원소의 합이 1인 경우, 즉

$$\pi_i \geq 0, \ \sum_{i=1}^{\infty} \pi_i = 1$$

을 만족할 때 **확률벡터**(probability vector)라 한다.

주의 마르코프 연쇄의 추이행렬은 하나의 마르코프 행렬임을 알 수 있다. 그리고 가산집합 S에 의한 임의의 마르코프 행렬이 주어지면 그 마르코프 행렬을 추이행렬로 하는 마르코프 연쇄를 구할 수 있다. 물론 그 역도 성립한다. 즉 마르코프 연쇄와 마르코프 행렬은 일대일 대응한다. 보다 자세한 것은 Çinlar, E.(1975)을 참고하길 바란다.

이제 마르코프 연쇄의 기본적인 예들과 이들을 컴퓨터 패키지에 의하여 다루는 방법들을 고려해보자. 패키지는 약간 용도의 차이가 있지만 서로의 장단점들이 있는데 이 예제들을 다루면서 찾아보고 평가해 보자.

예제 2.3.8 어느 지역의 4월의 날씨에 대한 자료를 분석한 결과 날씨를 맑음, 흐림과 비로 분류하고, 어느 특정한 날의 날씨는 바로 다음 날의 날씨의 예측에만 사용한다고 한다. 과거의 자료를 근거로 다음과 같은 정보를 얻게 되었다.

오늘 맑을 때 다음 날 흐리거나 비가 올 확률은 각각 1/3, 1/6이고,
오늘 흐렸을 때 다음 날 맑거나 흐릴 확률은 각각 1/8, 1/4이고,
오늘 비가 왔을 때 다음 날 맑거나 흐릴 확률은 각각 1/4, 1/8이다.

이 지역의 날씨가 마르코프 연쇄임을 보이고, 만약 이곳에서 10일부터 3일간 운동회가 열린다면, 오늘은 7일인데 날씨가 흐렸다. 운동회의 개막식이 열리는 10일의 날씨를 예측하고 운동회가 열리는 3일 모두 맑을 확률을 구하여라.

풀이 4월 n일의 날씨를 확률변수$X_n, n=1,2,\cdots 30$로 나타내면, 이 지역의 날씨에 관한 확률과정$\{X_n \mid n=1,2,\cdots,30\}$은 주어진 가정, 즉 내일의 날씨의 예측은 오늘의 날씨에 의하여 행하여지므로 마르코프 성질을 만족하여 마르코프 연쇄이다. 맑음을 C, 흐림을 G, 비를 R이라 할 때 추이확률은 다음과 같음을 알 수 있다.

$$\boldsymbol{P}=\begin{matrix} & \begin{matrix} C & G & R \end{matrix} \\ \begin{matrix} C \\ G \\ R \end{matrix} & \begin{bmatrix} 1/2 & 1/3 & 1/6 \\ 1/8 & 1/4 & 5/8 \\ 1/4 & 1/8 & 5/8 \end{bmatrix} \end{matrix}$$

먼저 9일의 날씨를 예측하자. 9일의 날씨는 앞으로 2일 후의 날씨이므로 오늘(7일)의 날씨를 초기확률로 나타내면 $\boldsymbol{U}^{(7)}=(P(X_7=C),\ P(X_7=G),\ P(X_7=R))=(0,\ 1,\ 0)$이므로, 하루 후(8일)의 날씨는 다음과 같이 예측된다.

$$\boldsymbol{U}^{(8)}=\boldsymbol{U}^{(7)}\cdot\boldsymbol{P}=\left[\frac{1}{8}\ \frac{1}{4}\ \frac{5}{8}\right]$$

그리고 이틀 후(9일)의 날씨는 다음과 같이 예측된다.

$$\boldsymbol{U}^{(9)}=\boldsymbol{U}^{(8)}\cdot\boldsymbol{P}=\left[\frac{1}{4}\ \frac{35}{192}\ \frac{109}{192}\right]$$

같은 방법으로 개막식날인 10일의 날씨의 예측은 아래와 같이 구해진다.

$$\boldsymbol{U}^{(10)}=\boldsymbol{U}^{(9)}\cdot\boldsymbol{P}=\left(\frac{445}{1536}\ \frac{307}{1536}\ \frac{49}{96}\right)\approx(0.290\quad 0.200\quad 0.510)$$

즉 맑은 가능성이 29%이고 흐릴 가능성이 20% 그리고 비가 올 가능성이 51%가 된다. 그리고 운동회가 열리는 3일(10-12일)동안 맑게 될 확률은 아래와 같이 얻어진다.

$$\begin{aligned} &P(X_{10}=C, X_{11}=C, X_{12}=C) \\ &\quad = P(X_9=C)P(X_{10}=C, X_{11}=C, X_{12}=C \mid X_9=C) \\ &\qquad + P(X_9=G)P(X_{10}=C, X_{11}=C, X_{12}=C \mid X_9=G) \\ &\qquad + P(X_9=R)P(X_{10}=C, X_{11}=C, X_{12}=C \mid X_9=R) \end{aligned}$$

그런데 위의 식에서 날씨는 마르코프 연쇄이므로 아래와 같이 각각 구할 수 있다.

$$P(X_9=C)P(X_{10}=C, X_{11}=C, X_{12}=C \mid X_9=C)$$

$$= P(X_9=C)P(X_{10}=C \mid X_9=C)P(X_{11}=C \mid X_{10}=C)P(X_{12}=C \mid X_{11}=C)$$

$$= \frac{1}{4}\times\frac{1}{2}\times\frac{1}{2}\times\frac{1}{2} = \frac{1}{32}$$

$$P(X_9=G)P(X_{10}=C, X_{11}=C, X_{12}=C \mid X_9=G)$$

$$= P(X_9=G)P(X_{10}=C \mid X_9=G)P(X_{11}=C \mid X_{10}=C)P(X_{12}=C \mid X_{11}=C)$$

$$= \frac{35}{192}\times\frac{1}{8}\times\frac{1}{2}\times\frac{1}{2} = \frac{35}{6144}$$

$$P(X_9=R)P(X_{10}=C, X_{11}=C, X_{12}=C \mid X_9=R)$$

$$= P(X_9=R)P(X_{10}=C \mid X_9=R)P(X_{11}=C \mid X_{10}=C)P(X_{12}=C \mid X_{11}=C)$$

$$= \frac{109}{192}\times\frac{1}{4}\times\frac{1}{2}\times\frac{1}{2} = \frac{109}{3072}$$

그러므로 이것들을 대입하면 구하는 확률이 다음과 같다.

$$\begin{aligned} P(X_{10}=C, X_{11}=C, X_{12}=C) &= \frac{1}{32}+\frac{35}{6144}+\frac{109}{3072} \\ &= \frac{445}{6144} \approx 0.072 \end{aligned}$$

■ Maple에 의한 방법

```
> with(linalg):
> P:=Matrix([[1-1/3-1/6, 1/3, 1/6], [1/8, 1/4, 1-1/4-1/8],
           [1/4, 1/8, 1-1/4-1/8]]);
```

$$P := \begin{bmatrix} \frac{1}{2} & \frac{1}{3} & \frac{1}{6} \\ \frac{1}{8} & \frac{1}{4} & \frac{5}{8} \\ \frac{1}{4} & \frac{1}{8} & \frac{5}{8} \end{bmatrix}$$

```
> U[7]:=array(1..3,[0,1,0]);#U[0]:=Vector[row]([0,1,0]);
```

$$U_7 := [0, 1, 0]$$

```
> U[8]:=evalm(U[7] &* P);
```

$$U_8 := \left[\frac{1}{8}, \frac{1}{4}, \frac{5}{8}\right]$$

```
> U[9]:=evalm(U[8] &* P);
```

$$U_9 := \left[\frac{1}{4}, \frac{35}{192}, \frac{109}{192}\right]$$

```
> U[10]:=evalm(U[9] &* P);
```

$$U_{10} := \left[\frac{445}{1536}, \frac{307}{1536}, \frac{49}{96}\right]$$

```
> evalf(%,3);
```

$$[0.290, 0.200, 0.510]$$

```
> evalf(evalm(U[7] &* P^3),3);
```

$$[0.290, 0.200, 0.510]$$

```
> U[11]:=evalf(evalm(U[7] &* P^4),3);
```

$$U_{11} := [0.297, 0.210, 0.492]$$

```
> U[12]:=evalf(evalm(U[7] &* P^5),3);
```

$$U_{12} := [0.298, 0.213, 0.489]$$

```
> Prob:= sum('U[9][i]*P[i,1]'*P[1,1]^2, 'i'=1..3);
```

$$Prob := \frac{445}{6144}$$

```
> evalf(%,2);
```

$$0.072$$

■ R-project에 의한 방법

```
> library(markovchain)
> TP <- matrix(c(1-1/3-1/6, 1/3, 1/6,
                 1/8, 1/4, 1-1/4-1/8,
                 1/4, 1/8, 1-1/4-1/8), byrow=T,nrow=3)
> TP
      [,1]      [,2]      [,3]
[1,] 0.500 0.3333333 0.1666667
[2,] 0.125 0.2500000 0.6250000
[3,] 0.250 0.1250000 0.6250000
> rownames(TP) <- c("C", "G", "R")
> colnames(TP) <- rownames(TP)
> TP
      C         G         R
C 0.500 0.3333333 0.1666667
G 0.125 0.2500000 0.6250000
R 0.250 0.1250000 0.6250000
> (U7 <- as.matrix(c(0,1,0)))  #initial state 7th day weather
     [,1]
[1,]    0
[2,]    1
[3,]    0
> U7 <- c(0,1,0)
> U7
[1] 0 1 0
>
> (U8 <- U7 %*% TP)
         C    G     R
[1,] 0.125 0.25 0.625
>
> library(expm)
> (U9 <- U8 %*% TP)
        C         G         R
[1,] 0.25 0.1822917 0.5677083
> (U7 %*% (TP %^% 2))
        C         G         R
[1,] 0.25 0.1822917 0.5677083
> (U10 <- U9 %*% TP)
             C         G         R
[1,] 0.2897135 0.1998698 0.5104167
```

```
> (U7 %*% (TP %^% 3))
             C         G         R
[1,] 0.2897135 0.1998698 0.5104167
> (U10 <- U7 %*% (TP %^% 3))
             C         G         R
[1,] 0.2897135 0.1998698 0.5104167
> (U11 <- U7 %*% (TP %^% 4))
             C         G         R
[1,] 0.2974447 0.2103407 0.4922146
> (U12 <- U7 %*% (TP %^% 5))
             C         G         R
[1,] 0.2980686 0.2132602 0.4886712
> (Prob <- sum(U9[1:3]*TP[1:3,1]*TP[1,1]*TP[1,1]))
[1] 0.07242839
```

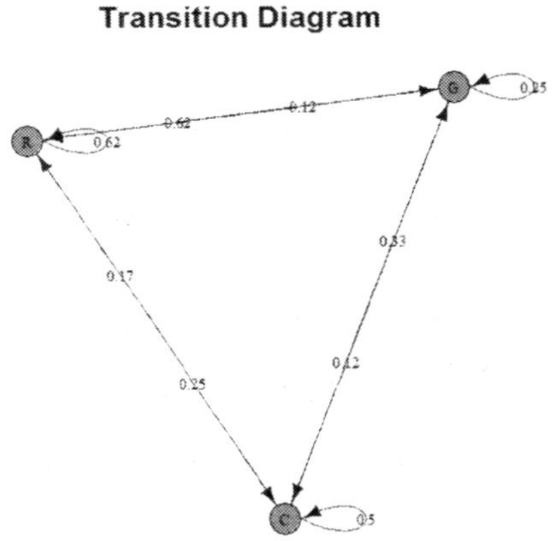

□

기호 $n \times n$ 정방행렬 $A = \left[\, a_{ij} \,\right]$의 제곱은, $A^2 = A \cdot A = \left[\, c_{ij} \,\right]$와 같이 표현한다.

여기서 $c_{ij} = \sum_{k=1}^{n} a_{ik} a_{kj}$이다. 마찬가지로 A의 k제곱은 A^k로 표현한다.

다음은 k-단계 추이행렬을 구하는 방법에 관한 정리를 고려하자. k-단계 추이행렬을 구하려면 각각의 상태의 k-단계 추이확률

$$P^{(k)}(i,j) \equiv P_{ij}^{(k)} \equiv P(X_{n+k} = j \mid X_n = i)$$

을 구한 다음, 이것들로 추이행렬을 만들어야 하는데 이와 같은 방법은 쉽지가 않다. 하지만 다음의 정리가 그 문제를 해결하여 준다.

정리 2.3.9 채프만-콜모고로프(Chapman-Kolmogorov)의 방정식

$$P_{ij}^{(n+m)} = \sum_{k \in S} P_{ik}^{(m)} P_{kj}^{(n)}, \qquad i,j \in S$$

증명 조건부확률의 정의와 마르코프 성질을 이용하면 다음과 같이 얻어진다.

$$\begin{aligned} P_{ij}^{(n+m)} &= P\{X_{n+m} = j \mid X_0 = i\} \\ &= \sum_{k \in S} P\{X_m = k, X_{n+m} = j \mid X_0 = i\} \\ &= \sum_{k \in S} P\{X_m = k \mid X_0 = i\} P\{ X_{n+m} = j \mid X_0 = i, X_m = k\} \\ &= \sum_{k \in S} P\{X_m = k \mid X_0 = i\} P\{ X_{n+m} = j \mid X_m = k\} \\ &= \sum_{k \in S} P_{ik}^{(m)} P_{kj}^{(n)} \end{aligned}$$

□

주의 위의 결과를 행렬로 표현하면 다음과 같이 된다.

$$\boldsymbol{P}^{(n+m)} = \boldsymbol{P}^{(n)} \cdot \boldsymbol{P}^{(m)}$$

그리고 $\boldsymbol{P}^{(2)} = \boldsymbol{P}^{(1)} \cdot \boldsymbol{P}^{(1)} = \boldsymbol{P} \cdot \boldsymbol{P} = \boldsymbol{P}^2$이므로 2-단계 추이행렬은 1-단계 추이행렬의 곱으로 구해진다. 마찬가지로 n-단계 추이행렬도 귀납적인 추론에 의하여

$$\boldsymbol{P}^{(n)} = \boldsymbol{P}^{(n-1+1)} = \boldsymbol{P}^{(n-1)} \cdot \boldsymbol{P} = \boldsymbol{P}^n$$

가 되어 1-단계 추이행렬을 n번 곱하여 얻어짐을 알 수 있다. 그리고 0-단계 추이행렬은 다음과 같이 정의한다.

$$\boldsymbol{P}^{(0)} = \boldsymbol{I} = \begin{bmatrix} 1 & 0 & 0 & \cdots & 0 \\ 0 & 1 & 0 & \cdots & 0 \\ \vdots & \vdots & \vdots & \ddots & \vdots \\ 0 & 0 & 0 & \cdots & 1 \end{bmatrix}$$

예제 2.3.10 어느 사람이 다른 사람, A에게 이번 가을에 결혼할 것인지(yes) 하지 않을 것인지(no)를 말하면 A는 다른 사람 B에게 전달하고, B는 또 다른 사람 C에게 전달한다. 이와 같이 계속 새로운 사람에게 전달한다고 가정하자. 그런데 결혼할 것으로 들은 것을 다르게 이야기할 확률이 30%이고, 결혼하지 않을 것이라 듣고 다르게 전해줄 확률

이 20%라 한다. X_n를 n번째 사람이 전해주는 내용이라고 할 때 $\{X_n\}$가 마르코프 연쇄임을 보이고, 1-단계에서 5단계의 추이행렬을 구하고, 처음에 결혼을 하지 않을 것이라고 전달하였을 때와 결혼 할 것이라고 전달하였을 때 8번째 들은 사람이 전달해주는 내용은 어떠한 차이가 있겠는가? 가능하다면 9에서 12단계 추이행렬을 구하라.

(풀이) 전달해주는 내용은 바로 직전에 들은 내용만을 근거하므로 마르코프 연쇄임을 알 수 있고 추이행렬은 다음과 같다.

$$\boldsymbol{P}=\begin{matrix} & Yes & No \\ Yes & 0.7 & 0.3 \\ No & 0.2 & 0.8 \end{matrix}$$

2,3,4,5-단계의 추이행렬은 각각 다음과 같다. 소수점 3자리까지 계산한 것이다.

$$\boldsymbol{P}^{(2)}=\boldsymbol{P}^{2}=\begin{bmatrix} 0.55 & 0.45 \\ 0.30 & 0.70 \end{bmatrix}$$

$$\boldsymbol{P}^{(3)}=\boldsymbol{P}^{3}=\begin{bmatrix} 0.475 & 0.525 \\ 0.350 & 0.650 \end{bmatrix}$$

$$\boldsymbol{P}^{(4)}=\boldsymbol{P}^{4}=\begin{bmatrix} 0.437 & 0.563 \\ 0.375 & 0.625 \end{bmatrix}$$

$$\boldsymbol{P}^{(5)}=\boldsymbol{P}^{5}=\begin{bmatrix} 0.419 & 0.581 \\ 0.387 & 0.612 \end{bmatrix}$$

결혼하지 않을 것이라고 전달해주었을 경우는 초기확률은 $\boldsymbol{U}^{(0)}=(P(X_0=Yes),\ P(X_0=No))=(0,\ 1)$이고, 결혼할 것이라고 전달해주었을 때의 초기확률은 $\boldsymbol{U}^{(0)}=[1,0]$이므로, 8번째 듣는 사람이 전달해주는 내용은 $\boldsymbol{U}^{(0)}\cdot\boldsymbol{P}^{(8)}$이므로, 각각을 구하면 다음과 같이 얻어진다.

$$[0.398\ \ 0.602]$$
$$[0.402\ \ 0.598]$$

이것은 처음에 어떻게 말하든 상관없이 거의 같은 결과가 나온다. 9번째 듣는 사람의 경우와 10번째, 11번째 그리고 12번째 듣는 사람의 경우를 계산하여보면 초기상태와는 관계없이 추이행렬의 단계를 높인 행렬과 일치하는 사실을 확인할 수 있다. 실제로 9-단계에서 12-단계 추이행렬을 구하면 다음과 같다.

$$\begin{bmatrix} 0.401 & 0.599 \\ 0.399 & 0.601 \end{bmatrix}, \begin{bmatrix} 0.400 & 0.600 \\ 0.400 & 0.600 \end{bmatrix}, \begin{bmatrix} 0.400 & 0.600 \\ 0.400 & 0.600 \end{bmatrix}, \begin{bmatrix} 0.400 & 0.600 \\ 0.400 & 0.600 \end{bmatrix}$$

10-단계 추이행렬 이 후로는 일정한 값을 보인다. 이러한 결과에는 어떤 원칙과 근거가 있을 것이다. 그러한 것들은 나중에 다룰 것이다.

■ Maple에 의한 방법

```
> with(linalg):
> P:=matrix(2,2,[0.7, 0.3, 0.2, 0.8]);
```

$$P := \begin{bmatrix} 0.7 & 0.3 \\ 0.2 & 0.8 \end{bmatrix}$$

```
> TP:=n -> evalf(evalm(P^n),3);
```

$$TP := n \to \text{evalf}(\text{evalm}(P^n), 3)$$

```
> TP(2),TP(3),TP(4),TP(5);
```

$$\begin{bmatrix} 0.55 & 0.45 \\ 0.30 & 0.70 \end{bmatrix}, \begin{bmatrix} 0.475 & 0.525 \\ 0.350 & 0.650 \end{bmatrix}, \begin{bmatrix} 0.437 & 0.563 \\ 0.375 & 0.625 \end{bmatrix}, \begin{bmatrix} 0.419 & 0.581 \\ 0.387 & 0.612 \end{bmatrix}$$

```
> U:=vector(2,[0,1]);
```

$$U := [0, 1]$$

```
> evalm(U &* TP(8));
```

$$[0.398, 0.602]$$

```
> V:=vector(2,[1,0]);
```

$$V := [1, 0]$$

```
> evalm(V &* TP(8));
```

$$[0.402, 0.598]$$

```
> seq(evalf(TP(n),3), n=9..12);
```

$$\begin{bmatrix} 0.401 & 0.599 \\ 0.399 & 0.601 \end{bmatrix}, \begin{bmatrix} 0.400 & 0.600 \\ 0.400 & 0.600 \end{bmatrix}, \begin{bmatrix} 0.400 & 0.600 \\ 0.400 & 0.600 \end{bmatrix}, \begin{bmatrix} 0.400 & 0.600 \\ 0.400 & 0.600 \end{bmatrix}$$

```
> seq(print([`n=`||n, evalm(V &* TP(n)), evalm(U &* TP(n))]), n=2..12);
```

$$[n{=}2, [0.55, 0.45], [0.30, 0.70]]$$

$$[n{=}3, [0.475, 0.525], [0.350, 0.650]]$$

$$[n{=}4, [0.437, 0.563], [0.375, 0.625]]$$

$$[n{=}5, [0.419, 0.581], [0.387, 0.612]]$$

[*n=6*, [0.409 , 0.591], [0.394 , 0.607]]

[*n=7*, [0.405 , 0.595], [0.397 , 0.603]]

[*n=8*, [0.402 , 0.598], [0.398 , 0.602]]

[*n=9*, [0.401 , 0.599], [0.399 , 0.601]]

[*n=10*, [0.400 , 0.600], [0.400 , 0.600]]

[*n=11*, [0.400 , 0.600], [0.400 , 0.600]]

[*n=12*, [0.400 , 0.600], [0.400 , 0.600]]

■ R-project에 의한 방법

```
> library(markovchain)
> library(expm)
> MTP <- matrix(c(0.7, 0.3,
                 0.2, 0.8), byrow=T, nrow=2)
> MTP
     [,1] [,2]
[1,]  0.7  0.3
[2,]  0.2  0.8
> rownames(MTP) <- c("Yes", "No")
> colnames(MTP) <- rownames(MTP)
> MTP
    Yes  No
Yes 0.7 0.3
No  0.2 0.8
> (States <- rownames(MTP))
[1] "Yes" "No"
> mcMTP <- new("markovchain", stat=States, transitionMatrix=MTP,
               name="Transition Matrix")
> mcMTP
Transition Matrix
 A  2 - dimensional discrete Markov Chain with following states
 Yes No
 The transition matrix (by rows) is defined as follows
    Yes  No
Yes 0.7 0.3
No  0.2 0.8
> plot(mcMTP, vertex.color="green", edge.color="blue")
> title(main="Transition Diagram", cex.main=2, col.main="blue")
```

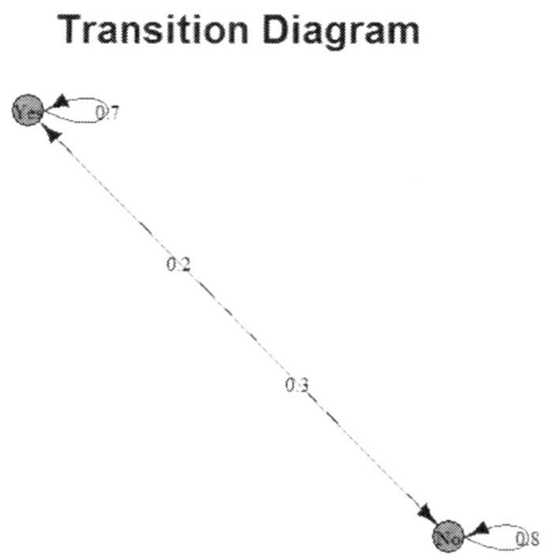


```
> TranP <- function(n,P){
      P %^% n
  }
> for(i in 2:5) show(TranP(i,MTP))
     Yes   No
Yes 0.55 0.45
No  0.30 0.70
      Yes    No
Yes 0.475 0.525
No  0.350 0.650
       Yes     No
Yes 0.4375 0.5625
No  0.3750 0.6250
        Yes      No
Yes 0.41875 0.58125
No  0.38750 0.61250
> U <- c(0,1)
> U
[1] 0 1
> U %*% TranP(8, MTP)
           Yes        No
[1,] 0.3984375 0.6015625
> V <- c(1,0)
> V %*% TranP(8, MTP)
           Yes        No
[1,] 0.4023437 0.5976562
> for(i in 9:12) show(round(TranP(i, MTP),3))
      Yes    No
```

```
Yes 0.401 0.599
No  0.399 0.601
      Yes    No
Yes 0.401 0.599
No  0.400 0.600
    Yes  No
Yes 0.4 0.6
No  0.4 0.6
    Yes  No
Yes 0.4 0.6
No  0.4 0.6
> lapply(9:12, TranP(i,MTP))
[[1]]
          Yes        No
Yes 0.4011719 0.5988281
No  0.3992188 0.6007813

[[2]]
          Yes        No
Yes 0.4005859 0.5994141
No  0.3996094 0.6003906

[[3]]
          Yes        No
Yes 0.4002930 0.5997070
No  0.3998047 0.6001953

[[4]]
          Yes        No
Yes 0.4001465 0.5998535
No  0.3999023 0.6000977
> TranP(25)
    Yes  No
Yes 0.4 0.6
No  0.4 0.6
> U %*% TranP(25)
     Yes  No
[1,] 0.4 0.6
> V %*% TranP(25)
     Yes  No
[1,] 0.4 0.6
```

```
> for(i in (2:12))
  cat("Probability of the Step ", i, " about U : ",
        format(U %*% TranP(i),digits=2, nsmall=3), "  and  about V : ",
        format(V %*% TranP(i), digits=2, nsmall=3), "₩n")
Probability of the Step  2  about U :  0.300 0.700   and  about V :  0.550 0.450
Probability of the Step  3  about U :  0.350 0.650   and  about V :  0.475 0.525
Probability of the Step  4  about U :  0.375 0.625   and  about V :  0.437 0.562
Probability of the Step  5  about U :  0.388 0.613   and  about V :  0.419 0.581
Probability of the Step  6  about U :  0.394 0.606   and  about V :  0.409 0.591
Probability of the Step  7  about U :  0.397 0.603   and  about V :  0.405 0.595
Probability of the Step  8  about U :  0.398 0.602   and  about V :  0.402 0.598
Probability of the Step  9  about U :  0.399 0.601   and  about V :  0.401 0.599
Probability of the Step  10  about U :  0.400 0.600   and  about V :  0.401 0.599
Probability of the Step  11  about U :  0.400 0.600   and  about V :  0.400 0.600
Probability of the Step  12  about U :  0.400 0.600   and  about V :  0.400 0.600
```

□

주의 10-단계 이후로는 추이행렬이 수렴하는 것을 알 수 있는데 어떤 경우에 이와 같은 현상이 일어나는지 보다 일반화시킬 필요가 있다.

정리 2.3.11 다음과 같은 추이행렬을 갖는 상태가 2가지 0,1을 갖는 마르코프 연쇄가 있다.

$$\boldsymbol{P}=\begin{bmatrix} P_{00} & P_{01} \\ P_{10} & P_{11} \end{bmatrix}=\begin{bmatrix} 1-\alpha & \alpha \\ \beta & 1-\beta \end{bmatrix},\quad 0 \leqq \alpha, \beta \leqq 1, \qquad |\,1-\alpha-\beta\,| < 1$$

그러면 n-단계 추이행렬은 다음과 같다.

$$\boldsymbol{P}^{(n)}=\begin{bmatrix} P_{00}^{(n)} & P_{01}^{(n)} \\ P_{10}^{(n)} & P_{11}^{(n)} \end{bmatrix}=\begin{bmatrix} \dfrac{\beta}{\alpha+\beta}+\dfrac{\alpha(1-\alpha-\beta)^n}{\alpha+\beta} & \dfrac{\alpha}{\alpha+\beta}-\dfrac{\alpha(1-\alpha-\beta)^n}{\alpha+\beta} \\ \dfrac{\beta}{\alpha+\beta}-\dfrac{\beta(1-\alpha-\beta)^n}{\alpha+\beta} & \dfrac{\alpha}{\alpha+\beta}+\dfrac{\beta(1-\alpha-\beta)^n}{\alpha+\beta} \end{bmatrix}$$

증명 추이확률의 성질에 의하여 다음이 얻어진다.

$$P_{00}^{(1)}=1-\alpha,\quad P_{10}^{(1)}=\beta$$

그리고 채프만-콜모고로프 방정식을 이용하면, $n>1$ 일 때 마르코프 성질에 의하여 다음과 같은 등식이 얻어진다.

$$\begin{aligned} P_{00}^{(n)} &= P(X_n = 0 \mid X_0 = 0) \\ &= P(X_{n-1} = 0 \mid X_0 = 0)P(X_n = 0 \mid X_0 = 0, X_{n-1} = 0) \\ &\quad + P(X_{n-1} = 1 \mid X_0 = 0)P(X_n = 0 \mid X_0 = 0, X_{n-1} = 1) \\ &= P(X_{n-1} = 0 \mid X_0 = 0)P(X_n = 0 \mid X_{n-1} = 0) \\ &\quad + P(X_{n-1} = 1 \mid X_0 = 0)P(X_n = 0 \mid X_{n-1} = 1) \\ &= (1-\alpha)P_{00}^{(n-1)} + \beta P_{01}^{(n-1)} \end{aligned}$$

그러나 $P_{00}^{(n-1)} + P_{01}^{(n-1)} = 1$이므로,

$$\begin{aligned} P_{00}^{(n)} &= (1-\alpha)P_{00}^{(n-1)} + \beta(1 - P_{00}^{(n-1)}) \\ &= \beta + (1-\alpha-\beta)P_{00}^{(n-1)} \end{aligned}$$

가 된다. 그러므로 귀납적으로 다음과 같다.

$$P_{00}^{(1)} = 1-\alpha$$

$$P_{00}^{(2)} = \beta + (1-\alpha-\beta)P_{00}^{(1)} = \beta + (1-\alpha-\beta)(1-\alpha)$$

$$\begin{aligned} P_{00}^{(3)} &= \beta + (1-\alpha-\beta)P_{00}^{(2)} = \beta + (1-\alpha-\beta)(\beta + (1-\alpha-\beta)(1-\alpha)) \\ &= \beta + \beta(1-\alpha-\beta) + (1-\alpha-\beta)^2(1-\alpha) \end{aligned}$$

$$\begin{aligned} P_{00}^{(4)} &= \beta + (1-\alpha-\beta)P_{00}^{(3)} \\ &= \beta + \beta(1-\alpha-\beta) + \beta(1-\alpha-\beta)^2 + (1-\alpha-\beta)^3(1-\alpha) \end{aligned}$$

$$\vdots$$

$$\begin{aligned} P_{00}^{(n)} &= \beta + (1-\alpha-\beta)P_{00}^{(n-1)} \\ &= \beta + \beta(1-\alpha-\beta) + \beta(1-\alpha-\beta)^2 + \cdots + \beta(1-\alpha-\beta)^{n-2} + (1-\alpha-\beta)^{n-1}(1-\alpha) \\ &= \frac{\beta(1-(1-\alpha-\beta)^{n-1})}{(1-(1-\alpha-\beta))} + (1-\alpha)(1-\alpha-\beta)^{n-1}, \qquad |1-\alpha-\beta| < 1 \\ &= \frac{\beta}{\alpha+\beta} + \frac{\alpha(1-\alpha-\beta)^n}{\alpha+\beta} \end{aligned}$$

또한 $P_{01}^{(n)} = 1 - P_{00}^{(n)}$이므로, 다음이 얻어진다.

$$P_{01}^{(n)} = \frac{\alpha}{\alpha+\beta} - \frac{\alpha(1-\alpha-\beta)^n}{\alpha+\beta}$$

이제 $P_{00}^{(n)}$에서 α와 β를 서로 교환하면 다음과 같이 된다.

$$P_{11}^{(n)} = \frac{\alpha}{\alpha+\beta} + \frac{\beta(1-\alpha-\beta)^n}{\alpha+\beta}$$

$$P_{10}^{(n)} = \frac{\beta}{\alpha+\beta} - \frac{\beta(1-\alpha-\beta)^n}{\alpha+\beta}$$

□

위의 정리에서 $0 \leqq \alpha,\ \beta \leqq 1$이므로, 특별한 두 가지의 경우 $\alpha = 0,\ \beta = 0$와 $\alpha = 1,\ \beta = 1$를 고려하자. 만약 $\alpha = 0,\ \beta = 0$일 때 추이행렬과 n-단계 추이행렬은 각각 다음과 같다.

$$\boldsymbol{P} = \begin{bmatrix} 1 & 0 \\ 0 & 1 \end{bmatrix},\quad \boldsymbol{P}^{(n)} = \begin{bmatrix} 1 & 0 \\ 0 & 1 \end{bmatrix}$$

그리고 $\alpha = 1,\ \beta = 1$인 경우에는 추이행렬은 다음과 같다.

$$\boldsymbol{P} = \begin{bmatrix} 0 & 1 \\ 1 & 0 \end{bmatrix}$$

그러므로 n-단계 추이행렬은 다음과 같다.

$$\boldsymbol{P}^{(n)} = \begin{cases} \begin{bmatrix} 1 & 0 \\ 0 & 1 \end{bmatrix} & n = \text{짝수} \\ \begin{bmatrix} 0 & 1 \\ 1 & 0 \end{bmatrix} & n = \text{홀수} \end{cases}$$

위의 결과를 보면 $|1-\alpha-\beta| < 1$ 일 때

$$\lim_{n\to\infty} (1-\alpha-\beta)^n = 0$$

가 되어 다음과 같은 정리가 얻어진다.

따름정리 2.3.12 $|1-\alpha-\beta|<1$일 때 추이행렬의 극한은 다음과 같다.

$$\lim_{n\to\infty}\boldsymbol{P}^{(n)}=\begin{bmatrix}\dfrac{\beta}{\alpha+\beta} & \dfrac{\alpha}{\alpha+\beta}\\[2ex] \dfrac{\beta}{\alpha+\beta} & \dfrac{\alpha}{\alpha+\beta}\end{bmatrix}$$

□

만약 초기 상태의 확률분포가 $\boldsymbol{U}^{(0)}=(u_1^{(0)},u_2^{(0)},\cdots,)$일 때 n-단계 상태 확률(n-step state probability), $\boldsymbol{U}^{(n)}=(u_1^{(n)},u_2^{(n)},\cdots,)$은 아래와 같다.

$$u_j^{(n)}=P_j^{(n)}\equiv P(X_n=j)=\sum_i P(X_0=i)P(X_n=j\mid X_0=i)$$

$$=\sum_i u_i^{(0)}P_{ij}^{(n)}$$

위의 결과를 이용하면 다음과 같은 정리가 얻어진다.

정리 2.3.13

$$u_0^{(n)}=P(X_n=0)=\frac{\beta}{\alpha+\beta}+\frac{\beta(1-\alpha-\beta)^n}{\alpha+\beta}\{(\alpha+\beta)u_0^{(0)}-\beta\}$$

$$u_1^{(n)}=P(X_n=1)=\frac{\alpha}{\alpha+\beta}+\frac{\beta(1-\alpha-\beta)^n}{\alpha+\beta}\{(\alpha+\beta)u_1^{(0)}-\alpha\}$$

증명 채프만-콜모고로프 방정식에 의하여 다음과 같이 얻어진다.

$$u_0^{(n)}=P(X_n=0)=\sum_{i=0}^{1}P_{i0}^{(n)}u_i^{(0)}=P_{00}^{(n)}u_0^{(0)}+P_{10}^{(n)}u_1^{(0)}$$

$$=\left(\frac{\beta}{\alpha+\beta}+\frac{\alpha(1-\alpha-\beta)^n}{\alpha+\beta}\right)u_0^{(0)}+\left(\frac{\beta}{\alpha+\beta}-\frac{\beta(1-\alpha-\beta)^n}{\alpha+\beta}\right)(1-u_0^{(0)})$$

$$=\frac{\beta}{\alpha+\beta}+\frac{(1-\alpha-\beta)^n}{\alpha+\beta}\{(\alpha+\beta)u_0^{(0)}-\beta\}$$

혹은 아래와 같이 표현할 수도 있다.

$$u_0^{(n)}=P(X_n=0)$$

$$=\frac{\beta}{\alpha+\beta}+\frac{(1-\alpha-\beta)^n}{\alpha+\beta}\{\alpha-(\alpha+\beta)u_1^{(0)}\}$$

같은 방법으로 다른 것도 구해진다. □

따름정리 2.3.14 $|1-\alpha-\beta|<1$일 때 다음이 얻어진다.

$$\lim_{n\to\infty} P_0^{(n)} = \frac{\beta}{\alpha+\beta},\quad \lim_{n\to\infty} P_1^{(n)} = \frac{\alpha}{\alpha+\beta}$$

즉 아래와 같이 된다.

$$\lim_{n\to\infty} P_{00}^{(n)} = \lim_{n\to\infty} P_{10}^{(n)} = \lim_{n\to\infty} P_0^{(n)}$$

$$\lim_{n\to\infty} P_{01}^{(n)} = \lim_{n\to\infty} P_{11}^{(n)} = \lim_{n\to\infty} P_1^{(n)}$$

그러므로 시작한 것과 상관없이 일정한 곳으로 수렴함을 알 수 있다. □

위의 [예제 2.3.11]에서 위와 같은 사실을 확인할 수 있었다. 하지만 모든 경우에 항상 이와 같이 극한이 존재하는 것은 아니다. 다음의 예제에서 극한이 존재하지 않을 수도 있다는 사실을 확인할 수 있다.

예제 2.3.15 어떤 공장에서 제품을 생산하는 생산라인의 가동상태의 관리는 제품의 원가를 낮추는 중요한 요인이 된다. 생산라인의 상태를 조사하기로 하였다. 생산라인은 3가지 상태로 이루어진다. 즉, '가동' 상태이거나 '정지' 상태이거나 '수리' 상태로 생산라인의 변화될 때를 관찰시점으로 본다. n번째 상태변화 후 기계의 상태가 '가동(work)' 상태라면 $X_n=1$, '수리(repair)' 상태라면 $X_n=2$ 그리고 '정지(stop)' 상태라면 $X_n=3$라 하자. 추이도와 n-단계 추이행렬을 구하라.

풀이 '가동' 상태에서 다음으로 변화되는 상태는 '수리' 상태이거나 '정지' 상태이므로 확률 1/2로 변하고 '정지' 상태에서는 '가동' 상태로 가고, '수리'상태에서도 '가동' 상태로 되므로 **추이행렬**(transition matrix)과 **추이도**(transition diagram)는 다음과 같이 된다.

$$\boldsymbol{P} = \begin{array}{c} \\ 1 \\ 2 \\ 3 \end{array}\begin{array}{c} \begin{array}{ccc} 1 & 2 & 3 \end{array} \\ \begin{bmatrix} 0 & 1/2 & 1/2 \\ 1 & 0 & 0 \\ 1 & 0 & 0 \end{bmatrix} \end{array}$$

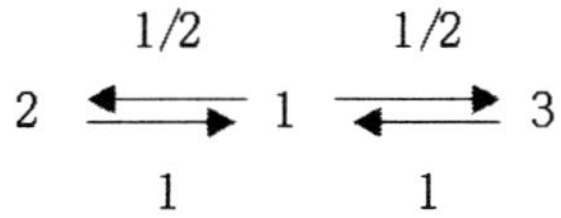

2-단계 추이확률행렬과 3-단계 추이확률행렬은 다음과 같이 얻어진다.

$$P^{(2)} = \begin{bmatrix} 1 & 0 & 0 \\ 0 & 1/2 & 1/2 \\ 0 & 1/2 & 1/2 \end{bmatrix}, \quad P^{(3)} = \begin{bmatrix} 0 & 1/2 & 1/2 \\ 1 & 0 & 0 \\ 1 & 0 & 0 \end{bmatrix}$$

일반적으로 n-단계 추이행렬은 n이 짝수와 홀수일 때 각각 다음과 같이 된다.

$$P^{(2n)} = \begin{bmatrix} 1 & 0 & 0 \\ 0 & 1/2 & 1/2 \\ 0 & 1/2 & 1/2 \end{bmatrix} \qquad n = 1, 2, \cdots$$

$$P^{(2n-1)} = \begin{bmatrix} 0 & 1/2 & 1/2 \\ 1 & 0 & 0 \\ 1 & 0 & 0 \end{bmatrix} \qquad n = 1, 2, \cdots$$

이와 같은 경우는 2단계 주기로 변화되어 극한행렬이 존재하지 않음을 알 수 있다. 위와 같은 경우 추이행렬이 주기적인 모습을 보여준다. 그래서 이와 같은 추이행렬을 주기적(periodic)이라 하고 주기(period)가 2라 한다. 일반적으로 상태 i의 주기는 $P_{ii}^{(n)} > 0$인 n들의 최대공약수(greatest common divisor;GCD), $GCD\{n \mid P_{ii}^{(n)} > 0\}$로 정의된다.

■ Maple에 의한 방법

```
> with(linalg):
> P := matrix(3,3,[0,1/2, 1/2,1,0,0,1,0,0]);
```

$$P := \begin{bmatrix} 0 & \frac{1}{2} & \frac{1}{2} \\ 1 & 0 & 0 \\ 1 & 0 & 0 \end{bmatrix}$$

```
> TP := n - > evalm(P^n);
> TP(2), TP(3), TP(4), TP(5);
```

$$\begin{bmatrix} 1 & 0 & 0 \\ 0 & \frac{1}{2} & \frac{1}{2} \\ 0 & \frac{1}{2} & \frac{1}{2} \end{bmatrix}, \begin{bmatrix} 0 & \frac{1}{2} & \frac{1}{2} \\ 1 & 0 & 0 \\ 1 & 0 & 0 \end{bmatrix}, \begin{bmatrix} 1 & 0 & 0 \\ 0 & \frac{1}{2} & \frac{1}{2} \\ 0 & \frac{1}{2} & \frac{1}{2} \end{bmatrix}, \begin{bmatrix} 0 & \frac{1}{2} & \frac{1}{2} \\ 1 & 0 & 0 \\ 1 & 0 & 0 \end{bmatrix}$$

```
> seq(TP(2*n), n=1..3);
```

$$\begin{bmatrix} 1 & 0 & 0 \\ 0 & \frac{1}{2} & \frac{1}{2} \\ 0 & \frac{1}{2} & \frac{1}{2} \end{bmatrix}, \begin{bmatrix} 1 & 0 & 0 \\ 0 & \frac{1}{2} & \frac{1}{2} \\ 0 & \frac{1}{2} & \frac{1}{2} \end{bmatrix}, \begin{bmatrix} 1 & 0 & 0 \\ 0 & \frac{1}{2} & \frac{1}{2} \\ 0 & \frac{1}{2} & \frac{1}{2} \end{bmatrix}$$

```
> seq(TP(2*n+1), n=1..3);
```

$$\begin{bmatrix} 0 & \frac{1}{2} & \frac{1}{2} \\ 1 & 0 & 0 \\ 1 & 0 & 0 \end{bmatrix}, \begin{bmatrix} 0 & \frac{1}{2} & \frac{1}{2} \\ 1 & 0 & 0 \\ 1 & 0 & 0 \end{bmatrix}, \begin{bmatrix} 0 & \frac{1}{2} & \frac{1}{2} \\ 1 & 0 & 0 \\ 1 & 0 & 0 \end{bmatrix}$$

■ R-project에 의한 방법

```
> library(markovchain)
> library(expm)
> P <- matrix(c(0, 1/2, 1/2,
                1,  0,   0,
                1,  0,   0), byrow=T, nrow=3)
> P
     [,1] [,2] [,3]
[1,]    0  0.5  0.5
[2,]    1  0.0  0.0
[3,]    1  0.0  0.0
> rownames(P) <- c("Work", "Repair", "Stop")
> colnames(P) <- rownames(P)
> P
       Work Repair Stop
Work      0    0.5  0.5
Repair    1    0.0  0.0
Stop      1    0.0  0.0
> (States <- rownames(P))
[1] "Work"   "Repair" "Stop"
> TP <- new("markovchain", states=States, transitionMatrix=P,
              name="Transition Matrix")
> TP
Transition Matrix
 A  3 - dimensional discrete Markov Chain with following states
 Work Repair Stop
 The transition matrix  (by rows)  is defined as follows
```

```
       Work Repair Stop
Work      0    0.5  0.5
Repair    1    0.0  0.0
Stop      1    0.0  0.0

> plot(TP, vertex.color="green", edge.color="blue")
> title(main="Transition Diagram", cex.main=2, col.main="blue")
```

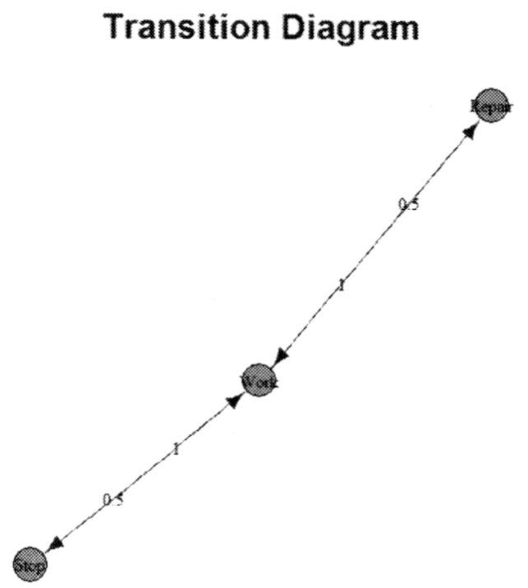

```
> TranP(1);TranP(3)
       Work Repair Stop
Work      0    0.5  0.5
Repair    1    0.0  0.0
Stop      1    0.0  0.0
       Work Repair Stop
Work      0    0.5  0.5
Repair    1    0.0  0.0
Stop      1    0.0  0.0
> TranP(2);TranP(4)
       Work Repair Stop
Work      1    0.0  0.0
Repair    0    0.5  0.5
Stop      0    0.5  0.5
       Work Repair Stop
Work      1    0.0  0.0
Repair    0    0.5  0.5
Stop      0    0.5  0.5
> lapply(1:6, TranP)
[[1]]
```

```
       Work Repair Stop
Work      0    0.5  0.5
Repair    1    0.0  0.0
Stop      1    0.0  0.0

[[2]]
       Work Repair Stop
Work      1    0.0  0.0
Repair    0    0.5  0.5
Stop      0    0.5  0.5

[[3]]
       Work Repair Stop
Work      0    0.5  0.5
Repair    1    0.0  0.0
Stop      1    0.0  0.0

[[4]]
       Work Repair Stop
Work      1    0.0  0.0
Repair    0    0.5  0.5
Stop      0    0.5  0.5

[[5]]
       Work Repair Stop
Work      0    0.5  0.5
Repair    1    0.0  0.0
Stop      1    0.0  0.0

[[6]]
       Work Repair Stop
Work      1    0.0  0.0
Repair    0    0.5  0.5
Stop      0    0.5  0.5
> lapply(2*1:3, TranP)
[[1]]
       Work Repair Stop
Work      1    0.0  0.0
Repair    0    0.5  0.5
Stop      0    0.5  0.5
```

```
[[2]]
       Work Repair Stop
Work      1    0.0  0.0
Repair    0    0.5  0.5
Stop      0    0.5  0.5

[[3]]
       Work Repair Stop
Work      1    0.0  0.0
Repair    0    0.5  0.5
Stop      0    0.5  0.5
> lapply((2*1:3)+1, TranP)
[[1]]
       Work Repair Stop
Work      1    0.0  0.0
Repair    0    0.5  0.5
Stop      0    0.5  0.5

[[2]]
       Work Repair Stop
Work      1    0.0  0.0
Repair    0    0.5  0.5
Stop      0    0.5  0.5

[[3]]
       Work Repair Stop
Work      1    0.0  0.0
Repair    0    0.5  0.5
Stop      0    0.5  0.5
> for(i in 1:4) show(TranP(i))
       Work Repair Stop
Work      0    0.5  0.5
Repair    1    0.0  0.0
Stop      1    0.0  0.0
       Work Repair Stop
Work      1    0.0  0.0
Repair    0    0.5  0.5
Stop      0    0.5  0.5
       Work Repair Stop
Work      0    0.5  0.5
Repair    1    0.0  0.0
Stop      1    0.0  0.0
```

```
       Work Repair Stop
Work      1     0.0  0.0
Repair    0     0.5  0.5
Stop      0     0.5  0.5
> for(i in 2*1:3) show(TranP(i))
       Work Repair Stop
Work      1     0.0  0.0
Repair    0     0.5  0.5
Stop      0     0.5  0.5
       Work Repair Stop
Work      1     0.0  0.0
Repair    0     0.5  0.5
Stop      0     0.5  0.5
       Work Repair Stop
Work      1     0.0  0.0
Repair    0     0.5  0.5
Stop      0     0.5  0.5
> for(i in (2*1:3)+1) show(TranP(i))
       Work Repair Stop
Work      0     0.5  0.5
Repair    1     0.0  0.0
Stop      1     0.0  0.0
       Work Repair Stop
Work      0     0.5  0.5
Repair    1     0.0  0.0
Stop      1     0.0  0.0
       Work Repair Stop
Work      0     0.5  0.5
Repair    1     0.0  0.0
Stop      1     0.0  0.0
```
□

위의 예제와 컴퓨터에 의한 실습을 수행하여 몇 가지 정보를 얻는 과정을 수행하였다. 실습을 실행한 도구로 컴퓨터 패키지 Maple과 R-project를 사용하였다. 이와 유사한 컴퓨터 패키지는 여러 가지 종류가 있으며 지금 이 순간에도 계속해서 나타날 것이다. 또한 같은 패키지라도 버전이 높아질수록 더욱 다루기가 편리해질 것이다. 이것들을 잘 선별하여 사용하는 것도 중요한 과제라 할 수 있다. 그러므로 위에 기초적인 예제를 다룬 결과들을 다루면서 두 패키지의 장단점을 조금이라도 찾아냈다면 패키지를 평가하고 분별하는 데 도움이 될 것이다.

이제 또 다른 유형의 추이행렬을 소개하고 사용의 유용성을 고려해보자.

예제 2.3.16 상태 공간 $S=\{a, b, c, d, e\}$를 갖고, 다음과 같은 추이행렬을 갖는 마르코프 연쇄를 고려하자. 이 마르코프 연쇄의 추이도를 구하고 단계를 높여갈 때 추이행렬이 어떠한 규칙성이 있는지를 살펴보라.

$$\boldsymbol{P}= \begin{array}{c} \\ a \\ b \\ c \\ d \\ e \end{array} \begin{array}{c} \begin{array}{ccccc} a & b & c & d & e \end{array} \\ \begin{bmatrix} 1/2 & 0 & 1/2 & 0 & 0 \\ 0 & 1/4 & 0 & 3/4 & 0 \\ 0 & 0 & 1/3 & 0 & 2/3 \\ 1/4 & 1/2 & 0 & 1/4 & 0 \\ 1/3 & 0 & 1/3 & 0 & 1/3 \end{bmatrix} \end{array}$$

풀이 먼저 위의 추이행렬을 갖는 마르코프 연쇄의 추이도를 구하면 다음과 같다.

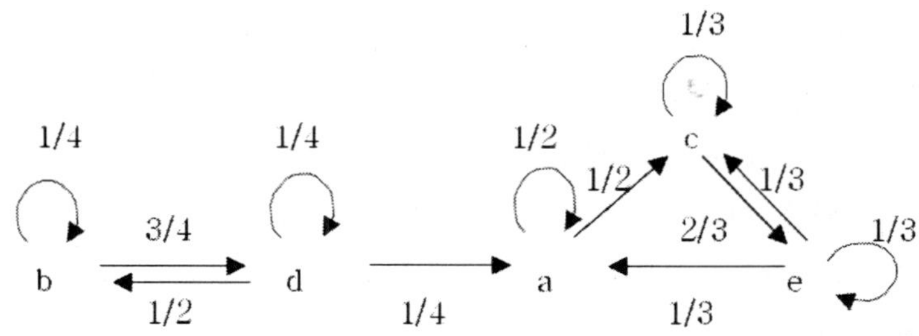

3-단계 추이행렬과 6-단계 추이행렬 그리고 10-단계 추이행렬을 원래의 추이행렬 $\boldsymbol{P}$로 나타내면 다음과 같아 일반적인 규칙성을 발견하기가 어렵다.

■ **3-단계 추이행렬**

$$\begin{bmatrix} \mathbf{0.181} & \mathbf{0.} & \mathbf{0.319} & \mathbf{0.} & \mathbf{0.194} \\ \mathbf{0.188} & \mathbf{0.297} & \mathbf{0.0938} & \mathbf{0.422} & \mathbf{0.} \\ \mathbf{0.130} & \mathbf{0.} & \mathbf{0.204} & \mathbf{0.} & \mathbf{0.148} \\ \mathbf{0.203} & \mathbf{0.281} & \mathbf{0.135} & \mathbf{0.297} & \mathbf{0.0417} \\ \mathbf{0.213} & \mathbf{0.} & \mathbf{0.343} & \mathbf{0.} & \mathbf{0.204} \end{bmatrix}$$

■ **6-단계 추이행렬**

$$\begin{bmatrix} 0.115 & 0. & 0.189 & 0. & 0.122 \\ 0.187 & 0.207 & 0.164 & 0.250 & 0.0679 \\ 0.0814 & 0. & 0.134 & 0. & 0.0856 \\ 0.176 & 0.167 & 0.173 & 0.207 & 0.0804 \\ 0.126 & 0. & 0.208 & 0. & 0.134 \end{bmatrix}$$

■ **10-단계 추이행렬**

$$\begin{bmatrix} 0.0608 & 0. & 0.0999 & 0. & 0.0642 \\ 0.148 & 0.114 & 0.165 & 0.139 & 0.0849 \\ 0.0428 & 0. & 0.0703 & 0. & 0.0452 \\ 0.134 & 0.0929 & 0.155 & 0.114 & 0.0826 \\ 0.0666 & 0. & 0.109 & 0. & 0.0703 \end{bmatrix}$$

□

위의 추이도를 살펴보면 상태 공간을 두 개의 집단(class) $\{a, c, e\}$와 $\{b, d\}$으로 나눌 수가 있는데 각각의 집단에 있는 상태들은 서로 갈 수가 있다. 하지만 집단 $\{b, d\}$에 있는 상태에서 집단 $\{a, c, e\}$으로 가면 다시 올 수가 없고 집단 $\{a, c, e\}$ 안에 있는 상태는 몇 단계 후에 원래의 상태로 되돌아올 수 있음을 알 수 있다. 그래서 유사한 성질을 갖는 두 개의 집단 $\{a, c, e\}$와 $\{b, d\}$으로 나눈 형태로 추이행렬을 표현하고 위의 결과들을 수행하여 보자. 첫 단계로 추이행렬을 $\{a, c, e, b, d\}$순으로 바꾸어 추이행렬을 표현해보았다.

$$\overline{\boldsymbol{P}} \equiv \begin{array}{c} \\ a \\ c \\ e \\ b \\ d \end{array} \begin{array}{c} \begin{array}{ccccc} a & c & e & b & d \end{array} \\ \left[\begin{array}{ccc|cc} 1/2 & 1/2 & 0 & 0 & 0 \\ 0 & 1/3 & 2/3 & 0 & 0 \\ 1/3 & 1/3 & 1/3 & 0 & 0 \\ \hline 0 & 0 & 0 & 1/4 & 3/4 \\ 1/4 & 0 & 0 & 1/2 & 1/4 \end{array}\right] \end{array}$$

위와 같은 형태의 추이행렬을 정준형(canonical form)의 추이행렬이라 하고 $\overline{\boldsymbol{P}}$로 표현한다. 만약 정준형의 추이행렬을 사용한다면 어떤 좋은 장점을 찾을 수 있는지 관심을 가지고 수행하여 보자.

예를 들면 정준형에 의한 3-단계와 6-단계 추이행렬만 구해도 분명한 규칙성을 찾을 수가 있다. 그러므로 일반적으로 추이행렬을 정준형으로 바꾸어 사용하면 누구나 쉽게 장점을 찾을 수 있으며 그러한 장점들을 현장에서 이용할 수 있게 된다. 다음은 3단계와 16단계의 추이행렬이다. 이들을 구하면서 그러한 장점들을 확인하여 보자.

■ **3-단계 추이행렬**

$$\begin{bmatrix} 0.236 & 0.375 & 0.389 & 0. & 0. \\ 0.259 & 0.370 & 0.370 & 0. & 0. \\ 0.250 & 0.380 & 0.370 & 0. & 0. \\ 0.188 & 0.0938 & 0. & 0.297 & 0.422 \\ 0.203 & 0.135 & 0.0833 & 0.281 & 0.297 \end{bmatrix}$$

■ **6-단계 추이행렬**

$$\begin{bmatrix} 0.250 & 0.375 & 0.375 & 0. & 0. \\ 0.250 & 0.375 & 0.375 & 0. & 0. \\ 0.250 & 0.375 & 0.375 & 0. & 0. \\ 0.210 & 0.190 & 0.143 & 0.207 & 0.250 \\ 0.217 & 0.225 & 0.185 & 0.167 & 0.207 \end{bmatrix}$$

■ **10-단계 추이행렬**

$$\begin{bmatrix} 0.250 & 0.375 & 0.375 & 0. & 0. \\ 0.250 & 0.375 & 0.375 & 0. & 0. \\ 0.250 & 0.375 & 0.375 & 0. & 0. \\ 0.228 & 0.273 & 0.246 & 0.114 & 0.139 \\ 0.232 & 0.292 & 0.270 & 0.0929 & 0.114 \end{bmatrix}$$

위의 결과를 보면 자신에게로 되돌아 올 수 있는 상태들만을 고려하면 쉽게 규칙성 즉 수렴하는 것같이 보인다. 하지만 아래와 같이 50단계-추이행렬을 구하여 보니 다음과 같이 얻어졌는데 이 결과를 보니 상태 $\{b, d\}$는 점점 0으로 되는 것이 보이고 상태 $\{a, c, e\}$는 일정한 값으로 수렴하는 것을 알 수가 있다. 즉 확률과정이 상태 a에 있게 될 확률은 0.250이고 c에 있게 될 확률은 0.375 그리고 e에 있게될 확률은 0.375이고 b와 d에 있게 될 확률은 0이 될 것임을 알 수 있다. 아래와 같이 50단계 추이행렬을 구해보면 그와 같은 성질을 좀 더 정확히 확인할 수 있다.

■ **50-단계 추이행렬**

$$\begin{bmatrix} \mathbf{0.250} & \mathbf{0.375} & \mathbf{0.375} & \mathbf{0.} & \mathbf{0.} \\ \mathbf{0.250} & \mathbf{0.375} & \mathbf{0.375} & \mathbf{0.} & \mathbf{0.} \\ \mathbf{0.250} & \mathbf{0.375} & \mathbf{0.375} & \mathbf{0.} & \mathbf{0.} \\ \mathbf{0.250} & \mathbf{0.375} & \mathbf{0.375} & \mathbf{0.000305} & \mathbf{0.000373} \\ \mathbf{0.250} & \mathbf{0.375} & \mathbf{0.375} & \mathbf{0.000249} & \mathbf{0.000305} \end{bmatrix}$$

위의 결과들을 다른 패키지 R-project로 수행하여 보자.

■ **패키지 Makovchain을 사용하는 방법**

♣ R-project에 의한 방법

```
> library(markovchain)
> P <- matrix(c(1/2,   0, 1/2,   0,    0,
                  0, 1/4,   0, 3/4,    0,
                  0,   0, 1/3,   0,  2/3,
                1/4, 1/2,   0, 1/4,    0,
                1/3,   0, 1/3,   0,  1/3), byrow=T, nrow=5)
> P
          [,1] [,2]      [,3] [,4]      [,5]
[1,] 0.5000000 0.00 0.5000000 0.00 0.0000000
[2,] 0.0000000 0.25 0.0000000 0.75 0.0000000
[3,] 0.0000000 0.00 0.3333333 0.00 0.6666667
[4,] 0.2500000 0.50 0.0000000 0.25 0.0000000
[5,] 0.3333333 0.00 0.3333333 0.00 0.3333333

> rownames(P) <- letters[1:5]
> colnames(P) <- rownames(P)

> P
          a    b         c    d         e
a 0.5000000 0.00 0.5000000 0.00 0.0000000
b 0.0000000 0.25 0.0000000 0.75 0.0000000
c 0.0000000 0.00 0.3333333 0.00 0.6666667
d 0.2500000 0.50 0.0000000 0.25 0.0000000
e 0.3333333 0.00 0.3333333 0.00 0.3333333
```

```
> (States <- rownames(P))
[1] "a" "b" "c" "d" "e "

> TP <- new("markovchain", stat=States, transitionMatrix=P,
              name="Transition Matrix")
> TP
Transition Matrix
 A  5 - dimensional discrete Markov Chain with following states
 a b c d e
 The transition matrix   (by rows)  is defined as follows
          a    b         c    d         e
a 0.5000000 0.00 0.5000000 0.00 0.0000000
b 0.0000000 0.25 0.0000000 0.75 0.0000000
c 0.0000000 0.00 0.3333333 0.00 0.6666667
d 0.2500000 0.50 0.0000000 0.25 0.0000000
e 0.3333333 0.00 0.3333333 0.00 0.3333333
```

이제 추이도를 그려보자.

```
> plot(TP, vertex.color="green", edge.color="blue")
> title(main="Transition Diagram", cex.main=2, col.main="blue")
```

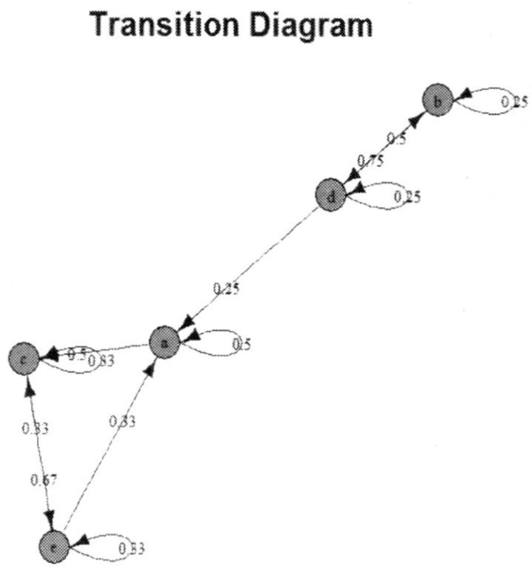


```
> TranP <- function(n, P){
      P %^% n
  }
```

```
> format(TranP(3, P), digits=2, nsmall=3)
        a       b       c       d       e
a "0.236" "0.000" "0.375" "0.000" "0.389"
b "0.188" "0.297" "0.094" "0.422" "0.000"
c "0.259" "0.000" "0.370" "0.000" "0.370"
d "0.203" "0.281" "0.135" "0.297" "0.083"
e "0.250" "0.000" "0.380" "0.000" "0.370"
> round(TranP(3,P), 3)
      a     b     c     d     e
a 0.236 0.000 0.375 0.000 0.389
b 0.188 0.297 0.094 0.422 0.000
c 0.259 0.000 0.370 0.000 0.370
d 0.203 0.281 0.135 0.297 0.083
e 0.250 0.000 0.380 0.000 0.370
> round(TranP(6,P), 3)
      a     b     c     d     e
a 0.250 0.000 0.375 0.000 0.375
b 0.210 0.207 0.190 0.250 0.143
c 0.250 0.000 0.375 0.000 0.375
d 0.217 0.167 0.225 0.207 0.185
e 0.250 0.000 0.375 0.000 0.375
> round(TranP(9,P), 3)
      a     b     c     d     e
a 0.250 0.000 0.375 0.000 0.375
b 0.224 0.132 0.257 0.162 0.226
c 0.250 0.000 0.375 0.000 0.375
d 0.229 0.108 0.278 0.132 0.253
e 0.250 0.000 0.375 0.000 0.375
> round(TranP(29,P), 3)
      a     b     c     d     e
a 0.250 0.000 0.375 0.000 0.375
b 0.249 0.007 0.369 0.008 0.367
c 0.250 0.000 0.375 0.000 0.375
d 0.249 0.006 0.370 0.007 0.369
e 0.250 0.000 0.375 0.000 0.375
```

다음은 정준형의 추이행렬을 구하는 방법을 고려해보자. 먼저 추이도를 보고, 상태를 두 부류로 분류하고 이것을 근거로 추이행렬을 구하는 방법이 있을 것이다.

```
> #-------- Canonical Form of Transition Matrix --------#
> CP <- matrix(c(1/2, 1/2,   0,   0,   0,
                   0, 1/3, 2/3,   0,   0,
                 1/3, 1/3, 1/3,   0,   0,
                   0,   0,   0, 1/4, 3/4,
                 1/4,   0,   0, 1/2, 1/4), byrow=T, nrow=5)
> CP
          [,1]      [,2]      [,3] [,4] [,5]
[1,] 0.5000000 0.5000000 0.0000000 0.00 0.00
[2,] 0.0000000 0.3333333 0.6666667 0.00 0.00
[3,] 0.3333333 0.3333333 0.3333333 0.00 0.00
[4,] 0.0000000 0.0000000 0.0000000 0.25 0.75
[5,] 0.2500000 0.0000000 0.0000000 0.50 0.25
> rownames(CP) <- c("a", "c", "e", "b", "d")
> colnames(CP) <- rownames(CP)
> CP
          a         c         e    b    d
a 0.5000000 0.5000000 0.0000000 0.00 0.00
c 0.0000000 0.3333333 0.6666667 0.00 0.00
e 0.3333333 0.3333333 0.3333333 0.00 0.00
b 0.0000000 0.0000000 0.0000000 0.25 0.75
d 0.2500000 0.0000000 0.0000000 0.50 0.25
> (States <- rownames(CP))
[1] "a" "c" "e" "b" "d "
> TCP <- new("markovchain", stat=States, transitionMatrix=CP,
             name="Transition Matrix")
> TCP
Transition Matrix
 A  5 - dimensional discrete Markov Chain with following states
 a c e b d
 The transition matrix   (by rows)  is defined as follows
          a         c         e    b    d
a 0.5000000 0.5000000 0.0000000 0.00 0.00
c 0.0000000 0.3333333 0.6666667 0.00 0.00
e 0.3333333 0.3333333 0.3333333 0.00 0.00
b 0.0000000 0.0000000 0.0000000 0.25 0.75
d 0.2500000 0.0000000 0.0000000 0.50 0.25
```

```
> round(TranP(9,CP), 3)
      a     c     e     b     d
a 0.250 0.375 0.375 0.000 0.000
c 0.250 0.375 0.375 0.000 0.000
e 0.250 0.375 0.375 0.000 0.000
b 0.224 0.257 0.226 0.132 0.162
d 0.229 0.278 0.253 0.108 0.132
> round(TranP(29,CP), 3)
      a     c     e     b     d
a 0.250 0.375 0.375 0.000 0.000
c 0.250 0.375 0.375 0.000 0.000
e 0.250 0.375 0.375 0.000 0.000
b 0.249 0.369 0.367 0.007 0.008
d 0.249 0.370 0.369 0.006 0.007
> round(TranP(50,CP), 3)
     a     c     e b d
a 0.25 0.375 0.375 0 0
c 0.25 0.375 0.375 0 0
e 0.25 0.375 0.375 0 0
b 0.25 0.375 0.375 0 0
d 0.25 0.375 0.375 0 0
```

단계를 9, 29로 늘려 보았고 마지막으로 50단계의 추이행렬을 구했다. 단계수를 높여갈수록 특정한 규칙이 보이는 것을 확인할 수 있다. 50단계에서는 두드러진 특징을 보이는 것을 확인할 수 있다. 즉 단계 수가 높아갈수록 일정한 값으로 수렴함을 알 수 있다. 정확한 이론적 근거는 나중에 다룰 것이다. 하지만 위의 과정을 패키지 markovchain에 있는 canonicForm함수를 사용하면 아래와 같이 아주 간단히 수행할 수 있다.

```
> CP <- canonicForm(TP)
> CP
Transition Matrix
 A  5 - dimensional discrete Markov Chain with following states
 a c e b d
 The transition matrix   (by rows)  is defined as follows
          a         c         e    b    d
a 0.5000000 0.5000000 0.0000000 0.00 0.00
c 0.0000000 0.3333333 0.6666667 0.00 0.00
e 0.3333333 0.3333333 0.3333333 0.00 0.00
b 0.0000000 0.0000000 0.0000000 0.25 0.75
d 0.2500000 0.0000000 0.0000000 0.50 0.25
> str(CP)
Formal class 'markovchain' [package "markovchain"] with 4 slots
```

```
  ..@ states          : chr [1:5] "a" "c" "e" "b" ...
  ..@ byrow           : logi TRUE
  ..@ transitionMatrix: num [1:5, 1:5] 0.5 0 0.333 0 0.25 ...
  .. ..- attr(*, "dimnames")=List of 2
  .. .. ..$ : chr [1:5] "a" "c" "e" "b" ...
  .. .. ..$ : chr [1:5] "a" "c" "e" "b" ...
  ..@ name            : chr "Transition Matrix"
> TrP <- CP@transitionMatrix
> TrP
          a         c         e    b    d
a 0.5000000 0.5000000 0.0000000 0.00 0.00
c 0.0000000 0.3333333 0.6666667 0.00 0.00
e 0.3333333 0.3333333 0.3333333 0.00 0.00
b 0.0000000 0.0000000 0.0000000 0.25 0.75
d 0.2500000 0.0000000 0.0000000 0.50 0.25
>
> round(TranP(9,TrP), 3)
      a     c     e     b     d
a 0.250 0.375 0.375 0.000 0.000
c 0.250 0.375 0.375 0.000 0.000
e 0.250 0.375 0.375 0.000 0.000
b 0.224 0.257 0.226 0.132 0.162
d 0.229 0.278 0.253 0.108 0.132
> round(TranP(29,TrP), 3)
      a     c     e     b     d
a 0.250 0.375 0.375 0.000 0.000
c 0.250 0.375 0.375 0.000 0.000
e 0.250 0.375 0.375 0.000 0.000
b 0.249 0.369 0.367 0.007 0.008
d 0.249 0.370 0.369 0.006 0.007
> round(TranP(50,TrP), 3)
     a     c     e b d
a 0.25 0.375 0.375 0 0
c 0.25 0.375 0.375 0 0
e 0.25 0.375 0.375 0 0
b 0.25 0.375 0.375 0 0
d 0.25 0.375 0.375 0 0
```

나중에 자세히 다루겠지만, 출력 결과를 해석하면 추이도에서 어느 정도 나타나 있는 정보로 단계 수가 증가할 때 나타나는 현상을 어느 정도 예측할 수 있다. 결국 단계 수가 증가할수록 상태 $\{b, d\}$는 남아 있지 않고, 모두 상태 $\{a, c, e\}$로 가게 될 것이고 그 확률은 각각 0.25, 0.375 그리고 0.75가 되는 것을 알 수 있다. □

2.4 마르코프 연쇄의 모의실험(Simulation of Markov Chain)

마르코프 연쇄의 이론을 배울 때 실제 자료에서 얻은 결과와 이론적 결과가 정확히 일치한다는 것을 확인한다면, 얻고 배운 이론의 중요성과 갖고 있는 의미를 확실히 알게 될 것이고, 이러한 확인 과정으로 인하여 강한 확신을 갖고 이론의 결과들을 넓게 여러 분야에 정확하게 활용할 수 있게 될 것이다. 이와 같은 절차는 현시대에 아주 적절한 교육방법으로 생각한다. 왜냐하면 이제는 정보들이 여러 곳에 분산되어 있거나 특정한 지역에 고립되어 있지 않고, 한 곳에 모아져 있을 뿐만 아니라 누구나 쉽게 공유할 수 있는 시대가 되었다. 즉 인터넷상에서 누구나 원하는 정보를 거의 모두 확보하여 활용할 수 있게 되었다는 것이다. 하지만 현실적으로 아직은 다루고자 하는 자료나 정보의 조건과 정확히 맞는 자료를 구하는 것은 쉽지가 않은 것이 현실이다.

그리고 많은 조건들 모두를 만족하는 자료를 필요할 때마다 매번 구하는 것도 불가능하다. 특히 모든 자료에는 오차가 포함되어있다. 즉 확률적 성질이 관련된 자료이고, 이 자료에는 **임의성**(randomness) 즉 랜덤성이 있기 때문에 같은 조건이라도 얻어지는 실제 자료는 똑같지 않다. 따라서 컴퓨터에 의하여 주어진 조건에 맞고 임의성을 갖는 자료, 즉 유사 **난수**(pseudo-random number)에 의하여 조건에 맞는 **변량**(variate)들을 생성하여 유사한 자료를 확보한 후, 관련된 이론에 적용시켜서 결과들을 얻어내고 확인하는 과정이 필수적이다. 이와 같이 조건에 맞는 변량들을 생성하여 얻어진 이론과 결과를 확인하는 과정을 **모의실험**(simulation)이라 한다.

마르코프 연쇄에 대한 모의실험을 수행하여 마르코프 연쇄가 되는 자료, 변량들을 얻을 수 있다. 간단한 R의 함수를 이용하여 고려 중인 마르코프 연쇄를 따르는 변량들을 생성할 수 있다. Maple과 R-project 모두 이 과정을 수행할 수 있으나 접근성과 전문성 그리고 대중성을 모두 갖춘 R-project가 더 많은 예제와 방법들을 제공하고 있다. 이제 R-project의 간단한 함수 sample과 cumsum을 이용하여 난수를 생성하고 이것을 이용하여 특정 추이행렬을 갖는 마르코프 연쇄를 따르는 자료를 생성하는 과정을 수행해보고 다시 역으로 얻어진 자료를 근거로 모든 정보를 갖고 있는 추이행렬을 구하는 과정을 수행해본다.

예제 2.4.1 공정한 동전을 1000번 던져서 앞면이 나오는 횟수와 동전을 던진 횟수와의 비율을 모의실험에 의하여 구하고, 나온 횟수에 대한 비율이 앞면이 나오는 확률 1/2로 수렴하는 것을 그래프로 그려보라.

풀이 공정한 동전을 던진 횟수를 n이라 하고, 그때까지 나온 앞면의 수를 $n(H)$라고 하면 대수법칙(law of large numbers)에 의하면 다음과 같다.

$$\lim_{n \to \infty} \frac{n(H)}{n} = \frac{1}{2} = P(H)$$

난수를 생성하여 앞면을 1로 뒷면을 0으로 하여 확률표본(random sample)을 생성하여 시행 횟수와 앞면이 나온 횟수를 나누어 비율을 계산한 후 시행 횟수를 증가시키면 원하는 결과가 나온다.

■ **R-project에 의한 방법**

```
> n <- 1000 # Number of coin flips
> coinflips <- sample(0:1, n, replace=TRUE)
> head(coinflips)
 [1] 0 0 0 0 1 1
> coinflips[1:15]
 [1] 0 0 0 0 1 1 1 1 1 0 1 0 0 1 1
> heads <- cumsum(coinflips)
> heads[1:15]
 [1] 0 0 0 0 1 2 3 4 5 5 6 6 6 7 8
> prop <- heads/(1:n)
> prop[1:15]
 [1] 0.0000000 0.0000000 0.0000000 0.0000000 0.2000000
 [6] 0.3333333 0.4285714 0.5000000 0.5555556 0.5000000
[11] 0.5454545 0.5000000 0.4615385 0.5000000 0.5333333
> plot(1:n,prop)
> abline(h=0.5, col="red")
```

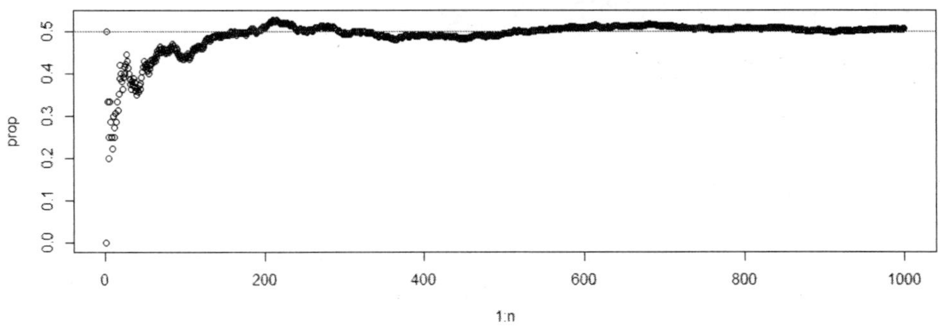


```
> plot(1:n,prop,type="l",xlab="Number of coin flips", col="blue",
       ylim=c(0,1), ylab="Running average",main="Proportion heads
       in 1000 coin flips", col.main="blue")
```

```
> abline(h=0.5, col="red")
```

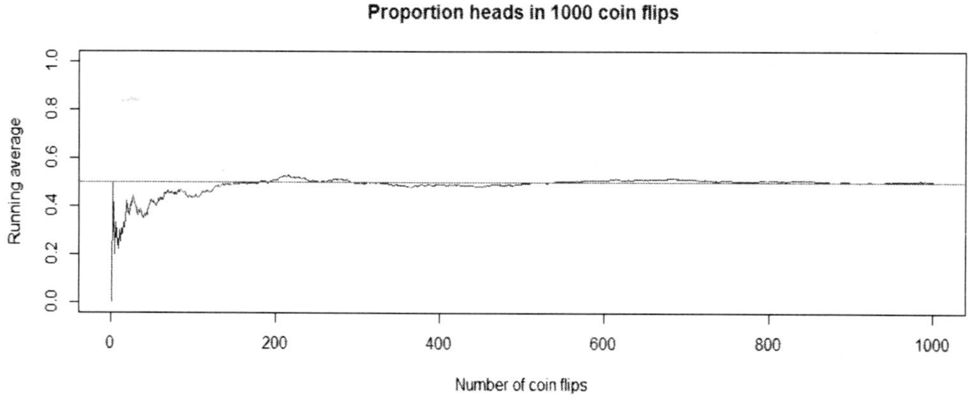

□

예제 2.4.2 확률보행 모형(random walk model)을 [예제 2.3.3]에서 다루었다. 즉, 서로 독립이고 동일한 분포(i.i.d.)를 갖는 확률변수열 $\{Y_i \mid i=1,2,\cdots\}$이 있다. 모든 단계 $i=1,2,\cdots$에 대하여, 각각의 확률변수는 $P(Y_i=1)=p$, $P(Y_i=-1)=q=1-p$, $0<p<1$와 같은 확률분포를 한다. 만약 $X_0=0$, $X_n=Y_1+\cdots+Y_n$, $n\geqq 1$라 한다면, 확률과정 $\{X_n \mid n\geqq 1\}$가 마르코프 연쇄가 됨을 보였다. 여기서 Y_i를 i번째 게임의 결과로 보고, 게임에서 이기면 1$를 받고 지면 1$를 주는 것이라 보면 X_n는 n번 게임 후 상금이라고 볼 수 있다. 이제 R-project를 이용하여 $p=1/2$일 때, $n=100$ 즉 게임을 100번 하는 동안 상금 상태 $\{X_n \mid n\geqq 1\}$인 확률보행 모형을 모의실험으로 수행하여 보라.

풀이 다음과 같이 직접 수행하여 보자.

■ **R-project에 의한 방법**

```
> n <- 100 # Number of steps
> game <- sample(c(-1,1), n, replace=TRUE)
> walk <- cumsum(game) # position after each flip
> for (k in 1:n) {
      plot(1:k, walk[1:k],xlim=c(1,n), ylim=c(-n/5,n/5), col="blue",
           type="l",xlab="Step",ylab="Position",
           main="Random Walk Model", col.main="blue")
    Sys.sleep(0.1) # short pause so can watch random walk step by step
  }
```

```
> abline(h=0, col="red")
```

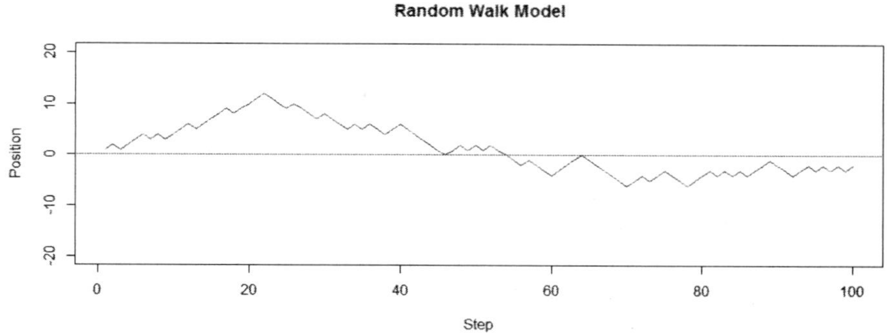

게임에서 이길 확률 p가 1/2이므로 100번 게임을 하면 반은 이기고 반은 지게 되므로 상금에 대한 기댓값은 0일 것이다. 실제로 위의 모의실험에 의하면 0 근처에 있음을 위의 그래프에 의하여 확인 할 수 있다. □

이제 마르코프 연쇄의 추이행렬이 주어졌을 때 그것을 근거로 마르코프 연쇄를 따르는 자료를 생성하여 보고, 이 자료를 근거로 다시 역으로 마르코프 연쇄의 추이행렬을 추정하여 보자. 먼저 인터넷에서 마르코프 연쇄를 따르는 확률과정 자료를 생성하는 R-코드 중에 하나를 검색하여 수행하여 보자.

예제 2.4.3 추이행렬이 다음과 같이 주어진 마르코프 연쇄를 따르는 자료 100개를 생성하고 생성된 100개의 자료를 근거로 다시 역으로 추이행렬을 상대빈도로 추정하여 원래 주어진 추이행렬과 얼마나 차이가 나는지를 구하라.

$$\boldsymbol{P} = \begin{bmatrix} 0.8 & 0.2 \\ 0.4 & 0.6 \end{bmatrix}$$

풀이 먼저 함수 sample을 이용하여, 처음 시작 단계의 상태가 있고, 주어진 추이행렬 $\boldsymbol{P}$을 갖는 마르코프 연쇄를 하는 자료를 생성하는 함수를 만들어 보자.

■ **R-project에 의한 방법**

```
> MC.sim <- function(n,P,x1) {
      sim <- as.numeric(n)
      m <- ncol(P)
      if (missing(x1)) {
          sim[1] <- sample(1:m,1) # random start
         } else { sim[1] <- x1}
```

```
    for (i in 2:n) {
      newstate <- sample(1:m, 1, prob=P[sim[i-1],])
      sim[i] <- newstate
    }
  sim
}
```

이제 추이행렬을 만들자.

```
> TP.mat <- matrix(c(0.8,0.2, 0.4, 0.6), ncol=2, byrow=TRUE)
> TP.mat
     [,1] [,2]
[1,]  0.8  0.2
[2,]  0.4  0.6
```

위의 추이행렬을 갖는 마르코프 연쇄를 따르는 100개의 상태를 생성하여 보자.

```
> MC.eg <- MC.sim(100, TP.mat)
> MC.eg
  [1] 1 1 1 1 2 2 2 2 2 2 2 2 2 1 2 2 2 2 2 1 1 2 2 1 1 2 2 1
 [28] 2 1 2 2 2 2 1 1 2 2 2 2 1 1 1 1 1 1 1 1 1 1 2 1 1 1 1
 [55] 1 1 1 2 1 1 1 1 1 1 1 1 1 1 1 1 2 2 1 1 1 1 1 1 1 2 2 2
 [82] 2 1 1 1 1 1 2 1 1 1 1 1 1 1 1 2 2 2 1
```

상태에 대한 전체 빈도를 구한다.

```
> table(MC.eg)
MC.eg
 1  2
62 38
```

상태들의 1-단계 추이 빈도를 구하자.

```
> FR <- table(MC.eg[1:(length(MC.eg)-1)], MC.eg[2:length(MC.eg)])
> FR

     1  2
  1 48 13
  2 13 25
```

추이 빈도의 상대 빈도를 구하여 비율을 구하여 추이 확률로 추정한다.

```
> ETP.mat <- round(prop.table(FR,1), 2)
> ETP.mat

     1    2
 1 0.79 0.21
 2 0.34 0.66
```

구한 추이에 대한 상대빈도와 추이 확률과의 오차를 구한다.

```
> abs(TP.mat - ETP.mat)
     1    2
 1 0.01 0.01
 2 0.06 0.06
```

위의 결과를 보면 오차가 크지 않음을 알 수 있지만, 만약 생성하는 변량의 개수를 100보다 더 많게 증가시키면 오차는 현저하게 줄게 된다. □

이제 패키지 markovchain에 있는 함수들을 이용하여 주어진 추이행렬을 갖는 마르코프 연쇄를 따르는 상태들을 쉽게 생성하는 방법을 고려한다. 먼저 상태들을 생성하는 함수는 두 가지 markovchainSequence와 rmarkovchain가 있다. 먼저 함수 markovchain Sequence는 동질(homogenous) 마르코스 연쇄를 하는 상태들을 생성하는 함수이고, rmarkovchain은 비동질(nonhomogenous) 마르코스 연쇄를 따르는 상태들을 생성하는 함수이다. 그 용법과 인수들은 다음과 같다.

- **markovchainSequence**

  동질인 마르코프 연쇄를 따르는 상태들을 생성하는 함수

- 용법(Usage) :

```
markovchainSequence(n, markovchain,
t0=sample(markovchain@states, 1),
        include.t0 = FALSE, useRCpp = TRUE)
```

- 인수(Arguments) :

n	표본크기
markovchain	markovchain object
t0	초기상태를 지정한다.
include.t0	부울(Boolean)대수값으로 초기상태를 자료에 삽입 여부를 지정한다.

useRCpp 부울(Boolean)대수값으로 RCpp(R과 C++를 통합한 패키지) 사용 여부를 지정한다. 지정값은 TRUE이다.

여기서 markovchain object는 대개 추이행렬이 된다.

예제 2.4.4 추이행렬이 다음과 같이 주어진 동질 마르코프 연쇄를 따르는 자료 100개를 난수로 생성하고, 얻어진 100개의 자료를 근거로 다시 역으로 추이행렬을 상대빈도로 추정하여 원래 주어진 추이확률의 행렬과 얼마나 차이가 나는지를 구하라.

$$\boldsymbol{P}=\begin{bmatrix} 0.8 & 0.2 \\ 0.4 & 0.6 \end{bmatrix}$$

풀이 먼저 [예제 2.4.3]과 다른 점은 마르코프 연쇄가 동질이라는 점이다. 이제 함수 markovchainSequence를 이용하여 주어진 추이행렬 $\boldsymbol{P}$을 갖는 동질 마르코프 연쇄를 하는 자료를 생성하는 함수를 만들어 보자.

■ **R-project에 의한 방법**

```
> library(markovchain)
> TP.mat <- matrix(c(0.8,0.2, 0.4, 0.6), ncol=2, byrow=TRUE)
> statesNames <- c("1", "2")
> Hmc <- new("markovchain", states = statesNames,
  transitionMatrix = matrix(c(0.8,0.2, 0.4, 0.6), ncol=2, byrow=TRUE,
  dimnames = list(statesNames, statesNames)))
> #--- show the sequence ---#
> Houts <- markovchainSequence(n = 100, markovchain = Hmc, t0 = "2", + include.t0=T)
> Houts
  [1] "2" "1" "2" "2" "1" "2" "1" "2" "2" "2" "1" "2" "2"
 [14] "1" "1" "2" "2" "2" "1" "1" "1" "1" "1" "1" "1" "1"
 [27] "1" "2" "1" "1" "1" "1" "1" "2" "2" "2" "2" "2" "2"
 [40] "2" "2" "2" "1" "1" "1" "1" "1" "1" "2" "1" "1" "2"
 [53] "2" "2" "2" "1" "1" "1" "1" "1" "2" "1" "1" "1" "2"
 [66] "1" "1" "1" "1" "1" "1" "1" "1" "1" "2" "1" "1" "1"
 [79] "1" "1" "1" "1" "1" "2" "2" "1" "1" "1" "2" "1" "1"
 [92] "2" "1" "1" "2" "1" "1" "1" "1" "1" "2"
> length(Houts)
[1] 101
> table(Houts)
Houts
 1  2
65 36
```

```
> Freq <- table(Houts[1:(length(Houts)-1)], Houts[2:length(Houts)])
> Freq
     1  2
  1 48 17
  2 17 18
> EstTP <- round(prop.table(Freq,1), 2)
> EstTP
       1    2
  1 0.74 0.26
  2 0.49 0.51
> TP.mat
     [,1] [,2]
[1,]  0.8  0.2
[2,]  0.4  0.6
> abs(TP.mat - EstTP)
       1    2
  1 0.06 0.06
  2 0.09 0.09
```

만약 생성하는 변량의 개수를 100보다 더 많게 증가시키면 오차는 현저하게 줄게 된다. □

이제 비동질인 마르코프 연쇄를 따르는 상태들의 열을 생성하는 함수 rmarkovchain의 용법과 인수들 등을 고려하자.

■ **rmarkovchain**

비동질인 마르코프 연쇄를 따르는 상태들을 생성하는 함수

• 용법(Usage)

rmarkovchain(n, object, what = "data.frame", useRCpp = TRUE, parallel = FALSE, num.cores = NULL, ...)

• 인수(Arguments)

n	표본크기
object	markovchain 또는 markovchainList object
what	data.frame 또는 matrix (each rows represent a simulation) 또는 list
useRCpp	부울(Boolean) 대수값으로 RCpp를 사용 여부를 지정한다. 지정값은 TRUE이다.

parallel	부울(Boolean) 대수값으로 평행 이행의 사용 여부를 지정한다. 지정값은 TRUE이다.
num.cores	사용하는 코어(Cores)의 회수를 지정한다.
...	기타 내부 표집기(sampler)에 관련된 모수를 지정한다.

여기서 RCpp(package provides R functions as well as C++)는 패키지 이름으로 C++과 R의 연동 및 R코드의 속도 개선을 지원한다.

예제 2.4.5 추이행렬이 다음과 같이 주어진 비동질 마르코프 연쇄를 따르는 자료 100개를 생성하고 생성된 100개의 자료를 근거로 다시 역으로 추이행렬을 상대빈도로 추정하여 원래 주어진 추이확률행렬과 얼마나 차이가 나는지를 구하라.

$$\boldsymbol{P} = \begin{bmatrix} 0.8 & 0.2 \\ 0.4 & 0.6 \end{bmatrix}$$

풀이 먼저 [예제 2.4.3]과 다른 점은 마르코프 연쇄가 비동질이라는 점을 구체적으로 언급하였다는 것이다. 이제 함수 rmarkovchain를 이용하여 주어진 추이행렬 $\boldsymbol{P}$을 갖는 동질 마르코프 연쇄를 하는 자료를 생성하는 함수를 만들어 보자.

■ R-project에 의한 방법

```
> library(markovchain)
> TP.mat <- matrix(c(0.8,0.2, 0.4, 0.6), ncol=2, byrow=TRUE)
> statesNames <- c("1", "2")
> Hmc <- new("markovchain", states = statesNames,
   transitionMatrix = matrix(c(0.8,0.2, 0.4, 0.6), ncol=2, byrow=TRUE,
   dimnames = list(statesNames, statesNames)))
> #--- show the sequence ---#
> NHouts <- rmarkovchain(n = 100, object = Hmc)
> NHouts
  [1] "1" "1" "1" "2" "1" "2" "2" "2" "1" "1"
 [11] "1" "1" "1" "2" "2" "1" "1" "1" "1" "1"
 [21] "1" "1" "2" "1" "1" "1" "1" "2" "1" "1"
 [31] "1" "1" "1" "1" "2" "1" "1" "2" "1" "1"
 [41] "2" "1" "2" "1" "1" "2" "2" "2" "2" "2"
 [51] "2" "2" "2" "2" "2" "2" "2" "1" "1" "1"
 [61] "1" "1" "1" "1" "2" "2" "2" "1" "1" "1"
 [71] "1" "1" "1" "1" "2" "1" "1" "1" "1" "2"
 [81] "1" "1" "1" "1" "1" "1" "1" "2" "2" "2"
 [91] "1" "1" "1" "1" "1" "1" "2" "2" "1" "1"
```

```
> length(NHouts)
[1] 100
> table(NHouts)
NHouts
 1  2
66 34
> NFreq <- table(NHouts[1:(length(NHouts)-1)], NHouts[2:length(NHouts)])
> NFreq

     1  2
  1 50 15
  2 15 19
> EstNTP <- round(prop.table(NFreq,1), 2)
> EstNTP

       1    2
  1 0.77 0.23
  2 0.44 0.56
> TP.mat
     [,1] [,2]
[1,]  0.8  0.2
[2,]  0.4  0.6
> abs(TP.mat - EstNTP)
       1    2
  1 0.03 0.03
  2 0.04 0.04
```

패키지에 있는 명령어 markovchainFit를 사용하여 다음과 같이 더 많은 결과를 구할 수도 있다.

```
> ETpMLE <- markovchainFit(data=NHouts, method="mle",
name="statesNames")
> ETpMLE
$estimate
          1         2
1 0.7692308 0.2307692
2 0.4411765 0.5588235
$standardError
          1          2
1 0.1087857 0.05958436
2 0.1139113 0.12820291

$confidenceLevel
[1] 0.95
```

```
$lowerEndpointMatrix
          1         2
1 0.5902943 0.1327617
2 0.2538091 0.3479485

$upperEndpointMatrix
          1         2
1 0.9481673 0.3287768
2 0.6285438 0.7696986

$logLikelihood
[1] -58.44443
> ETpMLE$estimate
statesNames
 A  2 - dimensional discrete Markov Chain defined by the following states:
 1, 2
 The transition matrix  (by rows)  is defined as follows:
          1         2
1 0.7692308 0.2307692
2 0.4411765 0.5588235
> round(ETpMLE$estimate[],2)
     1    2
1 0.77 0.23
2 0.44 0.56
> plot(ETpMLE$estimate, edge.color="sienna", main="Transition Diagram")
```

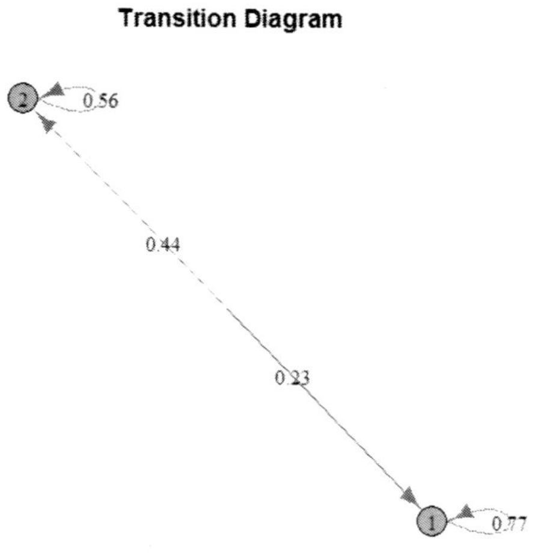

여기에서도 마찬가지로 생성하는 상태에 관한 변량의 개수를 100보다 더 많게 증가시키면 오차는 현저하게 줄게 된다. □

확정된 추이행렬이 지정되어 있는 경우에 앞의 두 예제에서 생성하는 상태들의 변량의 개수를 증가시키는 경우에 오차의 변화에는 어떤 차이가 있겠는가? 연습문제에서 이와 같은 경우에 대하여 고려해볼 것이다.

주의 위 예제에서 추이확률을 상대비율로 추정하였다. 이 경우에 상대비율은 추이확률의 최대우도추정량(Maximum likelihood estimator;MLE)이 된다. 그리고 패키지 markovchain을 이용하여 구할 수도 있는데 이것은 5장에서 다룰 것이다.

2장 연습문제

1. 주변에서 찾을 수 있는 마르코프 연쇄의 예를 찾아서 정의에 맞는지 확인하고 설명하라.

2. 상태 공간이 $S=\{A,B,C\}$인 마르코프 연쇄의 추이행렬이 다음과 같다.

$$\boldsymbol{P}=\begin{array}{c} \\ A \\ B \\ C \end{array}\begin{array}{c} \begin{array}{ccc} A & B & C \end{array} \\ \left[\begin{array}{ccc} 0.6 & 0.1 & x \\ 0.2 & y & 0.1 \\ z & 0.2 & 0.4 \end{array}\right] \end{array}$$

x,y,z를 구한 다음, $P(X_7=C \mid X_6=B)$, $P(X_5=B, X_6=C, X_7=A \mid X_4=B)$을 구하라. 그리고 만약 $P(X_0=C)=0.4$일 때 $P(X_0=C, X_1=C, X_2=A)$를 구하라.

3. 마르코프 연쇄의 추이행렬이 다음과 같이 주어졌다.

$$\boldsymbol{P}=\begin{array}{c} \\ 1 \\ 2 \end{array}\begin{array}{c} \begin{array}{cc} 1 & 2 \end{array} \\ \left[\begin{array}{cc} 0.6 & 0.4 \\ 0.2 & 0.8 \end{array}\right] \end{array}$$

상태 공간을 구하고, 이 마르코프 연쇄에 대해 설명하여라. 그리고 $P_{12}^{(2)}, P_{21}^{(2)}$를 구하고 각각 어떤 확률인지를 설명하고 단계 수가 증가할 때 어떤 결과가 얻어지는가?

4. 어느 사람이 알코올음료를 마시는데 건강을 생각하여 과거에 마신 날에 대한 기록을 살펴보았다. 그 사람이 오늘 알코올음료를 마시느냐(Yes) 안 마시느냐(No)는 바로 전날 음료를 마신 것에만 관련이 있다고 한다. 어느 날 알코올음료를 마셨을 때 다음날 또 마시는 확률은 2/5이고 마시지 않았을 때 다음 날 마시는 확률은 5/6이었다. n일에 음료를 마시는지의 상태를 X_n 라고 할 때 $\{X_n \mid n=1,2,\cdots\}$가 마르코프 연쇄가 됨을 보이고 5일에 술을 마셨을 때 일주일 후에 술을 마시는 확률을 계산하라.

5. 다람쥐를 다음과 같이 방이 6개 있는 미로에 넣는다. 매시간 다람쥐는 출구를 임의로 선정하여 다른 방으로 가거나 제자리에 머물러 있다. n시간부터 $n+1$시간 사이에 있게 되는 방의 위치를 X_n라고 할 때 확률과정 $\{X_n \mid n=0,1,2,\cdots\}$가 마르코프 연쇄가 됨을 보이고 0시에 2번 방에 있었다면 8시간 뒤에 어느 방에 있겠는가를 예측하여 보라. 또한 24시간 뒤에는 어떻게 되겠는가?

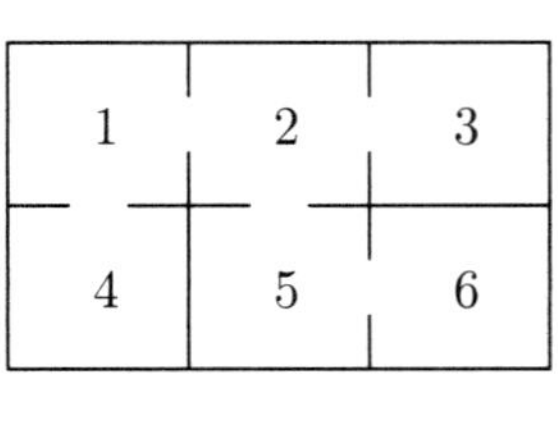

6. 상태 공간이 $S=\{a,b,c,d,e\}$ 이고 추이행렬이 다음과 같이 주어졌을 때 추이도를 그리고 정준형으로 추이행렬을 표현한 후 단계가 늘어날 때 어떤 특징이 있는 지를 확인하라.

$$\boldsymbol{P}=\begin{array}{c} \\ a \\ b \\ c \\ d \\ e \end{array}\begin{array}{c} \begin{array}{ccccc} a & b & c & d & e \end{array} \\ \begin{bmatrix} 0.6 & 0.1 & 0 & 0.3 & 0 \\ 0.2 & 0.5 & 0.1 & 0.2 & 0 \\ 0.2 & 0.2 & 0.4 & 0.1 & 0.1 \\ 0 & 0 & 0 & 1 & 0 \\ 0 & 0 & 0 & 0 & 1 \end{bmatrix} \end{array}$$

7. 상태 공간이 $S=\{A,B,C\}$ 인 마르코프 연쇄의 추이행렬이 다음과 같다.

$$\boldsymbol{P}=\begin{array}{c} \\ A \\ B \\ C \end{array}\begin{array}{c} \begin{array}{ccc} A & B & C \end{array} \\ \begin{bmatrix} 0.2 & 0.5 & 0.3 \\ 0.0 & 0.2 & 0.8 \\ 0.1 & 0.8 & 0.1 \end{bmatrix} \end{array}$$

이 마르코프 연쇄의 추이행렬에 대한 추이도를 그리고 시작 상태가 B인 동질인 마르코프 연쇄를 따르는 변량을 100개를 생성하고 동질이 아닌 마르코프 연쇄를 따르는 변량 100개를 생성하라. 다음 이들 생성된 자료를 근거로 추이행렬을 추정하고 비교하라.

8. [예제 2.4.1]에서 게임에서 이길 확률이 $p=2/3$일 때는 게임을 할수록 따는 금액이 늘어날 것이다. 이것을 모의실험에 의하여 입증하라.

9. [예제 2.4.3]과 [예제 2.4.4] 그리고 [예제 2.4.5]에서 생성하는 상태의 수를 증가시켜서 오차의 변화에 대하여 알아보라.

10. 인터넷상에 있는 마르코프 연쇄를 활용한 예를 찾아서 배운 내용과 비교하고 설명하라.

3장

상태의 분류
(Classification of States)

3.1 서론(Introduction)

3.2 재귀상태와 일시상태
(Recurrent State and Transient State)

3.3 흡수상태(Absorbing State)

3.4 기본행렬(Fundamental Matrix)

3.5 에르고딕 마르코프 연쇄와 정칙 마르코프 연쇄
(Ergodic Markov Chain and Regular Markov Chain)

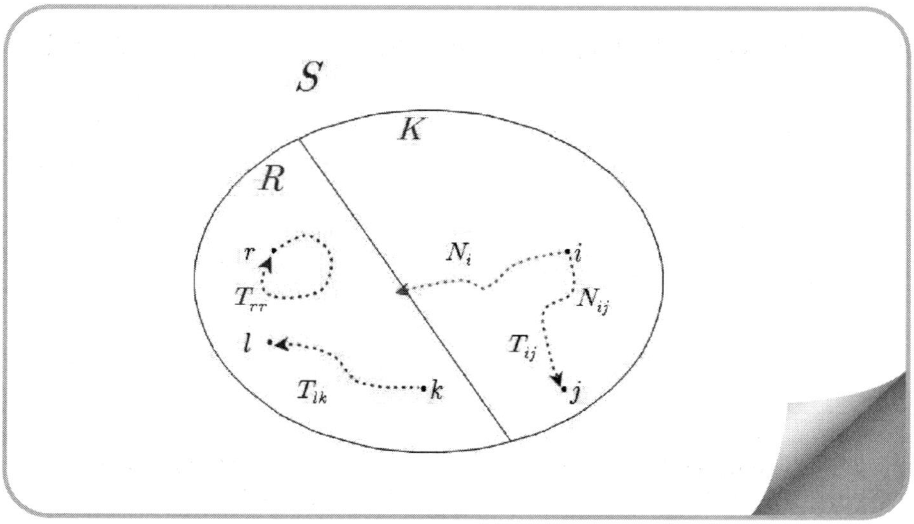

3장
상태의 분류
(Classification of States)

3.1 서론(Introduction)

이 장에서는 확률과정이 단계를 거듭함에 따라 나타나는 상태들의 특성들이 있을 수 있는데 이 특성들에 따라서 상태들을 분류하고, 나타나는 특이한 성질들을 고려한다. 이미 앞 장에서 몇 가지 특성을 갖는 상태를 다루었다. 즉 어떤 상태가 자신을 떠나서 주기적으로 되돌아오는 것을 살펴보았다. 그 경우 되돌아오는 주기도 있음을 다루었다. 이제 다른 경우의 형태를 갖는 상태들을 간단한 기준에 의하여 분류하도록 한다. 그것은 어떤 상태에서 다른 상태로 갈 수 있는지 아니면 자신에게 돌아올 수 있는지 등에 관한 기준이다. 이것은 평범하지만 많은 관심거리를 제공한다. 예를 들면 어떤 상태에서 또 다른 상태로 갈수 있는지 없는지 그리고 만약 갈 수 있다면 얼마 만에 가는지 그리고 그것의 기댓값과 분산은 얼마인지에 관심을 가질 수 있다.

또한 특정한 상태에서 떠나서 다시 자신에게 돌아올 수 있는지 없는지 그리고 다시 올 수 있다면 얼마 만에 올 수 있는지 항상 일정 시간이 경과한 후에 다시 오는지, 그러한 것들을 미리 알 수 있는지 있다면 기댓값은 어떻게 되는지 그때에 분산은 얼마나 발생하는지 등이 관심에 대상이 될 수도 있다. 그리고 그러한 특성들이 추이행렬에게 어떠한 영향을 주는지도 관심의 대상이 될 수 있으며, 마르코프 연쇄의 차수가 증가할 때 나타나는 특성은 없는지 더 나아가 차수가 증가할 때 나타나는 극한은 존재하는지 등등이 있다.

3.2 재귀상태와 일시상태(Recurrent State and Transient State)

먼저 몇 가지 새로운 기호를 정의하자. 마르코프 연쇄 $\{X_n \mid n \in T\}$의 상태 i에서 출발하여 상태 j에 방문하는 횟수를 N_{ij}라 하고, 일시적인 상태 $i \in K$에서 재귀적인 상태로 들어가기 전에 소요되는 시간, 즉 단계 수를 N_i라 하자. 그리고 처음으로 방문하기까지의 걸린 단계, 즉 첫 통과시간(first passage time)[1]은 다음과 같이 표현할 수 있다.

$$T_{ij} \equiv T_{ij}^{(1)} \equiv \min\{n > 0 : X_n = j \mid X_0 = i\}$$

1) 이것은 **충돌시간**(hitting time)이라고도 한다. 보다 확장된 의미를 갖는 **정지시간**(stopping time) 중에 하나이다. 만약 사건 $\{T=n\}$이 오직 $X_0, \cdots, X_n$, $n=0,1,2,\cdots$에만 종속될 때 확률변수 T를 정지시간이라 한다.

그리고 k번째 통과시간을 $T_{ij}^{(k)}$라 하자. 그러면 T_{ij}의 확률(질량)함수는 다음과 같다.

$$f_{ij}(n) \equiv P(T_{ij} = n) = P\{X_n = j,\ X_m \neq j, 1 \leq m \leq n-1 \mid X_0 = i\}$$

상태 i에서 출발하여 언젠가 상태 j에 도달하게 될 확률을 다음과 같이 표현된다.

$$f_{ij} \equiv \sum_{n=0}^{\infty} f_{ij}(n) = P\left(\bigcup_{n=0}^{\infty}(X_n = j)\,\middle|\, X_0 = i\right)$$

만약 $i = j$이라면 T_{ii}는 상태 i에서 출발하여 처음으로 다시 돌아올 때까지 걸린 시간으로, **재귀시간(recurrence time)**이라 한다. 그리고 $f_{ii} = 1$이라면, 언젠가는 반드시 돌아올 것이므로 재귀시간의 기댓값, 다시 말해서 얼마 만에 다시 올 수 있을 것인가? 또는 그때의 분산은 얼마나 되겠는가? 등의 정보를 고려할 수가 있을 것이다. 그리고 사건 $X_n = j$를 $X_n \in A(\subset S)$로 확장할 수도 있다.

확률과정을 다루는 데 있어서 제일 관심이 있는 것은 확률과정이 어떤 상태에서 시작하여 다시 그 상태로 돌아올 수 있는지 없는지에 관한 정보이다. 따라서 이것과 관련된 여러 이론과 정보를 얻기 위하여 다음과 같은 정의를 한다.

정의 3.2.1 상태 i가 언젠가는 반드시 되돌아온다면, 즉 $f_{ii} = 1$일 때 상태 i를 재귀적(recurrent or recursive or persistent)이라 하고, 그렇지 않을 때, 즉 $f_{ii} < 1$일 때 일시적(transient)이라 한다. 그리고 재귀적인 상태들의 집합을 재귀집단(recurrent class), 일시적인 상태들의 집합을 일시집단(transient class)이라 한다.

주의 모든 상태는 반드시 일시적이거나 재귀적이다. 그리고 상태 i가 재귀적일 필요충분조건은 $P(T_{ii}^{(1)} < \infty) = 1$이고 일시적일 필요충분조건은 $P(T_{ii}^{(1)} = \infty) > 0$임을 알 수 있다.

만약 상태 공간 S에서 재귀적인 상태들의 집합을 R, 그리고 일시적인 상태들의 집합을 K로 표현한다면, 다음과 같이 그림으로 나타낼 수 있을 것이다.

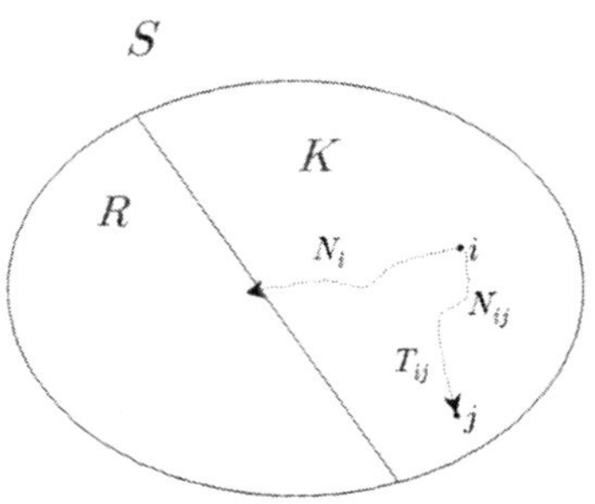

n-단계 추이확률에 의하여 재귀성을 찾는 기준을 구해보자. n-단계 추이확률, $P_{ij}^{(n)}$과 상태 i에서 출발하여 상태 j에 처음으로 통과하는 시간 T_{ij}에 대한 확률생성함수(probability generating function;pgf)는, 정의에 의하여 각각 다음과 같다.

$$GP_{ij}(s) \equiv \sum_{n=0}^{\infty} s^n P_{ij}^{(n)}$$

$$GF_{ij}(s) \equiv E(s^{T_{ij}}) = \sum_{n=0}^{\infty} s^n P(T_{ij} = n) \equiv \sum_{n=0}^{\infty} s^n f_{ij}(n)$$

여기서 $P_{ij}^{(0)} = \delta_{ij}$이고, 모든 $i,j \in S$에 대하여, $f_{ij}(0) = 0$이고, $f_{ij} = GF_{ij}(1)$이다.

이들을 이용하면 다음과 같은 정리가 얻어진다.

정리 3.2.2

$$GP_{ii}(s) = 1 + GF_{ii}(s) GP_{ii}(s)$$

$$GP_{ij}(s) = GF_{ij}(s) GP_{jj}(s), \qquad i \neq j$$

증명 모든 $i,j \in S$에 대하여, $f_{ij}(0) = 0$, $P_{ij}^{(0)} = \delta_{ij}$이고, 다음이 얻어진다.

$$P_{ij}^{(n)} = \sum_{k=1}^{n} f_{ij}(k) P_{jj}^{(n-k)}, \qquad n \geq 1$$

따라서 확률생성함수의 중첩(convolution)에 의하여, 다음과 같이 얻어지므로 증명된다.

$$\begin{aligned} GP_{ij}(s) &= \sum_{n=0}^{\infty} s^n P_{ij}^{(n)} = \delta_{ij} + \sum_{n=1}^{\infty} s^n \sum_{k=1}^{n} f_{ij}(k) P_{jj}^{(n-k)} \\ &= \delta_{ij} + \sum_{k=1}^{\infty} s^k f_{ij}(k) \sum_{n=k}^{\infty} s^{n-k} P_{jj}^{(n-k)} \\ &= \delta_{ij} + GF_{ij}(s) GP_{jj}(s) \end{aligned}$$

□

주의 위의 정리를 다음과 같이 표현할 수도 있다.

$$GP_{ii}(s) = \frac{1}{1 - GF_{ii}(s)}$$

$$GF_{ii}(s) = 1 - \frac{1}{GP_{ii}(s)}$$

$$GF_{ij}(s) = \frac{GP_{ij}(s)}{GP_{jj}(s)}, \qquad i \neq j$$

위의 정리에 의하여 재귀적인 상태와 일시적인 상태에 대한 분류 기준 몇 가지를 얻는다.

정리 3.2.3

a) 만약 $GP_{jj}(1) = \sum_{n=0}^{\infty} P_{jj}^{(n)} = \infty$ 이면 상태 j는 재귀적이고,

이 경우 $f_{ij} > 0$인 모든 i에 대하여 $\sum_{n=0}^{\infty} P_{ij}^{(n)} = \infty$ 이다.

b) 만약 $GP_{jj}(1) = \sum_{n=0}^{\infty} P_{jj}^{(n)} < \infty$ 이면 상태 j는 일시적이고,

이 경우 모든 i에 대하여 $\sum_{n=0}^{\infty} P_{ij}^{(n)} < \infty$ 이다.

증명 a) [정리 3.2.2]로부터 다음을 얻게 된다.

$$GF_{jj}(1) = \sum_{n=0}^{\infty} f_{jj}^{(n)} = f_{jj} = 1 - \frac{1}{GP_{jj}(1)}$$

따라서 $GP_{jj}(1) = \infty$ 이면 $f_{jj} = 1$이 되어 상태 j가 재귀적이다. 그리고 두 번째 식에 의하여

$$\begin{aligned}\sum_{n=0}^{\infty} P_{ij}^{(n)} &= GP_{ij}(1) = GF_{ij}(1)GP_{jj}(1) \\ &= \sum_{n=0}^{\infty} f_{ij}(n) \sum_{n=0}^{\infty} P_{jj}^{(n)} = \infty\end{aligned}$$

가 된다. 같은 방법에 의하여 b)도 성립한다. □

따름정리 3.2.4 만약 상태 j가 일시적이면, 모든 상태 i에 대하여, $n \to \infty$일 때 $P_{ij}^{(n)} \to 0$이다. □

이제 또 다른 방법으로 상태들 간의 관계를 조사하여 상태를 분류하는 데 사용하자.

정의 3.2.5 어떤 $n \in \mathbb{N}_0$가 존재하여 $P_{ij}^{(n)} > 0$가 된다면, '상태 i에서 상태 j에 **도달가능(accessible)**하다'라 하고, 기호로 $i \longrightarrow j$로 나타낸다. 상태 i와 j가 서로 도달 가능하다면, 즉 $i \longleftarrow j$이고 $i \longrightarrow j$이면, '**상호도달가능(communicate)**이다'라 하고, 기호로는 $i \longleftrightarrow j$로 표현한다. 그리고 모든 $n \in \mathbb{N}_0$에 대하여 $P_{ij}^{(n)} = 0$ 일 때 상태 i에서 상태 j에 도달가능하지 않다고 하고 $i \not\rightarrow j$로 표시한다.

주의 $i \not\rightarrow j$이라면 다음이 성립한다.

$$P\left\{\bigcup_{n=0}^{\infty} X_n = j \mid X_0 = i\right\} \leq \sum_{n=0}^{\infty} P\{X_n = j \mid X_0 = i\}$$
$$= \sum_{n=0}^{\infty} P_{ij}^{(n)} = 0$$

위 정의로부터 상호도달가능에 대한 관계에 대하여 다음과 같은 정리가 얻어진다.

정리 3.2.6 상호도달가능은 **동치관계(equivalence relation)**이다. 즉 다음과 같은 관계가 있다.

i) $i \longleftrightarrow i$ (reflectivity : 반사성)

ii) $i \longleftrightarrow j \Rightarrow j \longleftrightarrow i$ (symmetry : 대칭성)

iii) $i \longleftrightarrow j,\ j \longleftrightarrow k \Rightarrow i \longleftrightarrow k$ (transitivity : 추이성)

증명 i)과 ii)는 정의에 의하여 분명하고 추이성에 대하여 증명하자. 먼저 $i \longleftrightarrow j$이고 $j \longleftrightarrow k$이므로, 정의에 의하여 $P_{ij}^{(m)} > 0$, $P_{jk}^{(n)} > 0$인 $m, n \in N_0$가 존재한다. 그러면 이제 채프만-콜모고로프 방정식에 의하여 다음과 같이 된다.

$$P_{ik}^{(m+n)} = \sum_l P_{il}^{(m)} P_{lk}^{(n)} \geq P_{ij}^{(m)} P_{jk}^{(n)} > 0$$

즉 $i \longrightarrow k$이 된다. 비슷한 방법으로 $i \longleftarrow k$가 되어 증명된다. □

상호도달가능한 상태들의 집합은 상호도달가능의 관계에 의하여 몇 개의 작은 상호도달가능한 상태의 집합으로 나눌 수가 있는데 이들을 상호도달가능에 의한 **동치류(equivalence class)**라 한다.

주의 임의의 $i(\in S)$에 대하여, $S=\bigcup_{i=1} C_i$이고, $C_i \cap C_i = \varnothing$을 만족하는 동치류 $C_i = \{j \mid j \leftrightarrow i\}(\subset S)$가 존재한다. 그리고 C_i를 도달가능집단(communicating class) 혹은 간단히 도달집단(communication class)이라 한다.

정의 3.2.7 어떤 마르코프 연쇄가 몇 단계 후에 추이행렬의 모든 원소가 모두 0보다 크게 된다면 그 마르코프 연쇄를 **정칙 마르코프 연쇄**(regular Markov chain)라 한다. 즉

$$\exists n \quad s.t. \quad P_{ij}^{(n)} > 0 \quad for\ all\ i,j$$

주의 만약 어떤 n에 대하여 위의 관계가 성립한다면, 모든 $m > n$에 대해서도 성립한다.

3.3 흡수상태(Absorbing State)

이제 위의 상호도달가능한 관계나 그 외의 관계들을 이용하여 상태 공간에 있는 상태들을 특성에 따라 분류하고 보다 자세한 성질들을 파악해보자.

정의 3.3.1 모든 $i \in C$, $j \notin C$에 대하여 $P_{ij}=0$일 때 상태들의 집합 C를 **닫혀있다**(closed)라 하고, 혹은 **닫힌 집단**(closed class)이라 한다. 모든 $i,j \in C$에 대하여 $i \longleftrightarrow j$일 때 상태들의 집합 C를 **비축소적**(irreducible)이라 한다. 즉, 상태들의 집합 C가 닫혀있는 부분집합이 없는 경우에 마르코프 연쇄를 비축소적이라 한다. 그리고 그렇지 않은 마르코프 연쇄를 **축소적**(reducible)이라 한다. 닫힌 집단의 상태가 하나만 있다면 이 상태를 **흡수상태**(absorbing state)라 한다. 즉 $P_{jj}=1$일 때 상태 j를 흡수상태라 한다. 한 개 이상의 흡수상태를 포함하는 마르코프 연쇄를 **흡수 마르코프 연쇄**(absorbing Markov chain)라 한다.

재귀적인 상태들의 집합은 상호도달가능의 관계를 이용하여 몇 개의 작은 비축소적이고 닫혀있는 상태들의 집합을 유일하게 분할된다. 즉 다음과 같은 정리가 얻어진다.

정리 3.3.2 상태 공간 S는 재귀적인 상태들의 집합 R과 일시적인 상태들의 집합 $K \equiv R^c$로 이루어져 있으며 재귀적인 상태들의 집합 R은 비축소적이고, 닫혀있는 재귀적인 상태들의 집합들 R_i, $i=1,2,\cdots$에 의하여 유일하게 분할된다. 그러므로 상태 공간 S는 다음과 같이 표현된다.

$$S = K \cup R = K \cup R_1 \cup R_2 \cup \cdots,$$

증명 $R_1, R_2, \cdots$을 재귀적인 상태로 이루어진 상호도달가능의 관계 $\longleftrightarrow$에 의한 동치류라고 하자. 그러면 이제 각 R_k가 닫혀져 있음을 증명하면 된다. 만약 $P_{ij} > 0$인 $i \in R_k$와 $j \notin R_k$가 있다고 하면 즉 닫혀있지 않다고 가정하자. 이제 $j \not\rightarrow i$이다. 그러므로

$$P(X_n \neq i \ \ for \ \ all \ \ n \geqq 1 \mid X_0 = i) \geqq P(X_1 = j \mid X_0 = i) > 0$$

가 되는 데, 이것은

$$P(X_n \neq i \ \ for \ \ all \ \ n \geqq 1 \mid X_0 = i) > 0$$

이므로 정리하면 다음과 같다.

$$1 - P(X_n \neq i \ \ for \ \ all \ \ n \geqq 1 \mid X_0 = i) < 1$$

이것을 다시 표현하면 다음과 같이 된다.

$$P(X_n = i \ \ for \ \ some \ \ n \geqq 1 \mid X_0 = i) < 1$$

이것은 상태 i가 일시적이라는 것인데 원래 상태 i는 재귀적인 것이었으므로 모순이 되어 증명된다. □

주의 위의 정리에 의하면 상태 공간 $S = R \cup K = R_1 \cup R_2 \cup \cdots \cup R_k \cup K$의 형태가 될 것이며, 추이행렬 $\boldsymbol{P}$은 다음과 같은 형태로 나타낼 수 있다. 그리고 이와 같은 형태의 추이행렬을 **정준형**(canonical form)이라 한다.

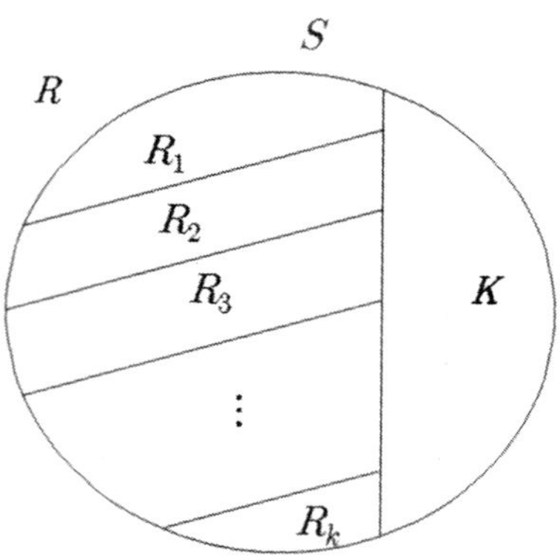

$$\overline{\boldsymbol{P}} = \begin{bmatrix} \boldsymbol{P}_1 & 0 & 0 \cdot & \cdot & \cdot & 0 \\ 0 & \boldsymbol{P}_2 & 0 \cdot & \cdot & \cdot & 0 \\ 0 & 0 & \boldsymbol{P}_3 \cdot & \cdot & \cdot & 0 \\ \cdot & \cdot & \cdot & \cdot & \cdot & \cdot \\ 0 & 0 & 0 \cdot & \cdot & \boldsymbol{P}_k & 0 \\ \boldsymbol{C}_1 & \boldsymbol{C}_2 & \boldsymbol{C}_3 \cdot & \cdot & \boldsymbol{C}_k & \boldsymbol{Q} \end{bmatrix}$$

위의 행렬에서 $\boldsymbol{P}_1, \boldsymbol{P}_2, \cdots, \boldsymbol{P}_k$는 비축소적이고 닫혀있는 재귀적인 상태들의 집합들 R_i, $i = 1, 2, \cdots, k$에 대응되는 추이행렬로, 마르코프 행렬이고, $\boldsymbol{C}_i$는 재귀상태들의 집합

R_i로 가게 될 일시적인 상태들의 추이확률행렬로 정방행렬이 아니다. $\boldsymbol{Q}$는 일시적인 상태들의 집합 $K \equiv R^c$와 관련된 정방행렬로 마르코프 행렬은 아니다. 간단히 다음과 같이 표현할 수 있다.

$$\overline{\boldsymbol{P}} = \begin{bmatrix} \boldsymbol{P}^* & 0 \\ \boldsymbol{C} & \boldsymbol{Q} \end{bmatrix}$$

여기서 $\boldsymbol{P}^*$은 재귀적인 상태들만으로 이루어진 마르코프 행렬이다.

예제 3.3.3 상태 공간 $S=\{0,1,2,3,4\}$와 다음과 같은 추이행렬을 갖는 마르코프 연쇄가 있다. 상태 공간을 상호도달가능한 동치류로 분류하고 정준형으로 표시하여라.

$$\boldsymbol{P} = \begin{matrix} & \begin{matrix} 0 & 1 & 2 & 3 & 4 \end{matrix} \\ \begin{matrix} 0 \\ 1 \\ 2 \\ 3 \\ 4 \end{matrix} & \begin{bmatrix} 1/3 & 1/3 & 0 & 0 & 1/3 \\ 0 & 1 & 0 & 0 & 0 \\ 0 & 0 & 0 & 1/2 & 1/2 \\ 0 & 0 & 0 & 0 & 1 \\ 0 & 0 & 1 & 0 & 0 \end{bmatrix} \end{matrix}$$

풀이 먼저 상태들에 관한 추이도를 그리면 다음과 같다.

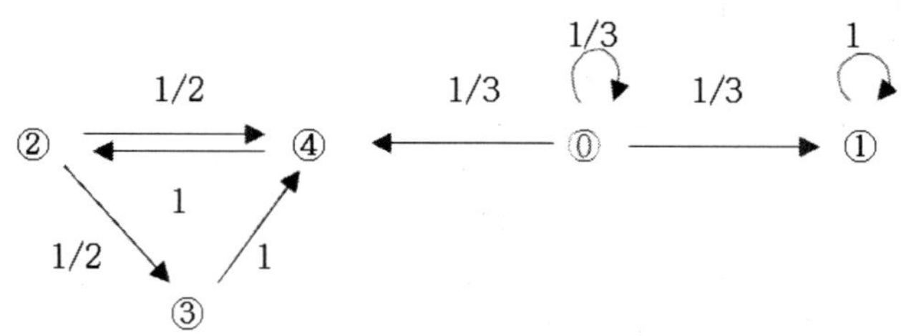

위의 추이도에 의하면 동치류는 $\{2,3,4\}, \{0\}, \{1\}$이다. 그리고 상태 2,3,4는 재귀적이고, 상태 0은 일시적이다. 특히 상태 1은 흡수상태임을 알 수 있다. 따라서 정준형으로 표현하면 다음과 같다.

$$\overline{P} = \begin{array}{c} \\ 1 \\ 2 \\ 3 \\ 4 \\ 0 \end{array} \begin{array}{c} \begin{array}{ccccc} 1 & 2 & 3 & 4 & 0 \end{array} \\ \left[\begin{array}{c|ccc|c} 1 & 0 & 0 & 0 & 0 \\ \hline 0 & 0 & 1/2 & 1/2 & 0 \\ 0 & 0 & 0 & 1 & 0 \\ 0 & 1 & 0 & 0 & 0 \\ \hline 1/3 & 0 & 0 & 1/3 & 1/3 \end{array}\right] \end{array}$$

따라서 간단히 다음과 같이 표현할 수 있다.

$$\overline{P} = \begin{bmatrix} P_1 & 0 & 0 \\ 0 & P_2 & 0 \\ C_1 & C_2 & Q \end{bmatrix}$$

여기서 $C = [1/3 \quad 0 \quad 0 \quad 1/3]$, $C_1 = [1/3]$, $C_2 = [0 \quad 0 \quad 1/3]$, $Q = [1/3]$이고,

$P_1 = [1]$, 그리고 $P_2 = \begin{bmatrix} 0 & 1/2 & 1/2 \\ 0 & 0 & 1 \\ 1 & 0 & 0 \end{bmatrix}$이다.

■ **R-project에 의한 방법**

```
> library(markovchain)
> TP <- matrix(c(1/3, 1/3,   0,   0, 1/3,
                  0,   1,   0,   0,   0,
                  0,   0,   0, 1/2, 1/2,
                  0,   0,   0,   0,   1,
                  0,   0,   1,   0,   0), byrow=T,nrow=5)
> TP
          [,1]      [,2] [,3] [,4]      [,5]
[1,] 0.3333333 0.3333333    0  0.0 0.3333333
[2,] 0.0000000 1.0000000    0  0.0 0.0000000
[3,] 0.0000000 0.0000000    0  0.5 0.5000000
[4,] 0.0000000 0.0000000    0  0.0 1.0000000
[5,] 0.0000000 0.0000000    1  0.0 0.0000000
> rownames(TP) <- c(0:4)
```

```
> colnames(TP) <- rownames(TP)
> TP
          0         1 2   3         4
0 0.3333333 0.3333333 0 0.0 0.3333333
1 0.0000000 1.0000000 0 0.0 0.0000000
2 0.0000000 0.0000000 0 0.5 0.5000000
3 0.0000000 0.0000000 0 0.0 1.0000000
4 0.0000000 0.0000000 1 0.0 0.0000000
> (States <- rownames(TP))
[1] "0" "1" "2" "3" "4"
> mcTP <- new("markovchain", stat=States, transitionMatrix=TP,
              name="Transition Matrix")
> mcTP
Transition Matrix
 A  5 - dimensional discrete Markov Chain with following states
 0 1 2 3 4
 The transition matrix   (by rows)  is defined as follows
          0         1 2   3         4
0 0.3333333 0.3333333 0 0.0 0.3333333
1 0.0000000 1.0000000 0 0.0 0.0000000
2 0.0000000 0.0000000 0 0.5 0.5000000
3 0.0000000 0.0000000 0 0.0 1.0000000
4 0.0000000 0.0000000 1 0.0 0.0000000
> plot(mcTP, vertex.color="green", edge.color="blue")
> title(main="Transition Diagram", cex.main=2, col.main="blue")
```

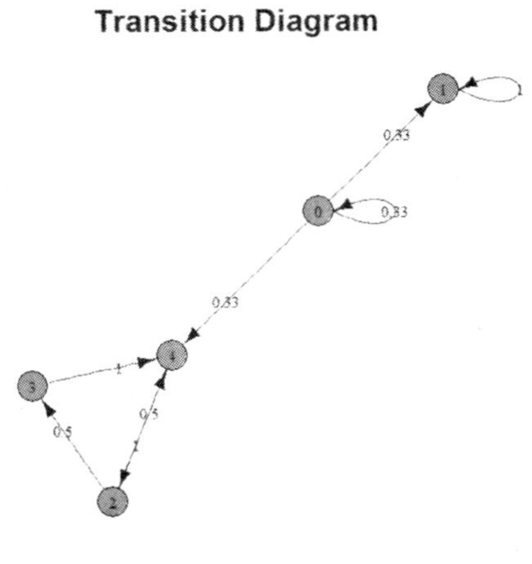


```
> CP <- canonicForm(mcTP)
> CP
```

```
Transition Matrix
 A  5 - dimensional discrete Markov Chain with following states
 1 2 3 4 0
 The transition matrix  (by rows)  is defined as follows
          1 2   3         4         0
1 1.0000000 0 0.0 0.0000000 0.0000000
2 0.0000000 0 0.5 0.5000000 0.0000000
3 0.0000000 0 0.0 1.0000000 0.0000000
4 0.0000000 1 0.0 0.0000000 0.0000000
0 0.3333333 0 0.0 0.3333333 0.3333333
> (P1 <- CP[1,1])
[1] 1
> (P2 <- CP[2:4, 2:4])
  2   3   4
2 0 0.5 0.5
3 0 0.0 1.0
4 1 0.0 0.0
> (C <- CP[5, 1:4])
        1         2         3         4
0.3333333 0.0000000 0.0000000 0.3333333
> (C1 <- C[1])
        1
0.3333333
> (C2 <- C[2:4])
        2         3         4
0.0000000 0.0000000 0.3333333
> (Q <- CP[5,5])
[1] 0.3333333
```

□

정리 3.3.4 만약 $i \longleftrightarrow j$ 일 때 상태 i가 재귀적이면 j도 재귀적이고, 상태 i가 일시적이면 상태 j도 일시적이다.

증명 $i \longleftrightarrow j$ 이므로, $P_{ij}^{(r)} = \alpha > 0$, $P_{ji}^{(s)} = \beta > 0$인 정수 r, s이 존재한다. 그러므로 모든 $n \geqq 0$에 대하여

$$P_{ii}^{(n+r+s)} \geqq P_{ij}^{(s)} P_{jj}^{(n)} P_{ji}^{(s)} = \alpha\beta P_{jj}^{(n)}$$

이고, 각 변에 합을 취하면 다음과 같이 된다.

$$\sum_{n=0}^{\infty} P_{ii}^{(n)} \geqq \sum_{n=0}^{\infty} P_{ii}^{(n+r+s)} \geqq \alpha\beta \sum_{n=0}^{\infty} P_{jj}^{(n)}$$

그러므로 [정리 3.2.3]에 의하여, 만약 상태 i가 일시적이면 $\sum_{n=0}^{\infty} P_{ii}^{(n)} < \infty$이다. 따라서 $\sum_{n=0}^{\infty} P_{jj}^{(n)} < \infty$이 되므로 상태 j도 일시적이다. □

다음 주기성을 갖는 상태와 관련된 정보들을 다루자. 먼저 정확한 정의는 다음과 같다.

정의 3.3.5 상태 i의 주기(period) $d(i)$는 $P_{ii}^{(n)} > 0$인 모든 정수 $n \geqq 1$의 **최대공약수**(the greatest common divisor;GCD)로 정의한다. 즉

$$d(i) \equiv GCD\{n \geqq 1 \mid P_{ii}^{(n)} > 0\}$$

로 정의한다. 또한 주기가 1인 상태를 **비주기적(aperiodic)**이라 하고, 주기가 1보다 큰 경우 즉 $d(i) > 1$인 상태를 **주기적(periodic)**이라 한다.

정리 3.3.6 만약 $i \longleftrightarrow j$이면 $d(i) = d(j)$이다.

증명 $i \longleftrightarrow j$이므로, $P_{ij}^{(r)} > 0$이고, $P_{ji}^{(s)} > 0$인 정수 r과 s가 존재한다. 이제 $P_{jj}^{(m)} > 0$라 한다면

$$P_{ii}^{(m+r+s)} \geqq P_{ij}^{(r)} P_{jj}^{(m)} P_{ji}^{(s)} > 0$$

이고, 다음과 같다.

$$P_{ii}^{(r+s)} \geqq P_{ii}^{(r)} P_{ii}^{(s)} > 0$$

그러면 $d(i)$의 정의에 의하여, $d(i)$은 $m+r+s$과 $r+s$의 약수이다. 그러므로 $d(i)$는 또한 m의 약수가 된다. 여기서 $d(j)$의 정의를 사용하면 $d(i) \leqq d(j)$이다. 마찬가지 방법으로 $d(i) \geqq d(j)$임을 보일 수 있다. 그러므로 증명된다. □

예제 3.3.7 기계수리(machine repair)

어느 공장의 기계에 대한 상태가 가동, 수리 그리고 비가동으로 분류할 때, 1을 가동 상태, 2를 수리 상태, 3을 비가동 상태라 할 때 과거의 자료에 의하여 추이확률행렬은 다음과 같다. 추이도와 n-단계 추이확률을 구하라.

$$
\boldsymbol{P}= \begin{array}{c} \\ 1 \\ 2 \\ 3 \end{array} \begin{array}{c} \begin{array}{ccc} 1 & 2 & 3 \end{array} \\ \left[\begin{array}{ccc} 0 & 1/2 & 1/2 \\ 1 & 0 & 0 \\ 1 & 0 & 0 \end{array}\right] \end{array}
$$

(풀이) 추이도는 다음과 같이 구해진다.

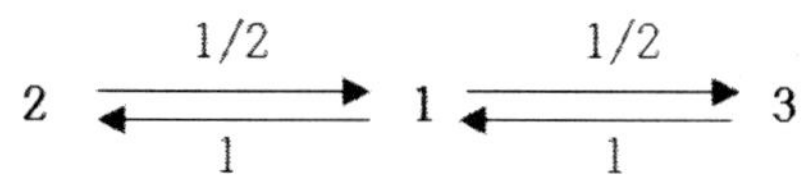

그리고 2-단계 추이확률행렬과 3-단계 추이확률행렬은 다음과 같다.

$$
\boldsymbol{P}^{(2)} = \boldsymbol{P}^2 = \begin{bmatrix} 1 & 0 & 0 \\ 0 & 1/2 & 1/2 \\ 0 & 1/2 & 1/2 \end{bmatrix}, \quad \boldsymbol{P}^{(3)} = \boldsymbol{P}^3 = \begin{bmatrix} 0 & 1/2 & 1/2 \\ 1 & 0 & 0 \\ 1 & 0 & 0 \end{bmatrix}
$$

그리고, 일반적으로 다음과 같다.

$$
\boldsymbol{P}^{(2n)} = \begin{bmatrix} 1 & 0 & 0 \\ 0 & 1/2 & 1/2 \\ 0 & 1/2 & 1/2 \end{bmatrix} \qquad n = 1, 2, \cdots
$$

$$
\boldsymbol{P}^{(2n-1)} = \begin{bmatrix} 0 & 1/2 & 1/2 \\ 1 & 0 & 0 \\ 1 & 0 & 0 \end{bmatrix} \qquad n = 1, 2, \cdots
$$

따라서 각 상태는 주기가 2임을 알 수 있다.

■ Maple에 의한 방법

```
> TP:=matrix(3,3,[0,1/2,1/2,1,0,0,1,0,0]);
```

$$
TP := \begin{bmatrix} 0 & \frac{1}{2} & \frac{1}{2} \\ 1 & 0 & 0 \\ 1 & 0 & 0 \end{bmatrix}
$$

```
> TP2:=evalm(TP^2);
```

$$TP2 := \begin{bmatrix} 1 & 0 & 0 \\ 0 & \frac{1}{2} & \frac{1}{2} \\ 0 & \frac{1}{2} & \frac{1}{2} \end{bmatrix}$$

```
> TP3:=evalm(TP^3);
```

$$TP3 := \begin{bmatrix} 0 & \frac{1}{2} & \frac{1}{2} \\ 1 & 0 & 0 \\ 1 & 0 & 0 \end{bmatrix}$$

```
> TP4:=evalm(TP^4);
```

$$TP4 := \begin{bmatrix} 1 & 0 & 0 \\ 0 & \frac{1}{2} & \frac{1}{2} \\ 0 & \frac{1}{2} & \frac{1}{2} \end{bmatrix}$$

```
> TP5:=evalm(TP^5);
```

$$TP5 := \begin{bmatrix} 0 & \frac{1}{2} & \frac{1}{2} \\ 1 & 0 & 0 \\ 1 & 0 & 0 \end{bmatrix}$$

한꺼번에 다음과 같이 할 수도 있다.

```
> seq(evalm(TP^n), n=1..5);
```

$$\begin{bmatrix} 0 & \frac{1}{2} & \frac{1}{2} \\ 1 & 0 & 0 \\ 1 & 0 & 0 \end{bmatrix}, \begin{bmatrix} 1 & 0 & 0 \\ 0 & \frac{1}{2} & \frac{1}{2} \\ 0 & \frac{1}{2} & \frac{1}{2} \end{bmatrix}, \begin{bmatrix} 0 & \frac{1}{2} & \frac{1}{2} \\ 1 & 0 & 0 \\ 1 & 0 & 0 \end{bmatrix}, \begin{bmatrix} 1 & 0 & 0 \\ 0 & \frac{1}{2} & \frac{1}{2} \\ 0 & \frac{1}{2} & \frac{1}{2} \end{bmatrix}, \begin{bmatrix} 0 & \frac{1}{2} & \frac{1}{2} \\ 1 & 0 & 0 \\ 1 & 0 & 0 \end{bmatrix}$$

짝수와 홀수를 따로 따로 구할 수도 있다.

```
> seq(evalm(TP^(2*n)), n=1..3);
```

$$\begin{bmatrix} 1 & 0 & 0 \\ 0 & \frac{1}{2} & \frac{1}{2} \\ 0 & \frac{1}{2} & \frac{1}{2} \end{bmatrix}, \begin{bmatrix} 1 & 0 & 0 \\ 0 & \frac{1}{2} & \frac{1}{2} \\ 0 & \frac{1}{2} & \frac{1}{2} \end{bmatrix}, \begin{bmatrix} 1 & 0 & 0 \\ 0 & \frac{1}{2} & \frac{1}{2} \\ 0 & \frac{1}{2} & \frac{1}{2} \end{bmatrix}$$

```
> seq(evalm(TP^(2*n-1)), n=1..3);
```

$$\begin{bmatrix} 1 & 0 & 0 \\ 0 & \frac{1}{2} & \frac{1}{2} \\ 0 & \frac{1}{2} & \frac{1}{2} \end{bmatrix}, \begin{bmatrix} 1 & 0 & 0 \\ 0 & \frac{1}{2} & \frac{1}{2} \\ 0 & \frac{1}{2} & \frac{1}{2} \end{bmatrix}, \begin{bmatrix} 1 & 0 & 0 \\ 0 & \frac{1}{2} & \frac{1}{2} \\ 0 & \frac{1}{2} & \frac{1}{2} \end{bmatrix}$$

■ **R-project에 의한 방법**

```
> library(markovchain)
> TP <- matrix(c( 0, 1/2, 1/2,
                  1,   0,   0,
                  1,   0,   0), byrow=T,nrow=3)
> TP
     [,1] [,2] [,3]
[1,]    0  0.5  0.5
[2,]    1  0.0  0.0
[3,]    1  0.0  0.0
> library(expm)
> TranP <- function(n, P){
        P %^% n
   }
> TranP(2, TP)
     [,1] [,2] [,3]
[1,]    1  0.0  0.0
[2,]    0  0.5  0.5
[3,]    0  0.5  0.5
>
> TranP(3, TP)
     [,1] [,2] [,3]
[1,]    0  0.5  0.5
[2,]    1  0.0  0.0
[3,]    1  0.0  0.0
> for(i in 1:4) show(TranP(i,TP))
     [,1] [,2] [,3]
[1,]    0  0.5  0.5
[2,]    1  0.0  0.0
[3,]    1  0.0  0.0
     [,1] [,2] [,3]
[1,]    1  0.0  0.0
[2,]    0  0.5  0.5
[3,]    0  0.5  0.5
```

```
     [,1] [,2] [,3]
[1,]    0  0.5  0.5
[2,]    1  0.0  0.0
[3,]    1  0.0  0.0
     [,1] [,2] [,3]
[1,]    1  0.0  0.0
[2,]    0  0.5  0.5
[3,]    0  0.5  0.5
> for(i in 2*1:3) show(TranP(i,TP))
     [,1] [,2] [,3]
[1,]    1  0.0  0.0
[2,]    0  0.5  0.5
[3,]    0  0.5  0.5
     [,1] [,2] [,3]
[1,]    1  0.0  0.0
[2,]    0  0.5  0.5
[3,]    0  0.5  0.5
     [,1] [,2] [,3]
[1,]    1  0.0  0.0
[2,]    0  0.5  0.5
[3,]    0  0.5  0.5
> for(i in (2*1:3)+1) show(TranP(i,TP))
     [,1] [,2] [,3]
[1,]    0  0.5  0.5
[2,]    1  0.0  0.0
[3,]    1  0.0  0.0
     [,1] [,2] [,3]
[1,]    0  0.5  0.5
[2,]    1  0.0  0.0
[3,]    1  0.0  0.0
     [,1] [,2] [,3]
[1,]    0  0.5  0.5
[2,]    1  0.0  0.0
[3,]    1  0.0  0.0
> rownames(TP) <- c(1:3)
> colnames(TP) <- rownames(TP)
> (States <- rownames(TP))
[1] "1" "2" "3"
> mcTP <- new("markovchain", stat=States, transitionMatrix=TP,
             name="Transition Matrix")
> mcTP
```

```
Transition Matrix
 A  3 - dimensional discrete Markov Chain with following states
 1 2 3
 The transition matrix  (by rows)  is defined as follows
  1   2   3
1 0 0.5 0.5
2 1 0.0 0.0
3 1 0.0 0.0
> period(mcTP)
[1] 2
```
□

위의 과정을 통하여 패키지에 관한 공통점과 차이점 등 몇 가지를 비교할 수 있다. 두 패키지의 커다란 특징은 목적에 있어서 분명히 나타난다. 즉 Maple은 이론적인 문제를 다룰 수 있도록 기호계산(symbolic computation), 즉 수식을 다루는 것이 주 목적이고, R은 숫자들을 다루는 것이 주된 목적이지만 구조적인 운영방식은 유사하다. 그러나 위의 과정을 통하여 몇 가지 비교점을 찾을 수가 있는데 일반적인 정보는 R-project가 다양하고 광범위하다. 즉 R 사용자들이 만든 패키지들이나 라이브러리들이 Maple에 비해 대단히 많이 있기 때문에 이것을 이용하면 일반적인 숫자들로 주어진 정보를 처리하고 분석하는데 유리하다. 그러나 수준이 있는 이론과 분석을 위한 수학적 처리는 Maple이 좋은 점을 많이 가지고 있음을 알 수 있다. 다르게 표현하면 Maple을 이용하여 문제를 해결하려면 본인이 직접 프로그램을 짜야 하는 경우가 많이 발생하는데 이렇게 하는 것은 많은 시간과 노력 그리고 실력을 필요로 할 것이다.

정리 3.3.8 만약 $i \longrightarrow j$이고, 상태 i가 재귀적이면 $f_{ji}=1$이고, $i \longleftarrow j$이다.

증명 $\alpha \equiv P\left\{ \bigcup_{k=1}^{\infty} (X_k = j, X_l \neq i, l < k) \;\middle|\; X_0 = i \right\}$라 하면 $\alpha > 0$이다. 상태 j에 도착하여 상태 i로 다시 돌아가지 않게 되는 확률은 $1-f_{ji}$이다. 상태 i로 다시 돌아가지 않을 확률은 $1-f_{ii}$이므로, 다음과 같이 된다.

$$1-f_{ii} \geqq \alpha(1-f_{ji}) \geqq 0$$

그런데 상태 i는 재귀적이므로 $f_{ii}=1$이다. 그러므로 $f_{ji}=1$가 되어 $i \longleftarrow j$이다. □

3.4 기본행렬(Fundamental Matrix)

이제 또 다른 정보를 고려하여보자. 일반적으로 정의에서 언급한 확률 f_{ii}에 의하여 상태 i의 재귀성이나 일시성을 판단하는 것은 그리 쉬운 일이 아니다. 그러나 어떤 상태를 방문하는 횟수의 기댓값을 기준으로 판단한다면 보다 쉬워진다. N_{ij}를 상태 i에서 출발하여 상태 j에 방문하는 횟수라고 하자. 그러면 다음과 같은 유용한 정리가 얻어진다.

정리 3.4.1 상태 j가 일시적이면 $P(N_{ij} < \infty) = 1$이다. 또한 모든 $i(\neq j) \in S$에 대하여

$$\mu_{ij} \equiv E(N_{ij}) = \frac{f_{ij}}{1 - f_{jj}}$$

이고, $i = j$이면 다음과 같다.

$$\mu_{jj} = E(N_{jj}) = \frac{1}{1 - f_{jj}}$$

여기서 상태 j가 일시적이므로 N_{ij}는 일시적인 상태 i에서 출발한 후 재귀적인 상태로 흡수되기 전까지 상태 j에 방문하는 횟수이다. 특히 상태 i가 재귀상태이면 $N_{ij} = 0$이므로 $E(N_{ij}) = 0$이다.

증명 모든 $i, j \in S$에 대하여,

$$P(N_{ij} = k) = \begin{cases} f_{ij} f_{jj}^{k-1}(1 - f_{jj}), & k = 1, 2, \cdots \\ 1 - f_{ij} & k = 0 \end{cases}$$

이므로, 만약 j가 일시적이면 $f_{jj} < 1$이므로 다음이 얻어진다.

$$\begin{aligned} P(N_{ij} < \infty) &= P(\bigcup_k (N_{ij} = k)) = \sum_{k=0}^{\infty} P(N_{ij} = k) \\ &= (1 - f_{ij}) + \sum_{k=1}^{\infty} f_{ij} f_{jj}^{k-1}(1 - f_{jj}) \\ &= (1 - f_{ij}) + f_{ij}(1 - f_{jj})(1 - f_{jj})^{-1} = 1 \end{aligned}$$

그리고 기댓값은 다음과 같이 얻어진다.

$$E(N_{ij}) = \sum_{k=1}^{\infty} k f_{ij} f_{jj}^{k-1} (1 - f_{jj}).$$
$$= f_{ij}(1 - f_{jj})(1 - f_{jj})^{-2}$$
$$= f_{ij}(1 - f_{jj})^{-1}$$

또한 만약 $i = j$이면

$$P(N_{jj} = k) = f_{jj}^{k}(1 - f_{jj}), \qquad k = 0, 1, 2, \cdots$$

인데 이것은 **기하분포(geometric distribution)**이므로 기댓값은 다음과 같다.

$$\mu_{jj} \equiv E(N_{jj}) = \frac{1}{1 - f_{jj}}$$ □

위의 정리에 의하여 다음과 같은 사실들 쉽게 얻을 수가 있다. 만약 상태 j가 재귀적이고, $f_{ij} > 0$이면 $E(N_{ij}) = \infty$가 됨을 알 수 있다. 또한 만약 $f_{ij} = 0$이면 $E(N_{ij}) = 0$가 된다.

그리고 일반적으로 만약 $X_0 = i$이고,

$$A_{ij}^{(n)} = \begin{cases} 1 & X_n = j \\ 0 & X_n \neq j \end{cases}$$

라고 한다면, $N_{ij} = \sum_{n=0}^{\infty} A_{ij}^{(n)}$이고, 다음과 같이 됨을 알 수 있다.

$$\mu_{ij} \equiv E(N_{ij}) = \sum_{n=0}^{\infty} E(A_{ij}^{(n)}) = \sum_{n=0}^{\infty} P(X_n = j \mid X_0 = i) = \sum_{n=0}^{\infty} P_{ij}^{(n)}$$

이것을 행렬로 표시하면 다음과 같이 된다.

$$\boldsymbol{N} \equiv [\ \mu_{ij}\ ] = \left[\ E(N_{ij})\ \right] = \boldsymbol{I} + \boldsymbol{P} + \boldsymbol{P}^2 + \cdots$$

이 행렬을 **기본행렬(fundamental matrix)**이라 한다. 그리고

$$\boldsymbol{NP} = \boldsymbol{PN} = \boldsymbol{P} + \boldsymbol{P}^2 + \cdots = \boldsymbol{N} - \boldsymbol{I}$$

가 되어 다음과 같이 된다.

$$\boldsymbol{N}(\boldsymbol{I}-\boldsymbol{P})=(\boldsymbol{I}-\boldsymbol{P})\boldsymbol{N}=\boldsymbol{I} \qquad (*)$$

만약 상태 공간의 개수가 유한일 경우에 위의 식은 대단히 유용하게 쓰일 수 있다. 하지만 상태 i,j가 모두 일시적인 경우 외에는 유용한 결과를 주지 않는다. 왜냐하면 상태 j가 재귀적이면 $E(N_{ij})=\infty$이고 만약 상태 i가 재귀적이고, j가 일시적이면 $E(N_{ij})=0$이 되기 때문이다. 그러므로 기본행렬은 일시적인 상태들의 추이행렬 $\boldsymbol{Q}$에 대해서만 고려해야 한다.

일반적으로 상태 공간 S는 유한인 경우가 많고 실용적이다. 상태 공간의 개수가 무한인 경우는 아주 드문 특수한 경우이고, 이론의 전개도 여러 가지 어려움이 있다. 위의 정리들에 의하면 상태 공간의 개수가 d인 마르코프 연쇄는 유한개의 재귀적인 상태들 R과 일시적인 상태들 $R^c \equiv K$로 구성된다. 따라서 r개의 재귀적인 상태와 $d-r$개의 일시적인 상태로 구성되어 있다고 하면, 추이행렬 $\boldsymbol{P}$는 다음과 같은 형태의 소행렬로 나타낼 수 있다.

$$\boldsymbol{P}=\begin{bmatrix} \boldsymbol{P}_1 & 0 \\ \boldsymbol{C} & \boldsymbol{Q} \end{bmatrix}$$

여기서 $\boldsymbol{P}_1$은 재귀적인 상태들 R로 만들어진 $r \times r$ 정방행렬인 추이행렬이고 $\boldsymbol{Q}$는 일시적인 상태들 K로 이루어진 $(d-r)\times(d-r)$ 정방행렬이다. 하지만 이 행렬은 마르코프 행렬이 아니다. 그리고 $\boldsymbol{C}$는 $(d-r)$개의 일시적인 상태에서 r개의 재귀적인 상태로 가는 1-단계 추이확률로 이루어진 $(d-r)\times r$ 행렬이다. 그리고 n-단계 추이행렬은 다음과 같이 된다.

$$\boldsymbol{P}^{(n)}=\boldsymbol{P}^{n}=\begin{bmatrix} \boldsymbol{P}_1^n & 0 \\ \boldsymbol{C}_n & \boldsymbol{Q}^n \end{bmatrix}$$

여기서 $\boldsymbol{C}_1=\boldsymbol{C},\ \boldsymbol{C}_n=\boldsymbol{C}_{n-1}\boldsymbol{P}_1+\boldsymbol{Q}^{n-1}\boldsymbol{C}$ 이다.

그리고 기본행렬은 다음과 같이 된다.

$$\boldsymbol{N}=\sum_{n=0}^{\infty}\boldsymbol{P}^n=\begin{bmatrix} \sum \boldsymbol{P}_1^n & 0 \\ \sum \boldsymbol{C}_n & \sum \boldsymbol{Q}^n \end{bmatrix}$$

그리고 $n \to \infty$일 때 다음과 같이 표현할 수 있다.

$$\lim_{n \to \infty} \boldsymbol{P}^{(n)} = \lim_{n \to \infty} \boldsymbol{P}^{n} \equiv \begin{bmatrix} \boldsymbol{P}_1^{\infty} & 0 \\ \boldsymbol{C}_{\infty} & \boldsymbol{Q}^{\infty} \end{bmatrix}$$

상태 공간은 크게 재귀적인 상태들의 집합 R과 일시적인 상태들의 집합 K로 나누어지므로 각각의 상태에 대하여 기본행렬의 응용에 대하여 고려해보기로 하자.

정리 3.4.2 유한개의 일시적인 상태들의 집합 K로 이루어진 추이확률로 이루어진 추이행렬을 정방행렬 $\boldsymbol{Q}$라 한다면, $\boldsymbol{I}-\boldsymbol{Q}$의 역행렬 $(\boldsymbol{I}-\boldsymbol{Q})^{-1}$이 존재하고,

$$(\boldsymbol{I}-\boldsymbol{Q})^{-1} = \boldsymbol{I}+\boldsymbol{Q}+\boldsymbol{Q}^2+\cdots = \sum_{i=0}^{\infty} \boldsymbol{Q}^i$$

이고, 기본행렬은 다음과 같다.

$$\boldsymbol{N} = \left[\mu_{ij} \right] = \left[E(N_{ij} \right] = (\boldsymbol{I}-\boldsymbol{Q})^{-1}$$

증명 먼저 아래와 같게 됨을 알 수 있다.

$$(\boldsymbol{I}-\boldsymbol{Q})(\boldsymbol{I}+\boldsymbol{Q}+\boldsymbol{Q}^2+\cdots+\boldsymbol{Q}^{n-1}) = \boldsymbol{I}-\boldsymbol{Q}^n$$

그런데 [따름정리 3.2.4]에 의하여 $\boldsymbol{Q}^n$는 $n \to \infty$일 때 0이므로, $n \to \infty$일 때 행렬식은 다음과 같이 된다.

$$|\boldsymbol{I}-\boldsymbol{Q}^n| \to 1$$

그러므로 n가 충분히 큰 경우에 다음과 같이 된다.

$$|\boldsymbol{I}-\boldsymbol{Q}^n| \neq 0$$

그러므로 다음과 같은 결과를 얻는다.

$$|\boldsymbol{I}-\boldsymbol{Q}| \; |\boldsymbol{I}+\boldsymbol{Q}+\boldsymbol{Q}^2+\cdots \boldsymbol{Q}^{n-1}| \neq 0$$

이 경우는 두 개의 행렬식이 모두 0이 아닐 때만 가능하다. 그러므로 $|\boldsymbol{I}-\boldsymbol{Q}| \neq 0$가 되는데 이것은 역행렬이 존재하는 충분조건이 되어 역행렬이 존재하게 된다.

한편 [정리 3.4.1] 다음에 있는 내용(*)에 의하면

$$N(I-Q)=(I-Q)N=I$$

이므로, 양변에 역행렬을 취하여 다음과 같이 얻어진다.

$$N=(I-Q)^{-1}$$

□

■ **흡수되기까지의 시간(Time to absorption)**

다음은 일시적인 상태에서 재귀상태로 흡수되기까지 소요되는 시간, 즉 소요되는 단계에 관심을 가져보자.

정리 3.4.3 $\boldsymbol{t}=[\,t_i\,], i\in K$를 일시적인 상태 i에 있던 마르코프 연쇄가 재귀상태로 흡수되기까지 소요된 단계의 기댓값들로 이루어진 열벡터라고 한다면 다음이 얻어진다.

$$\boldsymbol{t}=\boldsymbol{N}\cdot\mathbf{1}$$

여기서 $\mathbf{1}$은 원소가 1로 이루어진 열벡터이다.

증명 일시적인 상태 i에 있던 마르코프 연쇄가 재귀상태로 흡수되기밝에 여러 정보들을밖에 여러 정보들을까지 소요된 단계의 기댓값은 상태 i에서 재귀상태로 흡수되기까지의 모든 일시상태에 방문한 기댓값들의 합이므로, 다음이 얻어진다.

$$t_i=\sum_{j\in K}E(N_{ij})=\sum_{j\in K}E(N_{ij})\cdot 1$$

따라서 행렬의 형태로 표시하면 증명된다. □

예제 3.4.4 상태 공간 $S=\{a,b,c,d,e\}$이고 추이행렬이 다음과 같을 때 상태를 분류하고, 일시적인 상태가 재귀적인 상태로 흡수되기까지 방문한 횟수의 기댓값을 구하여라.

$$\boldsymbol{P}=\begin{array}{c} \\ a \\ b \\ c \\ d \\ e \end{array}\begin{array}{c} \begin{array}{ccccc} a & b & c & d & e \end{array} \\ \begin{bmatrix} 1 & 0 & 0 & 0 & 0 \\ 1/2 & 0 & 1/2 & 0 & 0 \\ 0 & 1/2 & 0 & 1/2 & 0 \\ 0 & 0 & 1/2 & 0 & 1/2 \\ 0 & 0 & 0 & 0 & 1 \end{bmatrix}\end{array}$$

풀이 상태들에 대한 추이도는 다음과 같다.

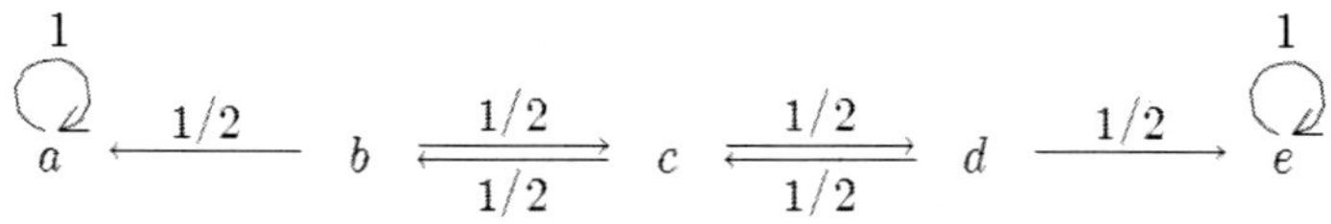

그러므로, $\{b, c, d\}$는 일시적이고, $\{a\}$, $\{e\}$는 재귀적이고, 특히 흡수상태임을 알 수 있다. 그러므로 상태 공간 S는 축소적이다. 이 마르코프 연쇄의 추이행렬을 정준형으로 표시하면

$$\overline{\boldsymbol{P}} = \begin{array}{c} \\ a \\ e \\ b \\ c \\ d \end{array} \begin{array}{c} \begin{array}{ccccc} a & e & b & c & d \end{array} \\ \left[\begin{array}{cc|ccc} 1 & 0 & 0 & 0 & 0 \\ 0 & 1 & 0 & 0 & 0 \\ \hline 1/2 & 0 & 0 & 1/2 & 0 \\ 0 & 0 & 1/2 & 0 & 1/2 \\ 0 & 1/2 & 0 & 1/2 & 0 \end{array}\right] \end{array}$$

이므로, 일시적인 상태로 이루진 추이행렬은 아래와 같다.

$$\boldsymbol{Q} = \begin{array}{c} \\ b \\ c \\ d \end{array} \begin{array}{c} \begin{array}{ccc} b & c & d \end{array} \\ \left[\begin{array}{ccc} 0 & 1/2 & 0 \\ 1/2 & 0 & 1/2 \\ 0 & 1/2 & 0 \end{array}\right] \end{array}$$

따라서 기본행렬은 다음과 같이 구해진다.

$$\boldsymbol{N} = (\boldsymbol{I} - \boldsymbol{Q})^{-1} = \begin{array}{c} \\ b \\ c \\ d \end{array} \begin{array}{c} \begin{array}{ccc} b & c & d \end{array} \\ \left[\begin{array}{ccc} 3/2 & 1 & 1/2 \\ 1 & 2 & 1 \\ 1/2 & 1 & 3/2 \end{array}\right] \end{array}$$

예를 들면, 상태 c에서 출발하여 흡수되기 전까지 상태 b, c, d에 방문하게 되는 횟수의 기댓값은 각각 1, 2, 1임을 알 수 있다. 그리고 흡수되기까지 걸린 단계의 기댓값은 다음과 같이 얻어진다.

$$t = \boldsymbol{N} \cdot \mathbf{1} = \begin{bmatrix} 3/2 & 1 & 1/2 \\ 1 & 2 & 1 \\ 1/2 & 1 & 3/2 \end{bmatrix} \begin{bmatrix} 1 \\ 1 \\ 1 \end{bmatrix} = \begin{bmatrix} 3 \\ 4 \\ 3 \end{bmatrix}$$

즉 상태 b와 d는 평균적으로 3단계 그리고 c는 4단계 후에 흡수된다.

■ **Maple에 의한 방법**

```
> with(LinearAlgebra):with(linalg):
> Q:=array([[0,1/2,0],[1/2,0,1/2],[0,1/2,0]]);
```

$$Q := \begin{bmatrix} 0 & \frac{1}{2} & 0 \\ \frac{1}{2} & 0 & \frac{1}{2} \\ 0 & \frac{1}{2} & 0 \end{bmatrix}$$

```
> ID:=IdentityMatrix(3);
```

$$ID := \begin{bmatrix} 1 & 0 & 0 \\ 0 & 1 & 0 \\ 0 & 0 & 1 \end{bmatrix}$$

```
> N:=inverse(ID-Q);
```

$$N := \begin{bmatrix} \frac{3}{2} & 1 & \frac{1}{2} \\ 1 & 2 & 1 \\ \frac{1}{2} & 1 & \frac{3}{2} \end{bmatrix}$$

```
> t:=evalm(N &* matrix(3,1,1));
```

$$t := \begin{bmatrix} 3 \\ 4 \\ 3 \end{bmatrix}$$

■ **R-project에 의한 방법**

```
> library(markovchain)
> P <- matrix(c(  1,   0,   0,   0,   0,
               1/2,   0, 1/2,   0,   0,
                 0, 1/2,   0, 1/2,   0,
                 0,   0, 1/2,   0, 1/2,
                 0,   0,   0,   0,   1), byrow=T, nrow=5)
```

```
> P
     [,1] [,2] [,3] [,4] [,5]
[1,]  1.0  0.0  0.0  0.0  0.0
[2,]  0.5  0.0  0.5  0.0  0.0
[3,]  0.0  0.5  0.0  0.5  0.0
[4,]  0.0  0.0  0.5  0.0  0.5
[5,]  0.0  0.0  0.0  0.0  1.0
> rownames(P) <- letters[1:5]
> colnames(P) <- rownames(P)
> P
    a   b   c   d   e
a 1.0 0.0 0.0 0.0 0.0
b 0.5 0.0 0.5 0.0 0.0
c 0.0 0.5 0.0 0.5 0.0
d 0.0 0.0 0.5 0.0 0.5
e 0.0 0.0 0.0 0.0 1.0
> (States <- rownames(P))
[1] "a" "b" "c" "d" "e"
> TP <- new("markovchain", stat=States, transitionMatrix=P,
               name="Transition Matrix")
> TP
Transition Matrix
 A  5 - dimensional discrete Markov Chain with following states
 a b c d e
 The transition matrix  (by rows)  is defined as follows
    a   b   c   d   e
a 1.0 0.0 0.0 0.0 0.0
b 0.5 0.0 0.5 0.0 0.0
c 0.0 0.5 0.0 0.5 0.0
d 0.0 0.0 0.5 0.0 0.5
e 0.0 0.0 0.0 0.0 1.0
> plot(TP, vertex.color="green", edge.color="blue")
> title(main="Transition Diagram", cex.main=2, col.main="blue")
```

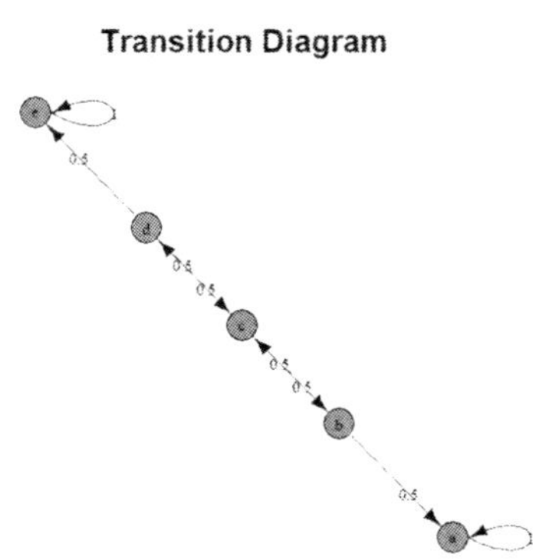

```
> CP <- canonicForm(TP)
> CP
Transition Matrix
 A 5 - dimensional discrete Markov Chain with following states
 a e b c d
 The transition matrix (by rows) is defined as follows
    a   e   b   c   d
a 1.0 0.0 0.0 0.0 0.0
e 0.0 1.0 0.0 0.0 0.0
b 0.5 0.0 0.0 0.5 0.0
c 0.0 0.0 0.5 0.0 0.5
d 0.0 0.5 0.0 0.5 0.0
```

※ R-project에서는 그 밖에 여러 정보를 제공한다. 매뉴얼을 참조하길 바랍니다.

```
> absorbingStates(CP)
[1] "a" "e"
> absorbingStates(CP)
[1] "a" "e"
> transientStates(CP)
[1] "b" "c" "d"
> recurrentClasses(CP)
[[1]]
[1] "a"
[[2]]
[1] "e"
> is.irreducible(CP)
[1] FALSE
> steadyStates(CP)
     a e b c d
[1,] 1 0 0 0 0
[2,] 0 1 0 0 0
> is.accessible(CP, "a", "c")
[1] FALSE
> is.accessible(CP, "c", "a")
[1] TRUE
> transitionProbability(CP, "b", "a")
[1] 0.5
> conditionalDistribution(CP, "c")
  a   e   b   c   d
0.0 0.0 0.5 0.0 0.5
```

```
> firstPassage(CP, "c", 10)
          a        e           b   c           d
1  0.000000 0.000000 0.500000000 0.0 0.500000000
2  0.250000 0.250000 0.000000000 0.5 0.000000000
3  0.000000 0.000000 0.125000000 0.0 0.125000000
4  0.125000 0.125000 0.000000000 0.0 0.000000000
5  0.000000 0.000000 0.031250000 0.0 0.031250000
6  0.062500 0.062500 0.000000000 0.0 0.000000000
7  0.000000 0.000000 0.007812500 0.0 0.007812500
8  0.031250 0.031250 0.000000000 0.0 0.000000000
9  0.000000 0.000000 0.001953125 0.0 0.001953125
10 0.015625 0.015625 0.000000000 0.0 0.000000000
> summary(CP)
Transition Matrix  Markov chain that is composed by:
Closed classes:
a
e
Recurrent classes:
{a},{e}
Transient classes:
{b,c,d}
The Markov chain is not irreducible
The absorbing states are: a e
> (P1 <- CP[1,1])
[1] 1
> (P2 <- CP[2,2])
[1] 1
> (C <- CP[3:5, 1:2])
    a   e
b 0.5 0.0
c 0.0 0.0
d 0.0 0.5
> (C1 <- C[1:3, 1])
  b   c   d
0.5 0.0 0.0
> (C2 <- C[1:3, 2])
  b   c   d
0.0 0.0 0.5
> (Q <- CP[3:5,3:5])
    b   c   d
b 0.0 0.5 0.0
c 0.5 0.0 0.5
d 0.0 0.5 0.0
```

```
> (M1 <- matrix(c(1,1,1), 3, 1))
     [,1]
[1,]    1
[2,]    1
[3,]    1
> (N <- solve(diag(3)-Q))
    b c   d
b 1.5 1 0.5
c 1.0 2 1.0
d 0.5 1 1.5
> (t <- N %*% M1)
  [,1]
b    3
c    4
d    3
```

□

다음으로 임의의 일시적인 상태 $i,j\ (\in K)$에 대하여, 분산 $Var(N_{ij})$에 관하여 생각해 보자. 먼저 기본행렬 $\boldsymbol{N}$과 관련하여 다음의 행렬을 정의하고 사용한다.

$$\boldsymbol{N_2} \equiv \left[(E(N_{ij}))^2 \right] = \begin{bmatrix} \mu^2_{r+1\ r+1} & \mu^2_{r+1\ r+2} & \cdots & \mu^2_{r+1\ d} \\ \mu^2_{r+1\ r+1} & \mu^2_{r+1\ r+2} & \cdots & \mu^2_{r+1\ d} \\ \vdots & \vdots & \cdots & \vdots \\ \mu^2_{d\ r+1} & \mu^2_{d\ r+2} & \cdots & \mu^2_{d\ d} \end{bmatrix}$$

$$\boldsymbol{N_D} \equiv \begin{bmatrix} \mu_{r+1\ r+1} & 0 & 0 & \cdots & 0 \\ 0 & \mu_{r+2\ r+2} & 0 & \cdots & 0 \\ 0 & 0 & \mu_{r+3\ r+3} & \cdots & 0 \\ \vdots & \vdots & \vdots & \ddots & \vdots \\ 0 & 0 & 0 & \cdots & \mu_{d\,d} \end{bmatrix}$$

정리 3.4.5 유한개의 일시적인 상태들만으로 이루어진 집합 K의 추이확률을 나타내는 정방행렬을 $\boldsymbol{Q}$라 한다면, 일시적인 상태에서 재귀적인 상태에 들어가기까지 일시적인 상태를 방문한 횟수에 대한 분산은 다음과 같다.

$$\boldsymbol{V} \equiv \left[(V(N_{ij}))^2 \right] = \boldsymbol{N}(2\boldsymbol{N_D} - \boldsymbol{I}) - \boldsymbol{N_2} \qquad i,j \in K$$

증명 분산의 성질에 의하면

$$Var(N_{ij}) = E(N_{ij}^2) - [E(N_{ij})]^2 \qquad i,j \in K$$

이므로 이것을 행렬로 표현하면 다음과 같다.

$$\boldsymbol{V} \equiv \left[\ V(N_{ij})\ \right] = \left[\ E(N_{ij}^2)\ \right] - \left[\ (E(N_{ij}))^2\ \right]$$

그런데

$$\boldsymbol{N_2} = \left[\ (E(N_{ij}))^2\ \right] = \left[\ \mu_{ij}^2\ \right]$$

이므로, $E(N_{ij}^2)$에 관한 것만 처리하면 된다.

$$Y_{ij}^{(n)} = \begin{cases} 1 & X_n = j \mid X_0 = i \text{인 경우} \\ 0 & X_n \neq j \mid X_0 = i \text{인 경우} \end{cases}$$

라고 놓으면, 다음이 얻어진다.

$$N_{ij} = \sum_{n=0}^{\infty} Y_{ij}^{(n)}$$

그러므로

$$\begin{aligned} E(N_{ij}^2) &= E\left[\sum_{n=0}^{\infty} Y_{ij}^{(n)}\right]^2 \\ &= E\left[\sum_{n_1=0}^{\infty}\sum_{n_2=0}^{\infty} Y_{ij}^{(n_1)} Y_{ij}^{(n_2)}\right] \\ &= \sum_{n_1=0}^{\infty}\sum_{n_2=0}^{\infty} E[Y_{ij}^{(n_1)} Y_{ij}^{(n_2)}] \end{aligned}$$

이고,

$$Y_{ij}^{(n_1)} Y_{ij}^{(n_2)} = \begin{cases} 1 & X_{n_1} = X_{n_2} = j \mid X_0 = i \text{인 경우} \\ 0 & \text{그렇지 않은 경우} \end{cases}$$

이므로, 다음이 성립한다.

$$P\left(Y_{ij}^{(n_1)} Y_{ij}^{(n_2)} = 1\right) = P\left(Y_{ij}^{(n_1)} = 1, Y_{ij}^{(n_2)} = 1\right)$$

그런데 만약 $p \equiv \min(n_1, n_2)$과 $q \equiv |n_1 - n_2|$라 한다면 다음이 성립한다.

$$\begin{aligned} P\left(Y_{ij}^{(n_1)} Y_{ij}^{(n_2)} = 1\right) &= P\left(Y_{ij}^{(p)} = 1\right) P\left(Y_{ij}^{(p+q)} = 1 \mid Y_{ij}^{(p)} = 1\right) \\ &= P_{ij}^{(p)} P_{jj}^{(q)} \end{aligned}$$

이것을 이용하면 다음이 얻어진다.

$$E(N_{ij}^2) = \sum_{n_1=0}^{\infty} \sum_{n_2=0}^{\infty} P_{ij}^{(p)} P_{jj}^{(q)}$$

이제 [**따름정리** 3.2.4]에 의하여, 다음을 만족하는 $c > 0$와 $0 < r < 1$가 존재한다.

$$P_{ij}^{(p)} \leqq cr^p, \quad P_{jj}^{(q)} \leqq cr^q$$

그러므로 다음과 같이 표현할 수 있다.

$$E(N_{ij}^2) \leqq \sum_{n_1=0}^{\infty} \sum_{n_2=0}^{\infty} (cr^p)(cr^q) = c^2 \sum_{n_1=0}^{\infty} \sum_{n_2=0}^{\infty} r^{p+q}$$

그런데 $p + q = \min(n_1, n_2) + |n_1 - n_2| = \max(n_1, n_2)$이므로, 만약 $n_1 > n_2$이라면,

$$E(N_{ij}^2) \leqq c^2 \sum_{n_1=0}^{\infty} \sum_{n_2=0}^{n_1-1} r^{n_1} = c^2 \sum_{n_1=0}^{\infty} n_1 r^{n_1}$$

이고, 만약 $n_1 < n_2$이라면

$$E(N_{ij}^2) \leqq c^2 \sum_{n_2=0}^{\infty} \sum_{n_1=0}^{n_2-1} r^{n_2} = c^2 \sum_{n_2=0}^{\infty} n_2 r^{n_2}$$

이고, 마지막으로 만약 $n_1 = n_2$ 이라면 다음과 같다.

$$E(N_{ij}^2) \leqq c^2 \sum_{n_1=0}^{\infty} r^{n_1}$$

그러므로 모든 경우를 다 더해주면 다음이 성립한다.

$$E(N_{ij}^2) \leq c^2\left[\sum_{n_1=0}^{\infty} n_1 r^{n_1} + \sum_{n_2=0}^{\infty} n_2 r^{n_2} + \sum_{n_1=0}^{\infty} r^{n_1}\right]$$

$$= c^2\left[\frac{2r}{(1-r)^2} + \frac{1}{1-r}\right] < \infty$$

이제 $E(N_{ij}^2)$의 실제 값을 구하자. 마르코프 연쇄가 처음에 일시적인 상태 $i \in K$에 있다고 하자. 만약 한 단계 만에 재귀적인 상태 R로 간다면 그 확률은 $\sum_{k \in R} P_{ik}$이고, 상태 j를 방문하는 횟수는 $j = i$가 아닌 이상 0이 된다. 그러므로 크로네커 델타로 표시하면 $N_{ij} = \delta_{ij}$이다. 한편 처음에 일시적인 상태 $i \in K$에 있다가 다른 일시적인 상태 $k \in K$로 간다면 (그 확률은 P_{ik}이다) k에서 j로 가는 횟수 N_{kj}에 처음에 있던 것을 고려하여 $N_{ij} = N_{kj} + \delta_{ij}$가 된다. 그러므로 정리하면

$$N_{ij} = \begin{cases} \delta_{ij} & \text{확률 } \sum_{k \in R} P_{ik} \text{ 로} \\ N_{kj} + \delta_{ij} & \text{확률 } P_{ik} \text{ 로, } k \in K \end{cases}$$

가 된다. 그러므로 다음과 같이 된다.

$$N_{ij}^2 = \begin{cases} \delta_{ij}^2 & \text{확률 } \sum_{k \in R} P_{ik} \text{ 로} \\ (N_{kj} + \delta_{ij})^2 & \text{확률 } P_{ik} \text{ 로, } k \in K \end{cases}$$

그리고 $\delta_{ij}^2 = \delta_{ij}$이므로,

$$\begin{aligned} E(N_{ij}^2) &= \sum_{k \in R} P_{ik}\delta_{ij}^2 + \sum_{k \in K} P_{ik} E(N_{kj} + \delta_{ij})^2 \\ &= \sum_{k \in R} P_{ik}\delta_{ij}^2 + \sum_{k \in K} P_{ik} E(N_{kj}^2) + 2\sum_{k \in K} P_{ik} E(N_{kj})\delta_{ij} + \sum_{k \in K} P_{ik}\delta_{ij}^2 \\ &= \sum_{k \in K} P_{ik} E(N_{kj}^2) + 2\sum_{k \in K} P_{ik} E(N_{kj})\delta_{ij} + \delta_{ij} \end{aligned}$$

이고, 이것을 행렬로 표시하면

$$\left[E(N_{ij}^2)\right] = \boldsymbol{Q}\left[E(N_{ij}^2)\right] + 2(\boldsymbol{QN})_{\boldsymbol{D}} + \boldsymbol{I}$$

이므로 다음과 같이 정리할 수 있다.

$$\left[E(N_{ij}^2) \right] = (\boldsymbol{I} - \boldsymbol{Q})^{-1}(2(\boldsymbol{QN})_D + \boldsymbol{I})$$

그런데

$$\begin{aligned} \boldsymbol{QN} &= \boldsymbol{Q}(\boldsymbol{I} + \boldsymbol{Q} + \boldsymbol{Q}^2 + \cdots) \\ &= \boldsymbol{Q} + \boldsymbol{Q}^2 + \boldsymbol{Q}^3 + \cdots \\ &= \boldsymbol{N} - \boldsymbol{I} \end{aligned}$$

이고,

$$(\boldsymbol{QN})_D = (\boldsymbol{N} - \boldsymbol{I})_D = \boldsymbol{N}_D - \boldsymbol{I}$$

이므로 다음이 얻어진다.

$$\begin{aligned} \left[E(N_{ij}^2) \right] &= (\boldsymbol{I} - \boldsymbol{Q})^{-1}[2(\boldsymbol{N}_D - \boldsymbol{I}) + \boldsymbol{I}] \\ &= \boldsymbol{N}(2\boldsymbol{N}_D - \boldsymbol{I}) \end{aligned}$$

따라서 이것을 분산을 구하는 식에 대입하면,

$$\boldsymbol{V} \equiv \left[Var(N_{ij}) \right] = \boldsymbol{N}(2\boldsymbol{N}_D - \boldsymbol{I}) - \boldsymbol{N}_2$$

가 되어 정리가 증명된다. □

예제 3.4.6 위의 [예제 3.4.4]의 마르코프 연쇄에서 일시적인 상태에서 재귀적인 상태에 들어가기까지 걸린 단계의 횟수에 대한 분산을 구하여라.

풀이 먼저 기본행렬이 다음과 같이 된다.

$$\boldsymbol{N} = (\boldsymbol{I} - \boldsymbol{Q})^{-1} = \begin{array}{c} \\ b \\ c \\ d \end{array} \begin{array}{c} \begin{array}{ccc} b & c & d \end{array} \\ \begin{bmatrix} 3/2 & 1 & 1/2 \\ 1 & 2 & 1 \\ 1/2 & 1 & 3/2 \end{bmatrix} \end{array}$$

그러므로 $\boldsymbol{N}_D$와 $\boldsymbol{N}_2$를 구하면 아래와 같다.

$$\boldsymbol{N}_D = \begin{bmatrix} 3/2 & 0 & 0 \\ 0 & 2 & 0 \\ 0 & 0 & 3/2 \end{bmatrix}, \qquad \boldsymbol{N}_2 = \begin{bmatrix} 9/4 & 1 & 1/4 \\ 1 & 4 & 1 \\ 1/4 & 1 & 9/4 \end{bmatrix}$$

그러므로, 위 정리의 결과를 이용하면 분산행렬 $\boldsymbol{V}$은 다음과 같이 얻어진다.

$$\boldsymbol{V} = \boldsymbol{N}(2\boldsymbol{N}_D - \boldsymbol{I}) - \boldsymbol{N}_2 = \begin{bmatrix} 3/4 & 2 & 3/4 \\ 1 & 2 & 1 \\ 3/4 & 2 & 3/4 \end{bmatrix}$$

■ **Maple에 의한 방법([예제 3.4.4]의 계속)**

```
> ND:=diag(seq(N[i,i], i=1..3));
```

$$ND := \begin{bmatrix} \frac{3}{2} & 0 & 0 \\ 0 & 2 & 0 \\ 0 & 0 & \frac{3}{2} \end{bmatrix}$$

```
> N2:=zip(`*`,N,N);
```

$$N2 := \begin{bmatrix} \frac{9}{4} & 1 & \frac{1}{4} \\ 1 & 4 & 1 \\ \frac{1}{4} & 1 & \frac{9}{4} \end{bmatrix}$$

```
> V:=evalm(N*(2*ND-ID)-N2);
```

$$V := \begin{bmatrix} \frac{3}{4} & 2 & \frac{3}{4} \\ 1 & 2 & 1 \\ \frac{3}{4} & 2 & \frac{3}{4} \end{bmatrix}$$

■ R-project에 의한 방법

```
> (ND <- diag(diag(N)))
     [,1] [,2] [,3]
[1,]  1.5    0  0.0
[2,]  0.0    2  0.0
[3,]  0.0    0  1.5
> (N2 <- N*N)
     b c    d
b 2.25 1 0.25
c 1.00 4 1.00
d 0.25 1 2.25
> (V <- N %*% (2*ND- diag(3))-N2)
  [,1] [,2] [,3]
b 0.75    2 0.75
c 1.00    2 1.00
d 0.75    2 0.75
> colnames(V) <- rownames(N)
> V
     b c    d
b 0.75 2 0.75
c 1.00 2 1.00
d 0.75 2 0.75
```
□

■ **재귀상태로 들어가기까지의 소요 시간**

이제 어떤 일시적인 상태 $i \in K$에서 재귀적인 상태로 들어가기 전에 소요되는 시간, 즉 단계 N_i에 관심을 가져보자. 다시 말하면 일시상태 $i \in K$에서 얼마 만에 재귀상태로 들어가는가에 관심을 가져보자. 그 횟수를 확률변수로 표현하면 다음과 같다.

$$N_i = \sum_{j \in K} N_{ij}$$

왜냐하면 N_{ij}는 일시적인 상태 $i \in K$에서 재귀적인 상태로 들어가기 전까지 상태 $j \in K$에 방문한 횟수이므로 이들을 모두 합하면 결국 마르코프 연쇄가 일시적인 상태 i에서 재귀적인 상태로 들어가기 전에 방문한 총 횟수, 즉 재귀상태로 들어가기 전까지 소요되는 시간, 즉 단계가 된다.

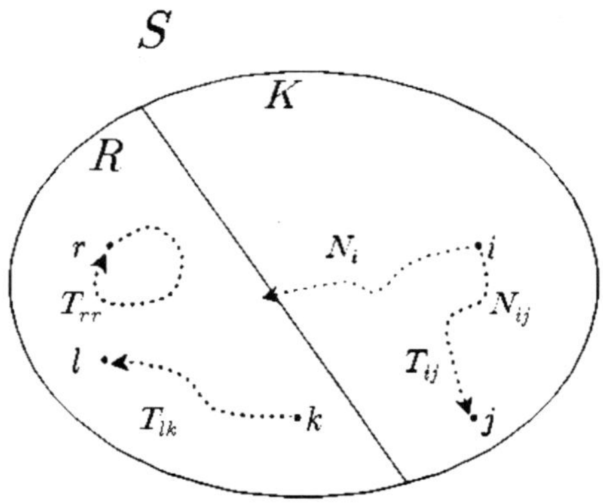

이제 N_i의 평균과 분산에 대하여 알아보자. i번째 원소가 $\boldsymbol{N}$의 i번째 열의 원소들의 합인 행벡터를 아래와 같이 하고,

$$\boldsymbol{N_s} \equiv \left[\sum_{j \in K} \mu_{ij} \right] = \boldsymbol{N} \cdot \boldsymbol{I}$$

i번째 원소가 $\boldsymbol{N_s}$의 i번째 원소의 제곱인 행벡터를 다음과 같이 표기하기로 하자.

$$\boldsymbol{N_{s2}} \equiv \left[\left(\sum_{j \in K} \mu_{ij} \right)^2 \right]$$

주의 위의 $\boldsymbol{N_s}$는 [정리 3.4.3]에서 다룬 $\boldsymbol{t} = \boldsymbol{N} \cdot \boldsymbol{1}$과 같다.

정리 3.4.7 모든 일시적인 상태 $i \in K$에 대하여, 다음이 성립한다.

$$\boldsymbol{N_s} \equiv \left[E(N_i) \right] = \boldsymbol{N} \cdot \boldsymbol{1}$$

증명 모든 $i \in K$에 대하여,

$$E(N_i) = E(\sum_{j \in K} N_{ij}) = \sum_{j \in K} E(N_{ij}) = \sum_{j \in K} \mu_{ij}$$

이므로, 간단히 증명된다. □

정리 3.4.8 모든 일시적인 상태 $i \in K$에 대하여, 다음이 성립한다.

$$\boldsymbol{VN} \equiv \left[Var(N_i) \right] = (2\boldsymbol{N} - \boldsymbol{I})\boldsymbol{N_s} - \boldsymbol{N_{s2}}$$

증명 상태 i에서 다음 단계에 재귀상태로 들어간 경우와 그렇지 않은 경우로 나누면

$$N_i = \begin{cases} 1 & \text{확률} \sum_{k\in R} P_{ik} \\ N_k + 1 & \text{확률} P_{ik} \quad k\in K \end{cases}$$

이므로,

$$\begin{aligned} E(N_i^2) &= \sum_{k\in R} P_{ik}\cdot 1 + \sum_{k\in K} P_{ik}E(N_k+1)^2 \\ &= \sum_{k\in R} P_{ik}\cdot 1 + \sum_{k\in K} P_{ik}E(N_k^2) + 2\sum_{k\in K} P_{ik}E(N_k) + \sum_{k\in K} P_{ik}\cdot 1 \\ &= \sum_{k\in K} P_{ik}E(N_k^2) + 2\sum_{k\in K} P_{ik}E(N_k) + 1 \end{aligned}$$

이고, 이것을 행렬로 표시하면 다음과 같다.

$$\left[\ E(N_i^2)\ \right] = \boldsymbol{Q}\left[\ E(N_i^2)\ \right] + 2\boldsymbol{Q}\boldsymbol{N_s} + 1$$

따라서 이항하여 정리하면 다음과 같이 된다. 그리고 $\boldsymbol{NQ}=\boldsymbol{N}-\boldsymbol{I}$이므로

$$\begin{aligned} \left[\ E(N_i^2)\ \right] &= (\boldsymbol{I}-\boldsymbol{Q})^{-1}(2\boldsymbol{Q}\boldsymbol{N_s}+1) \\ &= \boldsymbol{N}(2\boldsymbol{Q}\boldsymbol{N_s}+1) \\ &= 2\boldsymbol{N}\boldsymbol{Q}\boldsymbol{N_s} + \boldsymbol{N}\cdot 1 \\ &= 2(\boldsymbol{N}-\boldsymbol{I})\boldsymbol{N_s} + \boldsymbol{N_s} \\ &= (2\boldsymbol{N}-\boldsymbol{I})\boldsymbol{N_s} \end{aligned}$$

그리고 [정리 3.4.7]의 증명에서의 결과를 이용하면

$$\left[\ (E(N_i))^2\ \right] = \boldsymbol{N_{s2}}$$

이고, 이 결과를 이용하면

$$\left[\ Var(N_i)\ \right] = \left[\ E(N_i^2)\right] - \left[\ [E(N_i)]^2\right]$$
$$= (2\boldsymbol{N} - \boldsymbol{I})\boldsymbol{N}_s - \boldsymbol{N}_{s2}$$

가 되어 증명된다. □

■ **재귀상태로 들어가는 확률**

마지막으로, 일시적인 상태들의 집합을 떠나 특정한 재귀적인 상태로 들어가는 확률을 생각하여보자. 만약 확률과정이 흡수상태로 들어가면 다시는 그 흡수상태를 나올 수가 없다. 또한 상태 i가 일시적이고 상태 j가 재귀적이라면 $j \not\to i$이다. 그리고 n 단계 만에 재귀상태로 가는 확률은 다음과 같다.

$$P(T_{ij} = n) = f_{ij}(n) \qquad i \in K,\ \ j \in R(= K^c)$$

그러므로 궁극적으로 재귀상태로 가는 확률은 아래와 같다.

$$f_{ij} = \sum_{n=1}^{\infty} f_{ij}(n)$$

따라서 이것들을 행렬로 표현하면 다음과 같다.

$$\boldsymbol{F}(n) \equiv \left[\ f_{ij}(n)\right],\ \ \boldsymbol{F} \equiv \left[\ f_{ij}\right],\ \ \boldsymbol{F} = \sum_{n=1}^{\infty} \boldsymbol{F}(n)$$

주의 재귀적인 상태에서 일시적인 상태로 갈 수 없으므로 일시적인 상태에만 있다가 통과하고자 하는 재귀상태로 처음 통과하는 경우만을 고려하면 된다.

정리 3.4.9 일시상태 i에서 재귀상태 j로 가는 확률을 f_{ij}라 하면, 이것들로 이루어진 행렬 $\boldsymbol{F} \equiv \left[\ f_{ij}\right]$는 다음과 같다.

$$\boldsymbol{F}(n) = \boldsymbol{Q}^{n-1}\boldsymbol{C}$$
$$\boldsymbol{F} = \boldsymbol{N}\boldsymbol{C}$$

증명 정의에 의하여

$$f_{ij}(1) = P_{ij}, \qquad i \in K,\ j \in R$$

이고,

$$f_{ij}(n) = \sum_{k \in K} P_{ik} f_{kj}(n-1)$$

이므로, 행렬로 나타내면 다음과 같이 된다.

$$\boldsymbol{F}(1) = \boldsymbol{C}$$
$$\boldsymbol{F}(n) = \boldsymbol{Q}\boldsymbol{F}(n-1)$$

그리고 두 번째 식을 n에 대하여 반복하여 대입하면 아래와 같이 된다.

$$\boldsymbol{F}(n) = \boldsymbol{Q}^{n-1}\boldsymbol{C}$$

그러므로 위의 식을 이용하면 다음과 같이 되어 증명된다.

$$\begin{aligned}\boldsymbol{F} &= \sum_{n=1}^{\infty} \boldsymbol{F}(n) \\ &= \boldsymbol{C} + \sum_{n=2}^{\infty} \boldsymbol{Q}^{n-1}\boldsymbol{C} \\ &= (\boldsymbol{I} + \boldsymbol{Q} + \boldsymbol{Q}^2 + \cdots)\boldsymbol{C} \\ &= \boldsymbol{NC}\end{aligned}$$

□

따름정리 3.4.10 $\boldsymbol{C}_j$를 행렬 $\boldsymbol{C}$의 j번째 행이라고 하면, 일시적인 상태에서 재귀적인 상태 $j \in R$로 들어가게 될 확률은 다음과 같다.

$$\boldsymbol{NC}_j$$

또한 만약 $\boldsymbol{U}_K = (u_1^{(0)}, u_2^{(0)}, \cdots, u_{d-r}^{(0)})$를 $d-r$개의 원소를 갖는 열벡터이고

$$u_i^{(0)} = P(X(0) = i), \quad i = 1, \cdots, d-r$$

이라 하면, 마르코프 연쇄가 처음에 어느 일시적인 상태에 있다가 재귀적인 상태 $j \in R$로 들어가게 될 확률은 다음과 같이 얻어진다.

$$\boldsymbol{U}_K^{(0)}\boldsymbol{NC}_j$$

□

■ **흡수확률(Absorption Probability)**

흡수상태가 존재하는 마르코프 연쇄를 **흡수 마르코프 연쇄(absorbing Markov chain)**라고 하는데 일시상태에서 흡수상태로 가게 될 확률도 많은 관심의 대상이 된다. 이것은 [정리 3.4.9]에서 다룬 재귀상태가 흡수상태일 경우에는 흡수상태로 가는 확률, 즉 흡수확률이 된다.

예제 3.4.11 위의 [예제 3.4.4]의 마르코프 연쇄에서 일시적인 상태에서 재귀적인 상태에 들어가기까지 걸린 단계의 횟수에 대한 기댓값과 분산을 구하고, 각각의 일시적인 상태에서 7과 8단계에 재귀상태로 들어갈 확률과 결국, 즉 궁극적으로 재귀상태로 들어갈 확률을 구하여라. 그리고 이것들과 30단계 추이행렬과의 관계를 설명하라.

풀이 먼저 기댓값을 구하면 아래와 같다.

$$\boldsymbol{N_s} = \boldsymbol{N} \cdot \mathbf{1} = \begin{bmatrix} 3/2 & 1 & 1/2 \\ 1 & 2 & 1 \\ 1/2 & 1 & 3/2 \end{bmatrix} \begin{bmatrix} 1 \\ 1 \\ 1 \end{bmatrix} = \begin{bmatrix} 3 \\ 4 \\ 3 \end{bmatrix}$$

따라서

$$\boldsymbol{N_{s2}} = \begin{bmatrix} 9 \\ 16 \\ 9 \end{bmatrix}$$

가 되어 구하는 분산은 다음과 같다.

$$\boldsymbol{VN} = \begin{bmatrix} Var(N_i) \end{bmatrix} = (2\boldsymbol{N} - \boldsymbol{I})\boldsymbol{N_s} - \boldsymbol{N_{s2}} = \begin{bmatrix} 8 \\ 8 \\ 8 \end{bmatrix}$$

그리고 일시적인 상태 $\{a, e\}$에서 결국 재귀상태로 들어갈 확률은, 먼저

$$\boldsymbol{C} = \begin{bmatrix} 1/2 & 0 \\ 0 & 0 \\ 0 & 1/2 \end{bmatrix}, \ \boldsymbol{C_a} = \begin{bmatrix} 1/2 \\ 0 \\ 0 \end{bmatrix}, \ \boldsymbol{C_e} = \begin{bmatrix} 0 \\ 0 \\ 1/2 \end{bmatrix}$$

가 되므로, 다음과 같이 된다.

$$\boldsymbol{F} = \boldsymbol{NC} = \begin{bmatrix} 3/2 & 1 & 1/2 \\ 1 & 2 & 1 \\ 1/2 & 1 & 3/2 \end{bmatrix} \begin{bmatrix} 1/2 & 0 \\ 0 & 0 \\ 0 & 1/2 \end{bmatrix} = \begin{bmatrix} 3/4 & 1/4 \\ 1/2 & 1/2 \\ 1/4 & 3/4 \end{bmatrix}, \quad \boldsymbol{NC}_a = \begin{bmatrix} 3/4 \\ 1/2 \\ 1/4 \end{bmatrix}, \quad \boldsymbol{NC}_e = \begin{bmatrix} 1/4 \\ 1/2 \\ 3/4 \end{bmatrix}$$

그리고 일시상태 $(b,\ c,\ d)$의 초기확률이 $\boldsymbol{U}_K^0 = (1/3,\ 1/2,\ 1/6)$인 경우에는 재귀상태 a, e로 가게 될 확률은 다음과 같다.

$$\boldsymbol{U}_K^0 \boldsymbol{NC}_a = \frac{13}{24}, \quad \boldsymbol{U}_K^0 \boldsymbol{NC}_e = \frac{11}{24}$$

각각의 일시상태에서 7 그리고 8 단계에 재귀상태로 들어갈 확률은 각각 아래와 같다.

$$\boldsymbol{F}(7) = \boldsymbol{Q}^{7-1}\boldsymbol{C} = \begin{bmatrix} 1/32 & 1/32 \\ 0 & 0 \\ 1/32 & 1/32 \end{bmatrix}$$

$$\boldsymbol{F}(8) = \boldsymbol{Q}^{8-1}\boldsymbol{C} = \begin{bmatrix} 0 & 0 \\ 1/32 & 1/32 \\ 0 & 0 \end{bmatrix}$$

그리고 각각의 일시적인 상태는 궁극적으로 재귀상태로 가게 되는 데 그 확률은 다음과 같다. 그런데 사실 이들 재귀상태는 흡수상태이므로 이것은 흡수확률이 된다.

$$\boldsymbol{F} = \boldsymbol{NC} = \begin{bmatrix} 3/2 & 1 & 1/2 \\ 1 & 2 & 1 \\ 1/2 & 1 & 3/2 \end{bmatrix} \begin{bmatrix} 1/2 & 0 \\ 0 & 0 \\ 0 & 1/2 \end{bmatrix} = \begin{bmatrix} 3/4 & 1/4 \\ 1/2 & 1/2 \\ 1/4 & 3/4 \end{bmatrix}$$

다음 단계 수를 높여 30-단계 추이행렬을 구하면 위의 결론을 직접 확인할 수 있다.

$$\boldsymbol{P}^{(30)} = \begin{array}{c} \\ a \\ e \\ b \\ c \\ d \end{array} \begin{array}{c} \begin{array}{ccccc} a & e & b & c & d \end{array} \\ \begin{bmatrix} 1 & 0 & 0 & 0 & 0 \\ 0 & 1 & 0 & 0 & 0 \\ 3/4 & 1/4 & 0 & 0 & 0 \\ 1/2 & 1/2 & 0 & 0 & 0 \\ 1/4 & 3/4 & 0 & 0 & 0 \end{bmatrix} \end{array}$$

■ Maple에 의한 방법([예제 3.4.4]과 [예제 3.4.6]의 계속)

```
> Ns := evalm(N &* matrix(3,1,1));
```

$$Ns := \begin{bmatrix} 3 \\ 4 \\ 3 \end{bmatrix}$$

```
> Ns2 := matrix(3,1, [seq(Ns[i,1]^2, I=1..3)]);
```

$$Ns2 := \begin{bmatrix} 9 \\ 16 \\ 9 \end{bmatrix}$$

```
> VN := evalm((2*N-ID)*Ns-Ns2);
```

$$VN := \begin{bmatrix} 8 \\ 8 \\ 8 \end{bmatrix}$$

```
> C := matrix([[1/2,0],[0,0],[0,1/2]]);
```

$$C := \begin{bmatrix} \frac{1}{2} & 0 \\ 0 & 0 \\ 0 & \frac{1}{2} \end{bmatrix}$$

```
> Ca := SubMatrix(C, 1..3, 1);Ce := SubMatrix(C, 1..3, 2);
```

$$Ca := \begin{bmatrix} \frac{1}{2} \\ 0 \\ 0 \end{bmatrix}$$

$$Ce := \begin{bmatrix} 0 \\ 0 \\ \frac{1}{2} \end{bmatrix}$$

```
> evalm(N &* Ca);
```

$$\begin{bmatrix} \frac{3}{4} \\ \frac{1}{2} \\ \frac{1}{4} \end{bmatrix}$$

```
> evalm(N &* Ce);
```

$$\begin{bmatrix} \frac{1}{4} \\ \frac{1}{2} \\ \frac{3}{4} \end{bmatrix}$$

```
> Uk := Matrix([1/3,1/2, 1/6]);
```

$$Uk := \begin{bmatrix} \frac{1}{3} & \frac{1}{2} & \frac{1}{6} \end{bmatrix}$$

```
> evalm(Uk &* N &* Ca);
```

$$\begin{bmatrix} \frac{13}{24} \end{bmatrix}$$

```
> evalm(Uk &* N &* Ce);
```

$$\begin{bmatrix} \frac{11}{24} \end{bmatrix}$$

```
> Fn:= n -> evalm(Q^(n-1)*C);
```

$$Fn := n \to \text{evalm}(Q^{(n-1)}\,C)$$

```
> Fn(7), Fn(8);
```

$$\begin{bmatrix} \frac{1}{32} & \frac{1}{32} \\ 0 & 0 \\ \frac{1}{32} & \frac{1}{32} \end{bmatrix}, \begin{bmatrix} 0 & 0 \\ \frac{1}{32} & \frac{1}{32} \\ 0 & 0 \end{bmatrix}$$

```
> F:=evalm(N&*C);
```

$$F := \begin{bmatrix} \frac{3}{4} & \frac{1}{4} \\ \frac{1}{2} & \frac{1}{2} \\ \frac{1}{4} & \frac{3}{4} \end{bmatrix}$$

```
> evalf(evalm(P^30),4);
```

$$\begin{bmatrix} 1. & 0. & 0. & 0. & 0. \\ 0. & 1. & 0. & 0. & 0. \\ 0.7500 & 0.2500 & 0.00001526 & 0. & 0.00001526 \\ 0.5000 & 0.5000 & 0. & 0.00003052 & 0. \\ 0.2500 & 0.7500 & 0.00001526 & 0. & 0.00001526 \end{bmatrix}$$

■ R-project에 의한 방법

```
> (Ns <- N %*% M1)
  [,1]
b    3
c    4
d    3
> (Ns2 <- Ns * Ns)
  [,1]
b    9
c   16
d    9
> (VN <- (2*N - ID ) %*% Ns - Ns2)
  [,1]
b    8
c    8
d    8
> (Ca <- C1)
  b   c   d
0.5 0.0 0.0
> (Ce <- C2)
  b   c   d
0.0 0.0 0.5
> (F <- N %*% C)
     a    e
b 0.75 0.25
c 0.50 0.50
d 0.25 0.75
> (N %*% Ca)
  [,1]
b 0.75
c 0.50
d 0.25
> (N %*% Ce)
  [,1]
b 0.25
c 0.50
d 0.75
> (U0k <- matrix(c(1/3,1/2, 1/6), 1, 3))
          [,1] [,2]      [,3]
[1,] 0.3333333  0.5 0.1666667
```

```
> (U0k %*% N %*% C)
             a         e
[1,] 0.5416667 0.4583333
> (U0k %*% N %*% Ca)
          [,1]
[1,] 0.5416667
> (U0k %*% N %*% Ce)
          [,1]
[1,] 0.4583333
> library(expm)
> Fn <- function(n){
      Q %^% (n-1) %*% C
  }
> Fn(7);Fn(8)
        a       e
b 0.03125 0.03125
c 0.00000 0.00000
d 0.03125 0.03125
        a       e
b 0.00000 0.00000
c 0.03125 0.03125
d 0.00000 0.00000
> (F7 <- Q %^% (7-1) %*% C)
        a       e
b 0.03125 0.03125
c 0.00000 0.00000
d 0.03125 0.03125
> (F8 <- Q %^% (8-1) %*% C)
        a       e
b 0.00000 0.00000
c 0.03125 0.03125
d 0.00000 0.00000
> CP@transitionMatrix
    a   e   b   c   d
a 1.0 0.0 0.0 0.0 0.0
e 0.0 1.0 0.0 0.0 0.0
b 0.5 0.0 0.0 0.5 0.0
c 0.0 0.0 0.5 0.0 0.5
d 0.0 0.5 0.0 0.5 0.0
```

```
> CP@transitionMatrix %^% 30
          a         e            b            c            d
a 1.0000000 0.0000000 0.000000e+00 0.000000e+00 0.000000e+00
e 0.0000000 1.0000000 0.000000e+00 0.000000e+00 0.000000e+00
b 0.7499847 0.2499847 1.525879e-05 0.000000e+00 1.525879e-05
c 0.4999847 0.4999847 0.000000e+00 3.051758e-05 0.000000e+00
d 0.2499847 0.7499847 1.525879e-05 0.000000e+00 1.525879e-05
> round(CP@transitionMatrix %^% 30, 2)
     a    e b c d
a 1.00 0.00 0 0 0
e 0.00 1.00 0 0 0
b 0.75 0.25 0 0 0
c 0.50 0.50 0 0 0
d 0.25 0.75 0 0 0
```
□

※ 저자가 찾아본 결과, 위의 부분은 현재 패키지가 없었다. 그래서 위와 같이 직접 수행을 하거나 프로그램을 짜서 해야 하는 상황이 발생할 수도 있다. 이와 같은 것들을 모아서 하나의 또 다른 패키지를 만들 수도 있을 것이다.

■ **재귀시간(Recurrence Time)**

다음으로, 상태 i가 재귀적일 때 다시 상태 i로 처음으로 돌아오는 걸리는 단계들의 수를 **재귀시간**(recurrence time)이라 하고, 그 기댓값을 아래와 같이 나타내자.

$$\tau_i \equiv E(T_{ii}^{(1)}) \qquad i \in R$$

이것을 **평균재귀시간**(mean recurrence time)이라 한다. 재귀상태들의 기댓값을, 즉 평균재귀시간들을 벡터로 표현하면 아래와 같이 된다.

$$\boldsymbol{\tau} \equiv (\tau_1, \cdots, \tau_r)$$

그런데 아주 특이하게도 재귀적이면서 되돌아올 때까지의 시간에 대한 기댓값이 무한인 경우가 존재한다. 그래서 그와 같은 성질에 의하여 상태를 다음과 같이 정의한다.

정의 3.4.12 상태 i가 재귀적이고, $\tau_i \equiv E(T_{ii}^{(1)}) = \infty$ 일 때에는 **영의 재귀적**(null-recurrent)이라 하고, $\tau_i \equiv E(T_{ii}^{(1)}) < \infty$일 때는 **양의 재귀적**(non-null or positive recurrent)이라 한다.

재귀적인데 다시 올 때까지의 걸리는 시간의 기댓값이 무한이라는 사실은 이해하기 어려울 뿐만 아니라, 그와 같은 것이 존재할 것인가? 라는 의문이 가지만, 다음의 예제는 영의 재귀적인 상태가 존재하는 것을 알려준다.

예제 3.4.13 **확률보행 모형(Random Walk Model)**

서로 독립이고 동일한 분포를 갖는 확률변수열 $\{Y_i \mid i=1,2,\cdots\}$이 있다. 모든 $i=1,2,\cdots$에 대하여, 각각의 확률변수는 $P(Y_i=1)=p$, $P(Y_i=-1)=q=1-p$, $0<p<1$와 같은 확률분포를 한다. 만약 $X_0=0$. $X_n=Y_1+\cdots+Y_n$, $n\geq 1$라 한다면 확률과정 $\{X_n \mid n\geq 1\}$은 마르코프 연쇄이며 이것을 랜덤워크(random walk)라 한다. 상태 0의 재귀성에 대하여 살펴보라.

풀이 상태 0에서 출발하여 상태 0으로 다시 돌아오는 확률은 다음과 같다.

$$P_{00}^{(2n)}=P(X_{2n}=0 \mid X_0=0)=\binom{2n}{n}p^n q^n$$

즉 아래 그림과 같이 움직인다.

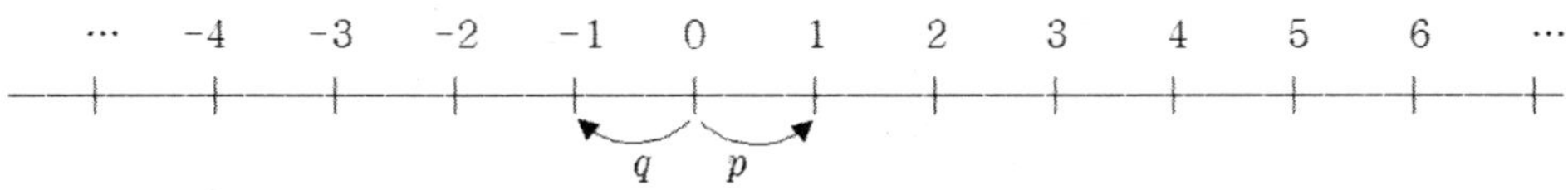

그러므로 랜덤워크의 추이도는 다음과 같이 된다.

$$\cdots -3 \underset{q}{\overset{p}{\rightleftarrows}} -2 \underset{q}{\overset{p}{\rightleftarrows}} -1 \underset{q}{\overset{p}{\rightleftarrows}} 0 \underset{q}{\overset{p}{\rightleftarrows}} 1 \underset{q}{\overset{p}{\rightleftarrows}} 2 \underset{q}{\overset{p}{\rightleftarrows}} 3 \cdots$$

그리고 추이행렬은 다음과 같다.

$$\boldsymbol{P}=\begin{bmatrix} \vdots & \vdots & \vdots & \vdots & \vdots & \vdots & \vdots & \vdots & \vdots \\ \cdot & q & 0 & p & \cdot & \cdot & \cdot & \cdot & \cdot \\ \cdot & \cdot & q & 0 & p & \cdot & \cdot & \cdot & \cdot \\ \cdot & \cdot & \cdot & q & 0 & p & \cdot & \cdot & \cdot \\ \cdot & \cdot & \cdot & \cdot & q & 0 & p & \cdot & \cdot \\ \vdots & \vdots & \vdots & \vdots & \vdots & \vdots & \vdots & \vdots & \vdots \end{bmatrix}$$

일반화된 이항정리(generalized binomial theorem)를 이용한다.

즉 $a>0$에 대하여

$$\binom{-a}{k}=(-1)^k\frac{\Gamma(a+k)}{k!\Gamma(a)}=(-1)^k\frac{(a+k-1)\cdots a}{k!}$$

을 이용하면 다음과 같이 표현된다.

$$P_{00}^{(2n)} = \binom{2n}{n} p^n q^n = \binom{-1/2}{n} (-4qp)^n$$

그 이유는 다음과 같다.

$$\begin{aligned}\binom{-1/2}{n}(-4)^n &= (-1)^n \frac{-1/2(-1/2-1)\cdots(-1/2-n+1)}{n!}4^n \\ &= \frac{1/2(1/2+1)\cdots(1/2+n-1)}{n!}4^n \\ &= \frac{1/2(3/2)\cdots(2n-1)/2}{n!}4^n \\ &= \frac{1\cdot 3\cdot \cdots \cdot 2n-1}{n!}2^n \\ &= \frac{1\cdot 3\cdot \cdots \cdot 2n-1}{n!}\frac{2\cdot 4\cdot \cdots \cdot 2n}{2\cdot 4\cdot \cdots \cdot 2n}2^n \\ &= \frac{2n!}{n!2^n(1\cdot 2\cdot \cdots \cdot n)}2^n \\ &= \frac{2n!}{n!n!} = \binom{2n}{n}\end{aligned}$$

그러므로 다음과 같이 확률생성함수가 얻어진다.

$$GP_{00}(s) = \sum_{n=0}^{\infty}\binom{-1/2}{n}(-4qp)^n s^{2n} = (1-4qps^2)^{-1/2}$$

여기서 $GP_{00}(1) = (1-4qp)^{-1/2}$이 ∞일 필요충분조건은 $p = q = 1/2$이므로, [정리 3.2.3]에 의하면 $p = 1/2$일 때 상태 0은 재귀적이 된다.

한편 [정리 3.2.2]에 의하면 $GF_{00}(s) = 1 - \frac{1}{GP_{00}(s)} = 1-(1-4qps^2)^{1/2}$이므로,

$$\begin{aligned}GF_{00}(1) &= 1-(1-4pq)^{1/2} = 1-((p+q)^2-4pq)^{1/2} \\ &= 1-((p-q)^2)^{1/2} = 1-|p-q|\end{aligned}$$

가 되고 $p = 1/2$ 일 경우 $GF_{00}(1) = 1$이다. 그리고 $GF_{00}'(s) = s(1-s^2)^{-1/2}$이다. 따라서 평균값 $\tau_0 = E(T_{00}^{(1)}) = GF_{00}'(1) = \infty$이다. 즉, 상태 0는 영의 재귀적이다. □

주의 $p = 1/2 = q$인 랜덤워크를 단순 랜덤워크(simple random walk)라 한다.

3.5 에르고딕 마르코프 연쇄와 정칙 마르코프 연쇄 (Ergodic Markov Chain and Regular Markov Chain)

위의 예제에서 살펴본 바와 같이 재귀적인 상태도 평균재귀시간이 유한인 것과 무한인 것이 있기 때문에 이것을 구분해야 할 것이다. 그 점을 고려하여 다음과 같이 상태를 분류하고 이에 따라서 마르코프 연쇄를 다음과 같이 구분하여 정의하자.

정의 3.5.1 어떤 상태가 비주기적이고, 양의 재귀적이면 **에르고딕(ergodic)**이라 하고, 모든 상태가 에르고딕인 마르코프 연쇄를 **에르고딕 마르코프 연쇄(ergodic Markov chain)**라 한다.

또 다른 형태의 마르코프 연쇄, **정칙 마르코프 연쇄(regular Markov chain)**를 고려하자.

정의 3.5.2 추이행렬 $\boldsymbol{P}$를 갖는 마르코프 연쇄가 어떤 k에 대하여 $\boldsymbol{P}^k$의 원소들이 모두 양의 값을 가질 때 **정칙(regular)**이라 하고, 그 마르코프 연쇄를 **정칙 마르코프 연쇄 (regular Markov chain)**라 한다.

주의 임의 모든 정칙 마르코프 연쇄는 에르고딕 마르코프 연쇄이다. 그러나 역은 성립하지 않는다.

예제 3.5.3 추이행렬 $\boldsymbol{P}$가 다음과 같은 마르코프 연쇄의 정칙성을 밝혀라.

$$\boldsymbol{P} = \begin{array}{c} \\ a \\ \\ b \end{array}\begin{array}{c} \begin{array}{cc} a & b \end{array} \\ \begin{bmatrix} 1 & 0 \\ & \\ 1/3 & 2/3 \end{bmatrix} \end{array}$$

풀이 상태 a는 흡수상태이다. 따라서 모든 단계에서 상태 a에서 상태 b로 갈 수 없다. 즉 $P_{aa}^{(k)} = 0$이다. 그러므로 마르코프는 정칙이 될 수 없다. 즉 **비정칙(nonregular)** 마르코프 연쇄이다.

■ **R-project에 의한 방법**

```
> library(markovchain)
> statesNames=c("a", "b")
> TP <- new("markovchain", transitionMatrix=matrix(c(1, 0, 1/3, 2/3),
        byrow=TRUE, nrow=2, dimnames=list(statesNames,statesNames)))
```

```
> TP
Unnamed Markov chain
 A  2 - dimensional discrete Markov Chain with following states
 a b
 The transition matrix   (by rows)  is defined as follows
          a         b
a 1.0000000 0.0000000
b 0.3333333 0.6666667
> plot(TP, vertex.color="green", edge.color="brown")
> title(main="Transition Diagram", cex.main=2, col.main="blue")
```

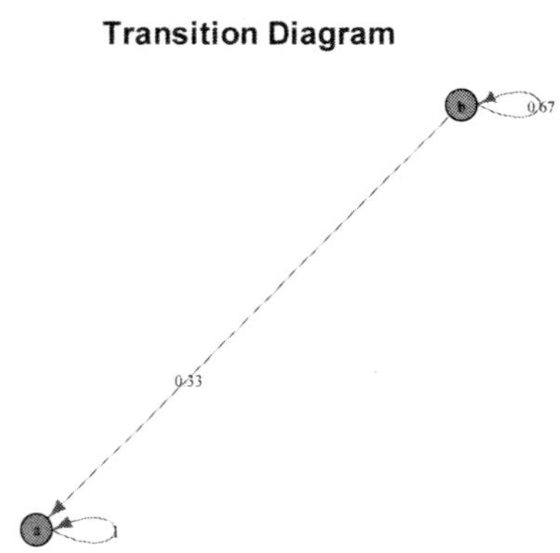


```
> absorbingStates(TP)
[1] "a"
> transientStates(TP)
[1] "b"
> communicatingClasses(TP)
[[1]]
[1] "a"

[[2]]
[1] "b"

> is.irreducible(TP)
[1] FALSE
> period(TP)
[1] 0
Warning message:
In period(TP) : The matrix is not irreducible
> TP^2
Unnamed Markov chain^2
 A  2 - dimensional discrete Markov Chain with following states
```

```
 a b
 The transition matrix  (by rows)  is defined as follows
          a         b
a 1.0000000 0.0000000
b 0.5555556 0.4444444

> TP^15
Unnamed Markov chain^15
 A  2 - dimensional discrete Markov Chain with following states
 a b
 The transition matrix  (by rows)  is defined as follows
          a           b
a 1.0000000 0.000000000
b 0.9977163 0.002283658

> summary(TP)
Unnamed Markov chain  Markov chain that is composed by:
Closed classes:
a
Recurrent classes:
{a}
Transient classes:
{b}
The Markov chain is not irreducible
The absorbing states are: a
```

□

에르고딕의 정의는 저자마다 약간 다르게 표현되고 있으며, 에르고딕과 관련된 보다 자세한 확률적 그리고 열역학적 성질들의 설명은 전종우(2000)을 참조하길 바란다. 간단히 설명하면 표본평균이 기댓값에 확률 1로 수렴(convergence with probability 1)한다는 대수강법칙이, 에르고딕성(ergodicity)라는 특수한 조건하에서는 정상인 확률과정에서도 성립한다는 것이다. 이것은 대수법칙을 보다 일반화한 것이다. 에르고딕 이론(ergodic theory)은 현대 수학과 통계 물리학 등에서 많이 연구, 이용되고 있다.

만약 $V_i(n)$를 n단계 전에 상태 i에 방문한 횟수라고 한다면 다음과 같이 표현할 수 있다.

$$V_i(n) \equiv \sum_{k=0}^{n-1} I_{\{X_k = i\}}$$

이때 $V_i(n)/n$은 n단계 전에 상태 i에 머문 시간의 비율이다. 여기서 n이 증가할 때 나타나는 현상을 나타낸 것이 에르고딕 정리(Ergodic theorem)이다. 여기서는 증명없이 소개만 한다. 필요하다면 보다 전문적인 자료를 참고하시기 바랍니다.

정리 3.5.4 에르고딕 정리(Ergodic theorem)

$\{X_n : n \in N_0\}$가 초기확률 λ와 비축소적인 추이행렬 P를 갖는 마르코프 연쇄일 때 다음이 성립한다.

$$\frac{V_i(n)}{n} \longrightarrow \frac{1}{\tau_i} \quad a.s.$$

여기서 $\tau_i = E(T_{ii})$이다.

증명 증명은 생략한다. □

에르고딕성에 대한 것과 그리고 이것과 관련된 내용을 다음 장에서 좀 더 다룰 것이다.

3장 연습문제

1. 상태 공간 $S=\{s1, s2, s3, s4\}$를 갖는 마르코프 연쇄 $\{X_n \mid n \in T\}$의 추이행렬이 다음과 같을 때 추이도를 그린 후 상태를 분류하고 동치류에 대한 정보 등을 설명하라.

$$\boldsymbol{P}=\begin{array}{c} \\ s1 \\ s2 \\ s3 \\ s4 \\ s5 \end{array}\begin{array}{c} \begin{array}{ccccc} s1 & s2 & s3 & s4 & s5 \end{array} \\ \begin{bmatrix} 0.6 & 0.4 & 0 & 0 & 0 \\ 0.2 & 0.8 & 0 & 0 & 0 \\ 0 & 0 & 0.4 & 0.2 & 0.4 \\ 0 & 0 & 0.3 & 0.5 & 0.2 \\ 0 & 0 & 0 & 0 & 1 \end{bmatrix} \end{array}$$

2. 문제 1에서 단계 수가 늘어날 때 어떤 현상이 발생하겠는가를 설명하라.

3. 문제 1에서 추이행렬이 다음과 같이 바뀐다면 어떠한 변화가 생기겠는가?

$$\boldsymbol{P}=\begin{array}{c} \\ s1 \\ s2 \\ s3 \\ s4 \\ s5 \end{array}\begin{array}{c} \begin{array}{ccccc} s1 & s2 & s3 & s4 & s5 \end{array} \\ \begin{bmatrix} 0.6 & 0.3 & 0 & 0.1 & 0 \\ 0.2 & 0.8 & 0 & 0 & 0 \\ 0 & 0 & 0.4 & 0.2 & 0.4 \\ 0 & 0 & 0.3 & 0.5 & 0.2 \\ 0 & 0 & 0 & 0 & 1 \end{bmatrix} \end{array}$$

4. 만약 $i \longleftrightarrow j$ 일 때 상태 i가 재귀적이면 j도 재귀적임을 증명하라.

5. 상태 공간이 $S=\{a, b, c, d\}$인 마르코프 연쇄 $\{X_n \mid n \in T\}$의 추이행렬이 다음과 같다.

$$P=\begin{array}{c} \\ a \\ b \\ c \\ d \end{array}\begin{array}{c} \begin{array}{cccc} a & b & c & d \end{array} \\ \begin{bmatrix} 1 & 0 & 0 & 0 \\ 0.2 & 0 & 0.8 & 0 \\ 0 & 0.3 & 0 & 0.7 \\ 0 & 0 & 1 & 0 \end{bmatrix} \end{array}$$

상태 공간을 분류하고, 단계 수가 증가할 때, 즉 시간이 지나감에 따라 어떤 현상이 발생하겠는가? 또한 정칙성을 밝혀라.

6. 상태 공간이 $S=\{a, b, c, d, e\}$이고 추이행렬이 다음과 같이 주어졌을 때 상태 공간을 분류하고, 일시적인 상태들에 대하여 얼마 동안 머무르는지에 대한 기댓값과 분산을 구하고, 각각의 일시적인 상태에서 5와 6단계에 흡수될 확률과 궁극적으로 흡수될 확률을 구하라. 단, 일시상태의 초기확률은 동일한 것으로 가정한다.

$$P=\begin{array}{c} \\ a \\ b \\ c \\ d \\ e \end{array}\begin{array}{c} \begin{array}{ccccc} a & b & c & d & e \end{array} \\ \begin{bmatrix} 0.6 & 0.1 & 0 & 0.3 & 0 \\ 0.2 & 0.5 & 0.1 & 0.2 & 0 \\ 0.2 & 0.2 & 0.4 & 0.1 & 0.1 \\ 0 & 0 & 0 & 1 & 0 \\ 0 & 0 & 0 & 0 & 1 \end{bmatrix} \end{array}$$

7. [예제 3.4.4]과 [예제 3.4.6]의 결과를 60단계를 갖는 마르코프 연쇄를 생성하는 모의실험을 100번 시행하여 확인하라. 단 $X_0 = c$로 시작하라.

8. 임의 모든 정칙 마르코프 연쇄는 에르고딕 마르코프 연쇄이다. 그러나 역은 성립하지 않는 것을 증명하라.

4장

마르코프 연쇄의 극한분포
(Limiting Distribution of Markov Chain)

4.1 서론(Introduction)

4.2 정상분포(Stationary Distribution)

4.3 가역 마르코프 연쇄(Reversible Markov Chain)

4.4 마르코프 연쇄의 중심극한정리
(Central Limit Theorem of Markov Chain)

$$\lim_{n\to\infty} \boldsymbol{P}^{(n)} = \begin{array}{c} \\ 1 \\ 2 \\ 3 \\ 4 \\ 5 \end{array} \begin{array}{c} \begin{array}{ccccc} 1 & 2 & 3 & 4 & 5 \end{array} \\ \begin{bmatrix} 1 & 0 & 0 & 0 & 0 \\ 0 & 0.4615 & 0.5385 & 0 & 0 \\ 0 & 0.4615 & 0.5385 & 0 & 0 \\ 0.4828 & 0.2387 & 0.2185 & 0 & 0 \\ 0.2069 & 0.3660 & 0.4271 & 0 & 0 \end{bmatrix} \end{array}$$

$$\pi \cdot \mathbf{1} = 1$$

$$\pi = \pi \boldsymbol{P}$$

$$\pi_j \equiv \lim_{n\to\infty} P_{ij}^{(n)}$$

4장 마르코프 연쇄의 극한분포
(Limiting Distribution of Markov Chain)

4.1 서론(Introduction)

마르코프 연쇄 $\{X_n \mid n \in \mathrm{N}_0\}$에서 단계가 거듭될수록, 즉 n이 증가 할수록 X_n가 어떠한 경향을 나타내는지는 우리의 관심을 끄는 사항이다. 특수한 조건 하에서 마르코프 연쇄 $\{X_n \mid n \in \mathrm{N}_0\}$의 분포는 일정한 형태를 갖게 된다. 일반적으로 이러한 정보와 특성들은 추이행렬로부터 얻을 수가 있는데, 그러므로 n이 큰 경우는 n-단계 추이행렬 $\boldsymbol{P}^{(n)}$로부터 그러한 정보를 얻어야 한다. 하지만 n-단계 추이행렬을 구하는 것이 쉬운 일이 아니다. 얼마 전까지 만 해도 거의 구하는 것이 힘들었다. 물론 현재에는 컴퓨터 성능의 획기적인 발전에 의하여 용이하게 구할 수 있게 되었으며, 구할 수 있는 한계도 과거보다는 훨씬 확대되어 차원이 크고, 차수가 높은 추이행렬을 구하는 것도 가능해졌다.

n이 커가면서 즉 단계가 지나면서 마르코프 연쇄 $\{X_n \mid n \in \mathrm{N}_0\}$이 추이행렬이 초기상태와 무관한 어떤 일정한 형태를 갖는 분포를 갖게 되는 경우에 그 분포를 마르코프 연쇄의 **극한분포**(limit distribution)라 한다. 그리고 '어떠한 경우에 일정한 분포로 수렴하는가?' 하는 것과 '그것을 어떻게 구할 수 있는가?'하는 문제들이 4장의 주요한 관심사이다. 물론 이것들의 응용과 활용도는 대단히 광범위할 것이며 그 효과와 영향도 클 것이다.

그리고 지금까지는 단계가 한 단계씩 커져 가는 즉, 시간의 흐름이 n에서 $n+1$로 가는, 경우에 대하여 고려하였다. 반대로 $t=n+1$에서 $t=n$으로 가는 경우, 즉 이전의 단계로 가는 마르코프 연쇄를 생각할 수 있는 데, 4장의 후반부에서는 시간이 반대로 가는, 즉 단계가 이전으로 가는 마르코프 연쇄 모형을 고려한다. 이것이 가능한 마르코프 모형을 **가역 마르코프 연쇄**(reversible Markov chain)라 하는데 이와 같은 상황은 물리학에서 많이 발견되어 실제로 빈번히 고려되고 연구되어 여러 분야에 활용하고 있다. 그리고 모의실험의 기법 중 하나인 **마르코프 연쇄 몬테카를로**(Markov chain Monte Carlo;MCMC) 방법에도 사용된다.

4.2 정상분포(Stationary Distribution)

마르코프 연쇄의 극한과 관련된 몇 가지의 결과들이 [정리 3.2.3]과 [따름정리 3.2.4]에 다루어졌다. 이것들을 좀 더 보완하여 발전된 이론에 의하며 다음과 같은 정리가 얻어진다.

정리 4.2.1 1) 상태 i가 일시적일 필요충분조건은, $\sum_{n=0}^{\infty} P_{ii}^{(n)} < \infty$이고, 이 경우 모든 상태 j에 대하여, $n \to \infty$일 때 $P_{ji}^{(n)} \to 0$이다.

2) 상태 i가 영의 재귀적일 필요충분조건은, $\sum_{n=0}^{\infty} P_{ii}^{(n)} = \infty$이고, $n \to \infty$일 때 $P_{ii}^{(n)} \to 0$이고, 이 경우, 모든 상태 j에 대하여, $n \to \infty$일 때 $P_{ji}^{(n)} \to 0$이다.

3) 상태 i가 비주기적이고, 양의 재귀적일 필요충분조건은 $\tau_i = \sum_{n=0}^{\infty} n f_{ii}(n) < \infty$이다. 그리고 이 경우, 모든 상태 j에 대하여, $n \to \infty$일 때 $P_{ji}^{(n)} \to \dfrac{f_{ji}}{\tau_i}$이다.

증명 증명은 이 책의 수준을 넘기 때문에 Bhat(1984)과 Feller(1950)을 보길 바란다. □

따름정리 4.2.2 만약 상태 공간 S가 유한(finite)이면 적어도 한 개 이상의 상태가 재귀적이고, 모든 재귀상태는 양의 재귀적이다.

증명 만약 모든 상태가 일시적이면 다음과 같이 되어 모순이고,

$$1 = \lim_{n \to \infty} \sum_{j \in S} P_{ij}^{(n)} = \sum_{j \in S} \lim_{n \to \infty} P_{ij}^{(n)} = 0$$

또한 위의 [정리 4.2.1]의 2)에 의하여서도 모순이다. 그러므로 증명된다. □

위의 정리를 살펴보면 상태 i가 일시적이거나 영의 재귀적인 경우는, 모든 상태 $j \in S$에 대하여 $P_{ji}^{(n)} \to 0$이다. 즉 초기 상태와 무관하게 0로 간다. 그러나 상태 i가 비주기적이고, 양의 재귀적인 경우는 초기 상태와 관련이 있는 **극한 분포**(limiting distribution)가 존재한다. 이러한 극한분포를 **극한평형분포**(limiting stable distribution or limiting equilibrium distribution)라 한다. 또한 모든 상태 i에 대하여 다음같이 표현하자.

$$\pi_j \equiv \lim_{n \to \infty} P_{ij}^{(n)}$$

정의 4.2.3 상태 공간 S와 추이행렬 $\boldsymbol{P}$를 따르는 마르코프 연쇄가 있다. 어떤 벡터 $\boldsymbol{\pi}=(\pi_1,\pi_2,\cdots)$가 다음과 같은 성질을 만족할 때 **정상분포**(stationary distribution)라 한다.

$$\text{(a) } \pi_i \geq 0, \text{ 모든 } i \in S \text{ 그리고 } \sum_{i \in S} \pi_i = 1$$

$$\text{(b) } \pi_i = \sum_{j \in S} \pi_j P_{ji}, \text{ 모든 } i \in S$$

위의 정의 조건을 벡터와 행렬로 표현하면 (a) $\boldsymbol{\pi} \geq 0$, 그리고 $\boldsymbol{\pi} \cdot \mathbf{1} = 1$ (b) $\boldsymbol{\pi} = \boldsymbol{\pi P}$이 되고, 또한 다음이 얻어진다.

$$\boldsymbol{\pi P}^2 = (\boldsymbol{\pi P})\boldsymbol{P} = \boldsymbol{\pi P} = \boldsymbol{\pi}$$

따라서 모든 $n \geq 0$에 대하여, 다음이 성립한다.

$$\boldsymbol{\pi P}^n = \boldsymbol{\pi}$$

그래서 이 분포 $\boldsymbol{\pi}$를 **정상**(stationary)이라 한다. 혹은 **정상분포**(stationary distribution) 또는 **평형분포**(equilibrium distribution)라고도 한다. 그리고 조건 b)를 만족하면 확률분포 $\boldsymbol{\pi}$가 **불변**(invariant)이라 하고, 간단히 **불변분포**(invariant distribution)라 한다. 수학적으로 $\boldsymbol{\pi}$는 고유값 1을 갖는 $\boldsymbol{P}$에 대한 **좌고유벡터**(left eigenvector)임을 알 수 있다.

정리 4.2.4 비축소적 마르코프 연쇄가 정상분포 $\boldsymbol{\pi}$를 가질 필요충분조건은 모든 상태가 양의 재귀적인 것이다. 그리고 이와 같은 경우, 정상분포 $\boldsymbol{\pi}$는 유일하며, 모든 $i \in S$에 대하여 $\pi_i = \tau_i^{-1}$이다. 여기서 τ_i는 상태 $i \in S$의 평균재귀시간이다.

증명 이 증명은 우리들의 수준을 넘기 때문에 Bhat(1984), Feller(1950), Grimmett (1992)을 참조하길 바란다. □

위의 결과에 의하면, 비축소적인 에르고딕 마르코프 연쇄는 극한분포가 존재하고 그 극한분포는 정상분포가 됨을 예상할 수 있다. 다음 정리에서 그 점을 다룬다.

정리 4.2.5 $\boldsymbol{P}$가 상태 공간 $S=\{1,2,\cdots,r\}$을 갖는 정칙 마르코프 연쇄의 추이행렬이다. 그러면 다음 **극한행렬**(limiting matrix)을 얻는다.

$$\boldsymbol{\Pi} \equiv \lim_{n \to \infty} \boldsymbol{P}^n$$

$$\text{여기서 } \boldsymbol{\Pi} \equiv \begin{bmatrix} \boldsymbol{\pi} \\ \boldsymbol{\pi} \\ \vdots \\ \boldsymbol{\pi} \end{bmatrix} = \begin{bmatrix} \pi_1\,\pi_2 \cdots \pi_r \\ \pi_1\,\pi_2 \cdots \pi_r \\ \vdots \quad \vdots \quad \cdots \quad \vdots \\ \pi_1\,\pi_2 \cdots \pi_r \end{bmatrix} \text{이고,}$$

$\boldsymbol{\pi} = (\pi_1, \pi_2, \cdots, \pi_r)$는 순양(strictly positive)의 확률 벡터이다.

즉 모든 $i = 1, 2, \cdots, r$에 대하여 $\pi_i > 0$이고, $\sum_{i=1}^{r} \pi_i = 1$이다.

증명 상태 공간이 유한이고, 정칙 마르코프 연쇄이므로 비축소적인 에르고딕 마르코프 연쇄가 된다. 그리고 [따름정리 4.2.2]에 의하여 모두 양의 재귀적이 된다. 따라서 [정리 4.2.4]에 의하여 극한분포가 존재한다. 그리고 극한분포는 정상분포와 같다. □

정리 4.2.6 $\boldsymbol{P}$가 정칙 추이행렬이고, $\boldsymbol{\Pi} \equiv \lim_{n \to \infty} \boldsymbol{P}^n$이라고 하자.

$$\text{여기서 } \boldsymbol{\Pi} \equiv \begin{bmatrix} \boldsymbol{\pi} \\ \boldsymbol{\pi} \\ \vdots \\ \boldsymbol{\pi} \end{bmatrix} = \begin{bmatrix} \pi_1\,\pi_2 \cdots \pi_r \\ \pi_1\,\pi_2 \cdots \pi_r \\ \vdots \quad \vdots \quad \cdots \quad \vdots \\ \pi_1\,\pi_2 \cdots \pi_r \end{bmatrix} \text{이다.}$$

그러면 다음이 성립한다.

$$\boldsymbol{\pi P} = \boldsymbol{\pi}$$

증명 $\boldsymbol{P}^n \to \boldsymbol{\Pi}$이므로 다음과 같이 된다.

$$\boldsymbol{P}^{n+1} = \boldsymbol{P}^n \cdot \boldsymbol{P} \to \boldsymbol{\Pi P}$$

또한 $\boldsymbol{P}^{n+1} \to \boldsymbol{\Pi}$가 되므로, 위의 결과에 의하여 $\boldsymbol{\Pi} = \boldsymbol{\Pi P}$이다. 그러므로 $\boldsymbol{\pi} = \boldsymbol{\pi P}$가 되어 증명된다. □

예제 4.2.7 상태 공간 $S = \{1, 2\}$을 갖고, 추이행렬이 다음과 같은 마르코프 연쇄가 있다. 상태를 분류하여 극한분포와 정상분포에 관한 정보를 도출하여라.

$$\boldsymbol{P} = \begin{matrix} & \begin{matrix} 1 & 2 \end{matrix} \\ \begin{matrix} 1 \\ \\ 2 \end{matrix} & \begin{bmatrix} 0 & 1 \\ & \\ 1 & 0 \end{bmatrix} \end{matrix}$$

(풀이) 추이도를 그려보면,

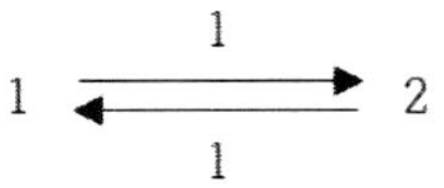

이므로, 닫힌 집단은 $\{1,2\}$이고, 하나이다. 즉 분명히 비축소적이고, 상태 1과 2 모두 재귀적임을 알 수 있다. 평균재귀시간은 모두 2임을 알 수 있다. 따라서 양의 재귀적임을 알 수 있다. 그리고 재귀하는 시간을 보면 2, 4, 6, 8, …이므로 주기는 2임을 알 수 있다. 또한 단계와 관계없이 항상 0인 원소가 존재하므로 정칙이 아님을 알 수 있다. 그러므로 극한분포는 존재하지 않는다. 하지만 정상분포는 존재한다. 왜냐하면

$$(\pi_1, \pi_2) = \boldsymbol{\pi} = \boldsymbol{\pi P} = (\pi_1,\ \pi_2)\begin{bmatrix} 0 & 1 \\ 1 & 0 \end{bmatrix} = (\pi_2,\ \pi_1)$$

이므로 $\pi_1 = \pi_2$이다. 또한 $\pi_1 + \pi_2 = 1$이므로, 두 식을 풀면, 정상분포는 다음과 같다.

$$\boldsymbol{\pi} = (1/2, 1/2)$$

이 경우, $\boldsymbol{\pi P} = (\frac{1}{2}, \frac{1}{2})\begin{bmatrix} 0 & 1 \\ 1 & 0 \end{bmatrix} = (\frac{1}{2}, \frac{1}{2}) = \boldsymbol{\pi}$가 되어 정상임을 확인 할 수 있다.

그러므로 [정리 4.2.4]에 의하여 평균재귀시간은 다음과 같이 얻어진다.

$$\boldsymbol{\tau} = (1/\pi_1, 1/\pi_2) = (2,\ 2)$$

■ **Maple에 의한 방법**

```
> pi:=vector(2,[ ]);
```

$$\pi := \mathbf{array}(1\,..\,2, [\ ])$$

```
> evalm(pi);
```

$$[\pi_1, \pi_2]$$

```
> P:=matrix([[0,1],[1,0]]);
```

$$P := \begin{bmatrix} 0 & 1 \\ 1 & 0 \end{bmatrix}$$

```
> seq(evalm(P^n), n=1..6);
```

$$\begin{bmatrix} 0 & 1 \\ 1 & 0 \end{bmatrix}, \begin{bmatrix} 1 & 0 \\ 0 & 1 \end{bmatrix}, \begin{bmatrix} 0 & 1 \\ 1 & 0 \end{bmatrix}, \begin{bmatrix} 1 & 0 \\ 0 & 1 \end{bmatrix}, \begin{bmatrix} 0 & 1 \\ 1 & 0 \end{bmatrix}, \begin{bmatrix} 1 & 0 \\ 0 & 1 \end{bmatrix}$$

```
> Eqnlist:=evalm(pi-pi &* P);
```

$$Eqnlist := [\pi_1 - \pi_2, \pi_2 - \pi_1]$$

```
> Eqnset:=convert(Eqnlist, set);
```

$$Eqnset := \{\pi_1 - \pi_2, \pi_2 - \pi_1\}$$

```
> Sumprob:={sum(pi[k], k=1..2)=1};
```

$$Sumprob := \{\pi_1 + \pi_2 = 1\}$$

```
> Sys:=Eqnset union Sumprob;
```

$$Sys := \{\pi_1 - \pi_2, \pi_2 - \pi_1, \pi_1 + \pi_2 = 1\}$$

```
> Sol:=solve(Sys);
```

$$Sol := \{\pi_2 = \frac{1}{2}, \pi_1 = \frac{1}{2}\}$$

```
> assign(%);
> evalm(pi);
```

$$\left[\frac{1}{2}, \frac{1}{2}\right]$$

```
> evalm(pi&*P);
```

$$\left[\frac{1}{2}, \frac{1}{2}\right]$$

```
> tau:=[seq(1/pi[j], j=1..2)];
```

$$\tau := [2, 2]$$

■ **R-project에 의한 방법**

```
> library(markovchain)
> statesNames=c("1", "2")
> TP <- new("markovchain", transitionMatrix=matrix(c(0, 1, 1, 0),
  byrow=TRUE, nrow=2, dimnames=list(statesNames,statesNames)))
> TP
Unnamed Markov chain
 A  2 - dimensional discrete Markov Chain with following states
 1 2
 The transition matrix   (by rows)  is defined as follows
  1 2
1 0 1
2 1 0
> plot(TP, vertex.label.cex=1.5, edge.label.cex=1.5, edge.color="brown")
> title(main="Transition Diagram", cex.main=2, col.main="blue")
```

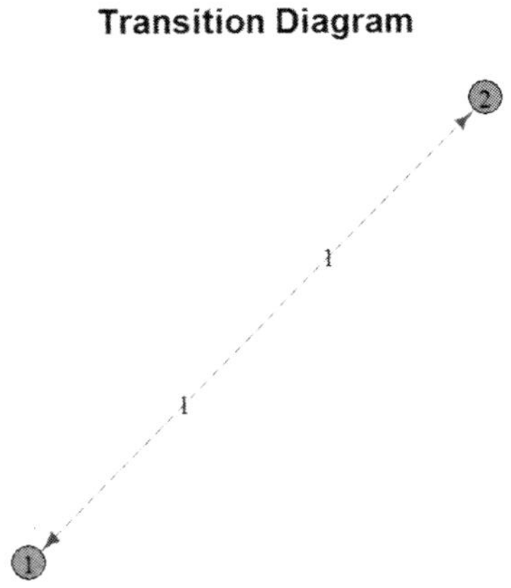


```
> TP@transitionMatrix
  1 2
1 0 1
2 1 0
> TP^2;TP^4
Unnamed Markov chain^2
 A  2 - dimensional discrete Markov Chain with following states
 1 2
 The transition matrix   (by rows)  is defined as follows
  1 2
1 1 0
2 0 1
Unnamed Markov chain^4
 A  2 - dimensional discrete Markov Chain with following states
 1 2
 The transition matrix   (by rows)  is defined as follows
  1 2
1 1 0
2 0 1
> TP^3;TP^5
Unnamed Markov chain^3
 A  2 - dimensional discrete Markov Chain with following states
 1 2
 The transition matrix   (by rows)  is defined as follows
  1 2
1 0 1
2 1 0
Unnamed Markov chain^5
 A  2 - dimensional discrete Markov Chain with following states
 1 2
```

```
 The transition matrix  (by rows)  is defined as follows
  1 2
1 0 1
2 1 0
> markovchainSequence(n=20, markovchain=TP, include=TRUE)
 [1] "2" "1" "2" "1" "2" "1" "2" "1" "2" "1" "2" "1" "2" "1" "2" "1" "2"
[18] "1" "2" "1" "2"
> MS <- markovchainSequence(n=199, markovchain=TP,
      include=TRUE, t0="2")
> #rmarkovchain(n=200, TP)
> length(MS)
[1] 200
> table(MS)/length(MS)
MS
  1   2
0.5 0.5
> absorbingStates(TP)
character(0)
> is.irreducible(TP) #true
[1] TRUE
> period(TP) #2
[1] 2
> summary(TP)
Unnamed Markov chain  Markov chain that is composed by:
Closed classes:
1 2
Recurrent classes:
{1,2}
Transient classes:
NONE
The Markov chain is irreducible
The absorbing states are: NONE
> steadyStates(TP)
      1   2
[1,] 0.5 0.5
> 1/steadyStates(TP)
     1 2
[1,] 2 2
```
□

마르코프 연쇄가 양의 재귀적이고 비축소적이라도 주기적이면, 정상분포는 존재하지만 극한분포는 존재하지 않는다. 따라서 비주기적인 조건이 있어야만 극한분포가 존재하고 그것은 정상분포와 같다.

정리 4.2.8 비축소적인 에르고딕 마르코프 연쇄는 초기 상태와 관계가 없는 극한분포가 존재하고, 그것은 정상분포이다. 즉, 모든 $i \in S$에 대하여

$$\pi_i = \lim_{n \to \infty} P_{ji}^{(n)} > 0$$

라 놓으면 이것은

$$\boldsymbol{\pi} = \boldsymbol{\pi P} \text{과 } \boldsymbol{\pi} \cdot \mathbf{1} = 1$$

의 유일한 해이다. 역으로 비주기적 비축소형 마르코프 연쇄에서 위의 식을 만족하는 π_i, $i \in S$가 존재하면, 모든 상태는 에르고딕이고, π_i, $i \in S$는 극한분포이다.

증명 이 책의 수준을 넘기 때문에 Bhat(1984), Feller(1950), Grimmett(1992)을 참조하길 바란다. □

예제 4.2.9 어느 지방에 농작물의 작황 기록을 분석해보니 어떤 해의 농작물이 풍작일 때, 다음 해에도 풍작일 확률은 0.8이고, 흉작일 때 다음 해에 또 흉작일 확률은 0.1이라 한다. 금년에 풍작이었다면 1, 2, 3년 후에도 풍작일 될 확률과 흉작이 될 확률은 얼마인가? 10년 후에는 어떻게 되겠는가? 그리고 극한분포는 어떻게 얻어지는가?

풀이 풍작의 상태를 1, 흉작의 상태를 2로 나타내면 상태 공간은 $S = \{1, 2\}$이다. 따라서 추이행렬은 다음과 같다.

$$\boldsymbol{P} = \begin{bmatrix} 0.8 & 0.2 \\ 0.9 & 0.1 \end{bmatrix}$$

추이행렬을 고려할 때 비주기적이고, 비축소적이며 상태 공간의 개수가 유한이므로 모두 양의 재귀적이다. 따라서 극한분포가 존재하고, 그것은 정상분포와 같다. 그리고 초기확률벡터는, 처음에 풍작이었으므로 아래와 같다.

$$\boldsymbol{U}^{(0)} = (\text{풍작}, \text{흉작}) = (1, 0)$$

그리고 1, 2, 3년 후에 작황에 대한 확률은, 각각 다음과 같이 구해진다.

$$\boldsymbol{U}^{(1)} = \boldsymbol{U}^{(0)}\boldsymbol{P},\ \boldsymbol{U}^{(2)} = \boldsymbol{U}^{(1)}\boldsymbol{P} = \boldsymbol{U}^{(0)}\boldsymbol{P}^2,\ \boldsymbol{U}^{(3)} = \boldsymbol{U}^{(2)}\boldsymbol{P} = \boldsymbol{U}^{(0)}\boldsymbol{P}^3$$

그리고 10년 후의 작황에 대한 확률도 아래와 같이 얻어진다.

$$\boldsymbol{U}^{(10)} = \boldsymbol{U}^{(0)}\boldsymbol{P}^{(10)} = \boldsymbol{U}^{(0)}\boldsymbol{P}^{10}$$

이므로, $\boldsymbol{P}^{10}$을 구하면

$$\boldsymbol{P}^{10} = \begin{bmatrix} 0.8182 & 0.1818 \\ 0.8182 & 0.1818 \end{bmatrix}$$

이므로, 10년 후의 작황에 관한 분포는 아래와 같이 구해진다.

$$\boldsymbol{U}^{(10)} = \boldsymbol{U}^{(0)}\boldsymbol{P}^{10} = (1,0)\begin{bmatrix} 0.8182 & 0.1818 \\ 0.8182 & 0.1818 \end{bmatrix} = (0.8182,\ 0.1818)$$

이 경우 정상분포가 극한분포이므로

$$(\pi_1, \pi_2) = (\pi_1, \pi_2)\begin{bmatrix} 0.8 & 0.2 \\ 0.9 & 0.1 \end{bmatrix} = (0.8\pi_1 + 0.9\pi_2,\ 0.2\pi_1 + 0.1\pi_2)$$

에서 $0.2\pi_1 = 0.9\pi_2$가 얻어지고 $\pi_1 + \pi_2 = 1$과 연립하면 다음이 얻어진다.

$$\pi_1 = 0.8182, \pi_2 = 0.1818$$

그러므로 극한분포는, 어느 곳에서 시작하였는지에 관계없이 아래와 같음을 알 수 있다.

$$\boldsymbol{\pi} = (0.8182,\ 0.1818)$$

그러므로 평균재귀시간은 다음과 같이 얻어진다.

$$\boldsymbol{\tau} = (1/\pi_1,\ 1/\pi_2) = (1.221 5.501)$$

따라서 약 5.5년에 한 번씩 흉년이 드는 것을 알 수 있다.

■ **Maple에 의한 방법**

```
> U[0]:=vector(2,[1,0]);
```

$$U_0 := [1, 0]$$

```
> P:=matrix(2,2,[0.8,0.2,0.9,0.1]);
```

$$P := \begin{bmatrix} 0.8 & 0.2 \\ 0.9 & 0.1 \end{bmatrix}$$

```
> U[1]:=evalm(U[0] &* P);
```

$$U_1 := [0.8, 0.2]$$

```
> U[2]:=evalm(U[1] &* P);
```

$$U_2 := [0.82, 0.18]$$

```
> U[3]:=evalm(U[2] &* P);
```

$$U_3 := [0.818, 0.182]$$

```
> U[10]:=evalf(evalm(U[0] &* P^10),4);
```

$$U_{10} := [0.8182, 0.1818]$$

```
> seq(evalf(evalm(P^n),4), n=8..10);
```

$$\begin{bmatrix} 0.8182 & 0.1818 \\ 0.8182 & 0.1818 \end{bmatrix}, \begin{bmatrix} 0.8182 & 0.1818 \\ 0.8182 & 0.1818 \end{bmatrix}, \begin{bmatrix} 0.8182 & 0.1818 \\ 0.8182 & 0.1818 \end{bmatrix}$$

```
> pi:=vector(2,[ ]);
```

$$\pi := \mathrm{array}(1 .. 2, [\ ])$$

```
> evalm(pi);
```

$$[\pi_1, \pi_2]$$

```
> Eqnlist:=evalm(pi-pi&*P);
```

$$Eqnlist := [0.2\,\pi_1 - 0.9\,\pi_2, 0.9\,\pi_2 - 0.2\,\pi_1]$$

```
> Eqnset:=convert(Eqnlist, set);
```

$$Eqnset := \{0.2\,\pi_1 - 0.9\,\pi_2, 0.9\,\pi_2 - 0.2\,\pi_1\}$$

```
> Sumprob:={sum(pi[k], k=1..2)=1};
```

$$Sumprob := \{\pi_1 + \pi_2 = 1\}$$

```
> Sys:=Eqnset union Sumprob;
```

$$Sys := \{0.2\,\pi_1 - 0.9\,\pi_2, \pi_1 + \pi_2 = 1, 0.9\,\pi_2 - 0.2\,\pi_1\}$$

```
> Sol:=solve(Sys);
```

$$Sol := \{\pi_2 = 0.1818181818, \pi_1 = 0.8181818182\}$$

```
> assign(%): evalf(evalm(pi),4);
```

$$[0.8182, 0.1818]$$

```
> tau:=[seq(evalf(1/pi[j],4), j=1..2)];
```

$$\tau := [1.222, 5.501]$$

■ R-project에 의한 방법

```
> library(markovchain)
> statesNames=c("1", "2")   #1:풍작, 2:흉작
> TP <- new("markovchain", transitionMatrix=matrix(c(0.8, 0.2, 0.9, 0.1),
  byrow=TRUE, nrow=2, dimnames=list(statesNames,statesNames)))
> TP
Unnamed Markov chain
 A  2 - dimensional discrete Markov Chain with following states
 1 2
 The transition matrix   (by rows)  is defined as follows
    1   2
1 0.8 0.2
2 0.9 0.1
> plot(TP, vertex.color="green", edge.color="brown")
> title(main="Transition Diagram", cex.main=2, col.main="blue")
```

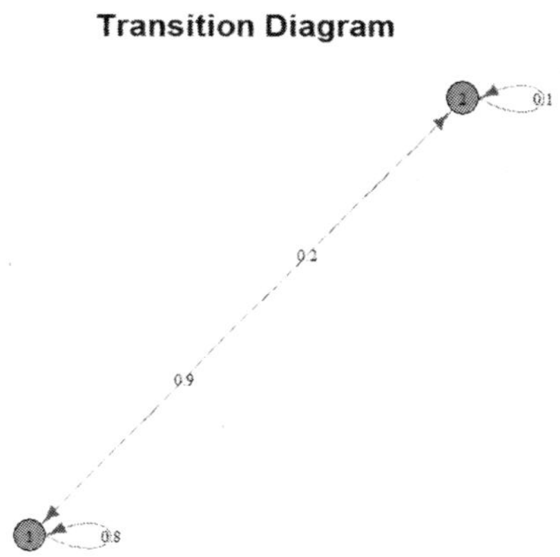


```
> TP^10
Unnamed Markov chain^10
 A  2 - dimensional discrete Markov Chain with following states
 1 2
 The transition matrix   (by rows)  is defined as follows
          1         2
1 0.8181818 0.1818182
2 0.8181818 0.1818182
> P <- TP@transitionMatrix
> U0 <- c(1,0)
> library(expm)
> TranP <- function(n){
       P %^% n
  }
```

```
> TranP(10)
          1         2
1 0.8181818 0.1818182
2 0.8181818 0.1818182
> U0 %*% TranP(10)
             1         2
[1,] 0.8181818 0.1818182
> absorbingStates(TP)
character(0)
> is.irreducible(TP) #true
[1] TRUE
> period(TP)
[1] 1
> summary(TP)
Unnamed Markov chain  Markov chain that is composed by:
Closed classes:
1 2
Recurrent classes:
{1,2}
Transient classes:
NONE
The Markov chain is irreducible
The absorbing states are: NONE
> steadyStates(TP)
             1         2
[1,] 0.8181818 0.1818182
> 1/steadyStates(TP)
            1   2
[1,] 1.222222 5.5
> round(1/steadyStates(TP),2)
        1   2
[1,] 1.22 5.5
```
□

■ **여러 개의 동치류를 가지고 있는 마르코프 연쇄의 극한분포**

이제, 보다 일반적인 경우로, 2개 이상 여러 개의 동치류를 가지고 있는 마르코프 연쇄의 극한분포에 대하여 고려하자. 지금까지 얻어진 몇 가지 정보들을 적용시켜보면 다음과 같은 결과를 얻을 수 있다. 만약 상태 j가 흡수상태이면 아래와 같이 된다.

$$\lim_{n\to\infty} P_{jj}^{(n)} = 1$$

또 만약 $j \neq i$이면 다음과 같이 된다.

$$\lim_{n\to\infty} P_{ji}^{(n)} = 0$$

그리고 만약 상태 j가 일시적이면 초기상태 i와 관계없이 다음과 같이 된다.

$$\lim_{n\to\infty} P_{ij}^{(n)} = 0$$

그리고 마르코프 연쇄가 한번 재귀적인 상태들의 집합에 들어가면 다시는 나오지 못할 것이다. 그리고 일시적인 상태 $i(\in K)$에서 언젠가 재귀적인 상태 $j(\in R)$로 가게 될 확률 f_{ij}은 [정리 3.4.9]에 의하여 얻을 수가 있다.

이제 여러 개의 동치류를 갖는 마르코프 연쇄의 극한에 대하여 고려하자. 즉 상태 공간 S가 다음과 같이 이루어져있다고 가정하자.

$$S = R \cup K = R_1 \cup R_2 \cup \cdots \cup R_k \cup K$$

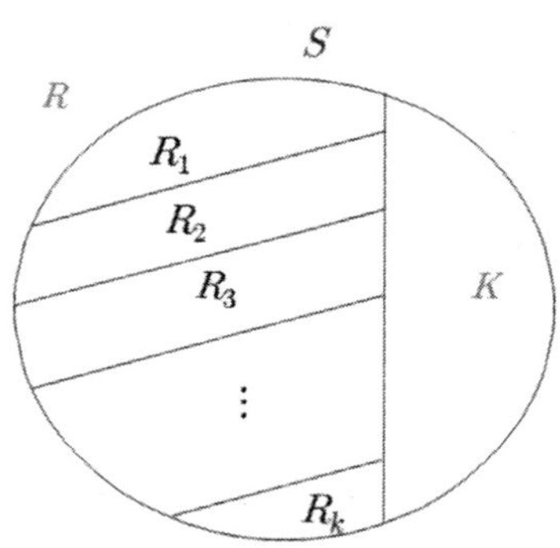

여기서 R은 재귀상태들의 집합이고, k개의 동치류 $R_1, R_2, \cdots, R_k$로 이루어져있다. 즉 $R = R_1 \cup R_2 \cup \cdots \cup R_k$이다. 그리고 K는 일시상태들의 집합이다.

그러므로 정준형(canonical form)의 추이행렬은 다음과 같다.

$$\overline{\boldsymbol{P}} = \begin{bmatrix} \boldsymbol{P}_1 & 0 & 0 & \cdot & \cdot & \cdot & 0 \\ 0 & \boldsymbol{P}_2 & 0 & \cdot & \cdot & \cdot & 0 \\ 0 & 0 & \boldsymbol{P}_3 & \cdot & \cdot & \cdot & 0 \\ \cdot & \cdot & \cdot & \cdot & \cdot & \cdot & \cdot \\ 0 & 0 & 0 & \cdot & \cdot & \boldsymbol{P}_k & 0 \\ \boldsymbol{C}_1 & \boldsymbol{C}_2 & \boldsymbol{C}_3 & \cdot & \cdot & \boldsymbol{C}_k & \boldsymbol{Q} \end{bmatrix}$$

■ **일시적 상태에서 재귀적 상태로 가는 확률**

재귀상태 j가 속한 재귀적인 상태들의 집합인 동치류를 H_j라하고, 일시적인 상태 $i(\in K)$에서 재귀적인 상태 $j(\in R)$의 동치류 H_j로 가는 확률을 아래와 같이 표현한다면,

$$\sum_{k\in H_j} f_{ik} \equiv f_i(H_j)$$

일시적인 상태 $i(\in K)$에서 재귀적인 상태 $j(\in R)$로 가는 극한분포 π_{ij}는 먼저 동치류 H_j로 가서 상태 j로 가야 하므로 다음과 같다.

$$\pi_{ij} = \lim_{n\to\infty} P_{ij}^{(n)} = \sum_{k\in H_j} f_{ik} \lim_{n\to\infty} P_{kj}^{(n)} = f_i(H_j)\pi_j$$

여기서 π_j는 비축소적인 동치류 H_j에서의 극한분포이다.

예제 4.2.10 상태 공간 $S=\{1,2,3,4,5\}$와 다음과 같은 정준형의 추이행렬을 갖는 마르코프 연쇄에 대하여 상태를 분류하고 모든 정보를 도출하라.

$$\boldsymbol{P} = \begin{array}{c} \\ 1 \\ 2 \\ 3 \\ 4 \\ 5 \end{array} \begin{array}{c} \begin{array}{ccccc} 1 & 2 & 3 & 4 & 5 \end{array} \\ \left[\begin{array}{c|cc|cc} 1 & 0 & 0 & 0 & 0 \\ \hline 0 & 0.3 & 0.7 & 0 & 0 \\ 0 & 0.6 & 0.4 & 0 & 0 \\ \hline 0.2 & 0 & 0.1 & 0.5 & 0.2 \\ 0 & 0.4 & 0 & 0.3 & 0.3 \end{array}\right] \end{array}$$

풀이 추이도를 그리면 다음과 같이 된다.

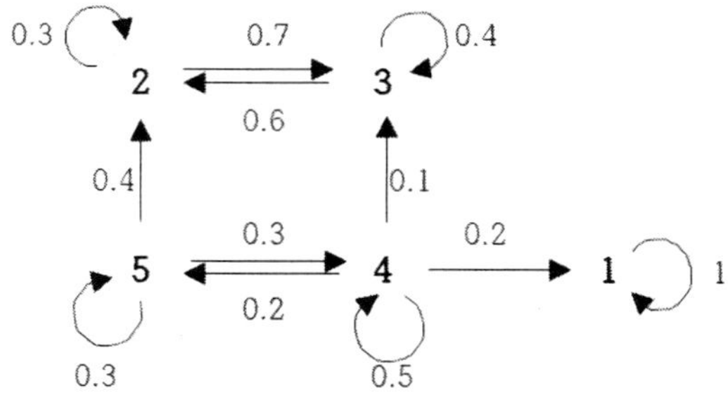

추이도에서 보는 바와 같이, 마르코프 연쇄는 한 개의 흡수상태로 된 동치류 $R_1=\{1\}$

과 재귀상태로 이루어진 동치류 $R_2 = \{2,3\}$ 그리고 일시적인 상태로 이루어진 동치류 $K = \{4, 5\}$로 이루어졌음을 알 수 있다. 그러므로 추이행렬을 정준형으로 표현한다면 다음과 같다.

$$\boldsymbol{P} = \begin{bmatrix} \boldsymbol{P}_1 & 0 & 0 \\ 0 & \boldsymbol{P}_2 & 0 \\ \boldsymbol{C}_1 & \boldsymbol{C}_2 & \boldsymbol{Q} \end{bmatrix}$$

여기서 대응되는 소행렬들은 다음과 같이 된다.

$$\boldsymbol{P}_1 = [1], \boldsymbol{P}_2 = \begin{bmatrix} 0.3 & 0.7 \\ 0.6 & 0.4 \end{bmatrix}, \ \boldsymbol{C} = \begin{bmatrix} 0.2 & 0 & 0.1 \\ 0 & 0.4 & 0 \end{bmatrix}, \ \boldsymbol{C}_1 = \begin{bmatrix} 0.2 \\ 0 \end{bmatrix}, \boldsymbol{C}_2 = \begin{bmatrix} 0 & 0.1 \\ 0.4 & 0 \end{bmatrix}$$

또한 일시적인 상태들로 이루어진 추이행렬은 다음과 같다.

$$\boldsymbol{Q} = \begin{bmatrix} 0.5 & 0.2 \\ 0.3 & 0.3 \end{bmatrix}$$

그러므로 일시적인 상태에서 재귀상태로 가기까지의 거치는 단계의 기댓값은 [정리 3.4.2]에 의하여 다음과 같이 구해진다.

$$\boldsymbol{N} = (\boldsymbol{I} - \boldsymbol{Q})^{-1} = \begin{bmatrix} 2.4138 & 0.6897 \\ 1.0345 & 1.7241 \end{bmatrix}$$

이제 궁극적으로 재귀적인 상태로 가게 될 확률을 구해보자. 먼저 [정리 3.4.9]에 의하여

$$\boldsymbol{F} = \boldsymbol{N}\boldsymbol{C} = (\boldsymbol{I} - \boldsymbol{Q})^{-1}\boldsymbol{C} = \begin{bmatrix} 0.4828 & 0.2759 & 0.2414 \\ 0.2069 & 0.6896 & 0.1034 \end{bmatrix}$$

이므로, $\pi_{ij} = \lim_{n \to \infty} P_{ij}^{(n)}$라고 하면, [정리 4.2.1]에 의하여 다음과 같이 구해진다.

$$\begin{aligned} &\pi_{11} = 1, \quad \pi_{1j} = 0 \qquad j = 2,3,4,5 \\ &\pi_{2j} = 0 \quad\ \ j = 1,4,5 \\ &\pi_{3j} = 0 \quad\ \ j = 1,4,5 \\ &\pi_{4j} = 0 \quad\ \ j = 4,5 \\ &\pi_{5j} = 0 \quad\ \ j = 4,5 \end{aligned}$$

그리고 동치류 R_2는 비축소적이고 비주기적인 양의 재귀적인 에르고딕 상태들로 이루어져 있으므로 극한분포는 정상분포와 같으므로

$$\boldsymbol{\pi P}_2 = (\pi_2, \pi_3)\begin{bmatrix} 0.3 & 0.7 \\ 0.6 & 0.4 \end{bmatrix} = (\pi_2, \pi_3) = \boldsymbol{\pi}$$

$$\pi_2 + \pi_3 = 1$$

인데 이것을 풀면 다음과 같이 구해진다.

$$\pi_2 = 0.4615, \qquad \pi_3 = 0.5385$$

그리고 상태 2와 3의 평균재귀시간은, [정리 4.2.4]에 의하여 다음과 같이 얻어진다.

$$\tau_2 = \frac{1}{\pi_2} = 2.167, \quad \tau_3 = \frac{1}{\pi_3} = 1.857$$

그리고 나머지는 다음과 같다.

$$\pi_{i2} = \pi_2 \qquad i = 2,3$$
$$\pi_{i3} = \pi_3 \qquad i = 2,3$$

그리고 예제 바로 위의 결과에 의하여 나머지도 구해진다.

$$(\pi_{42}, \pi_{43}) = \sum_{k=2}^{3} f_{4k} \times (\pi_2, \pi_3) = (0.2759 + 0.2414) \times (\pi_2, \pi_3)$$
$$= (0.2387, 0.2185)$$

$$(\pi_{52}, \pi_{53}) = \sum_{k=2}^{3} f_{5k} \times (\pi_2, \pi_3) = (0.6896 + 0.1034) \times (\pi_2, \pi_3)$$
$$= (0.3660, 0.4271)$$

위의 것들을 행렬과 벡터로 표현하면 다음과 같다. 먼저

$$\boldsymbol{F}_1 \equiv \begin{bmatrix} 0.2759 & 0.2414 \\ 0.6896 & 0.1034 \end{bmatrix}, \quad \boldsymbol{\pi_{23}} \equiv [\pi_2, \pi_3] \text{ 그리고 } \boldsymbol{1_2} \equiv \begin{bmatrix} 1 \\ 1 \end{bmatrix}$$

라 하고, 이것을 곱하면 다음과 같다.

$$F_1 1_2 \pi_{23} = \begin{bmatrix} 0.2387 & 0.2185 \\ 0.3660 & 0.4271 \end{bmatrix}$$

이제 구한 것들을 이용하여 극한분포를 행렬로 표현하면 다음과 같이 된다.

$$\lim_{n\to\infty} \boldsymbol{P}^{(n)} = \begin{array}{c} \\ 1 \\ 2 \\ 3 \\ 4 \\ 5 \end{array} \begin{array}{c} \begin{array}{ccccc} 1 & 2 & 3 & 4 & 5 \end{array} \\ \begin{bmatrix} 1 & 0 & 0 & 0 & 0 \\ 0 & 0.4615 & 0.5385 & 0 & 0 \\ 0 & 0.4615 & 0.5385 & 0 & 0 \\ 0.4828 & 0.2387 & 0.2185 & 0 & 0 \\ 0.2069 & 0.3660 & 0.4271 & 0 & 0 \end{bmatrix} \end{array}$$

실제로 100-단계 추이행렬을 구하면 다음과 같다.

$$\boldsymbol{P}^{(100)} = \begin{array}{c} \\ 1 \\ 2 \\ 3 \\ 4 \\ 5 \end{array} \begin{array}{c} \begin{array}{ccccc} 1 & 2 & 3 & 4 & 5 \end{array} \\ \begin{bmatrix} 1. & 0. & 0. & 0. & 0. \\ 0. & 0.4616 & 0.5384 & 0. & 0. \\ 0. & 0.4615 & 0.5385 & 0. & 0. \\ 0.4828 & 0.2387 & 0.2785 & 0.1237\ 10^{-17} & 0.6785\ 10^{-18} \\ 0.2069 & 0.3661 & 0.4270 & 0.1018\ 10^{-17} & 0.5582\ 10^{-18} \end{bmatrix} \end{array}$$

■ **Maple에 의한 방법**

```
> with(linalg):with(LinearAlgebra):
> P:=Matrix([[1, 0, 0, 0, 0], [0, 0.3, 0.7, 0, 0], [0, 0.6, 0.4, 0, 0],
            [0.2, 0, 0.1, 0.5, 0.2], [0, 0.4, 0, 0.3, 0.3]]);
```

$$\boldsymbol{P} := \begin{bmatrix} 1 & 0 & 0 & 0 & 0 \\ 0 & 0.3 & 0.7 & 0 & 0 \\ 0 & 0.6 & 0.4 & 0 & 0 \\ 0.2 & 0 & 0.1 & 0.5 & 0.2 \\ 0 & 0.4 & 0 & 0.3 & 0.3 \end{bmatrix}$$

```
> P1:=SubMatrix(P, 2..3, 2..3);
```

$$P1 := \begin{bmatrix} 0.3 & 0.7 \\ 0.6 & 0.4 \end{bmatrix}$$

```
> Q:=SubMatrix(P,4..5, 4..5);
```

$$Q := \begin{bmatrix} 0.5 & 0.2 \\ 0.3 & 0.3 \end{bmatrix}$$

```
> C:=SubMatrix(P, 4..5, 1..3);
```

$$C := \begin{bmatrix} 0.2 & 0 & 0.1 \\ 0 & 0.4 & 0 \end{bmatrix}$$

```
> ID:=IdentityMatrix(2);
```

$$ID := \begin{bmatrix} 1 & 0 \\ 0 & 1 \end{bmatrix}$$

```
> N:=inverse(ID-Q);
```

$$N := \begin{bmatrix} 2.413793103 & 0.6896551724 \\ 1.034482759 & 1.724137931 \end{bmatrix}$$

```
> F:=inverse(ID-Q).C;#F:=evalm(inverse(ID-Q)&*C);
```

$$F := \begin{bmatrix} 0.4827586206 & 0.2758620690 & 0.2413793103 \\ 0.2068965518 & 0.6896551724 & 0.1034482759 \end{bmatrix}$$

```
> F1:=SubMatrix(F,1..2, 2..3);
```

$$F1 := \begin{bmatrix} 0.2758620690 & 0.2413793103 \\ 0.6896551724 & 0.1034482759 \end{bmatrix}$$

```
> L:=Matrix([pi[2],pi[3]]);#L:=vector(2,[pi[2],pi[3]])
```

$$L := [\pi_2, \pi_3]$$

```
> Eqnlist:=L-L.P1;#Eqnlist:=evalm(L-L&*P1);
```

$$Eqnlist := [0.7\,\pi_2 - 0.6\,\pi_3, 0.6\,\pi_3 - 0.7\,\pi_2]$$

```
> Eqnset:=convert(Eqnlist, set);
```

$$Eqnset := \{0.7\,\pi_2 - 0.6\,\pi_3, 0.6\,\pi_3 - 0.7\,\pi_2\}$$

```
> Sumprob:={add(L[1,k], k=1..2)=1};
```

$$Sumprob := \{\pi_2 + \pi_3 = 1\}$$

```
> Sys:=Eqnset union Sumprob;
```

$$Sys := \{\pi_2 + \pi_3 = 1, 0.7\,\pi_2 - 0.6\,\pi_3, 0.6\,\pi_3 - 0.7\,\pi_2\}$$

```
> Sol:=solve(Sys);
```

$$Sol := \{\pi_2 = 0.4615384615, \pi_3 = 0.5384615385\}$$

```
> assign(%);
> L;
```

$$[0.4615384615 \quad 0.5384615385]$$

```
> tau:=[seq(evalf(1/L[1,j],4),j=1..2)];
```

$$\tau := [2.167, 1.857]$$

```
> e:= Matrix(2, 1, 1);
```

$$e := \begin{bmatrix} 1 \\ 1 \end{bmatrix}$$

```
> FC:=F1.e;#FC:=evalm(F1&*e);
```

$$FC := \begin{bmatrix} 0.517241379310345 \\ 0.793103448275862 \end{bmatrix}$$

```
> FC[1].L;
```

$$[0.2387267904, 0.2785145889]$$

```
> FC[2].L;
```

$$[0.3660477453, 0.4270557030]$$

```
> FC.L;
```

$$\begin{bmatrix} 0.238726790431035 & 0.278514588879310 \\ 0.366047745327586 & 0.427055702948276 \end{bmatrix}$$

```
> evalf(evalm(P^100),4);
```

$$\begin{bmatrix} 1. & 0. & 0. & 0. & 0. \\ 0. & 0.4616 & 0.5384 & 0. & 0. \\ 0. & 0.4615 & 0.5385 & 0. & 0. \\ 0.4828 & 0.2387 & 0.2785 & 0.1237\ 10^{-17} & 0.6785\ 10^{-18} \\ 0.2069 & 0.3661 & 0.4270 & 0.1018\ 10^{-17} & 0.5582\ 10^{-18} \end{bmatrix}$$

※ 패키지 LinearAlgebra는 linalg를 보다 개선하여 나중에 나왔으나 내용은 거의 유사하다. 명령어의 표현이 약간씩 다르기 때문에 서로 비교하여 사용해야 할 것이다.

■ R-project에 의한 방법

```
> library(markovchain)
> P <- matrix(c(1,   0,   0,   0,   0,
                0, 0.3, 0.7,   0,   0,
                0, 0.6, 0.4,   0,   0,
              0.2,   0, 0.1, 0.5, 0.2,
                0, 0.4,   0, 0.3, 0.3), byrow=T,nrow=5)
> P
     [,1] [,2] [,3] [,4] [,5]
[1,]  1.0  0.0  0.0  0.0  0.0
[2,]  0.0  0.3  0.7  0.0  0.0
[3,]  0.0  0.6  0.4  0.0  0.0
[4,]  0.2  0.0  0.1  0.5  0.2
[5,]  0.0  0.4  0.0  0.3  0.3
> rownames(P) <- c(1:5)
> colnames(P) <- rownames(P)
> P
    1   2   3   4   5
1 1.0 0.0 0.0 0.0 0.0
2 0.0 0.3 0.7 0.0 0.0
3 0.0 0.6 0.4 0.0 0.0
4 0.2 0.0 0.1 0.5 0.2
5 0.0 0.4 0.0 0.3 0.3
> States <- rownames(P)
> TP <- new("markovchain", stat=States, transitionMatrix=P,
+              name="Transition Matrix")
> TP
Transition Matrix
 A  5 - dimensional discrete Markov Chain with following states
 1 2 3 4 5
 The transition matrix  (by rows)  is defined as follows
    1   2   3   4   5
1 1.0 0.0 0.0 0.0 0.0
2 0.0 0.3 0.7 0.0 0.0
3 0.0 0.6 0.4 0.0 0.0
4 0.2 0.0 0.1 0.5 0.2
5 0.0 0.4 0.0 0.3 0.3

> plot(TP, vertex.color="green", edge.color="blue")
> title(main="Transition Diagram", cex.main=2, col.main="blue")
```

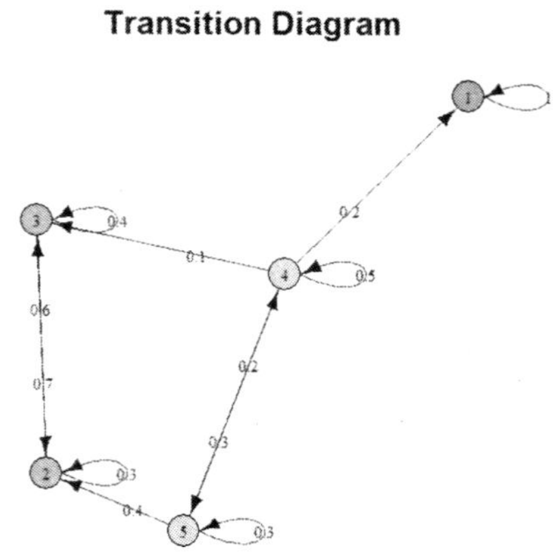

```
> absorbingStates(TP)
[1] "1 "
> transientStates(TP)
[1] "4" "5 "
> recurrentClasses(TP)
[[1]]
[1] "1"

[[2]]
[1] "2" "3 "
> transitionProbability(TP,"5", "2")
[1] 0.4
> communicatingClasses(TP)
[[1]]
[1] "1"
[[2]]
[1] "2" "3"

[[3]]
[1] "4" "5 "
> is.accessible(TP, "4", "2")
[1] TRUE
> is.irreducible(TP)
[1] FALSE
> period(TP)
[1] 0
Warning message:
In period(TP) : The matrix is not irreducible
> summary(TP)
Transition Matrix  Markov chain that is composed by:
```

```
Closed classes:
1
2 3
Recurrent classes:
{1},{2,3}
Transient classes:
{4,5}
The Markov chain is not irreducible
The absorbing states are: 1
> steadyStates(TP)
     1         2         3 4 5
[1,] 0 0.4615385 0.5384615 0 0
[2,] 1 0.0000000 0.0000000 0 0
> 1/steadyStates(TP)
        1        2        3    4    5
[1,] -Inf 2.166667 1.857143 -Inf -Inf
[2,]    1      Inf      Inf  Inf  Inf
> (tau <- round(1/steadyStates(TP),3))
        1     2     3    4    5
[1,] -Inf 2.167 1.857 -Inf -Inf
[2,]    1   Inf   Inf  Inf  Inf
> (Q <- P[4:5,4:5])
    4   5
4 0.5 0.2
5 0.3 0.3
> (P1 <- P[1,1])
[1] 1
> (P2 <- P[2:3,2:3])
    2   3
2 0.3 0.7
3 0.6 0.4
> (C <- P[4:5, 1:3])
    1   2   3
4 0.2 0.0 0.1
5 0.0 0.4 0.0
> States2 <- rownames(P2)
> TP2 <- new("markovchain", stat=States2, transitionMatrix=P2,
               name="Transition Matrix")
> TP2
Transition Matrix
 A  2 - dimensional discrete Markov Chain with following states
 2 3
 The transition matrix   (by rows)  is defined as follows
    2   3
2 0.3 0.7
3 0.6 0.4
```

```
> transientStates(TP2)
character(0)
> recurrentClasses(TP2)
[[1]]
[1] "2" "3"
> is.irreducible(TP2) #true
[1] TRUE
> period(TP2)
[1] 1
> summary(TP2)
Transition Matrix  Markov chain that is composed by:
Closed classes:
2 3
Recurrent classes:
{2,3}
Transient classes:
NONE
The Markov chain is irreducible
The absorbing states are: NONE
>
> (ST <- steadyStates(TP2))
             2         3
[1,] 0.4615385 0.5384615
> 1/ST
            2        3
[1,] 2.166667 1.857143
> (tau <- round(1/steadyStates(TP2),3))
         2     3
[1,] 2.167 1.857
> (M1 <- matrix(c(1,1), 2, 1))
     [,1]
[1,]    1
[2,]    1
> (ID <- diag(2))
     [,1] [,2]
[1,]    1    0
[2,]    0    1
> (N <- solve(ID-Q))
         4         5
4 2.413793 0.6896552
5 1.034483 1.7241379
> (F <- N %*%C)
          1         2         3
4 0.4827586 0.2758621 0.2413793
5 0.2068966 0.6896552 0.1034483
```

```
> (t <- N %*% M1)
      [,1]
4 3.103448
5 2.758621
> F[1:2, 2:3]
          2         3
4 0.2758621 0.2413793
5 0.6896552 0.1034483
> (F[1,2]+F[1,3]) * ST
             2         3
[1,] 0.2387268 0.2785146
> (F[2,2]+F[2,3]) * ST
             2         3
[1,] 0.3660477 0.4270557
> F1 <- F[1:2, 2:3]
> F1 %*% M1 %*% ST
          2         3
4 0.2387268 0.2785146
5 0.3660477 0.4270557
> library(expm)
> TranP <- function(n){
      P %^% n
  }
> TranP(10)
          1         2         3          4           5
1 1.0000000 0.0000000 0.0000000 0.00000000 0.000000000
2 0.0000000 0.4615416 0.5384584 0.00000000 0.000000000
3 0.0000000 0.4615357 0.5384643 0.00000000 0.000000000
4 0.4758549 0.2345030 0.2717120 0.01157841 0.006351726
5 0.2012156 0.3625686 0.4214615 0.00952759 0.005226683
> TranP(100)
          1         2         3            4            5
1 1.0000000 0.0000000 0.0000000 0.000000e+00 0.000000e+00
2 0.0000000 0.4615385 0.5384615 0.000000e+00 0.000000e+00
3 0.0000000 0.4615385 0.5384615 0.000000e+00 0.000000e+00
4 0.4827586 0.2387268 0.2785146 1.237703e-18 6.789840e-19
5 0.2068966 0.3660477 0.4270557 1.018476e-18 5.587194e-19
> round(TranP(100),4)
       1      2      3 4 5
1 1.0000 0.0000 0.0000 0 0
2 0.0000 0.4615 0.5385 0 0
3 0.0000 0.4615 0.5385 0 0
4 0.4828 0.2387 0.2785 0 0
5 0.2069 0.3660 0.4271 0 0
```

□

※ R-project로 수행하였을 때 상태의 이름이 계속 유지되어 결과를 해석하는 것이 용이하고 쉽다. 그러나 Maple의 경우는 출력을 원하는 형식으로 만들거나 유지시키는 것이 어려운 문제점이 있다. 하지만 R-project도 수시로 업그레이드가 되므로 항상 관심을 가져야만 할 것이다.

여기서 생각해봐야 할 점이 있는데 정상분포나 극한분포에 대한 정보를 도출하는 데 있어서의 실용성과 효율성이다. 즉 위의 여러 정리에 의한 과정을 수행하고, 이것들 사용하는 경우 여러 중간 과정의 단계를 거쳐야 하는 데 과연 그럴 필요가 있는가 하는 것이다. 이제는 컴퓨터의 성능이 좋아져 직접 계산에 의하여 단계 수를 높여서, 즉 추이행렬의 차수를 높여서 직접 계산하면 극한분포에 대한 모든 것이 거의 얻어진다는 것이다. 위의 예제에서는 단지 단계 수를 100으로 높인 추이행렬을 아래와 같이 구했는데 이것에 의하여 극한분포를 구할 수 있음을 알 수 있다.

■ **Maple을 사용한 경우**

```
> evalf(evalm(P^100),4);
```

$$\begin{bmatrix} 1. & 0. & 0. & 0. & 0. \\ 0. & 0.4616 & 0.5384 & 0. & 0. \\ 0. & 0.4615 & 0.5385 & 0. & 0. \\ 0.4828 & 0.2387 & 0.2785 & 0.1237\ 10^{-17} & 0.6785\ 10^{-18} \\ 0.2069 & 0.3661 & 0.4270 & 0.1018\ 10^{-17} & 0.5582\ 10^{-18} \end{bmatrix}$$

■ **R-project를 사용한 경우**

```
> round(TranP(100),4)
       1      2      3 4 5
1 1.0000 0.0000 0.0000 0 0
2 0.0000 0.4615 0.5385 0 0
3 0.0000 0.4615 0.5385 0 0
4 0.4828 0.2387 0.2785 0 0
5 0.2069 0.3660 0.4271 0 0
```

※ round(TP@transitionMatrix %^% 100, 4)를 수행해도 같은 결과를 얻는다.

이제까지는 이론에 의하여 프로그램을 짜서 결과를 도출하였는데, 위의 경우에서 보는 바와 같이 직접 컴퓨터에 의하여 높은 차수를 계산하면 중간 과정들을 거치지 않고 원하는 결과를 얻을 수가 있다. 물론 모의실험에 의해서도 거의 같은 결과를 얻을 수 있을 것이다.

예제 4.2.11 상태 공간 $S=\{1,2,3,4,5,6,7\}$와 다음과 같은 정준형의 추이행렬을 갖는 마르코프 연쇄에 대하여 상태를 분류하고 모든 정보를 도출하여 보라.

$$\boldsymbol{P}=\begin{array}{c} \\ 1 \\ 2 \\ 3 \\ 4 \\ 5 \\ 6 \\ 7 \end{array}\begin{array}{c} \begin{array}{ccccccc} 1 & 2 & 3 & 4 & 5 & 6 & 7 \end{array} \\ \begin{bmatrix} 0.2 & 0.8 & 0 & 0 & 0 & 0 & 0 \\ 0.7 & 0.3 & 0 & 0 & 0 & 0 & 0 \\ 0 & 0 & 0.3 & 0.5 & 0.2 & 0 & 0 \\ 0 & 0 & 0.6 & 0 & 0.4 & 0 & 0 \\ 0 & 0 & 0 & 0.6 & 0.4 & 0 & 0 \\ 0 & 0.1 & 0.1 & 0.2 & 0.2 & 0.3 & 0.1 \\ 0.1 & 0.1 & 0.1 & 0 & 0.1 & 0.2 & 0.4 \end{bmatrix} \end{array}$$

풀이 먼저 추이행렬을 다음과 같이 간단히 정준형으로 표현하자.

$$\overline{\boldsymbol{P}}=\begin{bmatrix} \boldsymbol{P}_1 & \mathbf{0} & \mathbf{0} \\ \mathbf{0} & \boldsymbol{P}_2 & \mathbf{0} \\ \boldsymbol{C}_1 & \boldsymbol{C}_2 & \boldsymbol{Q} \end{bmatrix}$$

여기서 $\boldsymbol{P}_1, \boldsymbol{P}_2, \boldsymbol{C}_1, \boldsymbol{C}_2, \boldsymbol{Q}$는 각각 다음과 같다.

$$\boldsymbol{P}_1=\begin{bmatrix} 0.2 & 0.8 \\ 0.7 & 0.3 \end{bmatrix},\quad \boldsymbol{P}_2=\begin{bmatrix} 0.3 & 0.5 & 0.2 \\ 0.6 & 0 & 0.4 \\ 0 & 0.6 & 0.4 \end{bmatrix}$$

$$\boldsymbol{C}_1=\begin{bmatrix} 0 & 0.1 \\ 0.1 & 0.1 \end{bmatrix},\quad \boldsymbol{C}_2=\begin{bmatrix} 0.1 & 0.2 & 0.2 \\ 0.1 & 0 & 0.1 \end{bmatrix},\quad \boldsymbol{Q}=\begin{bmatrix} 0.3 & 0.1 \\ 0.2 & 0.4 \end{bmatrix}$$

그러므로 상태 $R_1=\{1,2\}, R_2=\{3,4,5\}$는 닫혀있는 비축소형인 동치류로 양의 재귀적이므로, 극한분포가 존재하고 그것은 정상분포와 같다. 그리고 $K=\{6,7\}$은 일시상태로, 극한분포는 0이 된다. 그러므로 동치류 R_1과 R_2에 관한 정상분포를 구하자.

$\boldsymbol{\pi_1}=(\pi_1,\pi_2)$, $\boldsymbol{\pi_2}=(\pi_3,\pi_4,\pi_5)$라고 하면

$$\boldsymbol{\pi_1}=\boldsymbol{\pi_1}\boldsymbol{P_1}, \quad \boldsymbol{\pi_1}\cdot\mathbf{1}=1$$

$$\boldsymbol{\pi_2}=\boldsymbol{\pi_2}\boldsymbol{P_2}, \quad \boldsymbol{\pi_2}\cdot\mathbf{1}=1$$

에 의하여 다음이 얻어진다.

$$\boldsymbol{\pi_1}=(0.4667,\ 0.5333),\boldsymbol{\pi_2}=(0.3051,\ 0.3559,0.3390)$$

그리고 평균재귀시간은 [정리 4.2.4]에 의하여 각각 다음과 같이 얻어진다.

$$\boldsymbol{\tau_1}=(2.143,1.875),\boldsymbol{\tau_2}=(3.278,2.810,2.950)$$

또한, 일시상태 $K=\{6,7\}$에서 궁극적으로 재귀상태로 가게 될 확률은 다음과 같다. 1과 2열은 재귀상태 $R_1=\{1,2\}$, 3에서 5열은 재귀상태 $R_2=\{3,4,5\}$로 가게 될 확률이다.

$$\boldsymbol{F}=\begin{bmatrix} 0.02500 & 0.1750 & 0.1750 & 0.3000 & 0.3250 \\ 0.1750 & 0.2250 & 0.2250 & 0.1000 & 0.2750 \end{bmatrix}$$

이제 [예제 4.2.10]과 같은 방법으로 극한확률을 구하면 다음과 같이 얻어진다.

$$(\pi_{61},\pi_{62})=\sum_{k=1}^{2}f_{6k}\times(\pi_1,\pi_2)=(0.025+0.175)\times(\pi_1,\pi_2)$$

$$=0.20\times(\pi_1,\pi_2)=(0.0933,0.10667)$$

$$(\pi_{71},\pi_{72})=\sum_{k=1}^{2}f_{7k}\times(\pi_1,\pi_2)=0.40\times(\pi_1,\pi_2)$$

$$=(0.1867,0.2133)$$

$$(\pi_{63},\pi_{64},\pi_{65})=\sum_{k=3}^{5}f_{6k}\times(\pi_3,\pi_4,\pi_5)=0.80\times(\pi_3,\pi_4,\pi_5)$$

$$=(0.2441,0.2847,\ 0.2712)$$

$$(\pi_{73},\pi_{74},\pi_{75})=\sum_{k=3}^{5}f_{7k}\times(\pi_3,\pi_4,\pi_5)=0.60\times(\pi_3,\pi_4,\pi_5)$$

$$=(0.1831,0.2135,\ 0.2034)$$

그 외의 나머지의 극한확률(limiting probability)은 0이다. 따라서 극한분포를 행렬로 표현하면 다음과 같이 된다.

$$\lim_{n\to\infty}\boldsymbol{P}^{(n)} = \begin{array}{c} \\ 1 \\ 2 \\ 3 \\ 4 \\ 5 \\ 6 \\ 7 \end{array}\begin{array}{c} \begin{array}{ccccccc} 1 & 2 & 3 & 4 & 5 & 6 & 7 \end{array} \\ \left[\begin{array}{ccccccc} 0.4669 & 0.5336 & 0 & 0 & 0 & 0 & 0 \\ 0.4669 & 0.5336 & 0 & 0 & 0 & 0 & 0 \\ 0 & 0 & 0.3052 & 0.3560 & 0.3390 & 0 & 0 \\ 0 & 0 & 0.3052 & 0.3560 & 0.3390 & 0 & 0 \\ 0 & 0 & 0.3052 & 0.3560 & 0.3390 & 0 & 0 \\ 0.0933 & 0.1066 & 0.2440 & 0.2846 & 0.2711 & 0 & 0 \\ 0.1868 & 0.2134 & 0.1831 & 0.2136 & 0.2034 & 0 & 0 \end{array}\right] \end{array}$$

그리고 실제로 100-단계 추이행렬을 구하면 다음과 같이 된다.

$$\boldsymbol{P}^{(100)} = \begin{array}{c} \\ 1 \\ 2 \\ 3 \\ 4 \\ 5 \\ 6 \\ 7 \end{array}\begin{array}{c} \begin{array}{ccccccc} 1 & 2 & 3 & 4 & 5 & 6 & 7 \end{array} \\ \left[\begin{array}{ccccccc} 0.4669 & 0.5336 & 0. & 0. & 0. & 0. & 0. \\ 0.4669 & 0.5336 & 0. & 0. & 0. & 0. & 0. \\ 0. & 0. & 0.3052 & 0.3560 & 0.3390 & 0. & 0. \\ 0. & 0. & 0.3053 & 0.3560 & 0.3390 & 0. & 0. \\ 0. & 0. & 0.3053 & 0.3560 & 0.3390 & 0. & 0. \\ 0.0933 & 0.1066 & 0.2440 & 0.2846 & 0.2711 & 0.2625\ 10^{-30} & 0.2625\ 10^{-30} \\ 0.1868 & 0.2134 & 0.1831 & 0.2136 & 0.2034 & 0.5249\ 10^{-30} & 0.5249\ 10^{-30} \end{array}\right] \end{array}$$

이제 일시상태 $K=\{6,7\}$에서 재귀상태로 들어가기까지 걸리는 시간(단계)의 기댓값과 분산을 구하자. 기댓값은 [정리 3.4.2]에 의하여 아래와 같이 구해진다.

$$N=(\boldsymbol{I}-\boldsymbol{Q})^{-1}=\begin{bmatrix} 1.50 & 0.25 \\ 0.50 & 1.75 \end{bmatrix}$$

그리고 분산은 [정리 3.4.5]에 의하여 다음과 같이 얻어진다.

$$V = N(2N_D - I) - N_2$$

$$= \begin{bmatrix} 0.7500 & 0.5625 \\ 0.7500 & 1.3125 \end{bmatrix}$$

그리고 재귀상태로 들어가기 전까지 일시상태를 방문한 횟수의 기댓값은, [정리 3.4.7]에 의하여 아래와 같이 구해진다.

$$N_s = \begin{bmatrix} 1.750 \\ 2.250 \end{bmatrix}$$

분산은 [정리 3.4.8]에 의하여 다음과 같다.

$$VN = (2N - I)N_s - N_{s\,2} = \begin{bmatrix} 1.5625 \\ 2.3125 \end{bmatrix}$$

마지막으로 5, 6단계 만에 처음으로 재귀상태에 도달하게 될 확률은, [정리 3.4.9]에 의하여 얻어진다. 먼저 재귀상태 $R_1 = \{1, 2\}$에 도달하게 될 확률은 아래와 같이 얻어진다.

$$F1(5) \equiv Q^{5-1}C_1 = \begin{bmatrix} 0.00203 & 0.00422 \\ 0.00422 & 0.00828 \end{bmatrix}$$

$$F1(6) \equiv Q^{6-1}C_1 = \begin{bmatrix} 0.001031 & 0.002094 \\ 0.002094 & 0.004156 \end{bmatrix}$$

그리고 재귀상태 $R_2 = \{3,4,5\}$에 도달하게 될 확률은 아래와 같다.

$$F2(5) \equiv Q^{5-1}C_2 = \begin{bmatrix} 0.00422 & 0.00438 & 0.00641 \\ 0.00828 & 0.00812 & 0.01234 \end{bmatrix}$$

$$F2(6) \equiv Q^{6-1}C_2 = \begin{bmatrix} 0.002094 & 0.002126 & 0.003157 \\ 0.004156 & 0.004124 & 0.06218 \end{bmatrix}$$

또한 일시상태 $\{6,7\}$에서 궁극적으로 재귀상태에 도달하게 될 확률은, 재귀상태 $R_1 = \{1,2\}$와 $R_2 = \{3,4,5\}$에 대하여, 각각 다음과 같이 얻어진다.

$$\boldsymbol{F1} \equiv \boldsymbol{NC_1} = \begin{bmatrix} 0.0250 & 0.1750 \\ 0.1750 & 0.2250 \end{bmatrix}$$

$$\boldsymbol{F2} \equiv \boldsymbol{NC_2} = \begin{bmatrix} 0.1750 & 0.3000 & 0.3250 \\ 0.2250 & 0.1000 & 0.2750 \end{bmatrix}$$

■ **Maple에 의한 방법**

```
> with(linalg):with(LinearAlgebra):
> P:=Matrix([[0.2,0.8,0,0,0,0,0], [0.7,0.3,0,0,0,0,0],
            [0,0,0.3,0.5,0.2,0,0], [0,0,0.6,0,0.4,0,0],
            [0,0,0,0.6,0.4,0,0], [0,0.1,0.1,0.2,0.2,0.3,0.1],
            [0.1,0.1,0.1,0,0.1,0.2,0.4]]);
```

$$P := \begin{bmatrix} 0.2 & 0.8 & 0 & 0 & 0 & 0 & 0 \\ 0.7 & 0.3 & 0 & 0 & 0 & 0 & 0 \\ 0 & 0 & 0.3 & 0.5 & 0.2 & 0 & 0 \\ 0 & 0 & 0.6 & 0 & 0.4 & 0 & 0 \\ 0 & 0 & 0 & 0.6 & 0.4 & 0 & 0 \\ 0 & 0.1 & 0.1 & 0.2 & 0.2 & 0.3 & 0.1 \\ 0.1 & 0.1 & 0.1 & 0 & 0.1 & 0.2 & 0.4 \end{bmatrix}$$

```
> P1:=SubMatrix(P, 1..2, 1..2);P2:=SubMatrix(P, 3..5, 3..5);
```

$$P1 := \begin{bmatrix} 0.2 & 0.8 \\ 0.7 & 0.3 \end{bmatrix}$$

$$P2 := \begin{bmatrix} 0.3 & 0.5 & 0.2 \\ 0.6 & 0 & 0.4 \\ 0 & 0.6 & 0.4 \end{bmatrix}$$

```
> C:=SubMatrix(P, 6..7, 1..5);
```

$$C := \begin{bmatrix} 0 & 0.1 & 0.1 & 0.2 & 0.2 \\ 0.1 & 0.1 & 0.1 & 0 & 0.1 \end{bmatrix}$$

```
> C1:=SubMatrix(P,6..7, 1..2); C2:=SubMatrix(P, 6..7, 3..5);
```

$$C1 := \begin{bmatrix} 0 & 0.1 \\ 0.1 & 0.1 \end{bmatrix}$$

$$C2 := \begin{bmatrix} 0.1 & 0.2 & 0.2 \\ 0.1 & 0 & 0.1 \end{bmatrix}$$

```
> Q:=SubMatrix(P, 6..7, 6..7);
```

$$Q := \begin{bmatrix} 0.3 & 0.1 \\ 0.2 & 0.4 \end{bmatrix}$$

```
> ID:=IdentityMatrix(2);
```

$$ID := \begin{bmatrix} 1 & 0 \\ 0 & 1 \end{bmatrix}$$

```
> F:=evalf(evalm(inverse(ID-Q).C),4);
```

$$F := \begin{bmatrix} 0.02500 & 0.1750 & 0.1750 & 0.3000 & 0.3250 \\ 0.1750 & 0.2250 & 0.2250 & 0.1000 & 0.2750 \end{bmatrix}$$

```
> F1:=evalf(evalm(inverse(ID-Q).C1),4);
  F2:=evalf(evalm(inverse(ID-Q).C2),4);
```

$$F1 := \begin{bmatrix} 0.02500 & 0.1750 \\ 0.1750 & 0.2250 \end{bmatrix}$$

$$F2 := \begin{bmatrix} 0.1750 & 0.3000 & 0.3250 \\ 0.2250 & 0.1000 & 0.2750 \end{bmatrix}$$

```
> L1:=Matrix([pi[1],pi[2]]);
  L2:=Matrix([pi[3], pi[4], pi[5]]);
```

$$L1 := [\pi_1, \pi_2]$$

$$L2 := [\pi_3, \pi_4, \pi_5]$$

```
> Eqn1:=evalm(L1-L1 &* P1);
  Eqn2:=evalm(L2-L2 &* P2);
```

$$Eqn1 := [0.8\,\pi_1 - 0.7\,\pi_2, 0.7\,\pi_2 - 0.8\,\pi_1]$$

$$Eqn2 := [0.7\,\pi_3 - 0.6\,\pi_4, \pi_4 - 0.5\,\pi_3 - 0.6\,\pi_5, 0.6\,\pi_5 - 0.2\,\pi_3 - 0.4\,\pi_4]$$

```
> Eqnset1:=convert(Eqn1, set);
  Eqnset2:=convert(Eqn2, set);
```

$$Eqnset1 := \{0.7\,\pi_2 - 0.8\,\pi_1, 0.8\,\pi_1 - 0.7\,\pi_2\}$$

$$Eqnset2 := \{0.6\,\pi_5 - 0.2\,\pi_3 - 0.4\,\pi_4, 0.7\,\pi_3 - 0.6\,\pi_4, \pi_4 - 0.5\,\pi_3 - 0.6\,\pi_5\}$$

```
> Sumprob1:={add(L1[1, k], k=1..2)=1};
  Sumprob2:={add(L2[1, k], k=1..3)=1};
```

$$Sumprob1 := \{\pi_1 + \pi_2 = 1\}$$

$$Sumprob2 := \{\pi_3 + \pi_4 + \pi_5 = 1\}$$

```
> Sys1:=Eqnset1 union Sumprob1; Sys2:=Eqnset2 union Sumprob2;
```

$$Sys1 := \{\pi_1 + \pi_2 = 1, 0.7\pi_2 - 0.8\pi_1, 0.8\pi_1 - 0.7\pi_2\}$$

$$Sys2 := \{0.6\pi_5 - 0.2\pi_3 - 0.4\pi_4, \pi_3 + \pi_4 + \pi_5 = 1, 0.7\pi_3 - 0.6\pi_4, \pi_4 - 0.5\pi_3 - 0.6\pi_5\}$$

```
> Sol1:=solve(Sys1);assign(%);  Sol2:=solve(Sys2);assign(%);
```

$$Sol1 := \{\pi_1 = 0.4666666667, \pi_2 = 0.5333333333\}$$

$$Sol2 := \{\pi_4 = 0.3559322034, \pi_5 = 0.3389830508, \pi_3 = 0.3050847458\}$$

```
> tau1:=vector(evalf([seq(1/pi[n], n=1..2)],4));
  tau2:=vector(evalf([seq(1/pi[n], n=3..5)],4));
```

$$\tau 1 := [2.143, 1.875]$$

$$\tau 2 := [3.278, 2.810, 2.950]$$

```
> tau1:=[seq(evalf(1/L1[1,j],4), j=1..2)];
> tau2:=[seq(evalf(1/L2[1,n],4), n=1..3)];
```

$$\tau 1 := [2.143, 1.875]$$

$$\tau 2 := [3.278, 2.810, 2.950]$$

```
> e1:=Matrix(2, 1,1);e2:=Matrix(3, 1,1,1);
```

$$e1 := \begin{bmatrix} 1 \\ 1 \end{bmatrix}$$

$$e2 := \begin{bmatrix} 1 \\ 1 \\ 1 \end{bmatrix}$$

```
> FC1:=F1.e1; FC2:=F2.e2;
```

$$FC1 := \begin{bmatrix} 0.200000000000000 \\ 0.400000000000000 \end{bmatrix}$$

$$FC2 := \begin{bmatrix} 0.800000000000000 \\ 0.600000000000000 \end{bmatrix}$$

```
> FC1[1].L1; FC1[2].L1;FC2[1].L2; FC2[2].L2;
```

$$[0.0933333333400000, 0.106666666660000]$$

$$[0.186666666680000, 0.213333333320000]$$

$$[0.244067796640000, 0.284745762720000, 0.271186440640000]$$

$$[0.183050847480000, 0.213559322040000, 0.203389830480000]$$

```
> FC1.L1;FC2.L2;
```

$$\begin{bmatrix} 0.0933333333400000 & 0.106666666660000 \\ 0.186666666680000 & 0.213333333320000 \end{bmatrix}$$

$$\begin{bmatrix} 0.244067796640000 & 0.284745762720000 & 0.271186440640000 \\ 0.183050847480000 & 0.213559322040000 & 0.203389830480000 \end{bmatrix}$$

```
> evalf(evalm(P^100),4);
```

$$\begin{bmatrix} 0.4669 & 0.5336 & 0. & 0. & 0. & 0. & 0. \\ 0.4669 & 0.5336 & 0. & 0. & 0. & 0. & 0. \\ 0. & 0. & 0.3052 & 0.3560 & 0.3390 & 0. & 0. \\ 0. & 0. & 0.3053 & 0.3560 & 0.3390 & 0. & 0. \\ 0. & 0. & 0.3053 & 0.3560 & 0.3390 & 0. & 0. \\ 0.09332 & 0.1066 & 0.2440 & 0.2846 & 0.2711 & 0.2625\ 10^{-30} & 0.2625\ 10^{-30} \\ 0.1868 & 0.2134 & 0.1831 & 0.2136 & 0.2034 & 0.5249\ 10^{-30} & 0.5249\ 10^{-30} \end{bmatrix}$$

```
> N:=1/(ID-Q);
```

$$N := \begin{bmatrix} 1.50000000000000 & 0.250000000000000 \\ 0.500000000000000 & 1.75000000000000 \end{bmatrix}$$

```
> Ns:=evalm(N &* matrix(2,1,1));
```

$$Ns := \begin{bmatrix} 1.75000000000000 \\ 2.25000000000000 \end{bmatrix}$$

```
> ND:=DiagonalMatrix([seq(N[i,i], i=1..2)]);
```

$$ND := \begin{bmatrix} 1.50000000000000 & 0 \\ 0 & 1.75000000000000 \end{bmatrix}$$

```
> N2:=zip(`*`,N,N);
```

$$N2 := \begin{bmatrix} 2.25000000000000 & 0.0625000000000000 \\ 0.250000000000000 & 3.06250000000000 \end{bmatrix}$$

```
> V:=evalm(N.(2*ND-ID)-N2);
```

$$V := \begin{bmatrix} 0.750000000000000 & 0.562500000000000 \\ 0.750000000000000 & 1.31250000000000 \end{bmatrix}$$

```
> Ns2:=matrix(2,1, [seq(Ns[i,1]^2, i=1..2)]);
```

$$Ns2 := \begin{bmatrix} 3.06250000000000 \\ 5.06250000000000 \end{bmatrix}$$

```
> VN:=evalm((2*N-ID)&*Ns-Ns2);
```

$$VN := \begin{bmatrix} 1.56250000000000 \\ 2.31250000000000 \end{bmatrix}$$

```
> F1n:=n -> evalf(evalm(Q^(n-1).C1),4);
  F2n:=n -> evalf(evalm(Q^(n-1).C2),4);
```

$$F1n := n \to \text{evalf}(\text{evalm}((Q^{(n-1)}).C1), 4)$$

$$F2n := n \to \text{evalf}(\text{evalm}((Q^{(n-1)}).C2), 4)$$

```
> F1n(5), F1n(6);F2n(5), F2n(6);
```

$$\begin{bmatrix} 0.00203 & 0.00422 \\ 0.00422 & 0.00828 \end{bmatrix}, \begin{bmatrix} 0.001031 & 0.002094 \\ 0.002094 & 0.004156 \end{bmatrix}$$

$$\begin{bmatrix} 0.00422 & 0.00438 & 0.00641 \\ 0.00828 & 0.00812 & 0.01234 \end{bmatrix}, \begin{bmatrix} 0.002094 & 0.002126 & 0.003157 \\ 0.004156 & 0.004124 & 0.006218 \end{bmatrix}$$

```
> F1:=evalf(evalm(N . C1),4);
  F2:=evalf(evalm(N . C2),4);
```

$$F1 := \begin{bmatrix} 0.02500 & 0.1750 \\ 0.1750 & 0.2250 \end{bmatrix}$$

$$F2 := \begin{bmatrix} 0.1750 & 0.3000 & 0.3250 \\ 0.2250 & 0.1000 & 0.2750 \end{bmatrix}$$

■ R-project에 의한 방법

```
> library(markovchain)
> P <- matrix(c(0.2,  0.8,   0,   0,   0,   0,   0,
                0.7,  0.3,   0,   0,   0,   0,   0,
                  0,    0, 0.3, 0.5, 0.2,   0,   0,
                  0,    0, 0.6,   0, 0.4,   0,   0,
                  0,    0,   0, 0.6, 0.4,   0,   0,
                  0,  0.1, 0.1, 0.2, 0.2, 0.3, 0.1,
                0.1,  0.1, 0.1,   0, 0.1, 0.2, 0.4), byrow=T,nrow=7)
> P
     [,1] [,2] [,3] [,4] [,5] [,6] [,7]
[1,]  0.2  0.8  0.0  0.0  0.0  0.0  0.0
[2,]  0.7  0.3  0.0  0.0  0.0  0.0  0.0
[3,]  0.0  0.0  0.3  0.5  0.2  0.0  0.0
[4,]  0.0  0.0  0.6  0.0  0.4  0.0  0.0
```

```
[5,]  0.0  0.0  0.0  0.6  0.4  0.0  0.0
[6,]  0.0  0.1  0.1  0.2  0.2  0.3  0.1
[7,]  0.1  0.1  0.1  0.0  0.1  0.2  0.4
> States <- rownames(P)
> TP <- new("markovchain", stat=States, transitionMatrix=P,
             name="Transition Matrix")
> TP
Transition Matrix
 A  7 - dimensional discrete Markov Chain with following states
 1 2 3 4 5 6 7
 The transition matrix   (by rows)  is defined as follows
    1   2   3   4   5   6   7
1 0.2 0.8 0.0 0.0 0.0 0.0 0.0
2 0.7 0.3 0.0 0.0 0.0 0.0 0.0
3 0.0 0.0 0.3 0.5 0.2 0.0 0.0
4 0.0 0.0 0.6 0.0 0.4 0.0 0.0
5 0.0 0.0 0.0 0.6 0.4 0.0 0.0
6 0.0 0.1 0.1 0.2 0.2 0.3 0.1
7 0.1 0.1 0.1 0.0 0.1 0.2 0.4
> plot(TP, vertex.color="green", edge.color="blue")
> title(main="Transition Diagram", cex.main=2, col.main="blue")
```

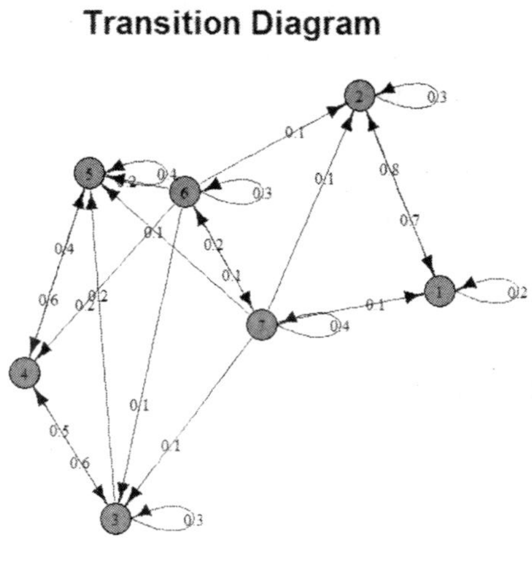

※ 위의 추이도를 그릴 때 plot 부분을 실행할 때마다 이미 선택한 사항에 따라 그래프가 조금씩 회전을 하면서 모양도 약간씩 바뀐다. 이것은 사용자가 적절한 그래프를 선택하여 그래프의 효과가 가장 좋은 것을 선택할 수 있도록 하기 위함이다.

```
> plot(TP, vertex.color="green", edge.color="brown")
> title(main="Transition Diagram", cex.main=2, col.main="blue")
```

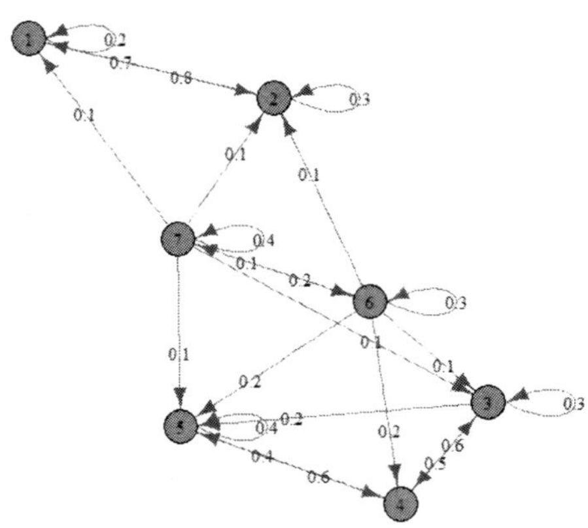


```
> steadyStates(TP)
             1         2         3         4         5 6 7
[1,] 0.4666667 0.5333333 0.0000000 0.0000000 0.0000000 0 0
[2,] 0.0000000 0.0000000 0.3050847 0.3559322 0.3389831 0 0
> 1/steadyStates(TP)
            1     2        3        4    5    6    7
[1,] 2.142857 1.875     -Inf     -Inf -Inf -Inf -Inf
[2,]     -Inf  -Inf 3.277778 2.809524 2.95 -Inf -Inf
> (tau <- round(1/steadyStates(TP),3))
         1     2     3    4    5    6    7
[1,] 2.143 1.875  -Inf -Inf -Inf -Inf -Inf
[2,]  -Inf  -Inf 3.278 2.81 2.95 -Inf -Inf
> is.irreducible(TP)
[1] FALSE
> summary(TP)
Transition Matrix  Markov chain that is composed by:
Closed classes:
1 2
3 4 5
Recurrent classes:
{1,2},{3,4,5}
Transient classes:
{6,7}
The Markov chain is not irreducible
The absorbing states are: NONE
```

```
> steadyStates(TP)
             1         2         3         4         5 6 7
[1,] 0.0000000 0.0000000 0.3050847 0.3559322 0.3389831 0 0
[2,] 0.4666667 0.5333333 0.0000000 0.0000000 0.0000000 0 0
> 1/steadyStates(TP)

            1     2        3        4    5    6    7
[1,]     -Inf  -Inf 3.277778 2.809524 2.95 -Inf -Inf
[2,] 2.142857 1.875     -Inf     -Inf -Inf -Inf -Inf
> (tau <- round(1/steadyStates(TP),3))
         1     2     3    4    5    6    7
[1,]  -Inf  -Inf 3.278 2.81 2.95 -Inf -Inf
[2,] 2.143 1.875  -Inf -Inf -Inf -Inf -Inf
> (Q <- P[6:7,6:7])
    6   7
6 0.3 0.1
7 0.2 0.4
> (P1 <- P[1:2,1:2])
    1   2
1 0.2 0.8
2 0.7 0.3
> (P2 <- P[3:5,3:5])
    3   4   5
3 0.3 0.5 0.2
4 0.6 0.0 0.4
5 0.0 0.6 0.4
> (C <- P[6:7, 1:5])
    1   2   3   4   5
6 0.0 0.1 0.1 0.2 0.2
7 0.1 0.1 0.1 0.0 0.1
> (C1 <- P[6:7, 1:2])
    1   2
6 0.0 0.1
7 0.1 0.1
> (C2 <- P[6:7, 3:5])
    3   4   5
6 0.1 0.2 0.2
7 0.1 0.0 0.1
> (M1 <- matrix(c(1,1), 2, 1))
     [,1]
[1,]    1
[2,]    1
```

```
> (M2 <- matrix(c(1,1,1), 3, 1))
     [,1]
[1,]    1
[2,]    1
[3,]    1
> (ID <- diag(2))
     [,1] [,2]
[1,]    1    0
[2,]    0    1
> (N <- solve(ID-Q))
    6    7
6 1.5 0.25
7 0.5 1.75
> (F <- N %*% C)
      1     2     3   4     5
6 0.025 0.175 0.175 0.3 0.325
7 0.175 0.225 0.225 0.1 0.275
> (t <- N %*% M1)
  [,1]
6 1.75
7 2.25
> States1 <- rownames(P1)
> TP1 <- new("markovchain", stat=States1, transitionMatrix=P1,
             name="Transition Matrix")
> TP1
Transition Matrix
 A  2 - dimensional discrete Markov Chain with following states
 1 2
 The transition matrix   (by rows)  is defined as follows
    1   2
1 0.2 0.8
2 0.7 0.3
> is.irreducible(TP1)
[1] TRUE
> summary(TP1)
Transition Matrix  Markov chain that is composed by:
Closed classes:
1 2
Recurrent classes:
{1,2}
Transient classes:
NONE
```

```
The Markov chain is irreducible
The absorbing states are: NONE
> (ST1 <- steadyStates(TP1))
             1         2
[1,] 0.4666667 0.5333333
> 1/ST1
            1     2
[1,] 2.142857 1.875
> (tau1 <- round(1/steadyStates(TP1),3))
         1     2
[1,] 2.143 1.875
> (F1 <- F[1:2, 1:2])
      1     2
6 0.025 0.175
7 0.175 0.225
> F1 %*% M1 %*% ST1
           1         2
6 0.09333333 0.1066667
7 0.18666667 0.2133333
> States2 <- rownames(P2)
> TP2 <- new("markovchain", stat=States2, transitionMatrix=P2,
               name="Transition Matrix")
> TP2
Transition Matrix
 A  3 - dimensional discrete Markov Chain with following states
 3 4 5
 The transition matrix   (by rows)  is defined as follows
    3   4   5
3 0.3 0.5 0.2
4 0.6 0.0 0.4
5 0.0 0.6 0.4
> is.irreducible(TP2)
[1] TRUE
> summary(TP2)
Transition Matrix  Markov chain that is composed by:
Closed classes:
3 4 5
Recurrent classes:
{3,4,5}
Transient classes:
NONE
The Markov chain is irreducible
```

```
The absorbing states are: NONE
> (ST2 <- steadyStates(TP2))
             3         4         5
[1,] 0.3050847 0.3559322 0.3389831

> 1/ST2
            3        4    5
[1,] 3.277778 2.809524 2.95
> (tau2 <- round(1/steadyStates(TP2),3))
         3    4    5
[1,] 3.278 2.81 2.95
> (F2 <- F[1:2, 3:5])
      3   4     5
6 0.175 0.3 0.325
7 0.225 0.1 0.275
> F2 %*% M2 %*% ST2
          3         4         5
6 0.2440678 0.2847458 0.2711864
7 0.1830508 0.2135593 0.2033898

> (Ns <- N %*% M1)
  [,1]
6 1.75
7 2.25
> (ND <- diag(diag(N)))
     [,1] [,2]
[1,]  1.5 0.00
[2,]  0.0 1.75
> (N2 <- N*N)
     6      7
6 2.25 0.0625
7 0.25 3.0625
> (V <- N %*%(2*ND-ID)-N2)
  [,1]   [,2]
6 0.75 0.5625
7 0.75 1.3125
> (Ns2 <- Ns1*Ns1)
    [,1]
6 3.0625
7 5.0625
```

```
> (VN <- (2*N-ID)%*%Ns-Ns2)
    [,1]
6 1.5625
7 2.3125
> library(expm)
> RecuP <- function(n,C){
        Q %^% (n-1) %*% C
  }
> RecuP(5, C1)
        1       2
6 0.00203 0.00422
7 0.00422 0.00828
> RecuP(6, C1)
         1        2
6 0.001031 0.002094
7 0.002094 0.004156
> RecuP(5, C2);RecuP(6, C2)
        3       4       5
6 0.00422 0.00438 0.00641
7 0.00828 0.00812 0.01234
         3        4        5
6 0.002094 0.002126 0.003157
7 0.004156 0.004124 0.006218
> (FC1 <- N %*% C1)
      1     2
6 0.025 0.175
7 0.175 0.225
> (FC2 <- N %*% C2)
      3   4     5
6 0.175 0.3 0.325
7 0.225 0.1 0.275
> round(TP@transitionMatrix %^% 100, 4)
       1      2      3      4      5 6 7
1 0.4667 0.5333 0.0000 0.0000 0.0000 0 0
2 0.4667 0.5333 0.0000 0.0000 0.0000 0 0
3 0.0000 0.0000 0.3051 0.3559 0.3390 0 0
4 0.0000 0.0000 0.3051 0.3559 0.3390 0 0
5 0.0000 0.0000 0.3051 0.3559 0.3390 0 0
6 0.0933 0.1067 0.2441 0.2847 0.2712 0 0
7 0.1867 0.2133 0.1831 0.2136 0.2034 0 0
```

□

■ **비축소적인 에르고딕 마르코프 연쇄**

이제 마지막으로, 유한인 상태 공간을 갖는 비축소적인 에르고딕 마르코프 연쇄를 고려하자. 이와 같은 유한인 상태 공간을 갖는 비축소적인 에르고딕 마르코프 연쇄는 모두 양의 재귀적이며, 극한분포가 존재하고, 그것은 정상분포와 일치한다. 이런 경우 **평균재귀시간**(mean recurrence time)과 **평균 첫 통과시간**(mean first passage time)을 구하여보자. 평균재귀시간과 극한분포는 앞의 방법으로 구할 수가 있다. 그러나 평균 첫 통과시간은 구할 수가 없다. 그래서 평균 첫 통과시간에 관한 성질들을 조금 더 생각해보자.

상태 i에서 출발하여 상태 $j(\neq i)$에 처음으로 도달하는 시간의 기댓값, 즉 **평균 첫 통과시간** $m_{ij}=E(T_{ij})$을 고려하자. 여기서 편의상 $m_{ii}=0$라 한다. 평균 첫 통과시간 m_{ij}은 첫 단계를 조건부로 하여 구할 수가 있는데, 만약 첫 단계에 상태 j로 가면 기댓값은 1이고, j가 아닌 다른 상태 $k(\neq j)$로 갔다면 k에서 j로 가는 기댓값 m_{kj}에 1을 더한 값이 된다. 그러므로 평균 첫 통과시간은 다음과 같이 표현할 수 있다.

$$m_{ij}=1\times P_{ij}+\sum_{k\neq j}P_{ik}(m_{kj}+1)$$

또는 $\sum_{k}P_{ik}=1$이므로 위의 식을 다시 정리하면 아래와 같이 된다.

$$m_{ij}=\sum_{k\neq j}P_{ik}\,m_{kj}+1$$

마찬가지로 다음이 얻어진다.

$$m_{ii}=\sum_{k}P_{ik}(m_{ki}+1)$$

그러므로 $\boldsymbol{M}\equiv\left[\ m_{ij}\ \right]$, $\boldsymbol{E}\equiv\begin{bmatrix}1&1&\cdots&1\\1&1&\cdots&1\\&&\cdots&\\1&1&\cdots&1\end{bmatrix}$, $\boldsymbol{M_D}\equiv\left[\ \tau_j\delta_{ij}\ \right]=\begin{bmatrix}\tau_1&0&0&\cdots&0&0\\0&\tau_2&0&\cdots&0&0\\\vdots&\vdots&\ddots&\vdots&\vdots&\vdots\\0&0&0&\cdots&\tau_{k-1}&0\\0&0&0&\cdots&0&\tau_k\end{bmatrix}$

라 한다면, 아래와 같이 된다.

$$\boldsymbol{M}=\boldsymbol{PM}+\boldsymbol{E}-\boldsymbol{M_D}$$

그리고 다음과 같이 표현할 수도 있다.

$$(\boldsymbol{I}-\boldsymbol{P})\boldsymbol{M}=\boldsymbol{E}-\boldsymbol{PM_D}$$

문제는 행렬 $(\boldsymbol{I}-\boldsymbol{P})$의 역행렬이 존재하지 않는다는 것이다. 이것은 다음과 같이 간단히 밝혀진다. 행렬 $\boldsymbol{A}$가 역행렬이 존재할 필요충분조건이 $\boldsymbol{Ax}=0$일 때 $\boldsymbol{x}=0$이 되는 것인데 추이행렬 $\boldsymbol{P}$은 마르코프 행렬이므로, 모든 $i \in S$에 대하여

$$\sum_j P_{ij} = 1$$

이므로, $\mathbf{1}$는 모든 원소가 1로 이루어진 행벡터라면 다음과 같이 표현할 수 있다.

$$\boldsymbol{P} \cdot \mathbf{1} = \mathbf{1}$$

그러므로 다음과 같이 된다.

$$(\boldsymbol{I}-\boldsymbol{P}) \cdot \mathbf{1} = \mathbf{0}$$

그러나 $\mathbf{1} \neq \mathbf{0}$이므로 $(\boldsymbol{I}-\boldsymbol{P})$의 역행렬이 존재하지 않는다. 하지만 비축소적인 에르고딕 마르코프 연쇄인 경우는 정상분포 $\boldsymbol{\pi}$가 존재한다. 이 정상분포 벡터$\boldsymbol{\pi}$를 하나의 열로 갖는 정방행렬을 $\boldsymbol{\Pi}$로 표기하자. 즉 다음과 같이 표현하기로 하자.

$$\boldsymbol{\Pi} \equiv \begin{bmatrix} \boldsymbol{\pi} \\ \boldsymbol{\pi} \\ \vdots \\ \boldsymbol{\pi} \end{bmatrix} = \begin{bmatrix} \pi_1 \, \pi_2 & \cdots & \pi_r \\ \pi_1 \, \pi_2 & \cdots & \pi_r \\ \vdots \;\; \vdots & \cdots & \vdots \\ \pi_1 \, \pi_2 & \cdots & \pi_r \end{bmatrix}$$

그러면 이것은 마르코프 행렬 즉 확률 행렬이 되는데, 이것을 이용하여 다음과 같은 정리가 얻어진다.

정리 4.2.12 유한인 상태 공간 S와 추이 행렬 $\boldsymbol{P}$를 갖는 비축소적인 에르고딕 마르코프 연쇄의 정상분포를 열벡터 $\boldsymbol{\pi}$라하고, 이 열벡터들로만 이루어진 행렬을 $\boldsymbol{\Pi}$라 한다면

$$\boldsymbol{I}-\boldsymbol{P}+\boldsymbol{\Pi}$$

의 역행렬 $\boldsymbol{Z} \equiv (\boldsymbol{I}-\boldsymbol{P}+\boldsymbol{\Pi})^{-1}$은 존재한다.

증명 벡터 $\boldsymbol{x}$가 다음을 만족한다고 하면

$$(\boldsymbol{I}-\boldsymbol{P}+\boldsymbol{\Pi})\boldsymbol{x} = 0$$

역행렬의 존재는 $\boldsymbol{x}=0$임을 보이면 충분하다. 그런데 $\boldsymbol{\pi}(\boldsymbol{I}-\boldsymbol{P})=0$이고 $\boldsymbol{\pi\Pi}=\boldsymbol{\pi}$이므로 다음이 얻어진다.

$$\pi(\boldsymbol{I}-\boldsymbol{P}+\boldsymbol{\Pi})\boldsymbol{x}=\pi\boldsymbol{x}=0$$

그러면 $0=(\boldsymbol{I}-\boldsymbol{P}+\boldsymbol{\Pi})\boldsymbol{x}=(\boldsymbol{I}-\boldsymbol{P})\boldsymbol{x}+\boldsymbol{\Pi}\boldsymbol{x}=(\boldsymbol{I}-\boldsymbol{P})\boldsymbol{x}$가 된다. 즉 다음과 같다.

$$(\boldsymbol{I}-\boldsymbol{P})\boldsymbol{x}=0$$

이것은 $\boldsymbol{x}=\boldsymbol{P}\boldsymbol{x}$가 추이행렬 $\boldsymbol{P}$의 정상분포라는 의미이다. 또한 $\boldsymbol{P}\boldsymbol{x}=\boldsymbol{x}$를 만족하는 임의의 행벡터 $\boldsymbol{x}$는 오직 상수벡터이다. 그리고 정상분포 벡터는 $\pi>0$이다. 그런데 $\pi\boldsymbol{x}=0$이므로 $\boldsymbol{x}=0$임을 알 수 있다. □

보조정리 4.2.13 $\boldsymbol{Z}\equiv(\boldsymbol{I}-\boldsymbol{P}+\boldsymbol{\Pi})^{-1}$라하고, $\mathbf{1}$을 모든 원소가 1인 행벡터$(1,1,\cdots,1)$라 하면 다음이 성립한다.

$$\boldsymbol{Z}\cdot\mathbf{1}=\mathbf{1},\ \pi\boldsymbol{Z}=\pi,\quad \boldsymbol{Z}(\boldsymbol{I}-\boldsymbol{P})=\boldsymbol{I}-\boldsymbol{\Pi}.$$

증명 추이행렬 $\boldsymbol{P}$와 $\boldsymbol{\Pi}$은 마르코프 행렬이므로 $\boldsymbol{P}\cdot\mathbf{1}=\mathbf{1}$이고, $\boldsymbol{\Pi}\cdot\mathbf{1}=\mathbf{1}$이므로 다음이 얻어진다.

$$\mathbf{1}=(\boldsymbol{I}-\boldsymbol{P}+\boldsymbol{\Pi})\cdot\mathbf{1}$$

그리고 $(\boldsymbol{I}-\boldsymbol{P}+\boldsymbol{\Pi})$는 역행렬 $\boldsymbol{Z}=(\boldsymbol{I}-\boldsymbol{P}+\boldsymbol{\Pi})^{-1}$이 존재하므로, 양변의 왼쪽에 역행렬 $\boldsymbol{Z}$를 곱해주면 다음이 얻어진다.

$$\boldsymbol{Z}\cdot\mathbf{1}=\mathbf{1}$$

마찬가지로 $\pi\boldsymbol{P}=\pi$이고 $\pi\boldsymbol{\Pi}=\pi$이므로 다음이 얻어진다.

$$\pi=\pi(\boldsymbol{I}-\boldsymbol{P}+\boldsymbol{\Pi})$$

그러므로 양변의 오른쪽에 역행렬 $\boldsymbol{Z}=(\boldsymbol{I}-\boldsymbol{P}+\boldsymbol{\Pi})^{-1}$를 곱하면 다음이 얻어진다.

$$\pi\boldsymbol{Z}=\pi$$

마지막으로 간단한 계산에 의해 다음이 얻어진다.

$$\begin{aligned}(\boldsymbol{I}-\boldsymbol{P}+\boldsymbol{\Pi})(\boldsymbol{I}-\boldsymbol{\Pi})&=\boldsymbol{I}-\boldsymbol{P}+\boldsymbol{\Pi}-\boldsymbol{\Pi}+\boldsymbol{\Pi}-\boldsymbol{\Pi}\\&=\boldsymbol{I}-\boldsymbol{P}\end{aligned}$$

이제 양변의 왼쪽에 역행렬 $\boldsymbol{Z}=(\boldsymbol{I}-\boldsymbol{P}+\boldsymbol{\Pi})^{-1}$를 곱하면 다음과 같이 되어 증명된다.

$$\boldsymbol{I}-\boldsymbol{\Pi}=\boldsymbol{Z}(\boldsymbol{I}-\boldsymbol{P})$$ □

정리 4.2.14 비축소적인 에르고딕 마르코프 연쇄에서 평균재귀시간은 다음과 같다.

$$\tau_i = \frac{1}{\pi_i}$$

증명 $\boldsymbol{\pi} = \boldsymbol{\pi P}$이므로, 평균 첫 통과시간을 행렬로 표현한 식

$$\boldsymbol{M} = \boldsymbol{P}(\boldsymbol{M} - \boldsymbol{M}_D) + \boldsymbol{E}$$

의 양변의 왼편에 $\boldsymbol{\pi}$를 곱하면

$$\begin{aligned} \boldsymbol{\pi M} &= \boldsymbol{\pi P}(\boldsymbol{M} - \boldsymbol{M}_D) + \boldsymbol{\pi E} \\ &= \boldsymbol{\pi}(\boldsymbol{M} - \boldsymbol{M}_D) + \boldsymbol{\pi E} \end{aligned}$$

이므로

$$\boldsymbol{\pi E} - \boldsymbol{\pi M}_D = \boldsymbol{0}$$

가 되는데, 이것은 $\boldsymbol{1} = \boldsymbol{\pi M}_D$가 된다. 즉

$$(1, 1, \cdots, 1) = (\pi_1\tau_1,\ \pi_2\tau_2,\ \cdots,\ \pi_r\tau_r)$$

가 되어 다음과 같이 얻어진다.

$$\tau_i = \frac{1}{\pi_i} \qquad \square$$

정리 4.2.15 유한인 상태 공간 S와 추이 행렬 $\boldsymbol{P}$를 갖는 비축소적인 에르고딕 마르코프 연쇄의 평균 첫 통과시간의 행렬을 $\boldsymbol{M}$, 극한행렬을 $\boldsymbol{\Pi}$ 그리고 $\boldsymbol{Z} \equiv (\boldsymbol{I} - \boldsymbol{P} + \boldsymbol{\Pi})^{-1}$라고 한다면 평균 첫 통과시간 행렬의 (i, j)원소는 다음과 같다.

$$m_{ij} = \frac{z_{jj} - z_{ij}}{\pi_i}$$

증명 평균 첫 통과시간을 행렬로 표현한 식

$$(\boldsymbol{I} - \boldsymbol{P})\boldsymbol{M} = \boldsymbol{E} - \boldsymbol{M}_D$$

의 양변 왼쪽으로 역행렬 $\boldsymbol{Z}$를 곱하면 아래와 같이 된다.

$$\boldsymbol{Z}(\boldsymbol{I} - \boldsymbol{P})\boldsymbol{M} = \boldsymbol{ZE} - \boldsymbol{ZM}_D \qquad (*)$$

그리고

$$
\begin{aligned}
(\boldsymbol{I}-\boldsymbol{P}+\boldsymbol{\Pi})\boldsymbol{E} &= \boldsymbol{IE}-\boldsymbol{PE}+\boldsymbol{\Pi E} \\
&= \boldsymbol{E}-\boldsymbol{I}+\boldsymbol{I} \\
&= \boldsymbol{E}
\end{aligned}
$$

이므로 양변에 $\boldsymbol{Z}$를 곱하면 $\boldsymbol{E}=\boldsymbol{ZE}$가 되어 (*)은 다음과 같이 된다.

$$\boldsymbol{Z}(\boldsymbol{I}-\boldsymbol{P})\boldsymbol{M}=\boldsymbol{E}-\boldsymbol{ZM_D}$$

다시 [보조정리 4.2.13]에 의하여

$$(\boldsymbol{I}-\boldsymbol{\Pi})\boldsymbol{M}=\boldsymbol{E}-\boldsymbol{ZM_D}$$

이 된다. 즉 다음과 같이 된다.

$$\boldsymbol{M}-\boldsymbol{\Pi M}=\boldsymbol{E}-\boldsymbol{ZM_D} \quad \text{또는} \quad \boldsymbol{M}=\boldsymbol{E}-\boldsymbol{ZM_D}+\boldsymbol{\Pi M}$$

이 식으로부터 다음을 얻는다.

$$m_{ij}=1-z_{ij}\tau_j+(\boldsymbol{\pi M})_j$$

그러나 $m_{jj}=0$이므로 다음이 얻어진다.

$$0=1-z_{jj}\tau_j+(\boldsymbol{\pi M})_j$$

여기서 $(\boldsymbol{\pi\Pi})_j$는 벡터 $\boldsymbol{\pi\Pi}$의 j번째 원소를 나타낸다.

위의 두 식을 연립시키면 다음을 얻는다.

$$m_{ij}=(z_{jj}-z_{ij})\tau_j$$

그런데 $\tau_j=1/\pi_j$이므로 다음이 얻어져 증명되었다.

$$m_{ij}=\frac{z_{jj}-z_{ij}}{\pi_j}$$ □

예제 4.2.16 상태 공간 $S=\{1,2\}$과 추이행렬이 다음과 같이 주어진 마르코프 연쇄의 상태에 대하여 정보를 도출하여라.

$$\boldsymbol{P}=\begin{array}{c} \\ 1 \\ 2 \end{array}\begin{array}{c} \begin{array}{cc} 1 & 2 \end{array} \\ \begin{bmatrix} \frac{1}{3} & \frac{2}{3} \\ \frac{1}{4} & \frac{3}{4} \end{bmatrix} \end{array}$$

풀이 추이도는 아래와 같다.

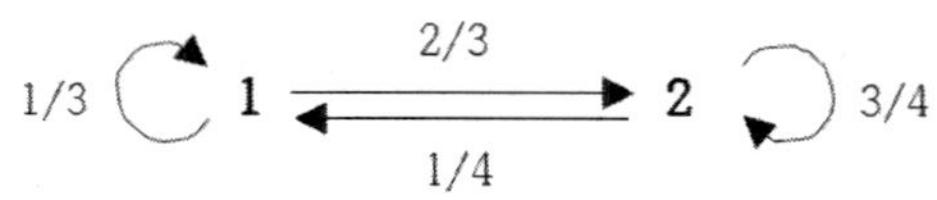

추이도에 의하면 상태 1과 2는 양의 재귀적이고 비축소적이며 비주기적이다. 즉 비축소적인 에르고딕 마르코프 연쇄이다. 따라서 극한 분포가 존재하며 그것은 정상분포와 같다. 따라서

$$\boldsymbol{\pi}=\boldsymbol{\pi}\boldsymbol{P}, \quad \boldsymbol{\pi}\cdot\boldsymbol{1}=1$$

를 풀면

$$\boldsymbol{\pi}=(\pi_1\,\pi_2)=(\pi_1\,\pi_2)\begin{bmatrix} \frac{1}{3} & \frac{2}{3} \\ \frac{1}{4} & \frac{3}{4} \end{bmatrix}=\boldsymbol{\pi}\boldsymbol{P}$$

에서

$$(\pi_1\,\pi_2)=\left(\frac{1}{3}\pi_1+\frac{1}{4}\pi_2,\ \frac{2}{3}\pi_1+\frac{3}{4}\pi_2\right)$$

이므로 다음과 같은 연립방정식이 얻어진다.

$$\frac{2}{3}\pi_1-\frac{1}{4}\pi_2=0,\ \frac{1}{4}\pi_2-\frac{2}{3}\pi_1=0$$

그리고 다음 식을 이용한다.

$$\boldsymbol{\pi}\cdot\boldsymbol{1}=(\pi_1\,\pi_2)\begin{bmatrix}1\\1\end{bmatrix}=\pi_1+\pi_2=1$$

이것을 연립하여 풀면 답이 얻어진다.

$$\pi_1 = \frac{3}{11}, \quad \pi_2 = \frac{8}{11}$$

그리고 극한분포에 의한 극한행렬은 다음과 같이 구해진다.

$$\lim_{n\to\infty} \boldsymbol{P}^{(n)} = \begin{bmatrix} \frac{3}{11} & \frac{8}{11} \\ \\ \frac{3}{11} & \frac{8}{11} \end{bmatrix} = \begin{bmatrix} 0.2727 & 0.7273 \\ \\ 0.2727 & 0.7273 \end{bmatrix} = \begin{bmatrix} \pi \\ \\ \pi \end{bmatrix} = \boldsymbol{\Pi}$$

한편 평균재귀시간은 [정리 4.2.4] 또는 [정리 4.2.14]에 의하여 다음과 같이 얻어진다.

$$\tau_1 = \frac{11}{3}, \quad \tau_2 = \frac{11}{8}$$

위의 결과를 수식에 의하여 확인하여 보자. 먼저 상태 1에서 출발하여 r번째 첫 통과시간이 $r \geqq 1$일 확률은 아래와 같다.

$$P(T_{12} = r) = \frac{2}{3}\left(\frac{1}{3}\right)^{r-1} \qquad r \geqq 1$$

따라서 상태 1에서 출발하여 상태 2로 가는 평균 첫 통과 시간은 아래와 같이 얻어진다.

$$m_{12} = \sum_{r=1}^{\infty} r\frac{2}{3}\left(\frac{1}{3}\right)^{r-1} = \frac{3}{2}$$

그리고 상태 1의 첫 통과시간이 r이 될 확률은 $r=1$인 경우는 그 확률이 1/3이고, $r \geqq 2$인 경우에는 상태 1을 떠나 상태 2에서 $r-2$번 있다가 마지막 단계에서 상태 1로 오는 경우이므로, 그 확률은 아래와 같다.

$$P(T_{11} = r) = \begin{cases} \dfrac{1}{3} & r = 1 \\ \\ \dfrac{2}{3}\left(\dfrac{3}{4}\right)^{r-2}\dfrac{1}{4} & r \geqq 2 \end{cases}$$

그리고 상태 1에서 출발하여 언젠가 다시 상태 1로 돌아올 확률은 아래와 같다.

$$P(T_{11} < \infty) = \frac{1}{3} + \sum_{r=2}^{\infty} \frac{2}{3}\left(\frac{3}{4}\right)^{r-2}\frac{1}{4} = 1$$

그러므로 상태 1의 평균재귀시간은 아래와 같이 구해진다.

$$\tau_1 = \frac{1}{3} + \sum_{r=2}^{\infty} r \frac{1}{6}\left(\frac{3}{4}\right)^{r-2} = \frac{11}{3}$$

마찬가지 방법으로 상태 2에서 r 단계 만에 상태 1로 오는 확률은 다음과 같다.

$$P(T_{21} = r) = \frac{1}{4}\left(\frac{3}{4}\right)^{r-1} \qquad r = 1, 2, \cdots$$

그러므로 상태 2에서 출발하여 상태 1로 가는 평균 첫 통과 시간은 아래와 같이 구해진다.

$$m_{21} = \sum_{r=1}^{\infty} r \frac{1}{4}\left(\frac{3}{4}\right)^{r-1} = 4$$

그리고 상태 2를 출발하여 다시 상태 2로 돌아오는 확률은 아래와 같다.

$$P(T_{22} = r) = \begin{cases} \dfrac{3}{4} & r = 1 \\ \dfrac{1}{4}\left(\dfrac{1}{3}\right)^{r-2} \dfrac{2}{3} & r \geq 2 \end{cases}$$

그리고 상태 2에서 출발하여 언제가 다시 상태 2로 돌아올 확률은 다음과 같이 구해진다.

$$P(T_{22} < \infty) = \frac{3}{4} + \sum_{r=2}^{\infty} \frac{1}{4}\left(\frac{1}{3}\right)^{r-2} \frac{2}{3} = 1$$

그러므로 상태 2의 평균재귀시간은 아래와 같다.

$$\tau_2 = \frac{3}{4} + \sum_{r=2}^{\infty} r \frac{1}{6}\left(\frac{1}{3}\right)^{r-2} = \frac{11}{8}$$

또한, 극한행렬은 직접 다음과 같이 구할 수도 있다.

$$\boldsymbol{\pi} = \boldsymbol{\pi P}, \quad \boldsymbol{\pi} \cdot \mathbf{1} = 1$$

이므로, $\boldsymbol{\pi} - \boldsymbol{\pi P} + \boldsymbol{\pi}\mathbf{1} = \boldsymbol{\pi}(\boldsymbol{I} - \boldsymbol{P} + \mathbf{1}) = 1$가 되어, 행렬로 표현한다면 다음과 같다.

$$\boldsymbol{\Pi}(\boldsymbol{I} - \boldsymbol{P} + \boldsymbol{E}) = \mathbf{1}$$

여기서 행렬 $\boldsymbol{\Pi}$는 각각의 열이 벡터 $\boldsymbol{\pi}$로 이루어져 있다. 즉 다음과 같다.

$$\boldsymbol{\Pi} \equiv \begin{bmatrix} \boldsymbol{\pi} \\ \boldsymbol{\pi} \\ \vdots \\ \boldsymbol{\pi} \end{bmatrix} = \begin{bmatrix} \pi_1 \pi_2 & \cdots & \pi_r \\ \pi_1 \pi_2 & \cdots & \pi_r \\ \vdots \ \vdots & \cdots & \vdots \\ \pi_1 \pi_2 & \cdots & \pi_r \end{bmatrix}$$

그러므로 다음과 같이 된다.

$$\boldsymbol{\Pi} = \mathbf{1} \cdot (\boldsymbol{I} - \boldsymbol{P} + \boldsymbol{E})^{-1}$$

■ **Maple에 의한 방법**

```
> P:=Matrix([[1/3, 2/3],[1/4,3/4]]);
```

$$P := \begin{bmatrix} \frac{1}{3} & \frac{2}{3} \\ \frac{1}{4} & \frac{3}{4} \end{bmatrix}$$

```
> pi:=vector(2,[]);
```

$$\pi := \mathbf{array}(1..2, [\ ])$$

```
> evalm(pi);
```

$$[\pi_1, \pi_2]$$

```
> Eqn:=evalm(pi-pi&*P);
```

$$Eqn := \left[\frac{2}{3}\pi_1 - \frac{1}{4}\pi_2, \frac{1}{4}\pi_2 - \frac{2}{3}\pi_1\right]$$

```
> Eqnset:=convert(Eqn, set);
```

$$Eqnset := \{\frac{2}{3}\pi_1 - \frac{1}{4}\pi_2, \frac{1}{4}\pi_2 - \frac{2}{3}\pi_1\}$$

```
> Sumprob:={sum(pi[k], k=1..2)=1};
```

$$Sumprob := \{\pi_1 + \pi_2 = 1\}$$

```
> Sys:=Eqnset union Sumprob;
```

$$Sys := \{\frac{2}{3}\pi_1 - \frac{1}{4}\pi_2, \frac{1}{4}\pi_2 - \frac{2}{3}\pi_1, \pi_1 + \pi_2 = 1\}$$

```
> Sol:=solve(Sys);assign(%);
```

$$Sol := \{\pi_1 = \frac{3}{11}, \pi_2 = \frac{8}{11}\}$$

```
> evalm(pi);
```

$$\left[\frac{3}{11}, \frac{8}{11}\right]$$

```
> tau:=[seq(1/pi[n],n=1..2)];
```

$$\tau := \left[\frac{11}{3}, \frac{11}{8}\right]$$

```
> evalf(evalm(P^20),5);
```

$$\begin{bmatrix} 0.27273 & 0.72727 \\ 0.27273 & 0.72727 \end{bmatrix}$$

```
> with(linalg):
> E:=matrix(2,2,1);
```

$$E := \begin{bmatrix} 1 & 1 \\ 1 & 1 \end{bmatrix}$$

```
> ID:=diag(1,1);
```

$$ID := \begin{bmatrix} 1 & 0 \\ 0 & 1 \end{bmatrix}$$

```
> Z:=inverse(ID-P+E);
```

$$Z := \begin{bmatrix} \frac{15}{22} & \frac{-2}{11} \\ \frac{-9}{22} & \frac{10}{11} \end{bmatrix}$$

```
> PI:=evalm(E &* Z);
```

$$\Pi := \begin{bmatrix} \frac{3}{11} & \frac{8}{11} \\ \frac{3}{11} & \frac{8}{11} \end{bmatrix}$$

```
> M:= Matrix(2,2, (i,j) -> (Z[j,j]-Z[i,j])/pi[j]);
```

$$\mathbf{M} := \begin{bmatrix} 0 & \frac{3}{2} \\ 4 & 0 \end{bmatrix}$$

위의 과정을 매번 일일이 반복한다는 것은 지루한 일이 될 것이다. 이와 같은 지루함을 피하려면, 위 정리들의 결과를 이용하여 한 번에 원하는 정보를 얻을 수 있는 프로그램을 작성할 수 있다. Maple에서는 그것들을 하나의 **절차**(procedure)로 만들어 사용한다. 절차를 만드는 것은 Maple에 관한 서적, 사용자 설명서(User Manual), 프로그래밍 가이드(Programming Guide), 최재룡 외 2(2016)을 참조하길 바란다.

■ Maple에 의한 방법

```
> # Information of irreducible Ergodic Markov Chain
> # with(linalg):
> ErgodicMC:=proc(P::matrix)
        local M, k, e, ID, E, Z, pi, tu, PI, i, j:
        with(linalg):
        k:=coldim(P):
        e:= array([seq(1, i=1..k)]):
        ID:=diag(seq(1, i=1..k)):
        E:=array([seq([seq(1,i=1..k)],i=1..k)]):
        Z:=inverse(ID-P+E):
        pi:= evalm(e &* Z):
        tu:=[seq(1/pi[n],n=1..k)]:
        PI:=evalm(E &* Z):
        M:= matrix(k,k, (i,j) -> (Z[j,j]-Z[i,j])/pi[j]);
  print(`극한분포`(pi)=evalm(pi));
  print(`평균재귀시간`(tau) = tu);
  print(`극한행렬`(PI) = matrix(PI));
  print(`평균 첫 방문 시간`(M) = matrix(M));
  end proc:
> P:=matrix([[1/3, 2/3],[1/4,3/4]]);
```

$$P := \begin{bmatrix} \frac{1}{3} & \frac{2}{3} \\ \frac{1}{4} & \frac{3}{4} \end{bmatrix}$$

```
> ErgodicMC(P);
```

$$\text{극한분포}\ (\pi) = \left[\frac{3}{11}, \frac{8}{11}\right]$$

$$\text{평균재귀시간}\ (\tau) = \left[\frac{11}{3}, \frac{11}{8}\right]$$

$$극한행렬\ (\Pi) = \begin{bmatrix} \frac{3}{11} & \frac{8}{11} \\ \frac{3}{11} & \frac{8}{11} \end{bmatrix}$$

$$평균\ 첫\ 방문\ 시간\ \ (M) = \begin{bmatrix} 0 & \frac{3}{2} \\ 4 & 0 \end{bmatrix}$$

■ R-project에 의한 방법

```
> library(markovchain)
> P <- matrix(c(1/3,  2/3,
+               1/4,  3/4), byrow=T,nrow=2)
> P
          [,1]      [,2]
[1,] 0.3333333 0.6666667
[2,] 0.2500000 0.7500000
>
> rownames(P) <- c(1:2)
> colnames(P) <- rownames(P)
> P
          1         2
1 0.3333333 0.6666667
2 0.2500000 0.7500000
>
> States <- rownames(P)
> TP <- new("markovchain", stat=States, transitionMatrix=P,
             name="Transition Matrix")
> TP
Transition Matrix
 A  2 - dimensional discrete Markov Chain with following states
 1 2
 The transition matrix  (by rows)  is defined as follows
          1         2
1 0.3333333 0.6666667
2 0.2500000 0.7500000
> plot(TP, vertex.color="green", edge.color="brown")
> title(main="Transition Diagram", cex.main=2, col.main="blue")
```

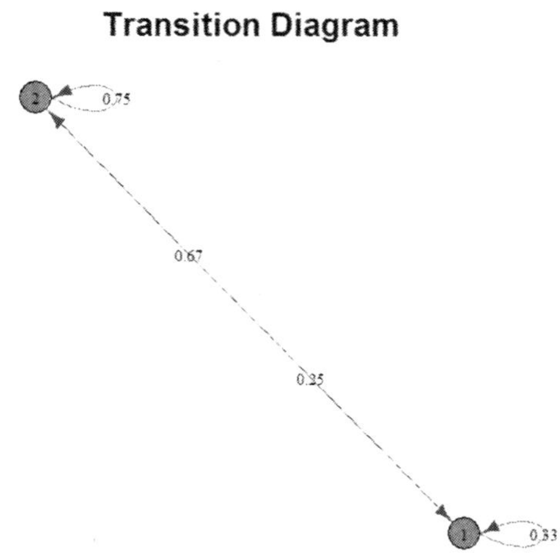


```
> summary(TP)
Transition Matrix  Markov chain that is composed by:
Closed classes:
1 2
Recurrent classes:
{1,2}
Transient classes:
NONE
The Markov chain is irreducible
The absorbing states are: NONE
> (ST <-steadyStates(TP))
             1         2
[1,] 0.2727273 0.7272727
> 3/11;8/11
[1] 0.2727273
[1] 0.7272727
> 1/ST
            1     2
[1,] 3.666667 1.375
> (tau2 <- round(1/steadyStates(TP),3))
         1     2
[1,] 3.667 1.375
> TranP <- function(n){
      P %^% n
  }
```

```
> TranP(20)
          1         2
1 0.2727273 0.7272727
2 0.2727273 0.7272727
> (E <- Matrix(1,2,2))
2 x 2 Matrix of class "dsyMatrix"
     [,1] [,2]
[1,]    1    1
[2,]    1    1
> (ID <- diag(2))
     [,1] [,2]
[1,]    1    0
[2,]    0    1
> (Z <- solve(ID-P+E))
2 x 2 Matrix of class "dgeMatrix"
           [,1]       [,2]
[1,]  0.6818182 -0.1818182
[2,] -0.4090909  0.9090909
> (PI <- E %*% Z )
2 x 2 Matrix of class "dgeMatrix"
          [,1]      [,2]
[1,] 0.2727273 0.7272727
[2,] 0.2727273 0.7272727
> M <- matrix(0, 2,2)
> for (j in 1:2) {
  for (i in 1:2) {
   M[i,j] <- (Z[j,j]-Z[i,j])/ST[j]
  } }
> M
     [,1] [,2]
[1,]    0  1.5
[2,]    4  0.0
```
□

비축소적인 마르코프 연쇄는 모두 일시적이거나 모두 영의 재귀적이거나 또는 양의 재귀적이다. 그리고 모든 상태가 모두 비주기적이거나 모두 주기적이다. 만약 어느 상태가 주기적이고 주기 δ를 갖는다면 다른 모든 상태도 같은 주기를 갖고 주기적임을 알 수 있다. 특히 상태 공간이 유한인 경우에는 모두 양의 재귀적이다. 그리고 비주기적이라면 극한분포가 존재하고 그것은 정상분포와 같음을 알 수 있다. 주기적인 경우에는 정상분포가 존재한다. 그러나 극한분포는 존재하지 않는다.

상태의 분류와 이에 따른 극한분포 및 정상분포의 관계를 다음과 같이 요약할 수 있다.

■ **상태의 분류**(Classification of states)

- state
  - transient
  - recurrent
    - null
      - aperiodic
      - periodic
    - non-null
      - aperiodic (long-run distribution or limiting distribution)
      - periodic (stationary distribution)

이제까지 다룬 대부분의 예제들은 모두 상태 공간 S가 유한인 경우를 다루었는데 셀 수 있는 무한(infinite)의 경우의 예를 하나 살펴보자.

예제 4.2.17 상태 공간 $S=\{0,1,2,3,\cdots\}$이고, 다음과 같은 추이확률행렬을 가진 마르코프 연쇄의 상태를 분류하고 극한 분포의 존재 조건을 확인하라.

$$\boldsymbol{P}=\begin{array}{c} \\ 0 \\ 1 \\ 2 \\ \vdots \\ \\ \end{array}\begin{array}{c} \begin{array}{ccccc} 0 & 1 & 2 & 3 & \cdots \end{array} \\ \begin{bmatrix} q_0 & p_0 & 0 & 0 & \cdots \\ q_1 & r_1 & p_1 & 0 & \cdots \\ 0 & q_2 & r_2 & p_2 & \cdots \\ & & & & \\ & & \vdots & & \end{bmatrix} \end{array}$$

풀이 먼저 추이확률에 대하여 고려하자. 모든 $i,j \geq 1$에 대하여

$$p_{ij}=\begin{cases} p_i & j=i+1 \\ r_i & j=i \\ q_i & j=i-1 \end{cases}$$

이고, $p_0+q_0=1, p_i+r_i+q_i=1$이다.

만약 모든 $i(\geq 1)$에 대하여 $r_i=0, p_i>0, q_i>0$이면 비주기적이고 비축소적이므로 양의 재귀적이므로 극한분포가 존재한다. 그러므로 $\boldsymbol{\pi P}=\boldsymbol{\pi}$에 의하여 다음이 얻어진다.

$$\pi_0 = q_0\pi_0 + q_1\pi_1$$

$$\pi_1 = p_0\pi_0 + q_2\pi_2$$

$$\vdots$$

$$\pi_k = p_{k-1}\pi_{k-1} + q_{k+1}\pi_{k+1}$$

이것을 축차적으로 대입하면 다음과 같이 된다.

$$\pi_1 = \frac{p_0}{q_1}\pi_0,\ \pi_2 = \frac{p_1}{q_2}\pi_1 = \frac{p_0p_1}{q_1q_2}\pi_0,\ \cdots,\ \pi_k = \frac{p_{k-1}}{q_k}\pi_{k-1} = \frac{p_0p_1\cdots p_{k-1}}{q_1q_2\cdots q_k}\pi_0\cdots$$

그리고 $\boldsymbol{\pi}\cdot\mathbf{1}=1$을 이용하면 다음과 같이 표현할 수 있다.

$$1 = \sum_{i=0}^{\infty}\pi_i = \pi_0 + \frac{p_0}{q_1}\pi_0 + \frac{p_0p_1}{q_1q_2}\pi_0 + \ \cdots\ = \pi_0\left(1 + \sum_{k=1}^{\infty}\frac{p_0p_1\cdots p_{k-1}}{q_1q_2\cdots q_k}\right)$$

그러므로 만약

$$Const. = \sum_{k=1}^{\infty}\frac{p_0p_1\cdots p_{k-1}}{q_1q_2\cdots q_k} < \infty$$

이면

$$\pi_0 = \frac{1}{1+Const.}$$

가 되어 다음과 같이 극한 분포가 얻어진다.

$$\pi_k = \frac{p_0p_1\cdots p_{k-1}}{q_1q_2\cdots q_k}\frac{1}{1+Const.}$$

여기서 만약 $p_i = p, r_i = 0,\ i = 0,1,2,\cdots,\ q_i = q,\ i = 1,2,\cdots,$이면 $Const. = \sum_{k=1}^{\infty}\left(\frac{p}{q}\right)^k$ $< \infty$가 될 필요충분조건은 $p<q$가 되어 $\pi_k = \left(\frac{p}{q}\right)^k\left(1-\frac{p}{q}\right)$인 기하분포를 따른다. 그리고 p와 q가 $p=q=1/2$이면 $\pi_k = 0$이 되어 $\tau_k = 1/\pi_k = \infty$이므로 모두 양의 재귀적 상태이다. 그리고 $p>q$이면 일시적 상태가 된다. □

4.3 가역 마르코프 연쇄(Reversible Markov Chain)

상태 공간 S와 추이행렬 $\boldsymbol{P}$를 갖는 마르코프 연쇄 $\{X_n \mid n \in \mathbb{N}_0\}$에서 현재 시간을 n이라하고 새로운 확률과정 $X_n, X_{n-1}, X_{n-2}, \cdots X_0$을 생각하자. 만약 이 확률과정의 분포가 $X_0, X_1, \cdots X_n$의 분포와 같을 때 이 확률과정은 **시간-가역적(time-reversible)**이라 한다. 또한 이와 같은 성질을 가지는 마르코프 연쇄를 **시간-가역적 마르코프 연쇄(time-reversible Markov chain)**라 한다.

이와 같이 시간적으로 역행하는 새로운 확률과정도 마르코프 연쇄이고, 그 연쇄의 추이확률은 다음과 같이 된다.

$$\begin{aligned} R_{ij} &\equiv P(X_n = j \mid X_{n+1} = i) \\ &= \frac{P(X_n = j, X_{n+1} = i)}{P(X_{n+1} = i)} \\ &= \frac{P(X_n = j) P(X_{n+1} = i \mid X_n = j)}{P(X_{n+1} = i)} \\ &= \frac{\pi_j P_{ji}}{\pi_i} \end{aligned}$$

그러므로 시간적으로 역행하는 새로운 확률과정$\{X_{n-i} : i = 0, 1, \cdots\}$도 마르코프 연쇄가 되는 것은 분명하다. 즉 다음이 성립한다.

$$P(X_n \mid X_{n+1} = j, X_{n+2}, X_{n+3}, \cdots) = P(X_n = j \mid X_{n+1} = i)$$

즉 만약 현재 시간을 $t = n$이라 한다면, $\{X_n \mid n \in \mathbb{N}_0\}$이 마르코프 연쇄이므로 현재 상태 X_n가 주어졌을 때 미래 $X_{n+1}, X_{n+2}, \cdots$는 과거 X_{n-1}과는 독립이다. 그런데 독립성은 대칭적이므로, 즉 사건 A가 사건 B와 독립이면 사건 B도 사건 A와 독립이므로 현재 상태 X_n가 주어졌을 때 X_{n-1}은 미래 $X_{n+1}, X_{n+2}, \cdots$와 독립임으로 시간을 역으로 한 새로운 확률과정도 마르코프 연쇄임을 알 수 있다.

정의 4.3.1 마르코프 연쇄 $\{X_n \mid n \in \mathbb{N}_0\}$가 시간을 역으로 한 확률과정과 추이행렬이 같을 때, 즉 모든 $i, j \in S$에 대하여 $P_{ij} = R_{ij}$일 때 마르코프 연쇄 $\{X_n \mid n \in \mathbb{N}_0\}$이 **시간-가역적(time-reversible)** 또는 간단히 **가역적(reversible)**이라 하고, 이와 같은 확률과정을 **가역 마르코프 연쇄(reversible Markov chain)**라 한다.

이제 마르코프 연쇄의 가역성을 판단하는 몇 가지 방법들을 고려하자. 그리고 그중 가장 실용적인 것을 찾아본다.

정리 4.3.2 상태 공간 S와 추이확률 P_{ij}를 갖는 마르코프 연쇄 $\{X_n \mid n \in \mathbb{N}_0\}$가 시간-가역적일 필요충분조건은 모든 상태 $i, j \in S$에 대하여 다음의 등식이 성립하는 것이다.

$$\pi_i P_{ij} = \pi_j P_{ji}$$

증명 시간적으로 역행하는 마르코프 연쇄의 추이확률은 다음과 같이 구해진다.

$$\begin{aligned} R_{ij} &= P(X_n = j \mid X_{n+1} = i) \\ &= \frac{P(X_n = j, X_{n+1} = i)}{P(X_{n+1} = i)} \\ &= \frac{P(X_n = j) P(X_{n+1} = i \mid X_n = j)}{P(X_{n+1} = i)} \\ &= \frac{\pi_j P_{ji}}{\pi_i} \end{aligned}$$

그러므로 $\pi_i P_{ij} = \pi_j P_{ji}$을 대입하면 모든 $i, j \in S$에 대하여 $P_{ij} = R_{ij}$가 되어 증명된다. □

주의 모든 $i, j \in S$에 대하여, $\pi_i P_{ij} = \pi_j P_{ji}$을 상세 균형(detailed balance) 조건이라 한다.

위의 정리는 시간-가역성이 마르코프 연쇄의 정상분포를 찾는데 유용한 방법을 제공함을 다음 정리에서 알 수 있다.

정리 4.3.3 추이확률 P_{ij}를 갖는 비축소적인 에르고딕 마르코프 연쇄 $\{X_n \mid n \in \mathbb{N}_0\}$가 모든 상태 $i, j \in S$에 대하여 다음이 성립한다면

$$0 \leq \pi_i \leq 1, \quad \sum_i \pi_i = 1, \quad \pi_i P_{ij} = \pi_i P_{ji}$$

그 연쇄는 가역적이고, 양의 재귀적이며, 정상분포 $\boldsymbol{\pi}$을 갖는다. 그러므로 정상분포는 극한분포와 같다.

증명 $\boldsymbol{\pi}$가 위의 가정을 만족한다면 다음과 같이 된다.

$$\sum_i \pi_i P_{ij} = \sum_i \pi_j P_{ji} = \pi_j \sum_i P_{ji} = \pi_j$$

즉 $\boldsymbol{\pi} = \boldsymbol{\pi P}$이므로 증명된다. 위의 결과와 [정리 4.2.8]에 의하면 모든 $i \in S$에 대하여

$$\pi_i = \lim_{n \to \infty} P_{ji}^{(n)} > 0$$

가 되어 정상분포는 극한분포가 된다. □

예제 4.3.4 상태 공간 $S = \{1, 2\}$를 갖고, 다음과 같은 추이행렬을 갖는 마르코프 연쇄에 관한 여러 정보들과 정상분포와 평균재귀시간과 극한분포를 구하고, 가역적인지를 밝혀라.

$$\boldsymbol{P} = \begin{bmatrix} 0 & 1 \\ 1/2 & 1/2 \end{bmatrix}$$

풀이 위의 마르코프 연쇄는 추이행렬의 형태로 볼 때 모든 상태는 서로 도달가능하고, 비주기적임을 알 수 있다. 그러므로 비축소적인 에르고딕 마르코프 연쇄임을 알 수 있다. 따라서 정상분포가 존재한다. 따라서 [정리 4.2.8]에 의하여 (a) $\boldsymbol{\pi} \cdot \mathbf{1} = 1$, (b) $\boldsymbol{\pi} = \boldsymbol{\pi P}$를 풀면 다음이 얻어진다.

$$\boldsymbol{\pi} = [1/3 \quad 2/3]$$

이것은 극한분포가 된다. 그러므로 [정리 4.2.4]에 의하여 평균재귀시간은 $\tau = (3, 3/2)$이다. 또한, 다음의 가역조건을 만족한다.

$$\pi_1 P_{12} = \frac{1}{3} \times 1 = \frac{1}{3} = \frac{2}{3} \times \frac{1}{2} = \pi_2 P_{21}$$

그러므로 이 마르코프 연쇄는 시간적으로 가역임을 알 수 있다.

■ **Maple에 의한 방법**

```
> P:=matrix([[0,1],[1/2,1/2]]);
```

$$P := \begin{bmatrix} 0 & 1 \\ \frac{1}{2} & \frac{1}{2} \end{bmatrix}$$

```
> pi:=vector(2,[ ]);
```

$$\pi := \mathbf{array}\ (1..2, [\ ])$$

```
> evalm(pi);
```

$$[\pi_1, \pi_2]$$

```
> Eqnlist:=evalm(pi-pi&*P);
```

$$Eqnlist := \left[\pi_1 - \frac{1}{2}\pi_2, \frac{1}{2}\pi_2 - \pi_1\right]$$

```
> Eqnset:=convert(Eqnlist, set);
```

$$Eqnset := \{\pi_1 - \frac{1}{2}\pi_2, \frac{1}{2}\pi_2 - \pi_1\}$$

```
> Sumprob:={sum(pi[k], k=1..2)=1};
```

$$Sumprob := \{\pi_1 + \pi_2 = 1\}$$

```
> Sys:=Eqnset union Sumprob;
```

$$Sys := \{\pi_1 - \frac{1}{2}\pi_2, \frac{1}{2}\pi_2 - \pi_1, \pi_1 + \pi_2 = 1\}$$

```
> Sol:=solve(Sys);assign(%):
```

$$Sol := \{\pi_1 = \frac{1}{3}, \pi_2 = \frac{2}{3}\}$$

```
> tau:=[seq(1/pi[n],n=1..2)];
```

$$\tau := \left[3, \frac{3}{2}\right]$$

```
> pi[1]*P[1,2], pi[2]*P[2,1];
```

$$\frac{1}{3}, \frac{1}{3}$$

```
> is(pi[1]*P[1,2]=pi[2]*P[2,1]);
```

true

■ R-project에 의한 방법

```
> library(markovchain)
> statesNames=c("1", "2")
> TP <- new("markovchain", transitionMatrix=matrix(c(0, 1, 1/2, 1/2),
        byrow=TRUE, nrow=2, dimnames=list(statesNames,statesNames)))
> TP
Unnamed Markov chain
 A  2 - dimensional discrete Markov Chain with following states
 1 2
 The transition matrix   (by rows)  is defined as follows
    1   2
1 0.0 1.0
2 0.5 0.5
> plot(TP, vertex.color="green", vertex.size=20, vertex.label.cex=1.5,
        edge.color="brown", edge.label.cex=1.5)
> title(main="Transition Diagram", cex.main=2, col.main="blue")
```

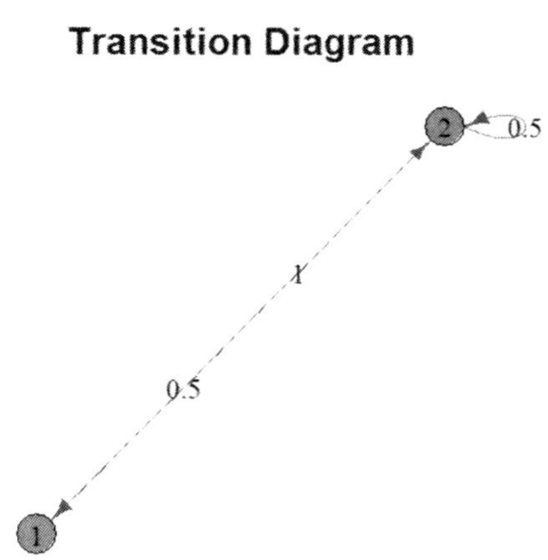


```
> absorbingStates(TP)
character(0)
> transientStates(TP)
character(0)
> communicatingClasses(TP)
[[1]]
[1] "1" "2"
```

```
> is.irreducible(TP)
[1] TRUE
> period(TP)
[1] 1
> TP^2
Unnamed Markov chain^2
 A  2 - dimensional discrete Markov Chain with following states
 1 2
 The transition matrix   (by rows)  is defined as follows
     1    2
1 0.50 0.50
2 0.25 0.75
> summary(TP)
Unnamed Markov chain  Markov chain that is composed by:
Closed classes:
1 2
Recurrent classes:
{1,2}
Transient classes:
NONE
The Markov chain is irreducible
The absorbing states are: NONE
> (pi <- steadyStates(TP))
             1         2
[1,] 0.3333333 0.6666667
> 1/pi
     1   2
[1,] 3 1.5
> (tau <- 1/pi)
     1   2
[1,] 3 1.5
> pi[1]*TP[1,2]==pi[2]*TP[2,1]
[1] FALSE
```

버전에 따라 유효숫자의 처리문제로 인하여 FALSE로 나오는 경우도 있다.

```
> round(pi[1]*TP[1,2],15)==round(pi[2]*TP[2,1],15)
[1] TRUE
```

```
> pi[1]*TP[1,2];pi[2]*TP[2,1]
[1] 0.3333333
[1] 0.3333333
> (TP^30)*TP
Unnamed Markov chain^30
 A  2 - dimensional discrete Markov Chain defined by the following states:
 1, 2
 The transition matrix  (by rows)  is defined as follows:
          1         2
1 0.3333333 0.6666667
2 0.3333333 0.6666667
```
□

위의 결과로부터 2개의 프로그램을 비교할 수가 있다. R-project에서 더 많은 정보를 얻을 수 있음을 알 수 있다. 물론 Maple로도 원하는 정보를 얻을 수 있도록 코딩작업을 하여 패키지로 만들 수 있을 것이지만 개인적 실력과 노력이 필요하다. 그러나 R-project의 사용자가 많이 있기 때문에 이미 만들어져 있는 패키지가 많이 있어서 사용자 입장에서는 R-project를 선호하게 된다. 이와 같은 현상은 프로그램과 사용자의 환경 변화가 없다면 당분간 지속될 것으로 보인다. 하지만 가역성에 대한 것은 현재 R과 Maple 모두 없다. 앞으로 만들어질 지도 모르지만 꼭 필요하다면 코딩작업에 의하여 사용자가 패키지를 만들 수 있다.

예제 4.3.5 Ehrenfest chain

양자이론을 연구한 오스트리아의 물리학자 Paul Ehrenfest가 고려한 모델로, m개의 공이 두 항아리(A, B)에 나누어져 있을 때 매시간 m개의 공에서 하나를 선택하여 그 공이 있던 항아리에서 다른 항아리로 옮겨놓는다. $n \in \mathbb{N}_0$시간 항아리 A의 있는 공의 개수를 X_n라 한다면 $\{X_n : n \in \mathbb{N}_0\}$는 마르코프 연쇄임을 보이고, 가지고 있는 정보를 구한 후, $m=6$라 가정하고 시간적으로 가역적임을 보여라.

풀이 추이행렬을 구하자. 상태 공간은 $S=\{0,1,\cdots,m\}$이고, 0이 아닌 원소들의 값을 구하면 다음과 같이 된다.

$$P_{01}=1,\ P_{m\,m-1}=1,\ P_{i\,i-1}=\frac{i}{m}, P_{i\,i+1}=\frac{m-i}{m},\quad i=1,2,\cdots,m$$

그러므로 추이행렬은 다음과 같다.

$$
\boldsymbol{P}=\begin{bmatrix}
0 & 1 & 0 & 0 & 0 & 0 & 0 & \cdots & 0 & 0 & 0 \\
\frac{1}{m} & 0 & \frac{m-1}{m} & 0 & 0 & 0 & 0 & \cdots & 0 & 0 & 0 \\
0 & \frac{2}{m} & 0 & \frac{m-2}{m} & 0 & 0 & 0 & \cdots & 0 & 0 & 0 \\
0 & 0 & \frac{3}{m} & 0 & \frac{m-3}{m} & 0 & 0 & \cdots & 0 & 0 & 0 \\
\vdots & \vdots & \vdots & \vdots & \vdots & \vdots & \vdots & \cdots & \vdots & \vdots & \vdots \\
0 & 0 & 0 & 0 & 0 & 0 & 0 & \cdots & \frac{m-1}{m} & 0 & \frac{1}{m} \\
0 & 0 & 0 & 0 & 0 & 0 & 0 & \cdots & & &
\end{bmatrix}
$$

위의 추이행렬의 형태로 보아 비축소적이고, 모든 상태는 재귀적이며 일시적인 상태는 없다. 그런데 이 Erenfest 연쇄는 주기적이고 주기는 2이다. 그러므로 정칙이 아니며, 이 경우에는 정상분포는 존재하지만 극한분포는 존재할 수가 없다. 만약 $m=6$이라면 추이행렬은 다음과 같이 된다.

$$
\boldsymbol{P}=\begin{array}{c} \\ 0 \\ 1 \\ 2 \\ 3 \\ 4 \\ 5 \\ 6 \end{array}
\begin{array}{c}
\begin{array}{ccccccc} 0 & 1 & 2 & 3 & 4 & 5 & 6 \end{array} \\
\begin{bmatrix}
0 & 1 & 0 & 0 & 0 & 0 & 0 \\
1/6 & 0 & 5/6 & 0 & 0 & 0 & 0 \\
0 & 2/6 & 0 & 4/6 & 0 & 0 & 0 \\
0 & 0 & 3/6 & 0 & 3/6 & 0 & 0 \\
0 & 0 & 0 & 4/6 & 0 & 2/6 & 0 \\
0 & 0 & 0 & 0 & 5/6 & 0 & 1/6 \\
0 & 0 & 0 & 0 & 0 & 1 & 0
\end{bmatrix}
\end{array}
$$

먼저 추이도를 그려보면 아래와 같다.

Transition Diagram

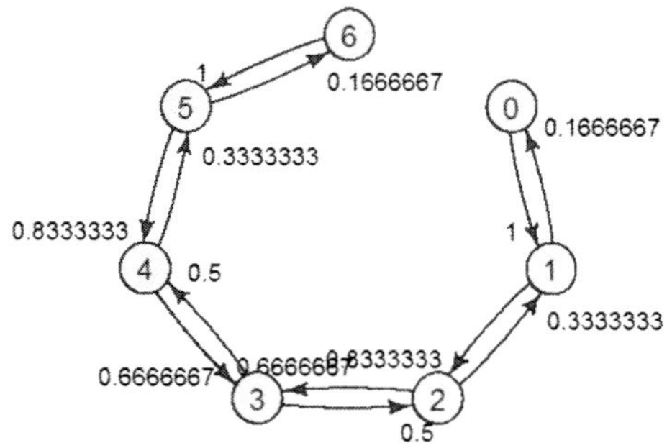

이와 같은 경우에 정상분포를 구하면 다음과 같다.

$$\pi = \left(\frac{1}{64}, \frac{6}{64}, \frac{15}{64}, \frac{20}{64}, \frac{15}{64}, \frac{6}{64}, \frac{1}{64}\right)$$

그러므로, 모든 i, j에 대하여 $\pi_i P_{ij} = \pi_j P_{ji}$임을 확인 할 수 있다. 예를 들면

$$\pi_1 P_{12} = \frac{1}{64} \times 1 = \frac{1}{64} = \frac{6}{64} \times \frac{1}{6} = \pi_2 P_{21}$$

$$\pi_2 P_{23} = \frac{6}{64} \times \frac{5}{6} = \frac{5}{64} = \frac{15}{64} \times \frac{2}{6} = \pi_3 P_{32}$$

$$\vdots$$

$$\pi_6 P_{67} = \frac{6}{64} \times \frac{1}{6} = \frac{1}{64} = \frac{1}{64} \times 1 = \pi_7 P_{76}$$

따라서 가역적임을 알 수 있다.

■ **Maple에 의한 방법**

```
> P:=matrix([[  0,1,  0,0,0,0,0],
            [1/6,0,5/6,0,0,0,0],
            [0,2/6,0,4/6,0,0,0],
            [0,0,3/6,0,3/6,0,0],
            [0,0,0,4/6,0,2/6,0],
            [0,0,0,0,5/6,0,1/6],
            [0,0,0,0,0,1,0] ]);
```

$$P := \begin{bmatrix} 0 & 1 & 0 & 0 & 0 & 0 & 0 \\ \frac{1}{6} & 0 & \frac{5}{6} & 0 & 0 & 0 & 0 \\ 0 & \frac{1}{3} & 0 & \frac{2}{3} & 0 & 0 & 0 \\ 0 & 0 & \frac{1}{2} & 0 & \frac{1}{2} & 0 & 0 \\ 0 & 0 & 0 & \frac{2}{3} & 0 & \frac{1}{3} & 0 \\ 0 & 0 & 0 & 0 & \frac{5}{6} & 0 & \frac{1}{6} \\ 0 & 0 & 0 & 0 & 0 & 1 & 0 \end{bmatrix}$$

```
> evalf(evalm(P^20),3);
```

$$\begin{bmatrix} 0.0313 & 0. & 0.469 & 0. & 0.468 & 0. & 0.0312 \\ 0. & 0.188 & 0. & 0.625 & 0. & 0.187 & 0. \\ 0.0313 & 0. & 0.469 & 0. & 0.469 & 0. & 0.0312 \\ 0. & 0.187 & 0. & 0.625 & 0. & 0.187 & 0. \\ 0.0312 & 0. & 0.469 & 0. & 0.469 & 0. & 0.0313 \\ 0. & 0.187 & 0. & 0.625 & 0. & 0.188 & 0. \\ 0.0312 & 0. & 0.468 & 0. & 0.469 & 0. & 0.0313 \end{bmatrix}$$

```
> evalf(evalm(P^22),3);
```

$$\begin{bmatrix} 0.0313 & 0. & 0.469 & 0. & 0.468 & 0. & 0.0312 \\ 0. & 0.188 & 0. & 0.625 & 0. & 0.187 & 0. \\ 0.0313 & 0. & 0.469 & 0. & 0.469 & 0. & 0.0312 \\ 0. & 0.187 & 0. & 0.625 & 0. & 0.187 & 0. \\ 0.0312 & 0. & 0.469 & 0. & 0.469 & 0. & 0.0313 \\ 0. & 0.187 & 0. & 0.625 & 0. & 0.188 & 0. \\ 0.0312 & 0. & 0.468 & 0. & 0.469 & 0. & 0.0313 \end{bmatrix}$$

위의 결과와 추이행렬을 보면 비축소적이지만 주기적이다. 주기는 2이다. 또한 비정칙이다. 그러므로 극한분포는 존재하지 않지만 정상분포는 존재한다.

```
> Stationary(P);
```

$$\text{정상분포 }(\pi) = \left[\frac{1}{64}, \frac{3}{32}, \frac{15}{64}, \frac{5}{16}, \frac{15}{64}, \frac{3}{32}, \frac{1}{64}\right]$$

$$\text{평균재귀시간 }(\tau) = \left[64, \frac{32}{3}, \frac{64}{15}, \frac{16}{5}, \frac{64}{15}, \frac{32}{3}, 64\right]$$

위의 결과에서 마르코프 연쇄가 에르고딕이 아니므로 극한분포가 아니고 정상분포이다.

```
> pi := vector(7,[1/64, 3/32, 15/64, 5/16, 15/64, 3/32, 1/64]);
```

$$\pi := \left[\frac{1}{64}, \frac{3}{32}, \frac{15}{64}, \frac{5}{16}, \frac{15}{64}, \frac{3}{32}, \frac{1}{64}\right]$$

```
> seq(pi[i]*P[i,i+1], i=1..6);
```

$$\frac{1}{64}, \frac{5}{64}, \frac{5}{32}, \frac{5}{32}, \frac{5}{64}, \frac{1}{64}$$

```
> seq(pi[i+1]*P[i+1,i], i=1..6);
```

$$\frac{1}{64}, \frac{5}{64}, \frac{5}{32}, \frac{5}{32}, \frac{5}{64}, \frac{1}{64}$$

```
> seq(is(pi[i]*P[i,i+1]=pi[i+1]*P[i+1,i]), i=1..6);
```

true, true, true, true, true, true

위의 결과로 가역적임을 알 수 있다. Maple의 장점은 분수와 소수를 완전히 구별한다는 것이다. 즉 1/3과 0.333333의 차이를 분명히 한다는 점이다. 하지만 일반적인 패키지들은 이 문제에 대해 자유롭지 못하다. 아래의 사례를 통해서 R-project에서도 분수와 소수를 구분하지 못해서 발생하는 잘못된 결과를 발견하게 될 것이다.

■ **R-project에 의한 방법**

```
> library(markovchain)
> P <- matrix(c(  0,    1,    0,    0,    0,    0,    0,
+             1/6,    0,  5/6,    0,    0,    0,    0,
+               0,  2/6,    0,  4/6,    0,    0,    0,
+               0,    0,  3/6,    0,  3/6,    0,    0,
+               0,    0,    0,  4/6,    0,  2/6,    0,
+               0,    0,    0,    0,  5/6,    0,  1/6,
+               0,    0,    0,    0,    0,    1,    0), byrow=T,nrow=7)
```

```
> P
          [,1]      [,2]      [,3]      [,4]      [,5]      [,6]      [,7]
[1,] 0.0000000 1.0000000 0.0000000 0.0000000 0.0000000 0.0000000 0.0000000
[2,] 0.1666667 0.0000000 0.8333333 0.0000000 0.0000000 0.0000000 0.0000000
[3,] 0.0000000 0.3333333 0.0000000 0.6666667 0.0000000 0.0000000 0.0000000
[4,] 0.0000000 0.0000000 0.5000000 0.0000000 0.5000000 0.0000000 0.0000000
[5,] 0.0000000 0.0000000 0.0000000 0.6666667 0.0000000 0.3333333 0.0000000
[6,] 0.0000000 0.0000000 0.0000000 0.0000000 0.8333333 0.0000000 0.1666667
[7,] 0.0000000 0.0000000 0.0000000 0.0000000 0.0000000 1.0000000 0.0000000
> rownames(P) <- c(0:6)
> colnames(P) <- rownames(P)
> P
          0         1         2         3         4         5         6
0 0.0000000 1.0000000 0.0000000 0.0000000 0.0000000 0.0000000 0.0000000
1 0.1666667 0.0000000 0.8333333 0.0000000 0.0000000 0.0000000 0.0000000
2 0.0000000 0.3333333 0.0000000 0.6666667 0.0000000 0.0000000 0.0000000
3 0.0000000 0.0000000 0.5000000 0.0000000 0.5000000 0.0000000 0.0000000
4 0.0000000 0.0000000 0.0000000 0.6666667 0.0000000 0.3333333 0.0000000
5 0.0000000 0.0000000 0.0000000 0.0000000 0.8333333 0.0000000 0.1666667
6 0.0000000 0.0000000 0.0000000 0.0000000 0.0000000 1.0000000 0.0000000
> States <- rownames(P)
> TP <- new("markovchain", stat=States, transitionMatrix=P,
             name="Ehrenfest Transition Matrix")
> TP
Ehrenfest Transition Matrix
 A  7 - dimensional discrete Markov Chain with following states
 0 1 2 3 4 5 6
 The transition matrix   (by rows)  is defined as follows
          0         1         2         3         4         5         6
0 0.0000000 1.0000000 0.0000000 0.0000000 0.0000000 0.0000000 0.0000000
1 0.1666667 0.0000000 0.8333333 0.0000000 0.0000000 0.0000000 0.0000000
2 0.0000000 0.3333333 0.0000000 0.6666667 0.0000000 0.0000000 0.0000000
3 0.0000000 0.0000000 0.5000000 0.0000000 0.5000000 0.0000000 0.0000000
4 0.0000000 0.0000000 0.0000000 0.6666667 0.0000000 0.3333333 0.0000000
5 0.0000000 0.0000000 0.0000000 0.0000000 0.8333333 0.0000000 0.1666667
6 0.0000000 0.0000000 0.0000000 0.0000000 0.0000000 1.0000000 0.0000000
> plot(TP, package ="diagram", box.size=0.06, box.cex=1.5, dtext=0.8,
   cex.txt=1.2, self.cex=0.8, shadow.size = 0,
   arr.pos=0.7, arr.col="red", lcol="blue", txt.col="blue")
> title(main="Transition Diagram", cex.main=2, col.main="blue")
```

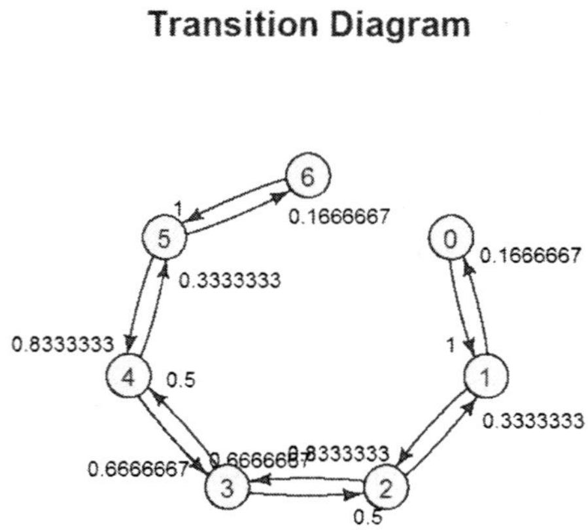


```
> is.irreducible(TP)
[1] TRUE
> period(TP)
[1] 2
> TP^200
Ehrenfest Transition Matrix^200
 A  7 - dimensional discrete Markov Chain
with following states
 0 1 2 3 4 5 6
 The transition matrix   (by rows)  is defined
as follows
        0      1       2     3       4      5       6
0 0.03125 0.0000 0.46875 0.000 0.46875 0.0000 0.03125
1 0.00000 0.1875 0.00000 0.625 0.00000 0.1875 0.00000
2 0.03125 0.0000 0.46875 0.000 0.46875 0.0000 0.03125
3 0.00000 0.1875 0.00000 0.625 0.00000 0.1875 0.00000
4 0.03125 0.0000 0.46875 0.000 0.46875 0.0000 0.03125
5 0.00000 0.1875 0.00000 0.625 0.00000 0.1875 0.00000
6 0.03125 0.0000 0.46875 0.000 0.46875 0.0000 0.03125
> TP^201
Ehrenfest Transition Matrix^201
 A  7 - dimensional discrete Markov Chain with following states
 0 1 2 3 4 5 6
 The transition matrix   (by rows)  is defined as follows
        0      1       2     3       4      5       6
0 0.00000 0.1875 0.00000 0.625 0.00000 0.1875 0.00000
1 0.03125 0.0000 0.46875 0.000 0.46875 0.0000 0.03125
2 0.00000 0.1875 0.00000 0.625 0.00000 0.1875 0.00000
3 0.03125 0.0000 0.46875 0.000 0.46875 0.0000 0.03125
4 0.00000 0.1875 0.00000 0.625 0.00000 0.1875 0.00000
```

```
5 0.03125 0.0000 0.46875 0.000 0.46875 0.0000 0.03125
6 0.00000 0.1875 0.00000 0.625 0.00000 0.1875 0.00000
> summary(TP)
Ehrenfest Transition Matrix  Markov chain that is composed by:
Closed classes:
0 1 2 3 4 5 6
Recurrent classes:
{0,1,2,3,4,5,6}
Transient classes:
NONE
The Markov chain is irreducible
The absorbing states are: NONE
> (pi <- steadyStates(TP))
            0       1        2      3        4       5        6
[1,] 0.015625 0.09375 0.234375 0.3125 0.234375 0.09375 0.015625
> (tau <- 1/pi)
      0        1        2   3        4        5  6
[1,] 64 10.66667 4.266667 3.2 4.266667 10.66667 64
```

위의 추이행렬은 비축소적이지만, 주기적이며 주기는 2이다. 그러므로 모든 상태는 재귀적임을 알 수 있다. 따라서 에르고딕 마르코프 연쇄는 아니고, 극한분포는 존재하지 않는다. 다만 정상분포는 존재함을 알 수 있다.

```
> pi[1]*TP[1,2];pi[2]*TP[2,1]
[1] 0.015625
[1] 0.015625
> pi[2]*TP[2,3];pi[3]*TP[3,2]
[1] 0.078125
[1] 0.078125
> pi[3]*TP[3,4];pi[4]*TP[4,3]
[1] 0.15625
[1] 0.15625
> pi[4]*TP[4,5];pi[5]*TP[5,4]
[1] 0.15625
[1] 0.15625
> pi[5]*TP[5,6];pi[6]*TP[6,5]
[1] 0.078125
[1] 0.078125
> pi[6]*TP[6,7];pi[7]*TP[7,6]
[1] 0.015625
[1] 0.015625
```

□

위의 결과를 보면 Erenfest 연쇄는 가역적임을 알 수 있다. 그러나 유효숫자의 문제 때문에 실제의 값과는 달리 다음과 같은 잘못된 결과를 낼 수도 있음을 간과해서는 안 된다. 실제로 논리 연산자 "=="를 사용하는 경우 다음과 같이 잘못된 결과를 출력할 수 있다.

```
> for (i in 1:6) {
      print(pi[i]*TP[i, i+1]==pi[i+1]*TP[i+1,i])
  }
[1] FALSE
[1] TRUE
[1] FALSE
[1] FALSE
[1] TRUE
[1] FALSE
```

위의 결과를 보면 FALSE가 나온 것도 있으나 이론적으로는 모두 TRUE이다. 즉 잘못된 결과가 발생하였다. Maple의 결과와 비교하면 쉽게 그 차이를 확인할 수 있을 것이다. 실제 현장에서 가역성을 판단할 때 R-project을 사용한다면 잘못된 결론을 내릴 수 있기 때문에 유의해야 한다.

이러한 문제를 해결하기 위해 R-project에서는 all.equal함수를 만들어 놓았다. 이 함수를 사용하면 1/3과 0.3333333을 논리상 같은 것으로 출력한다. 1/3과 0.3333333이라 놓고 실험을 하여 확인하기 바란다. 혹은 도움 창을 참조하여 그 차이와 예들을 확인하기 바란다.

따라서 이러한 불편함을 없애기 위해 가역성을 판단하려면 아래와 같이 사용해야 한다.

```
> for (i in 1:6) {
      all.equal(pi[i]*TP[i, i+1], pi[i+1]*TP[i+1,i])
  }
[1] TRUE
[1] TRUE
[1] TRUE
[1] TRUE
[1] TRUE
[1] TRUE
```

마르코프 연쇄의 가역성을 밝히는 것은 중요하기 때문에 그것을 밝히는 여러 가지 방법이 Qian Jiang(2009)에 의해 연구되었다. 그중 몇 가지를 소개한다.

• 방법 1 : [정리 4.3.3]에 의하여 다음과 같은 방법이 있다.

만약 $\boldsymbol{\Pi}^t * \boldsymbol{P}$가 대칭이면 추이행렬 $\boldsymbol{P}$를 갖는 마르코프 연쇄는 가역적이다.
여기서 $\boldsymbol{\Pi} = \lim_{n\to\infty} \boldsymbol{P}^{(n)} = \lim_{n\to\infty} \boldsymbol{P}^n$이고, *는 원소끼리의 곱을 의미한다.

따라서 n을 크게 하여, 예를 들면 $n = 100$라 놓고, 다음과 같이 확인할 수 있다.
$transpose(\boldsymbol{P}^{100}) * \boldsymbol{P}$가 대칭(symmetric)이면 추이행렬 $\boldsymbol{P}$는 가역적이다.

예를 들면 [예제 4.3.4]의 경우 다음과 같이 되어 추이행렬 $\boldsymbol{P}$는 가역적임을 알 수 있다.

■ Maple에 의한 방법

```
> with(linalg):
> zip(`*`, transpose(evalm(P^100)), P):
> evalf(%,4);
```

$$\begin{bmatrix} \mathbf{0.} & \mathbf{0.3333} \\ \mathbf{0.3333} & \mathbf{0.3333} \end{bmatrix}$$

■ R에 의한 방법

```
> P <- TP@transitionMatrix
> library(expm)
> TranP <- function(n){
      P %^% n
  }
> t(TranP(100))*P
          1         2
1 0.0000000 0.3333333
2 0.3333333 0.3333333
```

위의 두 결과 모두 대칭이므로 추이행렬 $\boldsymbol{P}$는 가역적이다.

• 방법 2 : (Kolmogorov Criterion)
정상 마르코프 연쇄가 가역적일 필요충분조건은 아래와 같다.

$$P_{ii_1} P_{i_1 i_2} \cdots P_{i_k i} = P_{ii_k} P_{i_k i_{k-1}} \cdots P_{i_1 i} \quad \text{모든 } k\text{와 } i, i_1, i_2, \cdots, i_k \in S$$

문제는 위의 결과를 이용할 경우 위의 식의 개수가 상태의 수에 따라서 급격히 많아진다는 것이다. 만약 상태의 개수가 n인 경우 추이행렬은 $n \times n$ 정방행렬이 된다. 이 경우 확인해야 할 서로 다른 Kolmogorov 방정식의 개수는 다음과 같다.

$$\sum_{i=3}^{n} \binom{n}{i} \frac{(i-1)!}{2}$$

$n=6$일 때 확인해야 할 방정식의 개수는 197개, $n=7$일 때는 1172개가 되어 너무나 많은 것을 알 수 있다.

- 방법 3 : 만약 추이행렬의 원소들 중에 비대칭인 0원소가 존재하면 가역적이 아니다. 왜냐하면 0이 되는 원소를 포함하는 Kolmogorov 방정식이 성립하지 않기 때문이다.

[예제 4.3.4]나 [예제 4.3.5]에서 다룬 추이행렬에 있는 0원소는 모두 대칭임을 알 수 있다.

- 방법 4 : 만약 추이행렬의 대각원소를 제외한 행원소나 열원소들이 모두 같으면 가역적이다.

예제 4.3.6 아래와 같은 추이행렬을 갖는 마르코프 연쇄가 가역적임을 보여라.

$$\boldsymbol{P} = \begin{bmatrix} 0.4 & 0.2 & 0.2 & 0.2 \\ 0.15 & 0.55 & 0.15 & 0.15 \\ 0.3 & 0.3 & 0.1 & 0.3 \\ 0.25 & 0.25 & 0.25 & 0.25 \end{bmatrix}$$

풀이 추이행렬의 대각원소를 제외한 나머지 원소들은 각행마다 모두 같다. 그러므로 위의 추이행렬은 가역적이다. 그러므로 위와 같은 추이행렬을 갖는 마르코프 연쇄는 가역적이다.

방법 1에 의하여 확인해보자.

■ **Maple에 의한 방법**

```
> with(linalg):
> P:=matrix([[0.4,  0.2,  0.2, 0.2],
            [0.15, 0.55, 0.15,0.15],
```

```
        [0.3,  0.3,  0.1, 0.3],
        [0.25, 0.25, 0.25, 0.25]]);
```

$$P := \begin{bmatrix} 0.4 & 0.2 & 0.2 & 0.2 \\ 0.15 & 0.55 & 0.15 & 0.15 \\ 0.3 & 0.3 & 0.1 & 0.3 \\ 0.25 & 0.25 & 0.25 & 0.25 \end{bmatrix}$$

```
> zip(`*`, transpose(evalm(P^10)), P);
```

$$\begin{bmatrix} 0.1052647178 & 0.05263063246 & 0.05263185508 & 0.05263195136 \\ 0.05263063245 & 0.1929866677 & 0.05263124379 & 0.05263112703 \\ 0.05263185510 & 0.05263124376 & 0.01754389230 & 0.05263171071 \\ 0.05263195135 & 0.05263112705 & 0.05263171075 & 0.05263175682 \end{bmatrix}$$

■ **R에 의한 방법**

```
> P <- matrix(c(0.4,  0.2,  0.2,  0.2,
              0.15, 0.55, 0.15, 0.15,
              0.3,  0.3,  0.1,  0.3,
              0.25, 0.25, 0.25, 0.25), byrow=T,nrow=4)
> P
     [,1] [,2] [,3] [,4]
[1,] 0.40 0.20 0.20 0.20
[2,] 0.15 0.55 0.15 0.15
[3,] 0.30 0.30 0.10 0.30
[4,] 0.25 0.25 0.25 0.25
> library(expm)
> TranP <- function(n){
       P %^% n
   }
> round(t(TranP(100))*P, 4)
       [,1]   [,2]   [,3]   [,4]
[1,] 0.1053 0.0526 0.0526 0.0526
[2,] 0.0526 0.1930 0.0526 0.0526
[3,] 0.0526 0.0526 0.0175 0.0526
[4,] 0.0526 0.0526 0.0526 0.0526
```

□

4.4 마르코프 연쇄의 중심극한정리 (Central Limit Theorem of Markov Chain)

비축소적인 에르고딕 마르코프 연쇄 $X \equiv \{X_n \mid n \in T\}$가 상태 공간 $S = \{s_1, s_2, \cdots, s_k\}$를 가질 때 확률변수 $S_j^{(n)}$를 처음 n 단계 내에 상태 s_j에 머물러 있었던 횟수라고 하자. 비축소적인 에르고딕 마르코프 연쇄는 극한 분포를 가지며 그것은 정상분포와 같다. 정상분포 $\boldsymbol{\pi}$의 j번째 원소 π_j는 이 마르코프 연쇄가 한참 경과 한 후에 상태 s_j에 방문한 비율이므로, 확률변수 $S_j^{(n)}$의 기댓값은 $n \to \infty$일 때, Snell(1997)에 의하면, 근사적으로 $n\pi_i$와 같아진다. 즉 다음과 같다.

$$\frac{S_j^{(n)}}{n} \quad \to \quad \pi_j$$

또한 확률변수 $S_j^{(n)}$의 분포의 존재에 관해서 관심을 갖게 되는데 그것은 다음에 나오는 마르코프 연쇄에 대한 중심극한정리에 의하여 답을 얻을 수 있다. 먼저 확률변수 $S_j^{(n)}$에 대하여 정규화(normalization)를 시켜야 하는데, 즉 기댓값을 빼주고 분산의 양의 제곱근인 표준편차로 나누어주어야 하는데 분산은, 근사적으로 다음과 같음이 밝혀졌다.

$$\sigma_j^2 = 2\pi_j z_{jj} - \pi_j - \pi_j^2$$

여기서 z_{jj}는 [정리 4.2.12]에서 언급한 $\boldsymbol{Z} = (\boldsymbol{I} - \boldsymbol{P} + \boldsymbol{\Pi})^{-1}$의 (j,j)원소이다. 그러므로 다음과 같은 정리가 얻어진다.

정리 4.4.1 마르코프 연쇄에 대한 중심극한정리(Central Limit Theorem)

비축소적인 에르고딕 마르코프 연쇄$X \equiv \{X_n \mid n \in T\}$는, 임의의 실수 $a, b(a < b)$에 대하여, $n \to \infty$일 때 다음이 성립한다.

$$P\left(a \leq \frac{S_j^{(n)} - n\pi_j}{\sqrt{n\sigma_j^2}} \leq b\right) \quad \to \quad \frac{1}{\sqrt{2\pi}} \int_a^b e^{-x^2/2} dx$$

여기서 $\sigma_j^2 = 2\pi_j z_{jj} - \pi_j - \pi_j^2$이다.

증명 기댓값과 분산은 아래와 같다.

기댓값 $E(S_j^{(n)}) = n\pi_j$:

정상분포 $\boldsymbol{\pi}$의 j번째 원소 π_j는 이 마르코프 연쇄가 단계가 한참 경과 한 후에 상태 s_j에 방문한 비율이므로, 확률변수 $S_j^{(n)}$의 기댓값은 $n \to \infty$일 때, Snell(1997)에 의하면, 근사적으로 $n\pi_j$와 같아진다.

분산 $V(S_j^{(n)}) \equiv n\sigma_j^2$:

Samis(2008)에 의하면 분산은 다음과 같다. $\sigma_j^2 = 2\pi_j z_{jj} - \pi_j - \pi_j^2$이고, z_{jj}는 [정리 4.2.12]에서 언급한 $\boldsymbol{Z} = (\boldsymbol{I} - \boldsymbol{P} + \boldsymbol{\Pi})^{-1}$의 (j,j)원소이다.
그러므로 확률론의 중심극한정리에 의하여 증명된다. 보다 자세한 증명은 Jones (2004)를 참조하길 바란다. □

4장 연습문제

1. 3개의 이동통신사(A사, B사, C사)가 2년마다 소비자와 재약정을 맺는다. 소비자들의 통신사 이동에 관한 정보를 얻고 장기 추세를 알아보기 위해 여러 번 조사하여 다음과 같은 사실을 알게 되었다. 소비자들이 현재 사용 중인 통신사의 상태, 서비스, 비용, 등을 고려하여 통신사를 바꾼다. 그리고 바꾸는 기간이 평균 3년임을 알았다.

$$\begin{array}{c} \\ A \\ B \\ C \end{array}\begin{array}{c} \begin{array}{ccc} A & B & C \end{array} \\ \begin{bmatrix} 70\% & 10\% & 20\% \\ 30\% & 60\% & 10\% \\ 20\% & 30\% & 50\% \end{bmatrix} \end{array}$$

여기서 (i,j)원소는 재계약할 때 i사에서 j사로 바꾸는 비율이다.

이와 같은 정보를 근거로 다음을 구하라.

a. 3년 뒤 그리고 6년 뒤에 각 회사의 고객이 이탈되지 않을 확률을 구하라.

b. 각 회사의 고객에 대한 판매 전략이 바뀌지 않는다는 가정하에 세 이동통신사의 시장 점유율을 예측하라.

c. 다른 회사와 약정을 맺었다가 다시 원래 계약한 회사로 다시 돌아오는 평균 기간을 얼마나 되는가?

2. 상태 공간이 $S=\{A,B,C\}$인 마르코프 연쇄 $\{X_n : n\in \mathbb{N}_0\}$의 추이행렬이 다음과 같다.

$$\boldsymbol{P}=\begin{array}{c} \\ A \\ B \\ C \end{array}\begin{array}{c} \begin{array}{ccc} A & B & C \end{array} \\ \begin{bmatrix} 0.6 & 0.1 & x \\ 0.2 & y & 0.1 \\ z & 0.2 & 0.4 \end{bmatrix} \end{array}$$

x, y, z를 구하고, 추이도를 그린 후 상태를 분류하라. 그리고 다음을 구하라.

$P(X_7 = C \mid X_6 = B)$,

$P(X_5 = B, X_6 = C, X_7 = A \mid X_4 = B)$,

그리고 만약 $P(X_0 = C) = 0.4$일 때 $P(X_0 = C, X_1 = C, X_2 = A)$를 구하라.

정상분포의 존재 여부를 밝히고 극한분포와의 관계를 확인하라.

3. 상태 공간 $S=\{a,b,c,d\}$와 추이행렬 $\boldsymbol{P}$가 다음과 같은 마르코프 연쇄$\{X_n \mid n=0,1,2,\cdots\}$가 있을 때 다음 물음에 답하여라.

$$\boldsymbol{P}=\begin{array}{c} \\ 1 \\ 2 \\ 3 \\ 4 \end{array}\begin{array}{c} \begin{array}{cccc} 1 & 2 & 3 & 4 \end{array} \\ \begin{bmatrix} 0 & 0 & 1 & 0 \\ 0 & 0.4 & 0.6 & 0 \\ 0.8 & 0 & 0.2 & 0 \\ 0.2 & 0.3 & 0 & 0.5 \end{bmatrix} \end{array}$$

1) $P(X_5=3, X_6=1, X_7=3, X_8=3 \mid X_4=2)$를 구하라.

2) $E(f(X_5)f(X_6) \mid X_4=4)$를 구하라.
여기서 함수 $f(\cdot)$는 다음과 같다.

$$f(x)=\begin{cases} 2 & x=1 \\ 4 & x=2 \\ 7 & x=3 \\ 3 & x=4 \end{cases}$$

3) 상태2 또는 3에서 출발하여 상태 3에 처음으로 도달하는 첫 통과시간의 분포
$f_{i3}(k)=P(T_{i3}=k)=P(X_n=3, X_m \neq, 1 \leq m \leq n-1 \mid X_0=i), \quad k=1,2,3,\cdots$
를 구하여라. 여기서 $i=2,3$이다.

4) 상태를 분류하고 일시적인 상태에서 재귀적인 상태로 들어가기 전까지 또 다른 일시적인 상태를 방문한 횟수의 기댓값과 분산을 구하라.

5) 재귀적인 상태로 들어가기 전까지 머물러 있는 총 단계의 수에 대한 기댓값과 분산을 구하라.

6) 재귀상태에 대해서는 평균재귀시간과 극한분포 그리고 극한행렬을 구하라.

4. 상태 공간 $S=\{1,2,3,4,5,6,7\}$와 다음과 같은 정준형의 추이행렬을 갖는 마르코프 연쇄에 대하여 상태를 분류하고, 모든 정보를 도출하여 보라.

$$P=\begin{array}{c} \\ 1 \\ 2 \\ 3 \\ 4 \\ 5 \\ 6 \\ 7 \end{array}\begin{array}{c} \begin{array}{ccccccc} 1 & 2 & 3 & 4 & 5 & 6 & 7 \end{array} \\ \begin{bmatrix} 1 & 0 & 0 & 0 & 0 & 0 & 0 \\ 0 & 1/2 & 1/2 & 0 & 0 & 0 & 0 \\ 0 & 1/3 & 1/3 & 1/3 & 0 & 0 & 0 \\ 0 & 0 & 1 & 0 & 0 & 0 & 0 \\ 1/2 & 0 & 0 & 1/4 & 1/4 & 0 & 0 \\ 0 & 0 & 1/3 & 0 & 1/3 & 0 & 1/3 \\ 0 & 0 & 0 & 0 & 0 & 1/2 & 1/2 \end{bmatrix} \end{array}$$

5. 상태 공간 $S=\{a,b,c\}$와 추이행렬 $\boldsymbol{P}$를 갖는 마르코프 연쇄에 대하여 정보, 특히 정상분포와 극한분포에 관한 정보를 도출하여라.

$$P=\begin{array}{c} \\ a \\ b \\ c \end{array}\begin{array}{c} \begin{array}{ccc} a & b & c \end{array} \\ \begin{bmatrix} 0 & 0 & 1 \\ 1 & 0 & 0 \\ 0 & 1 & 0 \end{bmatrix} \end{array}$$

6. 상태 공간 $S=\{1,2,3\}$과 추이행렬이 다음과 같은 마르코프 연쇄에서 정보를 구하여라. 먼저 정준형으로 나타낸 후 추이도를 그리고 그것에 의하여 상태를 분류한 후, 극한분포의 의 존재성을 밝히고, 사용할 수 있는 컴퓨터 패키지를 이용하여 다시 확인하라.

$$P=\begin{array}{c} \\ 1 \\ 2 \\ 3 \end{array}\begin{array}{c} \begin{array}{ccc} 1 & 2 & 3 \end{array} \\ \begin{bmatrix} 1/3 & 1/3 & 1/3 \\ 1/4 & 3/4 & 0 \\ 0 & 0 & 1 \end{bmatrix} \end{array}$$

7. 상태 공간이 $S=\{0,1,2,\cdots,7\}$이고 추이확률 P_{ij}이 다음과 같은 랜덤워크(random walk)가 가역적임을 보여라.

$$P_{i\,i+1}=\alpha_i=1-P_{i\,i-1} \qquad i=0,1,\cdots,7-1$$

$$P_{01}=\alpha_0=1-P_{00}, \qquad P_{77}=\alpha_7=1-P_{77-1}$$

8. 상태 공간이 $S=\{1,2,3\}$이고 추이행렬 $\boldsymbol{P}$가 다음과 같은 마르코프 연쇄$\{X_n \mid n \in \mathbb{N}_0\}$에서 얻을 수 있는 정보를 구하여라. 특히 가역성에 대하여 평가하여라.

$$\boldsymbol{P}=\begin{array}{c} \\ 1 \\ 2 \\ 3 \end{array}\begin{array}{c} \begin{array}{ccc} 1 & 2 & 3 \end{array} \\ \begin{bmatrix} 1/2 & 1/4 & 1/4 \\ 1/2 & 0 & 1/2 \\ 1/4 & 1/4 & 1/2 \end{bmatrix} \end{array}$$

9. 상태 공간이 $S=\{1,2,3\}$이고 추이행렬 $\boldsymbol{P}$가 다음과 같은 마르코프 연쇄$\{X_n \mid n \in \mathbb{N}_0\}$에서 얻을 수 있는 정보를 구하여라. 이 마르코프 연쇄가 비가역성임을 보여라.

$$\boldsymbol{P}=\begin{array}{c} \\ 1 \\ 2 \\ 3 \end{array}\begin{array}{c} \begin{array}{ccc} 1 & 2 & 3 \end{array} \\ \begin{bmatrix} 0 & 2/3 & 1/3 \\ 1/3 & 0 & 2/3 \\ 2/3 & 1/3 & 0 \end{bmatrix} \end{array}$$

10. 상태 공간이 $S=\{-3,-2,-1,0,1,2,3\}$이고 추이행렬 $\boldsymbol{P}$가 다음과 같은 마르코프 연쇄 $\{X_n \mid n \in \mathbb{N}_0\}$에서 얻을 수 있는 정보를 구하여라.

$$\boldsymbol{P}=\begin{array}{c} \\ -2 \\ -1 \\ 0 \\ 1 \\ 2 \end{array}\begin{array}{c} \begin{array}{ccccc} -2 & -1 & 0 & 1 & 2 \end{array} \\ \begin{bmatrix} 1 & 0 & 0 & 0 & 0 \\ 1/2 & 0 & 1/2 & 0 & 0 \\ 0 & 1/2 & 0 & 1/2 & 0 \\ 0 & 0 & 1/2 & 0 & 1/2 \\ 0 & 0 & 0 & 0 & 1 \end{bmatrix} \end{array}$$

11. [예제 4.3.5]에서 고려한 Ehrenfest chain이 가역적임을 R에 의한 방법1을 사용하여 밝혀라.

12. 아래와 같은 추이행렬을 갖는 마르코프 연쇄가 가역적인지를 밝혀라.

$$\boldsymbol{P}=\begin{bmatrix} 0.1 & 0.5 & 0.4 \\ 0 & 0.5 & 0.5 \\ 0.9 & 0.1 & 0 \end{bmatrix}$$

5장

마르코프 연쇄에 대한 통계적 추론
(Statistical Inference for Markov Chain)

5.1 서론(Introduction)

5.2 k차 마르코프 연쇄(The kth Order Markov Chain)

5.3 추이확률의 추정(Estimation of Transition Probability)

5.4 추이확률의 검정(Test of Transition Probability)

5.5 마르코프 성질에 대한 검정(Test of the Markov Property)

5.6 정상성의 검정(Test of Stationarity)

5.7 차수의 추정과 검정(Estimation and Test of the Order)

$$\hat{\theta}^{MAP} \equiv \underset{\theta}{\operatorname{argmax}} f(x \mid \theta) P(\theta)$$

5장

마르코프 연쇄에 대한 통계적 추론
(Statistical Inference for Markov Chain)

5.1 서론(Introduction)

지금까지는 마르코프 연쇄에 대한 여러 가지 성질들과 특성들을 다루어 왔다. 살펴본 바에 의하여 마르코프 연쇄의 거의 모든 정보는 **추이확률행렬**(transition probability matrix)에 있음을 알 수 있었다. 그래서 대부분의 정보를 추이확률행렬을 이용하여 도출할 수 있었다. 즉 추이행렬을 이미 알고 있다는 가정 하에 관련된 정보를 얻는 이론과 방법들을 다루었다. 그러나 정작 마르코프 연쇄에 대한 모든 정보를 가지고 있는 추이확률행렬, 즉 추이확률을 구하는 방법에 대해서는 언급하지 않았다. 사실 마르코프 연쇄와 관련된 모든 연구의 초기에 마르코프 연쇄의 추이확률행렬을 구하는 것이 선행되어야 한다.

이 장에서는 관심을 가지고 있는 자료가 마르코프 성질을 가지고 있는 것으로 판단되는 경우, 이 자료를 이용하여 각 상태에서의 **추이확률**(transition probability)을 **추정**(estimation)하여 추이확률 혹은 모든 추이확률을 표현한 추이확률행렬(간단히 추이행렬)을 구하는 즉 추정하는 방법을 배우고, 실험에 의하여 얻어진 자료에 의하여 이미 알려진 추이행렬의 진위를 밝히는 과정인 **검정**(test)을 수행하는 절차를 다룬다. 그리고 마르코프 연쇄에 대한 여러 특성들, 예를 들면 자료가 **마르코프 성질**(Markov property)을 갖고 있는지, 마르코프 연쇄의 **차수**(order)는 얼마인지, 자료는 **정상성**(stationarity)을 갖고 있는지, 즉 시간에 관해 동질성을 갖고 있는지 등등의 검정을 다룬다. 따라서 이 장에서 다루는 내용은 마르코프 연쇄를 이용하고 활용하는 경우 초기 단계에서 필수적인 과정이 될 것이고 대단히 중요한 부분이다.

5.2 k차 마르코프 연쇄(The kth Order Markov Chain)

지금까지 고려한 마르코프 연쇄 $\{X_n \mid n \in \mathbb{N}_0\}$를 조금 더 일반화시켜보자. 마르코프 성질을 좀 더 확장하여 보자. 즉 바로 직전의 단계에만 영향을 받는 것을 확장하여 두 단계 전까지 영향을 받는 경우나 더 확장하여 $k(\geq 1)$ 단계 이전까지 영향을 받는 경우를 고려해보자.

정의 5.2.1 $n > n_1 > n_2 > \cdots > n_k > \cdots > n_l$에 대하여,

$$P(X_n = j \mid X_{n_1} = i_1, X_{n_2} = i_2, \cdots, X_{n_l} = i_l)$$
$$= P(X_n = j \mid X_{n_1} = i_1, X_{n_2} = i_2, \cdots, X_{n_k} = i_k)$$

을 만족할 때, 확률변수들의 수열 $\{X_n : n = 0, 1, 2, \cdots\}$을 **$k$차 마르코프 연쇄($k$th order Markov chain)**라 한다.

2장의 [예제 2.3.5]에서 다룬 날씨의 예는 1차 마르코프 연쇄인데 실제로 날씨는 1차보다 큰 마르코프 연쇄라고 보는 것이 더 합리적일 것이다. 2차 이상의 마르코프 연쇄를 고려하는 것이 더 좋을 것 같다. 날씨에 관하여 몇 차의 마르코프 연쇄를 사용해야 하는지는 지역이나 계절에 따라 다를 수 있기 때문에 또 다른 연구가 필요할 것이다.

주의 일반적으로 마르코프 연쇄는 1차 마르코프 연쇄를 의미한다.

예제 5.2.2 상태 $\{1, 2\}$를 갖는 2차 마르코프 연쇄의 추이확률행렬을 고려하라.

풀이 먼저 단계에 따라 변하는 마르코프 연쇄에서 다음과 같은 기호를 사용한다.

$$P_{ijk} \equiv P(X_n = k \mid X_{n-1} = j, X_{n-2} = i), \qquad i, j, k = 1, 2$$

이러한 표현을 사용한다면, 가능한 1-단계 추이확률은 다음과 같다.

$$P_{111}, P_{112}, P_{121}, P_{122}, P_{211}, P_{212}, P_{221}, P_{222}$$

이것들을 행렬로 표현한다면 다음과 같이 표현할 수 있다.

ij \ k	1	2
11	P_{111}	P_{112}
12	P_{121}	P_{122}
21	P_{211}	P_{212}
22	P_{221}	P_{222}

그런데 이 행렬을 보면 2기간(혹은 단계) 동안의 상태에서 1기간(혹은 단계)의 상태로 표현되어 있어서 4×2 행렬이다. 이것은 정방행렬(square matrix)이 되지 않아서

다루기가 불편하다. 따라서 다음과 같이 정방행렬, 즉 4×4 행렬로 표현하는 것이 유용하다.

ij \ jk	11	12	21	22
11	P_{111}	P_{112}	0	0
12	0	0	P_{121}	P_{122}
21	P_{211}	P_{212}	0	0
22	0	0	P_{221}	P_{222}

위와 같이 표현한다면 이것은 상태 $\{11, 12, 21, 22\}$를 갖는 1차 마르코프 연쇄의 추이행렬과 같으므로 앞 장들에서 다루었던 일반적 방법으로 취급하면 관련된 여러 정보를 얻게 된다.

이때 추이행렬 안에 0이 아닌 원소의 개수는 일반적으로 k차 마르코프 연쇄의 경우는 2^{k+1}이 된다. 위의 경우에는 $k=2$이므로 0이 아닌 원소의 개수는 $2^{2+1}=2^3=8$개임을 알 수 있다. 위와 같이 표현한다면 이전에 다루고 배웠던 여러 유용한 결과들을 사용할 수 있게 된다. □

5.3 추이확률의 추정(Estimation of Transition Probability)

5.3.1 두 상태를 갖는 마르코프 연쇄

정상 추이행렬을 갖는 유한 마르코프 연쇄와 관련된 추정의 문제를 고려하자. 마르코프 연쇄와 관련된 정보를 얻는 데 있어서 추이행렬의 역할을 아주 중요하기 때문에 추이행렬을 추정하는 문제는 본질적으로 중요한 문제이다. 여기서 추이행렬을 추정한다는 것은 행렬의 원소인 추이확률을 추정한다는 의미가 된다. 추정 방법은 **붓스트랩법**(bootstrap method), **최대우도법**(maximum likelihood method), **라플라스 방법**(Laplace's method), **최대사후**(maximum a posteriori;MAP)법 등이 있다. 그러나 이 책에서는 주로 최대우도법을 사용한다. 최대우도법에 의한 추정량을 **최대우도추정량**(maximum likelihood estimator;MLE)를 사용한다. 나머지 방법들은 패키지의 선택사항에 의하여 수행할 수 있으므로 독자가 시도해볼 수 있다.

미지의 모수 θ를 갖는 확률함수를 f를 따르는 임의의 확률변수들 $\{X_1, X_2, \cdots, X_n\}$의 실제 값들을 $\boldsymbol{x}=\{x_1, x_2, \cdots, x_n\}$라 한다면, 모수 θ의 우도함수(likelihood function)

$L(\theta \mid \boldsymbol{x})$은 다음과 같이 정의된다.

$$L(\theta) \equiv L(\theta \mid \boldsymbol{x}) \equiv f(\boldsymbol{x} \mid \theta)$$

만약 확률변수들이 이산(discrete)이라면 다음과 같이 표현된다.

$$L(\theta) \equiv f(\boldsymbol{x} \mid \theta) = P(X_1 = x_1, X_2 = x_2, \cdots, X_n = x_n \mid \theta)$$

그리고 모수 θ의 최대우도추정량, $\hat{\theta}^{MLE}$은 다음과 같이 정의한다.

$$\hat{\theta}^{MLE} \equiv \underset{\theta}{\operatorname{argmax}}\ L(\theta) = \underset{\theta}{\operatorname{argmax}}\ f(\boldsymbol{x} \mid \theta)$$

먼저 상태의 개수가 2인 경우, 즉 2-상태 마르코프 연쇄(two-state Markov chain)를 고려한다. 전체 n의 관찰치 중에서 상태 i에서 상태 $j(i,j=1,2)$에 도달한 $(i \to j)$ 회수를 n_{ij}라고 하면 각각의 상태에 방문한 횟수는 다음과 같이 표현된다.

$$\begin{array}{c} \\ 1 \\ \\ 2 \end{array} \overset{\begin{array}{cc} 1 & \quad 2 \end{array}}{\begin{bmatrix} n_{11} & n_{12} \\ & \\ n_{21} & n_{22} \end{bmatrix}} \begin{array}{c} n_1 \\ \\ n_2 \end{array}$$

여기서 $n_{i1} + n_{i2} = n_i (i = 1,2)$이고 $n_1 + n_2 = n$이다.

이 자료를 갖는 마르코프 연쇄의 추이행렬이 다음과 같다고 하자.

$$\boldsymbol{P} = \begin{array}{c} \\ 1 \\ \\ 2 \end{array} \overset{\begin{array}{cc} 1 & \quad 2 \end{array}}{\begin{bmatrix} P_{11} & P_{12} \\ & \\ P_{21} & P_{22} \end{bmatrix}}$$

주어진 초기 상태에서의 1-단계 추이(one-step transition)는 가능한 결과가 2가지, 즉 두 상태인 베르누이 시행(Bernoulli trial)과 같다고 볼 수 있다. 즉 전체 n번의 시행에서 나타난 결과를 n_1와 n_2으로 나타났을 때 $n_{ij}(i,j=1,2)$의 조건부 확률분포는 다음과 같다.

$$\binom{n_1}{n_{11}} P_{11}^{n_{11}} P_{12}^{n_{12}} \cdot \binom{n_2}{n_{21}} P_{21}^{n_{21}} P_{22}^{n_{22}}$$

P_{ij}의 **우도함수**(likelihood function)를 $L(P_{ij})$이라 하면 $L(P_{ij})$은 다음과 같다.

$$L(P_{ij}) \equiv A(n_{ij}) \prod_{i=1}^{2} \binom{n_i}{n_{i1}} P_{i1}^{n_{i1}} P_{i2}^{n_{i2}} \qquad i = 1,2$$

여기서 $A(n_{ij})$는 P_{ij}와 독립인 항이다.

우도함수의 자연로그를 취한 **로그우도함수**(log likelihood function) $L^*(P_{ij}) \equiv \ln L(P_{ij})$는 다음과 같다.

$$L^*(P_{ij}) \equiv \ln B(n_{ij}) + n_{11}\ln P_{11} + n_{12}\ln P_{12} + n_{21}\ln P_{21} + n_{22}\ln P_{22}$$

여기서 $\ln B(n_{ij})$는 P_{ij}들과 독립적인 모든 항을 포함한 것이다.

$P_{ij}(i,j=1,2)$의 최대우도추정치는 $P_{i1} + P_{i2} = 1\,(i=1,2)$를 만족하면서 $L^*(P_{ij})$를 최대로 하는 것이므로 먼저 $L^*(P_{ij})$를 다음과 같이 표현하자.

$$L^*(P_{ij}) = \ln B(n_{ij}) + n_{11}\ln P_{11} + n_{12}\ln(1-P_{11}) + n_{21}\ln P_{21} + n_{22}\ln(1-P_{21})$$

이제 위 식을 P_{11}에 관하여 미분한 다음에 그것을 0으로 하여 구하면

$$\frac{\partial L^*(P_{ij})}{\partial P_{11}} = \frac{n_{11}}{P_{11}} - \frac{n_{12}}{1-P_{11}} = 0$$

이므로, P_{11}의 최대 우도 추정치는 다음과 같다.

$$\hat{P}_{11}^{MLE} \equiv \frac{n_{11}}{n_{11}+n_{12}} = \frac{n_{11}}{n_1}$$

또한 P_{01}의 최대우도 추정치는 $P_{12} = 1 - P_{11}$이므로 다음과 같이 얻어진다.

$$\hat{P}_{12}^{MLE} \equiv \frac{n_{12}}{n_{11}+n_{12}} = \frac{n_{12}}{n_1}$$

마찬가지 방법으로 다음과 같이 얻어진다.

$$\hat{P}_{21}^{MLE} \equiv \frac{n_{21}}{n_{21}+n_{22}} = \frac{n_{21}}{n_2}, \qquad \hat{P}_{22}^{MLE} \equiv \frac{n_{22}}{n_{21}+n_{22}} = \frac{n_{22}}{n_2}$$

위의 결과들에 의하면 최대우도법에 의한 추이행렬의 추정치는 다음과 같이 표현할 수 있다.

$$\hat{\boldsymbol{P}}^{MLE} = \begin{matrix} & 1 & 2 \\ 1 & \hat{P}_{11} & \hat{P}_{12} \\ 2 & \hat{P}_{21} & \hat{P}_{22} \end{matrix} = \begin{matrix} & 1 & 2 \\ 1 & \dfrac{n_{11}}{n_1} & \dfrac{n_{12}}{n_1} \\ 2 & \dfrac{n_{21}}{n_2} & \dfrac{n_{22}}{n_2} \end{matrix}$$

그러므로 추이행렬의 추정은 추이빈도를 직접 이용하여 위의 방법으로 구하면 된다.

5.3.2 유한개의 상태를 갖는 마르코프 연쇄

m개의 상태 $x_1, x_2, \cdots, x_m$을 갖는 마르코프 연쇄의 추이 확률을 추정하는 것을 고려하자. 먼저 m개의 상태에서의 총 n개 이동하는 횟수 즉 추이(transition) 횟수를 측정하였다고 하자. 여기서 상태 x_i에서 상태 x_j로 이동한 횟수를 n_{ij} $(i,j=1,2,\cdots,m)$라 하고, $\sum_{j=1}^{m} n_{ij} = n_i$라 하면 이동한 횟수들을 다음과 같이 나타낼 수 있다.

$i \backslash j$	x_1	x_2	x_3	$\cdots$	x_m	
x_1	n_{11}	n_{12}	n_{13}	$\cdots$	n_{1m}	n_1
x_2	n_{21}	n_{22}	n_{23}	$\cdots$	n_{2m}	n_2
x_3	n_{31}	n_{32}	n_{33}	$\cdots$	n_{3m}	n_3
$\vdots$	$\vdots$	$\vdots$	$\vdots$	$\cdots$	$\vdots$	$\vdots$
x_m	n_{m1}	n_{m2}	n_{m3}	$\cdots$	n_{mm}	n_m
						n

그리고 정상적인 추이행렬이 다음과 같이 주어졌다고 하자.

$$\boldsymbol{P} = \begin{bmatrix} P_{11} & P_{12} & \cdots & P_{1m} \\ P_{21} & P_{22} & \cdots & P_{2m} \\ \vdots & \vdots & \vdots & \vdots \\ P_{m1} & P_{m2} & \cdots & P_{mm} \end{bmatrix}$$

이제 상태 x_i에서 x_j로 가는 추이확률 P_{ij}의 추정치 $\hat{P}_{ij}$ $(i,j=1,2,\cdots,m)$를 구해보자. 초기 상태 x_i와 상태 x_i에 총 방문횟수 n_i가 주어진 경우, $(n_{i1}, n_{i2}, \cdots, n_{im})$은 $\sum_{j=1}^{m} P_{ij}=1$을 만족하는 확률 $(P_{i1}, P_{i2}, \cdots, P_{im})$을 갖는 **다항분포**(multinomial distribution)로 볼 수 있다. 그러므로 $(n_{i1}, n_{i2}, \cdots, n_{im})$가 될 확률은 다음과 같다.

$$\frac{n_i!}{n_{i1}! n_{i2}! \cdots n_{im}!} P_{i1}^{n_{i1}} P_{i2}^{n_{i2}} \cdots P_{im}^{n_{im}}$$

여기서 $\sum_{j=1}^{m} n_{ij}=n_i$ 그리고 모든 i에 대해 $\sum_{j=1}^{m} P_{ij}=1$이다.

이제 초기상태를 m개로 이루어진 $(x_1, x_2, \cdots, x_m)$로 확장하면, 총 이동 횟수 n가 각각의 상태에 대하여 $(n_1, n_2, \cdots, n_m)$로 되었을 때, 상태 x_i에서 x_j로 이동한 횟수가 n_{ij}가 될 조건부확률은 다음과 같다.

$$\prod_{i=1}^{m} \frac{n_i!}{n_{i1}! n_{i2}! \cdots n_{im}!} P_{i1}^{n_{i1}} P_{i2}^{n_{i2}} \cdots P_{im}^{n_{im}}$$

여기서 $(n_1, n_2, \cdots, n_m)$ 역시 확률변수들이므로 조건부가 아닌 우도함수 $L(\boldsymbol{P})$는 위의 조건부 확률 이외에 확률 P_{ij}와 독립인 항 A을 포함한다. 그러므로 우도함수 $L(\boldsymbol{P})$와 우도함수의 자연로그를 취한 로그우도함수 $L^*(\boldsymbol{P}) \equiv \ln L(\boldsymbol{P})$는 다음과 같다.

$$L(\boldsymbol{P}) \equiv A \prod_{i=1}^{m} \frac{n_i!}{n_{i1}! n_{i2}! \cdots n_{im}!} P_{i1}^{n_{i1}} P_{i2}^{n_{i2}} \cdots P_{im}^{n_{im}}$$

$$L^*(\boldsymbol{P}) \equiv \ln B + \sum_{i=1}^{m} \sum_{j=1}^{m} n_{ij} \ln P_{ij}$$

여기서 $\ln B$는 P_{ij}와 독립인 모든 항을 포함한다.

위의 식 $L(\boldsymbol{P})$에서 n_{ij}는 추이확률 $P_{ij}(i,j=1,2,\cdots,m)$의 **충분통계량**(sufficient statistic)임을 알 수 있다. 그리고 **최대우도추정량**(Maximum likelihood estimator;MLE)을 구하기 위해서는 $\sum_{j=1}^{m} P_{ij}=1 (i=1,2,\cdots,m)$인 조건하에서 식 $L(\boldsymbol{P})$를 최대로 하는 P_{ij}를 찾아야 하는데 그것은 로그우도함수 $L^*(\boldsymbol{P}) \equiv \ln L(\boldsymbol{P})$을 최대로 하는 P_{ij}를 찾는 것과 동일하

다. 그리고 식 $L^*(\boldsymbol{P})$을 다음과 같이 표현할 수도 있다.

$$L^*(\boldsymbol{P}) = \ln B + \sum_{i=1}^{m}\sum_{j=1}^{m-1} n_{ij}\ln P_{ij}$$

$$+ \sum_{i=1}^{m} n_{im}\ln(1 - P_{i1} - P_{i2} - \cdots - P_{i\,m-1})$$

로그우도함수의 형태를 볼 때 m개의 값$(x_1, x_2, \cdots, x_m)$의 추정치를 각각 분리하여 구할 수 있다 특별한 값 x_i에 대한 로그우도함수는 다음과 같다.

$$L_i^*(\boldsymbol{P}) = \ln B + \sum_{j=1}^{m-1} n_{ij}\ln P_{ij}$$

$$+ n_{im}\ln(1 - P_{i1} - P_{i2} - \cdots - P_{i\,m-1})$$

최대우도추정치를 구하기 위하여 위의 식을 $P_{ij}(j = 1, 2, \cdots, m-1)$에 대하여 미분한 식을 0으로 놓으면 다음이 얻어진다.

$$\frac{n_{i1}}{P_{i1}} - \frac{n_{im}}{1 - P_{i1} - P_{i2} - \cdots - P_{i\,m-1}} = 0$$

$$\frac{n_{i2}}{P_{i2}} - \frac{n_{im}}{1 - P_{i1} - P_{i2} - \cdots - P_{i\,m-1}} = 0$$

$$\vdots$$

$$\frac{n_{i\,m-1}}{P_{i\,m-1}} - \frac{n_{i\,m}}{1 - P_{i1} - P_{i2} - \cdots - P_{i\,m-1}} = 0$$

위 식들을 연립하면 다음과 같이 된다.

$$\frac{n_{i1}}{P_{i1}} = \frac{n_{i2}}{P_{i2}} = \cdots = \frac{n_{i\,m-1}}{P_{i\,m-1}} = \frac{n_{im}}{1 - P_{i1} - P_{i2} - \cdots - P_{i\,m-1}}$$

그러므로 다음과 같이 표현할 수 있다.

$$\frac{n_{i1}}{n_{i1}}P_{i1} = P_{i1}$$
$$\frac{n_{i2}}{n_{i1}}P_{i1} = P_{i2}$$
$$\vdots$$
$$\frac{n_{im}}{n_{i1}}P_{i1} = 1 - P_{i1} - P_{i2} - \cdots - P_{i\,m-1}$$

위의 식의 양변을 각각 더하면 다음이 얻어진다.

$$\frac{n_{i1}+n_{i2}+\cdots+n_{im}}{n_{i1}} \cdot P_{i1} = 1 \quad \Leftrightarrow \quad \frac{n_i}{n_{i1}} \cdot P_{i1} = 1$$

그러므로 최대우도추정치는 다음과 같이 얻어진다.

$$\hat{P}_{i1}^{MLE} = \frac{n_{i1}}{n_i} \qquad i = 1,2,\cdots,m$$

마찬가지 방법으로 다른 것들의 최대우도추정치를 다음과 같이 구할 수 있다.

$$\hat{P}_{ij}^{MLE} = \frac{n_{ij}}{n_i} \qquad i,j = 1,2,\cdots,m$$

위의 결과들을 정리하여 표현하면 $\boldsymbol{P}$의 최대우도법에 의한 추정치는 다음과 같이 된다.

$$\hat{\boldsymbol{P}}^{MLE} = \begin{bmatrix} \hat{P}_{11} & \hat{P}_{12} & \cdots & \hat{P}_{1m} \\ \hat{P}_{21} & \hat{P}_{22} & \cdots & \hat{P}_{2m} \\ \vdots & \vdots & \vdots & \vdots \\ \hat{P}_{m1} & \hat{P}_{m2} & \cdots & \hat{P}_{mm} \end{bmatrix} = \begin{bmatrix} n_{11}/n_1 & n_{12}/n_1 & n_{13}/n_1 & \cdots & n_{1m}/n_1 \\ n_{21}/n_2 & n_{22}/n_2 & n_{23}/n_2 & \cdots & n_{2m}/n_2 \\ n_{31}/n_3 & n_{32}/n_3 & n_{33}/n_3 & \cdots & n_{3m}/n_3 \\ \vdots & \vdots & \vdots & \cdots & \vdots \\ n_{m1}/n_m & n_{m2}/n_m & n_{m3}/n_m & \cdots & n_{mm}/n_m \end{bmatrix}$$

간단히 표현하면 다음과 같이 된다.

$$\hat{\boldsymbol{P}}^{MLE} = \left[\hat{P}_{ij}^{MLE}\right] = \left[\frac{n_{ij}}{n_i}\right] \qquad i,j = 1,2,\cdots,m$$

그리고 이 추정량의 **표준오차**(standard error)는 다음과 같다.

$$SE_{ij} = \frac{\hat{P}_{ij}^{MLE}}{\sqrt{n_{ij}}} \qquad\qquad i,j = 1,2,\cdots,m$$

최대우도추정량(MLE) 이외에도 **라프라스 평활 추정량**(Laplace smoothing estimator:LSE)도 있는데 이것은 최대우도추정량의 변형으로 n_{ij} 대신에 $n_{ij}+\alpha$을 사용한다. 즉 LSE은 다음과 같다.

$$\hat{P}_{ij}^{LSE} \equiv \frac{n_{ij}+\alpha}{\sum_{k=1}^{m}(n_{ik}+\alpha)}$$

그 외에도 추정하는 방법 **최대사후**(maximum a posteriori;MAP)**법**, **붓스트랩**(bootstrap)**법** 등이 있다(Spedicato et al. 2015). 간단히 설명하면 붓스트랩(bootstrap) 추정량은 크기 n개의 표본에서 다시 n개를 **복원추출**(sampling with replacement)에 의하여 **재표집**(resampling)하여 얻은 자료를 이용하여 추정치를 구하고, 다시 이와 같은 과정을 m번 반복하여 얻은 m개의 추정치들의 평균으로 정의한다.

또한, 미지의 모수 θ의 **사전확률**(prior probability) $P(\theta)$가 주어졌고, 그 모수 θ를 갖는 확률함수 f를 갖는 임의의 확률변수 $\{X_1, X_2, \cdots, X_n\}$의 실제 값들을 $\boldsymbol{x} = \{x_1, x_2, \cdots, x_n\}$라 한다면, 모수 θ의 **최대사후**(maximum a posterior;MAP)추정량, $\hat{\theta}^{MAP}$은 다음과 같이 정의된다.

$$\hat{\theta}^{MAP} \equiv \underset{\theta}{\arg\max}\, f(\boldsymbol{x} \mid \theta)P(\theta)$$

위 식에 있는 argmax는 arg max라고 표현하는 데 이어지는 함수의 값을 최대로 하는 θ가 한 개 이상의 집합을 이룰 수도 있음을 의미한다.

예제 5.3.1 송이버섯(pine mushroom) 생산량은 날씨 외 몇 가지 요인에 의하여 해거리 변화를 한다. 그러므로 올해의 생산량은 바로 전년도의 생산량에 영향을 준다. 가구당 평균 생산량을 근거로 풍작(good harvest;G), 평작(normal harvest;N) 또는 흉작(bed harvest;B)로 나눈다. 어느 지역의 지난 17년의 송이버섯의 생산량 통계가 다음과 같았다. 이것을 근거로 송이버섯의 생산량의 추이확률을 최우최대우도법과 붓스트랩법에 의하여 예측하고 추이행렬을 구하라.

G, N, N, B, G, B, N, G, B, B, N, N, B, G, G, N, B

(풀이) 송이버섯의 생산량이 해거리를 하므로 마르코프 성질을 갖는다. 그러므로 지난 17년 생산량의 통계를 근거로 이어지는 해의 작황을 근거로 빈도를 구한다. 즉 평작이 연이어 나타난 경우, N→N는 2번이 된다. 이와 같은 방식으로 추이빈도와 추이비율을 구한 다음 이것을 이용하여 추이행렬에 대한 최대우도추정치를 구한다. 그리고 붓스트랩 추정치도 구한다.

■ **Maple에 의한 방법**

```
> with(linalg): with(Statistics):
> TS := [G, N, N, B, G, B, N, G, B, B, N, N, B, G, G, N, B];
```

$$TS := [G, N, N, B, G, B, N, G, B, B, N, N, B, G, G, N, B]$$

```
> frq:=proc(i, j)
     local k, n;
       n[i,j]:= 0;
    for k from 1 to nops(TS)-1
     do
        if TS[k]=i and TS[k+1]=j
           then n[i,j] := n[i,j] + 1
        end if;
     end do;n[i,j];
> end proc:
> frq(B,B), frq(B,N), frq(B,G);
  frq(G,B), frq(G,N), frq(G,G);
  frq(N,B), frq(N,N), frq(N,G);
```

$$1, 2, 2$$

$$2, 2, 1$$

$$3, 2, 1$$

```
> S:=[B,G,N];
```

$$S := [B, G, N]$$

```
> TB := add(frq(B,i),i=S);
  TG := add(frq(G,i),i=S);
  TN := add(frq(N,i),i=S);
```

$$TB := 5$$

$$TG := 5$$

$$TN := 6$$

```
> TP := matrix([[frq(B,B), frq(B,N), frq(B,G)]/TB,
               [frq(G,B), frq(G,N), frq(G,G)]/TG,
               [frq(N,B), frq(N,N), frq(N,G)]/TN]);
```

$$TP := \begin{bmatrix} \frac{1}{5} & \frac{2}{5} & \frac{2}{5} \\ \frac{2}{5} & \frac{2}{5} & \frac{1}{5} \\ \frac{1}{2} & \frac{1}{3} & \frac{1}{6} \end{bmatrix}$$

■ **R-project에 의한 방법**

```
> hv <- c("G", "N", "N", "B", "G", "B", "N", "G", "B",
        "B", "N", "N", "B", "G", "G", "N", "B")
> length(hv)
[1] 17
> table(hv)
hv
B G N
6 5 6
> TranF <- table(hv[1:(length(hv)-1)], hv[2:length(hv)])
> TranF
    B G N
  B 1 2 2
  G 2 1 2
  N 3 1 2
> prop.table(TranF,1)

            B         G         N
  B 0.2000000 0.4000000 0.4000000
  G 0.4000000 0.2000000 0.4000000
  N 0.5000000 0.1666667 0.3333333

> library(markovchain)
> markovchainFit(data=hv)$estimate
MLE Fit
 A  3 - dimensional discrete Markov Chain with following states
 B G N
 The transition matrix   (by rows)  is defined as follows
    B         G         N
B 0.2 0.4000000 0.4000000
G 0.4 0.2000000 0.4000000
N 0.5 0.1666667 0.3333333
> markovchainFit(data=hv)$standardError
          B         G         N
B 0.2000000 0.2828427 0.2828427
G 0.2828427 0.2000000 0.2828427
N 0.2886751 0.1666667 0.2357023
```

다른 목적을 위해 추이행렬만 사용하려면 다음과 같이 할 수 있다.

```
> (TP <- markovchainFit(data=hv)$estimate@transitionMatrix)
    B         G         N
B 0.2 0.4000000 0.4000000
G 0.4 0.2000000 0.4000000
N 0.5 0.1666667 0.3333333
```

상황에 따라 소수의 자릿수를 적절하게 조절할 수 있다. 다음은 소수의 자리수를 1로 지정한 경우이다.

```
> round(TP, 1)
    B   G   N
B 0.2 0.4 0.4
G 0.4 0.2 0.4
N 0.5 0.2 0.3
> EstTP <- as(TP, "markovchain")
> EstTP
Unnamed Markov chain
 A  3 - dimensional discrete Markov Chain defined by the following states:
 B, G, N
 The transition matrix  (by rows)  is defined as follows:
    B         G         N
B 0.2 0.4000000 0.4000000
G 0.4 0.2000000 0.4000000
N 0.5 0.1666667 0.3333333
> plot(EstTP, vertex.color="green", edge.color="blue")
> title(main="Transition Diagram of Production", cex.main=2, col.main="blue",
        edge.label.cex=1.5)
```

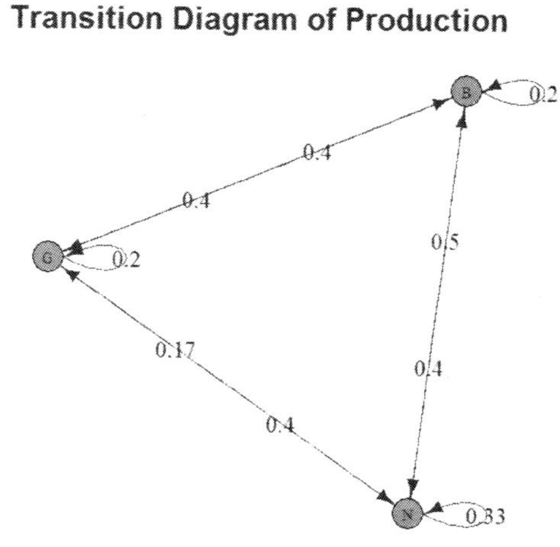

```
> #-------- Bootstrap 에 의한 추정 -----#
> FittedBOOTParallel <- markovchainFit(data = hv,
        method = "bootstrap", nboot = 10, parallel = TRUE)
> FittedBOOTParallel$estimate
BootStrap Estimate
 A  3 - dimensional discrete Markov Chain defined by the following states:
 B, G, N
 The transition matrix  (by rows)  is defined as follows:
          B         G         N
B 0.1678571 0.3752381 0.4569048
G 0.4100000 0.2183333 0.3716667
N 0.4136905 0.2072619 0.3790476
> FittedBOOTParallel$standardError
           B          G          N
B 0.06003825 0.06173787 0.04442524
G 0.09326717 0.04040306 0.08502178
N 0.07021349 0.04648330 0.04491923
> FittedBOOT <- markovchainFit(data = hv, method = "bootstrap", nboot = 100)
BootStrap Estimate
 A  3 - dimensional discrete Markov Chain defined by the following states:
 B, G, N
 The transition matrix  (by rows)  is defined as follows:
          B         G         N
B 0.1615635 0.4494008 0.3890357
G 0.3549643 0.1581190 0.4869167
N 0.5086905 0.1865873 0.3047222
> FittedBOOT$standardError
           B          G          N
B 0.01448819 0.02051350 0.01872606
G 0.02516340 0.01619385 0.02562647
N 0.01984509 0.01794837 0.01980425
> BTR <- FittedBOOT$estimate@transitionMatrix
> round(BTR, 1)
    B   G   N
B 0.2 0.5 0.4
G 0.4 0.2 0.4
N 0.5 0.2 0.3
```

MLE에 의한 결과와 Bootstrap에 의한 결과가 같이 나왔음을 알 수 있다. 또한 markovchainFit의 선택 method를 map 또는 laplace을 택할 수도 있다. □

이제 마르코프 연쇄와 관련된 추론을 고려하자. 관련된 주요한 관련 사항들은 다음과 같다.

1. 추이확률행렬의 추정과 검정
2. 마르코프 성질(Markov property)에 대한 검정
3. 추이행렬의 정상성(stationarity) 검정
4. 차수(order)에 대한 추정과 검정

현재는 마르코프 연쇄와 관련된 통계적 추정과 검정은 R 패키지 markovchain에서 잘 다루었다. 물론 앞 장에서 보았지만 취급하는 범위에 있어서 부족한 면도 많이 있다. 하지만 계속해서 개선되고 수준이 높은 패키지들이 나올 것이므로 지속적으로 관심을 가지고 버전을 최신의 것으로 업그레이드를 해서 더 편리하거나 정확한 정보를 얻어야 할 것이다. 먼저 임의의 확률과정이 시간과 단계별로 변화는 상태들이 서로 독립인지 종속인지를 검정하는 것을 먼저 해야 할 것이고, 물론 독립이 아니고 종속이 되어야 할 것이다. 만약 종속임이 확인되면 다음에는 추이확률행렬을 구해야 할 것이다. 즉 추이확률을 추정하여 추이확률행렬을 구해야 한다. 물론 주어진 추이확률행렬을 직접 자료를 근거로 검정을 할 수도 있다.

다음은 단계별로 종속인 확률과정이 마르코프 성질(Markov property)을 따르는 것에 대하여 관심을 가져야 할 것이다. 따라서 주어진 자료를 이용하여 마르코프 성질에 대한 검정을 해야 할 것이다. 또한 그러한 성질은 추이행렬에도 나타날 것이다. 그러므로 추이행렬을 이용하여 마르코프 성질을 입증할 수도 있다. 그와 같은 절차는 함수 verify MarkovProperty를 이용하여 수행한다. 다음 마르코프 성질을 가지고 있다면 그것이 정상성(stationarity)을 갖고 있는지에 대한 검정이 확인되어야 할 것이다. 이것은 함수 assessStationary를 이용하여 검정할 수 있다. 정상성을 갖고 있음이 검증된다면, 마지막으로 마르코프 연쇄의 차수(order)에 대한 검정을 수행해야 할 것이다. 그것은 함수 fitHigherOrder를 사용하며 수행할 수 있는데 이들은 모두 χ^2검정을 이용하여 수행한다.

5.4 추이확률의 검정(Test of Transition Probability)

■ 두 상태를 갖는 마르코프 연쇄

각 상태에 방문한 횟수에 대한 자료 n_{ij}들로부터 1-단계 추이확률이 $P_{ij}^0\ (i,j=1,2)$ 라는 주장에 대하여 검정하는 절차에 대하여 고려하자. 이러한 주장에 대한 귀무가설은 다음과 같이 표현할 수 있다.

$$H_0: \ P_{ij} = P_{ij}^0 \ (i, j = 1, 2)$$

또한, 이 가설에 대한 검정통계량은 **적합도검정**(goodness-of-fit test)의 **검정통계량**(test statistic)이 되므로 다음과 같다.

$$\chi^2 \equiv \sum_{i=1}^{2}\sum_{j=1}^{2} \frac{n_i(\hat{P}_{ij} - P_{ij}^0)^2}{P_{ij}^0}$$

이것은 자유도(degree of freedom;dof)가 2인 카이제곱분포, $\chi^2(2)$를 따른다. 근사적으로 이 검정은 **네이만-피어슨**(Neyman-Pearson)의 **보조정리**에 의한 **우도비검정**(likelihood ratio test)과 같다. 이 경우의 검정통계량은 다음과 같다.

$$-2\ln\Lambda = -2\ln\frac{L(P_{ij}^0)}{L(\hat{P}_{ij})}$$

여기서 $\Lambda \equiv \dfrac{L(P_{ij}^0)}{L(\hat{P}_{ij})}$는 우도비(likelihood ratio)이다.

이것을 다시 표현하면 다음과 같이 된다.

$$-2\ln\Lambda = 2[L^*(\hat{P}_{ij}) - L^*(P_{ij}^0)] = 2\sum_{i=1}^{2}\sum_{j=1}^{2} n_{ij}\ln\frac{n_{ij}}{n_i P_{ij}^0}$$

귀무가설 H_0하에서 검정통계량 $-2\ln\Lambda$는 자유도 2를 갖는 카이제곱분포 $\chi^2(2)$를 따른다.

다음 예제는 두 컴퓨터 소프트웨어(Maple과 R-project)로 푸는 코드를 직접 짜면서 배우고 방법과 결과들을 비교하기 위한 것이다. 또한 R-project의 패키지 markovchain으로 얻어진 일부 결과들을 확인하여 그 한계를 알아본다.

예제 5.4.1 114안내 전화 교환원이 전화를 받아 전화번호를 안내한다. 이 교환원은 전화를 받고 안내를 하거나 그렇지 않으면 쉰다. (쉼-0;안내-1) 이것은 대략 2상태 마르코프 연쇄라고 생각할 수 있다. 30초마다 25분간 조사를 하여 다음과 같은 자료를 얻었다.

1101110101110011010111100 1
1111010011101101010111010

(1) 추이행렬을 추정하여라.

(2) 추이행렬이 다음과 같은지 검정하여라.

$$\boldsymbol{P}= \begin{array}{c} \\ 0 \\ 1 \end{array}\begin{array}{c} \begin{array}{cc} 0 & 1 \end{array} \\ \begin{bmatrix} 0.2 & 0.8 \\ 0.5 & 0.5 \end{bmatrix} \end{array}$$

풀이 (1) 먼저 자료에 의하여 추이빈도를 구하면 다음과 같다.

$$\begin{array}{c} \\ 0 \\ 1 \end{array}\begin{array}{c} \begin{array}{cc} 0 & 1 \end{array} \\ \begin{bmatrix} 3 & 14 \\ 15 & 18 \end{bmatrix} \end{array}$$

따라서 최대우도추정치를 구하는 다음의 공식을 이용하여 추이행렬을 추정한다.

$$\hat{P}_{ij} = \frac{n_{ij}}{n_i} \qquad i,j = 0,1$$

추이행렬은 다음과 같이 추정한다.

$$\hat{\boldsymbol{P}}= \begin{array}{c} \\ 0 \\ 1 \end{array}\begin{array}{c} \begin{array}{cc} 0 & 1 \end{array} \\ \begin{bmatrix} \frac{3}{17} & \frac{14}{17} \\ \frac{15}{33} & \frac{18}{33} \end{bmatrix} \end{array}$$

■ **Maple에 의한 방법**

```
> with(linalg):
> TS:=[1,1,0,1,1,1,0,1,0,1,1,1,0,0,1,1,0,1,0,1,1,1,1,0,0,
      1,1,1,1,1,0,1,0,0,1,1,1,0,1,1,0,1,0,1,0,1,1,1,0,1,0];
```

$$TS := [1, 1, 0, 1, 1, 1, 0, 1, 0, 1, 1, 1, 0, 0, 1, 1, 0, 1, 0, 1, 1, 1, 1, 0, 0, \\ 1, 1, 1, 1, 1, 0, 1, 0, 0, 1, 1, 1, 0, 1, 1, 0, 1, 0, 1, 0, 1, 1, 1, 0, 1, 0]$$

```
> frq:=proc(i, j)
     local k, n;
       n[i,j]:= 0;
   for k from 1 to nops(TS)-1
    do
       if TS[k]=i and TS[k+1]=j
```

```
            then n[i,j] := n[i,j] + 1
         end if;
      end do;n[i,j];
   end proc:
> frq(0,0);
```

$$3$$

```
> frq(1,1);
```

$$18$$

```
> frq(0,1);
```

$$14$$

```
> frq(1,0);
```

$$15$$

```
> seq(seq(m[i,j]=frq(i,j),i=0..1),j=0..1);
```

$$m_{0,0} = 3, m_{1,0} = 15, m_{0,1} = 14, m_{1,1} = 18$$

```
> assign(%);
> TF := array(1..2,1..2):
> seq(seq(TF[i,j]=m[i-1, j-1], i=1..2), j=1..2);
> assign(%);
```

$$TF_{1,1} = 3, TF_{2,1} = 15, TF_{1,2} = 14, TF_{2,2} = 18$$

```
> print(TF);
```

$$\begin{bmatrix} 3 & 14 \\ 15 & 18 \end{bmatrix}$$

```
> evalm(TF);
```

$$\begin{bmatrix} 3 & 14 \\ 15 & 18 \end{bmatrix}$$

```
> ETP:=array(1..2, 1..2);
```

$$ETP := \mathrm{array}(1..2, 1..2, [\ ])$$

```
> for i to 2 do
      for j to 2 do
         ETP[i,j]:=TF[i,j]/sum(TF[i,k], k=1..2);
      end do;
      end do;
> evalm(ETP);
```

$$\begin{bmatrix} \frac{3}{17} & \frac{14}{17} \\ \frac{5}{11} & \frac{6}{11} \end{bmatrix}$$

```
> evalf(%,4);
```

$$\begin{bmatrix} 0.1765 & 0.8235 \\ 0.4545 & 0.5455 \end{bmatrix}$$

■ R-project에 의한 방법

```
> #----- Estimation of transition matrix ------#
> T <- c("110111010111001101011110011111010011101101010111010")
> n <- nchar(T)
> T1 <- substring(T, 1:n, 1:n)
> table(T1)
T1
 0  1
18 33
> Freq1 <- matrix(table(T1), ncol=1)
> Freq1
     [,1]
[1,]   18
[2,]   33
> TF <- table(T1[1:n-1], T1[2:n])
> TF
     0  1
  0  3 14
  1 15 18
> rS <- rowSums(TransFreq)
> EstP <- TF/rS
> EstP
            0         1
  0 0.1764706 0.8235294
  1 0.4545455 0.5454545
> round(EstP, 4)
        0      1
  0 0.1765 0.8235
  1 0.4545 0.5455
> prop.table(TF,1)
            0         1
  0 0.1764706 0.8235294
  1 0.4545455 0.5454545

> #------ Process by markovchain ---------#
> library(markovchain)
> mcFit <- markovchainFit(data=T1)
```

```
> mcFit
$estimate
          0         1
0 0.1764706 0.8235294
1 0.4545455 0.5454545

$standardError
          0         1
0 0.1018853 0.2200975
1 0.1173631 0.1285649

$confidenceInterval
$confidenceInterval$confidenceLevel
[1] 0.95

$confidenceInterval$lowerEndpointMatrix
            0         1
0 0.008884115 0.4615013
1 0.261500282 0.3339842

$confidenceInterval$upperEndpointMatrix
          0         1
0 0.3440571 1.0000000
1 0.6475906 0.7569249

$logLikelihood
[1] -30.65929

> mcFit$estimate
MLE Fit
 A  2 - dimensional discrete Markov Chain with following states
 0 1
 The transition matrix   (by rows)  is defined as follows
          0         1
0 0.1764706 0.8235294
1 0.4545455 0.5454545

>  mcFit$estimate@transitionMatrix
          0         1
0 0.1764706 0.8235294
1 0.4545455 0.5454545
```

(2) 주어진 추이행렬 $\boldsymbol{P}$를 얻어진 자료에 근거하여 검정하자.

즉 귀무가설 H_0: $\boldsymbol{P}=\boldsymbol{P}^0$을 검정하자. 먼저 우도비 검정통계량을 구하면 다음과 같다.

$$
\begin{aligned}
-2\ln\Lambda &= 2\sum_{i=1}^{2}\sum_{j=1}^{2} n_{ij}\ln\frac{n_{ij}}{n_i P_{ij}^0} \\
&= 2\Big[3\ln\frac{3}{17\times 0.2}+14\ln\frac{14}{17\times 0.8} \\
&\qquad +15\ln\frac{15}{33\times 0.5}+18\ln\frac{18}{33\times 0.5}\Big] \\
&= 2[-0.128\times 3+0.02956\times 14+(-0.095)\times 15+0.08618\times 18] \\
&= 0.3337763592
\end{aligned}
$$

그런데 $-2\ln\Lambda$는 자유도 2(2-1)=2인 카이제곱분포를 따르므로 카이제곱 분포표에 의하면 p-값을 계산하면 다음과 같다.

$$1-P(\chi^2 \leqq 0.3337763592)=1-0.1537057610=0.8462942390$$

그러므로 얻어진 추이빈도의 행렬이 주어진 추이행렬 $\boldsymbol{P}$가 아닌 다른 것에 의하여 나왔다는 아무런 근거가 없다. 즉 유의수준 5%에서 귀무가설을 기각할 수가 없다. 따라서 추이행렬을 사용할 수가 있다.

■ Maple에 의한 방법

```
> with(stat):
> P:=matrix([[0.2,0.8],[0.5, 0.5]]);
```

$$P := \begin{bmatrix} 0.2 & 0.8 \\ 0.5 & 0.5 \end{bmatrix}$$

```
> chi2:=2*sum(
  sum(TF[s,t] * ln(TF[s,t]/((sum(TF[s,k], k=1..2)*P[s,t]))),
  t=1..2), s=1..2);
```

$$\chi2 := \mathbf{0.3337763592}$$

```
> pv:=1-ChisquareCDF(2,chi2); #p-value
```

$$pv := \mathbf{0.8462942390}$$

■ R-project에 의한 방법

```
> #--- calculate test statistic and p-value
> P <- matrix(c(0.2,0.8,0.5,0.5), byrow=TRUE,nrow=2)
```

```
> rownames(P) <- c("0","1")
> colnames(P) <- c("0","1")
> P
    0   1
0 0.2 0.8
1 0.5 0.5
>
> chi2 <- sum(TF * log(TF/(rS*P)))
> chi2
[1] 0.3337764
>
> pvalue <- 1-pchisq(chi2, 2)
> pvalue
[1] 0.8462942
```
□

■ **유한개의 상태를 갖는 마르코프 연쇄**

먼저 상태 공간이 m개의 상태를 갖는 $S=\{s_1,s_2,\cdots,s_m\}$일 때를 고려하자. 간단히 표현하기 위해 상태 공간은 $S=\{1,2,\cdots,m\}$로 사용한다. 그러면 추이 행렬의 검정은 다음과 같이 표현할 수 있다.

$$H_0:\ \boldsymbol{P}=\boldsymbol{P}^0$$

큰 n에 대하여, n_{ij}은 근사적으로 정규분포를 따르고 또한 통계량 $\sqrt{n_i}(\hat{P}_{ij}-P_{ij})$도 근사적으로 평균 0이고 분산이 $P_{ij}(1-P_{ij})$인 정규분포를 따른다. 이와 같은 사실에 근거하여 **적합도 검정**(fit-of-goodness test)에 사용하는 검정통계량과 동일한 검정통계량을 갖는 것을 알 수 있다. 따라서 다음과 같은 검정통계량을 사용한다.

$$\chi^2 \equiv \sum_{j=1}^{m} \frac{n_i(\hat{P}_{ij}-P_{ij}^0)^2}{P_{ij}^0} \qquad i=1,2,\cdots,m$$

이 검정통계량은 자유도가 $m-1$인 카이제곱분포, $\chi^2(m-1)$를 따른다. 검정통계량 χ^2을 구할 때 모든 P_{ij}^0가 0이 아닌 것을 가정하였다. 만약 i번째 행 안에 0인 원소가 존재하면 0이 아닌 원소들만을 고려한다. 따라서 그럴 경우 0의 개수만큼 자유도가 감소한다. 이 경우 검정통계량은 다음과 같다.

$$\chi^2 \equiv \sum_{i=1}^{m}\sum_{j=1}^{m} \frac{n_i(\hat{P}_{ij}-P_{ij}^0)^2}{P_{ij}^0}$$

그리고 이 검정통계량 χ^2은 자유도 $m(m-1)-d$인 카이제곱분포, $\chi^2(m(m-1)-d)$를 따른다. 여기서 d는 $\boldsymbol{P}^0$안에 있는 0의 개수이다. 이때 검정통계량 χ^2에 있는 합은 $P_{ij}^0 > 0$인 (i,j)에 대하여서만 구한다.

근사적으로 이 검정은 네이만-피어슨(Neyman-Pearson)의 보조정리에 의한 **우도비 검정**(likelihood ratio test)과 같다. 그러므로 귀무가설 H_0의 우도비검정 기준은 다음과 같다.

$$\Lambda \equiv \frac{L(\boldsymbol{P^0})}{L(\hat{\boldsymbol{P}})}$$

위 식에서 $L(\hat{\boldsymbol{P}})$는 우도함수 $L(\boldsymbol{P})$을 최대로 하는 값들을 대입한 값이다. 그런데 귀무가설 H_0가 참일 때 $-2\ln\Lambda$는 자유도 $m(m-1)$을 갖는 카이제곱분포 $\chi^2(m(m-1))$를 따른다. 검정통계량을 자세히 표현하면 다음과 같다.

$$\begin{aligned} -2\ln\Lambda &= 2[L(\hat{\boldsymbol{P}}) - L(\boldsymbol{P^0})] \\ &= \sum_{i=1}^{m}\sum_{j=1}^{m} n_{ij}\ln\frac{n_{ij}}{n_i P_{ij}^0} \end{aligned}$$

예제 5.4.2 Kemeny(1974)에서 다룬 예제를 조금 다르게 다루어 본다. Oz 지역에는 여러 가지로 축복을 받았으나 날씨만은 제외였다. 결코 좋은 날(nice day;N)이 연속해서 이어지지 않았다. 즉 어느 날 날씨가 좋으면 다음 날은 비(rain;R)나 눈(snow;S)이 온다. 만약 비나 눈이 오면 다음 날은 다시 비나 눈이 올 가능성이 50%이고, 나머지 반은 좋은 날이라고 알려져 있다. 이와 같은 사실을 과학적으로 입증하기 위해 약 500 여일의 날씨에 대한 자료를 얻었다. 아래의 자료는 실제로 날씨를 기록한 것이다. 이 자료(Oz.txt)를 근거로 매일의 날씨에 대한 추이행렬을 추정하고, 이미 알려진 날씨에 대한 정보와 비교하여 보라.

```
SSRNRNSSSSSSNRSNSSRNSRNSSSNSRRRNSSSNRRSSSSNRSSNSRRRRRRNSSS
SSRRRSNSNRRRRSRSRNSNSRRNRRNRSSNSRNRNSSRRSRNSSSNRSRRSSNRSNR
RNSSSSNSSNSRSRRNSSNSSRNSSRRNRRRSRNRRRNSSSNRNSRNSNRNRSSSRSS
NRSSSNSSSSSSNSSSNSNSRRNRNRRRRSRRRSSSSNRRSSSSRSRRRNRRRSSSSR
RNRRRSRSSRRRRSSRNRRRRRRNSSRNRSSSNRNSNRRRRNRRRNRSNRRNSRRSNR
RRRSSSRNRRRNSNSSSSSRRRRSRNRSSRRRRSSSRRRNRNRRRSRSRNSNSSRRRR
RNSNRNSNRRNRRRRRRSSSNRSSRSNRSSSNSNRNSNSSSNRRSRRRNRRRRNRNRS
SSNSRSNRNRRSNRRNSRSSSRNSRRSSNSRRRNRRSNRRNSSSSSNRNSSSSSSSNR
NSRRRNSSRRRNSSSNRRSRNSSRRNRRNRSNRRRRRRRRRNSNRRRRRNSRRSSSSN
SNS
```

(풀이) 먼저 Oz의 날씨 변화에 대한 알려진 정보에 의한 추이행렬을 구하면 다음과 같다.

$$
\boldsymbol{P}=\begin{matrix} \\ N \\ R \\ S \end{matrix}\begin{matrix} N & R & S \\ \left[\begin{matrix} 0 & 1/2 & 1/2 \\ 1/4 & 1/2 & 1/4 \\ 1/4 & 1/4 & 1/2 \end{matrix}\right] \end{matrix}
$$

전체적인 과정의 절차는 다음과 같다. 먼저 주어진 Oz지역의 날씨 자료를 불러온 다음 추이행렬을 추정하고 오차를 계산한다. 자료를 불러오는 방법은 프로그램에서 직접 불러오는 방법과 텍스트 파일에서 복사하여 프로그램에 붙인 다음 수행하는 방법도 있다. 다음 자료에 근거하여 날씨 변화에 추이행렬을 추정하여 보고 이것을 근거로 기존의 날씨에 대한 정보를 검증한다.

■ **R-project에 의한 방법**

```
> WD <- c("
  SSRNRNSSSSSSNRSNSSRNSRNSSSNSRRRNSSSNRRSSSSNRSSNSRRRRRRNSSS
  SSRRRSNSNRRRRSRSRNSNSRRNRRNRSSNSRNRNSSRRSRNSSSNRSRRSSNRSNR
  RNSSSSNSSNSRSRRNSSNSSRNSSRRNRRRSRNRRRNSSSNRNSRNSNRNRSSSRSS
  NRSSSNSSSSSSNSSSNSNSRRNRNRRRRSRRRSSSSNRRSSSSRSRRRNRRRSSSSR
  RNRRRSRSSRRRRSSRNRRRRRRNSSRNRSSSNRNSNRRRRNRRRNRSNRRNSRRSNR
  RRRSSSRNRRRNSNSSSSSRRRRSRNRSSRRRRSSSRRRNRNRRRSRSRNSNSSRRRR
  RNSNRNSNRRNRRRRRRSSSNRSSRSNRSSSNSNRNSNSSSNRRSRRRNRRRRNRNRS
  SSNSRSNRNRRSNRRNSRSSSRNSRRSSNSRRRNRRSNRRNSSSSSNRNSSSSSSSNR
  NSRRRNSSRRRNSSSNRRSRNSSRRNRRNRSNRRRRRRRRRNSNRRRRRNSRRSSSSN
  SNS
  ")
> n <- nchar(WD)
> WD1 <- substring(WD, 1:n, 1:n)
> table(WD1)
WD1
 ₩n   N   R   S
 11 109 217 199
> which(WD1=="₩n")
 [1]   1  60 119 178 237 296 355 414 473 532 536
> WD2 <- WD1[-which(WD1=="₩n")]
> head(WD1)
[1] "₩n" "S"  "S"  "R"  "N"  "R"
> tail(WD1)
[1] "N"  "₩n" "S"  "N"  "S"  "₩n"
```

```
> head(WD2);tail(WD2)
[1] "S" "S" "R" "N" "R" "N"
[1] "S" "S" "N" "S" "N" "S"
> n2 <- length(WD2)
> table(WD2)
WD2
  N   R   S
109 217 199
> table(WD2[1:n2-1], WD2[2:n2])

      N   R   S
  N   0  56  53
  R  59 111  47
  S  50  50  98
> Freq1 <- matrix(table(WD2), ncol=1)
> Freq1
     [,1]
[1,]  109
[2,]  217
[3,]  199
> TransFreq <- table(WD2[1:n2-1], WD2[2:n2])
> TransFreq

      N   R   S
  N   0  56  53
  R  59 111  47
  S  50  50  98
> TP <- round(prop.table(TransFreq,1),2)
> TP

       N    R    S
  N 0.00 0.51 0.49
  R 0.27 0.51 0.22
  S 0.25 0.25 0.49
> library(markovchain)
> mcFit <- markovchainFit(data=WD2)
> mcFit
$estimate
          N         R         S
N 0.0000000 0.5137615 0.4862385
R 0.2718894 0.5115207 0.2165899
S 0.2525253 0.2525253 0.4949495
```

```
$standardError
           N          R          S
N 0.00000000 0.06865426 0.06679000
R 0.03539699 0.04855140 0.03159288
S 0.03571246 0.03571246 0.04999745

$confidenceInterval
$confidenceInterval$confidenceLevel
[1] 0.95

$confidenceInterval$lowerEndpointMatrix
          N         R         S
N 0.0000000 0.4008353 0.3763788
R 0.2136665 0.4316608 0.1646242
S 0.1937835 0.1937835 0.4127110

$confidenceInterval$upperEndpointMatrix
          N         R         S
N 0.0000000 0.6266877 0.5960983
R 0.3301123 0.5913807 0.2685555
S 0.3112670 0.3112670 0.5771880

$logLikelihood
[1] -505.2077

> mcFit$estimate
MLE Fit
 A  3 - dimensional discrete Markov Chain with following states:
 N, R, S
 The transition matrix   (by rows)  is defined as follows:
          N         R         S
N 0.0000000 0.5137615 0.4862385
R 0.2718894 0.5115207 0.2165899
S 0.2525253 0.2525253 0.4949495
>  mcFit$estimate@transitionMatrix
          N         R         S
N 0.0000000 0.5137615 0.4862385
R 0.2718894 0.5115207 0.2165899
S 0.2525253 0.2525253 0.4949495
> round(mcFit$estimate@transitionMatrix,2)
     N    R    S
N 0.00 0.51 0.49
R 0.27 0.51 0.22
S 0.25 0.25 0.49
```

```
> verifyMarkovProperty(WD2)
Testing markovianity property on given data sequence
ChiSq statistic is: 4.873485  degrees of freedom are: 27
and corresponding p-value is: 0.9999992
> TransExp <- Freq1 %*% t(Freq1)/(length(WD2)-1)
> TransExp
         [,1]     [,2]     [,3]
[1,] 22.67366 45.13931 41.39504
[2,] 45.13931 89.86450 82.41031
[3,] 41.39504 82.41031 75.57443
> #--- calculate test statistic and p-value
> P <- matrix(c(0, 1/2,1/2, 1/4,1/2,1/4,1/4,1/4,1/2), byrow=TRUE, nrow=3)
> rownames(P) <- c("N","R","S")
> colnames(P) <- c("N","R","S")
> P
     N    R    S
N 0.00 0.50 0.50
R 0.25 0.50 0.25
S 0.25 0.25 0.50
> rS <- rowSums(TransFreq)
> C <- TransFreq * log(TransFreq/(rS*P))
> C[1,1] <- 0
> C
          N         R          S
  N 0.0000000 1.5204554 -1.4791658
  R 4.9521326 2.5285831 -6.7424034
  S 0.5025168 0.5025168 -0.9949324
> chi2 <- 2*sum(C)
> m <- ncol(P)
> df <-m*(m-1)-1
> pvalue <- 1-pchisq(chi2, df, lower.tail=TRUE, log.p=FALSE)
> pvalue
[1] 0.9037284
```

p-값이 0.05보다 크므로 위의 자료에 근거하면 추이행렬 $\boldsymbol{P}$가 아니라고 할 수 없다. 즉 자료들이 추이행렬 $\boldsymbol{P}$를 따른다고 볼 수 있다. □

※ 패키지 markovchain에서는 위의 추이행렬과 같이 원소가 0이 있는 경우에 대해서 현재는 처리하지 못하고 있지만 앞으로 개선될 것이다.

5.5 마르코프 성질에 대한 검정(Test of the Markov Property)

확률과정 $X \equiv \{X_n \mid n \in T\}$가 마르코프 성질을 갖고, 있는지에 대한 평가를 하는 것을 고려하자. 마르코프 성질은 다음 식이 만족하는 것으로 설명할 수 있다.

$$P(X_{n+1}=j \mid X_n=i, X_{n-1}=k) = P(X_{n+1}=j \mid X_n=i) \qquad ^\forall i,j,k \in S$$

그러므로 상태에 따라서 위의 식에 근거한 **분할표**(contingency table)를 만들어서 이것으로 **독립성**(independence)에 대한 **카이제곱 검정**(chi-squared test)을 수행하여 마르코프 성질이 있는지를 평가한다. 그러나 요즈음을 직접 차수를 추정하여 독립성 검정은 생략한다. R 패키지 markovchain에서 함수 verifyMarkovProperty에 의하여 마르코프 성질을 가지고 있는지 검정할 수 있다. 이것은 카이제곱 검정을 이용하여 수행한다.

간단히 설명하면 다음과 같다. $x_1, x_2, \cdots, x_n$을 관측값(observation value)이라 하고, n_{ijk}를 $t(1 \le t \le n-2)$단계에서의 $x_t=i, x_{t+1}=j,\ x_{t+2}=k$를 만족하는 횟수라고 하자. 그러면 마르코프 성질을 만족한다면 n_{ijk}은 이항분포 $Bin(n_{ij},\ P_{ij})$를 따른다. 따라서 카이제곱 검정에 의하여 다음을 알 수 있다.

$$\sum_i \sum_j \sum_k \frac{n_{ijk} - n_{ij}\hat{P}_{ik}}{n_{ij}\hat{P}_{ik}} \sim \chi^2(|S|^3)$$

여기서 $|S|$는 S의 개수를 의미한다.

다음의 자료와 내용은 Spedicato(2015)에 의하여 다룬 내용을 소개한다. 간단히 설명하기 위하여 다음과 같은 확률과정 자료가 마르코프 성질을 가지고 있는지를 고려하자.

a, b, a, a, a, a, b, a, b, a, b, a, a, b, b, b, a

이 자료는 상태 공간이 $S=\{a,b\}$인 확률과정 자료이다. 이 자료를 근거로 과거(past) ⇒ 현재(present) ⇒ 미래(future)를 PPF 그리고 현재(present) ⇒ 미래(future)를 PF로 나타내고, 이것들을 이용하여 현재 상태 a에서 미래 상태 b로 이동하는 것과 관련된 교차표를 다음과 같이 만든다.

이동	PPF(p ⇒ p ⇒ f)	PP(p ⇒ p)	PP−PPF
a → a → b b → a → b	2(a → a → b) 2(b → a → b)	4(a → a) 5(b → a)	2 3

위의 경우는 상태 a에서 상태 b로 가는 것을 고려하였는데 다른 모든 경우에 대하여 상태 a에서 상태 a로 가는 경우 그리고 상태 b에서 상태 a로 가는 경우와 상태 b로 가는 경우 등을 고려해야 한다. 그 중 어느 하나의 경우라도 독립이 아닌 경우 전체를 독립이라고 할 수 없을 것이다.

예제 5.5.1 다음은 상태 공간이 $S=\{a,b\}$인 확률과정 자료이다. 이 자료가 마르코프 성질을 갖고 있는지를 평가하여라.

a, b, a, a, a, a, b, a, b, a, b, a, a, b, b, b, a

풀이 먼저 자료를 입력시키고 마르코프 성질을 가지고 있는지 확인하기 위하여 함수 verifyMarkovProperty을 사용하여 검정한다. 출력 결과에 대한 자세한 정보를 함수 chisq.test를 고려하라.

■ **R-project에 의한 방법**

```
> library(markovchain)
> sequence <- c("a", "b", "a", "a", "a", "a", "b", "a", "b", "a",
             "b", "a", "a", "b", "b", "b", "a")
> verifyMarkovProperty(sequence)
Testing markovianity property on given data sequence
ChiSq statistic is: 0.28  degrees of freedom are: 8
and corresponding p-value is: 0.9999857
```

카이제곱 검정의 결과가 유의적이 못된다. 즉 귀무가설 '마르코프 성질을 가지고 있다'를 기각할 수 없다. 따라서 위의 확률과정 자료는 마르코프 성질을 가지고 있음을 알 수 있다. □

5.6 정상성의 검정(Test of Stationarity)

마르코프 연쇄의 정상성 검정 혹은 동질성 검정(homogeneity test)으로 불리는 검정은 2가지로 분류할 수 있다. 먼저 시계열 형태의 상태들의 나열로 표현된 자료를 이용한 정상성 검정이 있으며 다른 방법은 시간 변화에 따른 추이행렬들에 의한 정상성 검정이 있다.

먼저 위의 식을 시간에 따른 추이행렬들의 변화를 고려한 정상성 검정을 고려한다. 다음과 같은 시간을 고려한 추이확률을 고려하자.

$$P_{ij}(t) \equiv P(X(t+1)=j \mid X(t)=i)$$

시간에 종속인 과정의 1-단계 추이확률이라 하고, $n(0)$를 현재 시각에 관찰된 과정의 개수라 하자. 만약 확률과정이 시간에 대하여 동질성을 가짐을 알고 싶을 때는 어느 특정한 시간에 고정하여 관찰한 결과와 짧은 기간의 측정결과로는 판단할 수가 없다. 즉 긴 기간 측정한 결과를 가지고 판단해야 한다.

$n_{ij}(t)$ $(t=1,2,\cdots,T)$를 초기 상태 i가 주어진 상태에서 t단계 동안에 상태 j로 이동한 횟수라고 하여 다음과 같은 자료를 얻었다.

i \ j	1	2	3	$\cdots$	m
1	$n_{i1}(1)$	$n_{i2}(1)$	$n_{i3}(1)$	$\cdots$	$n_{im}(1)$
2	$n_{i1}(2)$	$n_{i2}(2)$	$n_{i3}(2)$	$\cdots$	$n_{im}(2)$
3	$n_{i1}(3)$	$n_{i2}(3)$	$n_{i3}(3)$	$\cdots$	$n_{im}(3)$
$\vdots$	$\vdots$	$\vdots$	$\vdots$	$\cdots$	$\vdots$
T	$n_{i1}(T)$	$n_{i2}(T)$	$n_{i3}(T)$	$\cdots$	$n_{im}(T)$

앞서 언급한 바와 같이 $P_{ij}(t)$의 최우추정치는 다음과 같이 얻어진다.

$$\widehat{P_{ij}}(t)=\frac{n_{ij}(t)}{n_i(t-1)}$$

여기서 $n_i(t-1)=\sum_{j=1}^{m}n_{ij}(t)$이고, 이것은 시각 $t-1$에서 확률과정이 상태 i에 있는 횟수이다.

그러면 시간에 대한 동질성에 대한 검정을 위한 귀무가설은 모든 $i,j=1,2,\cdots,m$에 대하여 다음과 같이 표현된다.

$$H_0:\ P_{ij}(t)=P_{ij} \qquad (t=1,2,\cdots,T)$$

즉 간단히 다음과 같이 표현된다.

$$H_0:\boldsymbol{P}(t)=\boldsymbol{P} \qquad (t=1,2,\cdots,T)$$

그러면 최대우도함수는 $L(\boldsymbol{P}(t))$이다. 그러므로 우도비 기준은 다음과 같이 주어진다.

$$\Lambda=\frac{L(\hat{\boldsymbol{P}}(t))}{L(\boldsymbol{P})}$$

Anderson(1957)에 의하면 검정통계량 $-2\ln\Lambda$는 자유도 $(T-1)m(m-1)$를 갖는 χ^2-분포를 따른다. 따라서 검정통계량을 자세히 쓰면 다음과 같다.

$$-2\ln\Lambda = 2[L(\hat{\boldsymbol{P}}(t)) - L(\boldsymbol{P})]$$
$$= 2\sum_{t=1}^{T}\sum_{i=1}^{m}\sum_{j=1}^{m} n_{ij}(t)\ln\frac{n_{ij}(t)}{n_i(t-1)P_{ij}}$$

여기서 $n_i(t-1) = \sum_{j=1}^{m} n_{ij}(t)$이고, 이것은 $t-1$에서 확률과정이 상태 i에 있는 횟수이다.

다음의 예제는 Bhat(1984)가 다룬 것이다. Maple과 R에 의하여 전 과정을 수행해 보자.

예제 5.6.1 다음은 Anderson(1954)의 "Probability Models for Analyzing Time Changes in Attitudes"에 나오는 자료이다. 1940년에 미국 오하이오주의 에리 카운티(Erie County)에 살고 있는 약 600명의 사람들의 투표성향에 관한 연구를 위하여 5월(May)부터 8월(August)까지 조사된 자료로 매달 정당의 지지에 대한 이동 빈도이다. 6번의 면접을 하고 2달씩 3번 (5월과 6월, 6월과 7월, 7월과 8월)연속하여 면접하여 얻은 자료의 쌍을 근거로 작성된 것이다.

	June			
May	R	D	DK	Total
R	125	5	16	146
D	7	105	15	128
DK	11	18	142	171
		445		

	July			
June	R	D	DK	Total
R	124	3	16	143
D	6	109	14	129
DK	22	9	142	173
		445		

	August			
July	R	D	DK	Total
R	146	2	4	152
D	6	111	4	121
DK	40	36	96	172
		445		

여기서 D는 민주당(Democrat)이고 R은 공화당(Republican)을 지지하는 것이고 DK은 알 수 없거나 다른 당을 지지하는 것(Do not Know or other candidates)을 의미한다.

공화당 전당대회는 6월(June)과 7월(July) 사이에 열렸고 민주당 전당대회는 7월(July)와 8월(August) 사이에 열렸다. 이들의 자료를 이용하여 추이확률행렬을 추정하고 정상성에 대한 대하여 검정하여라.

(풀이) 최대우도추정량(MLE)에 의하여 추이행렬을 추정하면 다음과 같다.

	June		
May	R	D	DK
R	0.856	0.0342	0.110
D	0.0547	0.828	0.117
DK	0.0643	0.105	0.821

	July		
June	R	D	DK
R	0.867	0.0210	0.112
D	0.0465	0.845	0.109
DK	0.127	0.0520	0.821

	August		
	R	D	DK
R	0.961	0.0132	0.0263
D	0.0496	0.917	0.0331
DK	0.233	0.209	0.558

이제 전체에 대한 추이빈도를 구하면 다음과 같다.

	R	D	DK	Total
R	395	10	36	441
D	19	326	33	378
DK	73	63	380	516
		1335		

다음 전체 자료에 의한 추이행렬을 추정하면 다음과 같다.

	R	D	DK
R	0.896	0.023	0.081
D	0.050	0.862	0.088
DK	0.141	0.122	0.736

이제 추이행렬의 정상성을 검정하기 위하여 위의 식에 의하여 검정통계량, $\chi_0^2 \equiv -2\ln\Lambda$을 계산한다. 얻어진 검정통계량의 $\chi_0^2 = 68.43897989$이다. 귀무가설 하에서 이 검정통계량은 자유도 $2\times3\times2=12$인 카이 제곱분포를 따른다. 이제 귀무가설에 대한 유의확률을 계산하면 다음과 같다.

$$P(\chi^2 \geqq \chi_0^2) = P(\chi^2 \geqq 68.43897989) = 0.6e-9 \leqq 0.0001$$

따라서 추이행렬의 정상성은 인정할 수가 없다. 전당대회의 영향을 받은 것으로 생각된다.

■ Maple에 의한 방법

```
> with(linalg) :
> TF[5,6] := matrix([[125,5,16],[7, 106, 15],[11,18,142]]);
> TF[6,7] := matrix([[124,3,16],[6, 109, 14],[22,9,142]]);
> TF[7,8] := matrix([[146,2,4],[6, 111, 4],[40,36,96]]);
```

$$TF_{5,6} := \begin{bmatrix} 125 & 5 & 16 \\ 7 & 106 & 15 \\ 11 & 18 & 142 \end{bmatrix}$$

$$TF_{6,7} := \begin{bmatrix} 124 & 3 & 16 \\ 6 & 109 & 14 \\ 22 & 9 & 142 \end{bmatrix}$$

$$TF_{7,8} := \begin{bmatrix} 146 & 2 & 4 \\ 6 & 111 & 4 \\ 40 & 36 & 96 \end{bmatrix}$$

```
> seq(ETP[s,s+1]=array(1..3, 1..3), s=5..7): assign(%):
> seq(seq(seq(ETP[t,t+1][i,j]=TF[t,t+1][i,j]/sum(TF[t,t+1][i,k],
  k=1..coldim(TF[t,t+1])), j=1..3), i=1..3), t=5..7);
> assign(%):
```

$$ETP_{5,6_{1,1}} = \frac{125}{146}, ETP_{5,6_{1,2}} = \frac{5}{146}, ETP_{5,6_{1,3}} = \frac{8}{73}, ETP_{5,6_{2,1}} = \frac{7}{128}, ETP_{5,6_{2,2}} = \frac{53}{64},$$
$$ETP_{5,6_{2,3}} = \frac{15}{128}, ETP_{5,6_{3,1}} = \frac{11}{171}, ETP_{5,6_{3,2}} = \frac{2}{19}, ETP_{5,6_{3,3}} = \frac{142}{171}, ETP_{6,7_{1,1}} = \frac{124}{143},$$
$$ETP_{6,7_{1,2}} = \frac{3}{143}, ETP_{6,7_{1,3}} = \frac{16}{143}, ETP_{6,7_{2,1}} = \frac{2}{43}, ETP_{6,7_{2,2}} = \frac{109}{129}, ETP_{6,7_{2,3}} = \frac{14}{129},$$
$$ETP_{6,7_{3,1}} = \frac{22}{173}, ETP_{6,7_{3,2}} = \frac{9}{173}, ETP_{6,7_{3,3}} = \frac{142}{173}, ETP_{7,8_{1,1}} = \frac{73}{76}, ETP_{7,8_{1,2}} = \frac{1}{76},$$

$$ETP_{7,8_{1,3}} = \frac{1}{38}, ETP_{7,8_{2,1}} = \frac{6}{121}, ETP_{7,8_{2,2}} = \frac{111}{121}, ETP_{7,8_{2,3}} = \frac{4}{121}, ETP_{7,8_{3,1}} = \frac{10}{43},$$
$$ETP_{7,8_{3,2}} = \frac{9}{43}, ETP_{7,8_{3,3}} = \frac{24}{43}$$

```
> seq(HP[t,t+1]=evalm(ETP[t,t+1]), t=5..7);assign(%);
```

$$HP_{5,6} = \begin{bmatrix} \frac{125}{146} & \frac{5}{146} & \frac{8}{73} \\ \frac{7}{128} & \frac{53}{64} & \frac{15}{128} \\ \frac{11}{171} & \frac{2}{19} & \frac{142}{171} \end{bmatrix}, HP_{6,7} = \begin{bmatrix} \frac{124}{143} & \frac{3}{143} & \frac{16}{143} \\ \frac{2}{43} & \frac{109}{129} & \frac{14}{129} \\ \frac{22}{173} & \frac{9}{173} & \frac{142}{173} \end{bmatrix}, HP_{7,8} = \begin{bmatrix} \frac{73}{76} & \frac{1}{76} & \frac{1}{38} \\ \frac{6}{121} & \frac{111}{121} & \frac{4}{121} \\ \frac{10}{43} & \frac{9}{43} & \frac{24}{43} \end{bmatrix}$$

```
> P:=sum(TF[t,t+1], t=5..7);
```

$$P := TF_{5,6} + TF_{6,7} + TF_{7,8}$$

```
> P:=evalm(P);
```

$$P := \begin{bmatrix} 395 & 10 & 36 \\ 19 & 326 & 33 \\ 73 & 63 & 380 \end{bmatrix}$$

```
> EP:=array(1..3, 1..3):
> seq(seq(EP[i,j]=P[i,j]/sum(P[i,k], k=1..coldim(P)), j=1..3), i=1..3);
> assign(%);
```

$$EP_{1,1} = \frac{395}{441}, EP_{1,2} = \frac{10}{441}, EP_{1,3} = \frac{4}{49}, EP_{2,1} = \frac{19}{378}, EP_{2,2} = \frac{163}{189},$$
$$EP_{2,3} = \frac{11}{126}, EP_{3,1} = \frac{73}{516}, EP_{3,2} = \frac{21}{172}, EP_{3,3} = \frac{95}{129}$$

```
> HP:=evalm(EP);
```

$$HP := \begin{bmatrix} \frac{395}{441} & \frac{10}{441} & \frac{4}{49} \\ \frac{19}{378} & \frac{163}{189} & \frac{11}{126} \\ \frac{73}{516} & \frac{21}{172} & \frac{95}{129} \end{bmatrix}$$

```
> x:=2*sum(
        sum(
          sum(
            TF[m,m+1][s,t] * ln(TF[m,m+1][s,t]/
             ((sum(TF[m,m+1][s,k], k=1..3)*HP[s,t]))),
```

```
          t=1..3),
        s=1..3),
    m=5..7);
```

$$x := 8\ln\left(\frac{504}{1331}\right) + 80\ln\left(\frac{120}{73}\right) + 72\ln\left(\frac{12}{7}\right) + 192\ln\left(\frac{72}{95}\right) + 248\ln\left(\frac{54684}{56485}\right) + 6\ln\left(\frac{1323}{1430}\right) + 32\ln\left(\frac{196}{143}\right)$$
$$+ 12\ln\left(\frac{756}{817}\right) + 218\ln\left(\frac{6867}{7009}\right) + 28\ln\left(\frac{588}{473}\right) + 44\ln\left(\frac{11352}{12629}\right) + 18\ln\left(\frac{516}{1211}\right) + 284\ln\left(\frac{18318}{16435}\right)$$
$$+ 292\ln\left(\frac{32193}{30020}\right) + 4\ln\left(\frac{441}{760}\right) + 8\ln\left(\frac{49}{152}\right) + 12\ln\left(\frac{2268}{2299}\right) + 222\ln\left(\frac{20979}{19723}\right) + 250\ln\left(\frac{11025}{11534}\right)$$
$$+ 10\ln\left(\frac{441}{292}\right) + 32\ln\left(\frac{98}{73}\right) + 14\ln\left(\frac{1323}{1216}\right) + 212\ln\left(\frac{10017}{10432}\right) + 30\ln\left(\frac{945}{704}\right) + 22\ln\left(\frac{1892}{4161}\right)$$
$$+ 36\ln\left(\frac{344}{399}\right) + 284\ln\left(\frac{6106}{5415}\right)$$

```
> Chi2:=evalf(%);
```

Chi2 := 68.43897988

```
> with(stat):
> pvalue:=1-ChisquareCDF(12,Chi2);
```

$$pvalue := 0.6\ 10^{-9}$$

□

다음은 시간 변화에 따른 추이 자료에 의한 정상성 검정을 고려하자. 대부분의 확률 과정의 자료는 상태들의 나열로 되어있을 것이다. 예를 들면 [예제 5.4.1]에서 114 안내원 전화를 받고 안내를 하거나 그렇지 않으면 쉰다. (쉼-0;안내-1) 안내원의 상태를 30초마다 25분간 조사를 하여 다음과 같은 자료를 얻었다.

11011101011100110101111001111101001110110101011 1010

이것은 안내의 상태를 시간 단위별로 나타낸 자료이다. 이러한 자료가 정상성을 갖는 지를 검정하고자 한다. 이것을 수식으로 나타내면 다음과 같다.

$$P_{ij}(t) = P_{ij} \text{ 모든 } t$$

R 패키지 markovchain에서 함수 assessSationarity()를 이용하여 귀무가설(H_0 : 정상성을 갖는다)을 검정할 수 있다.

예제 5.6.2 114 안내원의 업무의 상태를 다룬 [예제 5.4.1]에서 다룬 자료를 이용하여 정상성에 대한 검정을 수행하라.

(풀이)

■ **R-project에 의한 방법**

```
> library(markovchain)
> T <- c("11011101011100110101111001111101001110110101011101O")
> n <- nchar(T)
> T1 <- substring(T, 1:n, 1:n)
> assessStationarity(T1, 10)
The assessStationarity test statistic is:  5.560143  the Chi-Square d.f. are:
      18  the p-value is:  0.9976787
Warning messages:
1: In chisq.test(mat) : Chi-squared approximation may be incorrect
2: In chisq.test(mat) : Chi-squared approximation may be incorrect
```

위의 결과는 자료의 수가 작기는 하지만 귀무가설 (H_0 : 자료는 정상성을 따른다)을 기각할 수 없다. 즉 정상성을 따른다고 결정한다.

다른 패키지 MOrder를 이용하여 정상성을 검정하여 보자.

```
> library(MOrder)
> T2 <- factor(T1)
> checkTH(T2)
[1] "Time homogeneity present in given sequence"
```

위의 결과를 보면 시간적으로 동질(homogeneous in time)임을 알 수 있다. □

5.7 차수의 추정과 검정(Estimation and Test of the Order)

1차보다 큰 2차 이상의 차수의 마르코프 연쇄는 직접 다루기보다는 1차 마르코프 연쇄에서 얻은 결과를 이용하여 다룬다. 5.2절에서 1보다 큰 차수를 갖는 마르코프 연쇄를 상태 공간을 늘려서 1차 마르코프 연쇄로 바꿀 수가 있음을 설명하였다. 예를 들어 r차 마르코프 연쇄의 경우는 이전의 r개의 상태와 현재의 상태로 하여 $r+1$ 쌍으로 이루어진 상태를 만들어 줄 수가 있다. 쉽게 설명하기 위하여 2차 마르코프 연쇄를 생각하자.

$$P_{ijk} \equiv P(X_n = k \mid X_{n-1} = j, X_{n-2} = i)$$

그리고 n_{ijk}를 확률과정이 $X_n = k \mid X_{n-1} = j, X_{n-2} = i$가 되는 횟수라 하고 $n_{ij}^* = \sum_k n_{ijk}$라 하자. 그러면 앞서와 마찬가지로 P_{ijk}의 최우추정치는 다음과 같다.

$$\hat{P}_{ijk} = \frac{n_{ijk}}{n_{ij}^*}$$

그러므로 마르코프 연쇄의 차수가 1차인가 아니면 2차인가에 대한 검정은 '귀무가설이 마르코프 연쇄의 차수가 1차이다'이고 대립가설은 '마르코프 연쇄의 차수가 2차이다'가 될 것이다. 즉 다음과 같이 표현할 수가 있다.

$$H_0: \ P_{ijk} = P_{jk} \qquad (i, j, k = 1, 2, \cdots, m)$$

이 검정에 대한 검정통계량은 다음과 같다.

$$\sum_{i,j,k} \frac{n_{ij}^*(\hat{P}_{ijk} - \hat{P}_{jk})}{\hat{P}_{ijk}}$$

그리고 이 검정통계량은 자유도 $m(m-1)^2$인 카이제곱분포 $\chi^2(m(m-1)^2)$를 따른다.

주의 $\hat{P}_{jk}$가 0이 되는 경우 수를 자유도에서 빼고 $\hat{P}_{jk}$가 0가 아닌 것들에 대한 $\hat{P}_{jk}$만을 사용하기 때문에 자유도는 $m^2(m-1)$에서 $m(m-1)^2$가 된 것이다.

그러므로 대응되는 우도비 검정 통계량은 다음과 같다.

$$\begin{aligned} -2\ln\Lambda &= 2\sum_{i,j,k} n_{ijk}[\ln\hat{P}_{ijk} - \ln\hat{P}_{jk}] \\ &= 2\sum_{i,j,k} n_{ijk}\ln\frac{n_{ijk}}{n_{ij}^*} \cdot \frac{n_i}{n_{ij}} \end{aligned}$$

이것은 자유도 $m(m-1)^2$인 카이제곱분포 $\chi^2(m(m-1)^2)$을 따른다.

이와 같은 일련의 과정은 마르코프 연쇄의 차수가 더 늘어나는 경우 즉 일반적으로 차수가 r인 경우로 확장할 수 있다. 이 경우의 귀무가설은 '마르코프 연쇄의 차수가 $r-1$이다' 이고 대립가설은 '마르코프 연쇄의 차수가 r이다'가 된다. 대응되는 χ^2-검정통계량은 자유도 $m^{r-1}(m-1)$을 갖는다. 그리고 차수에 따라서 마르코프 연쇄의 모형이 결정되므로 모형의 선택의 기준에 의하여 차수를 결정한다.

모형 선택의 기준으로는 AIC(Akaike information criterion), BIC(Bayes information criterion), C_p(Mallow's C_p), 또는 p-값에 의한 방법 등등이 있다. 이 값들은 작을수록 좋은 모형이 된다. 마르코프 연쇄의 차수를 추정할 때, 일반적으로 AIC가 대표적이고 널리 사용된다. 왜냐하면 표본수가 적은 경우에는 BIC가 적합하지 않기 때문이다.

최근에는 이러한 문제를 감안하여 AIC와 BIC에 사용된 패널티 조건을 조정할 수 있는 보다 일반적인 대안으로 EDC(efficient determination criterion)을 제안했다Baigorri et al.(2014). 그리고 차수를 추정하거나 검정하는 사용되는 일반적인 R 패키지는 markovchain, MOrder, clicksteam, ... 등이 있다.

예제 5.7.1 다음은 마르코프 연쇄의 자료이다. 이 자료를 근거로 마르코프 연쇄의 차수를 추정하여라.

1 2 3 1 2 3 1 2 3 1 2 3 1 2 3 1 2 3 1 2 3 1 2 3 1 2 3 1 2 3

풀이 물론 자료의 형태로 주기적이고 주기가 3이고 비축소적임을 알 수 있다. 그러나 차수에 대하여서는 패키지 MOrder를 사용하여 추정한다. 그리고 판정기준은 AIC, BIC 그리고 p-값을 기준으로 수행하는 명령어 getOrderAIC, getOrderBIC, getOrderPval를 이용한다.

```
> library(MOrder)
> (Mdata <- rep(seq(1:3), 10))
 [1] 1 2 3 1 2 3 1 2 3 1 2 3 1 2 3 1 2 3 1 2 3 1 2 3 1 2 3 1 2 3
> getOrderAIC(Mdata)
      test1             test2               test3
Order "0"               "1"                 "2"
AIC   "-264.75668955976" "-310.302271038136" "-286.302271038136"
      test4
Order "3"
AIC   "-214.314231749475"
[1] "The order for the given sequence is: 1 “

> getOrderBIC(Mdata)
      test1               test2               test3
Order "0"                 "1"                 "2"
BIC   "-488.948270625705" "-528.889062577432" "-488.074693997486"
      test4
Order "3"
BIC   "-365.643548968988"
[1] "The order for the given sequence is: 1"

> getOrderPval(Mdata)
         test1                    test2                  test3 test4 test5
Order    "0"                      "1"                    "2"   "3"   "4"
```

```
P-values "1.20018558554883e-12" "0.999548822313018" "1"   "1"   "1"
         test6
Order    "5"
P-values "1"
[1] "The given sequence is of First order"
```

위의 결과를 해석하면 3가지 방법 모두 마르코프 연쇄의 차수는 1이라고 추정한다. □

패키지 markovchain에 있는 함수 assessOrder는 차수가 1인지에 대한 검정을 수행한다. 그리고 차수가 2이상인 마르코프 연쇄의 추정과 검정을 위한 방법은 패키지 markovchain의 함수 fitHigherOrder를 사용하여 구할 수 있다. 다변량 마르코프 연쇄(multivariate Markov chain)의 높은 차수도 함수 fitHighOrderMultivarMC를 사용하여 구할 수 있다.

5장 연습문제

1. 114안내 전화 교환원이 전화를 받아 전화번호를 안내한다. 이 교환원은 전화를 받고 안내를 하거나 그렇지 않으면 쉰다. (쉼–0;안내–1) 이것은 대략 2상태 마르코프 연쇄라고 생각할 수 있다. 매 30초마다 25분간 조사를 한다. 기존의 정보에 의하면 추이행렬이 다음과 같다고 한다.

$$\boldsymbol{P}=\begin{array}{c} \\ 0 \\ 1 \end{array}\begin{array}{c} \begin{array}{cc} 0 & 1 \end{array} \\ \begin{bmatrix} 0.2 & 0.8 \\ 0.5 & 0.5 \end{bmatrix} \end{array}$$

이와 같은 정보를 근거로 동질성을 갖는 자료를 모의실험에 의하여 100개 생성하고, 얻은 자료에 의하여 자료의 독립성을 추정하라. 만약 독립성이 기각된다면 추이행렬을 추정하고 기존의 추이행렬과 비교하라.

2. 문제 1에서 다룬 자료를 근거로 마르코프 성질과 동질성 그리고 검정을 수행한 후 차수를 추정하여 보라.

3. 상태가 3개 이상인 마르코프 연쇄를 생성하여 배운 이론을 적용하여 정보를 도출하고 평가해 보라.

4. [예제 5.3.1]에서 다룬 것 이외의 정보를 구하라. 특히 수확량에 대한 장기적인 대한 정보를 확보하라. 그리고 올해 송이버섯의 생산량이 흉작(B)이었다면 내년과 후년의 생산량을 예측해보라.

5. [예제 5.4.1]의 자료를 이용하여 마르코프 성질을 가지고 있는지 확인하고, 마르코프 연쇄의 차수를 추정하여라.

6. 다음 자료를 생성하여 마르코프 연쇄의 차수를 추정하라.

1 1 2 2 3 3 4 4 1 1 2 2 3 3 4 4 1 1 2 2 3 3 4 4 1 1 2 2 3 3 4 4

7. [예제 5.5.1]에서 다룬 Maple 또는 R-project의 코드는 줄여서 프로시저 혹은 함수로 만들어 보라.

8. 추이행렬을 추정하는 다른 방법을 조사하고 설명하라.

9. DNA는 4가지 형태로 구성되어 있다. 즉, adenine(A), cytosine(C), guanine(G) 그리고 thymine(T). 다음과 같은 DNA 자료가 있다. 이 DNA 자료를 이용하여 이들의 연결이 마르코프 연쇄인지를 밝히고, 관련된 정보들을 도출하여라. 프로그램에서 이 자료를 직접 다루는 경우와 특정한 폴더에 텍스트 자료(DNA.txt)로 저장 되어 있는 경우로 구분하여 시행하여 보라.

TCCATCGTCCAACCTCGTCATTACGTTTAATATGGTACCAATGTGTGGGTCGATTGTTC
CGGTGACTACCGGTGTGTTCAACGGTTTACGTGGGTGTGTTCTAATCTCACCCCGTGAA
CTCTCGTAAAATATGTTGTCCCACTCTTGTCTCCTACGATCGGTCGTGTTCCCGTCCTC
GTTCGTTCATACGTGATCACGGTATGTGGGATTCGTCGTTACCCCCGGTGACGGATGGA
TGTCAATGTGTCGATTTCGTGGTCAATGTGGGGGTGTCGTGGGGTGGTATCTTCGGTGG
TTCCGACGGGGGGTCCCTCTCGTGGGGTCTATATGGTTCTACGTCTACCCTCAATGAAC
GTCGTTGTTCACCCATGATTTCGGATCAAATGGTGGTTATGTTTCGTGAATCGACTGAA
CCCCGGGGTGGTGGTCATCAAATCTTGTCGAAACCGGTGGGTGTTGAACAATAATGACA
CTCCGTGATCTTGTTCATTAACGTGACCGAACGTCCGGTCGAATGTCGGTCCTCAAATC
GGAATTGTTAAACTGGTCAATCGACACCGTTCGTTCCTGTGTGGTATTATGTACCTCCC
TTCTCCGTGTCGTACTCGTCGTTTCGTGTCATATGGATACTCAACGGGGGTTCCACGTC
CCCTAATGAATGTCGGTGATGTCCCCCCGTATTCCTCACCGGTGTAACCCACGAAATTG
TGGGGACGGTACGTCAACCTTGTCGATACGAAACGTTCGTGTATGTGATGTGTGGGTGT
TTCCAATAACGAATACACGTCCTGTGGGATTCCCTATAACGTGGTCCCGGTCGGGGGTG
AAACCACGGTCCTACCGGTTCATACGTGTGTCGTAACCGTGGGTTAAATGTCCGGATCT
CGGAACAACCACTTGACCTTGGTTGTGTATGTCCCGGACTCGGGGGTCCATAATCCTGT
TGATCGTGTTTCCCTAATCTGTCCACCCGTATCAAATTTGTCCAATTTCGGGGATG

10. [예제 5.6.1]을 R-project의 패키지 markovchain에 있는 verifyHomogeneity를 이용하여 수행하여보라. (자유도가 다르게 나오는데 어느 것이 맞는지 확인하라.)

11. 자료 패키지 forecast에 있는 자료 gold를 이용하여 마르코프 연쇄에 대한 정보들을 추출하여라.
Getting Started with Markov Chains_Part2 참조
http://blog.revolutionanalytics.com/2016/01/markov-chains-part-2.html

자료 gold는 1985년 1월 1일부터 1989년 3월 31일까지 매일 아침 금 가격을 미국 달러로 표현한 것으로 NA로 표시된 것은 전날의 가격으로 대치하여 사용한다. 그리고 이 자료를 전날에 비해 오르고 내리는 것을 근거로 마르코프 연쇄를 적용한 후 마르코프 성질을 만족하는지를 확인하고, 만일 마르코프 성질을 만족하다면 추이행렬을 추정하고 이것을 근거로 지난 이틀 동안 금 가격이 하락하였다는 정보를 근거로 앞으로 4일의 금 가격 변동을 예측하라.

6장

은닉 마르코프 모형
(Hidden Markov Model;HMM)

6.1 서론(Introduction)

6.2 은닉 마르코프 모형의 구조(Structure of HMM)

6.3 관측확률의 계산(Evaluation of Observation Probability)

6.4 표본경로의 판독(Decoding of Sample Path)

6.5 모형의 모수 추정(Parameter Estimation of Model)

6.6 은닉 마르코프 모형의 응용(Application of HMM)

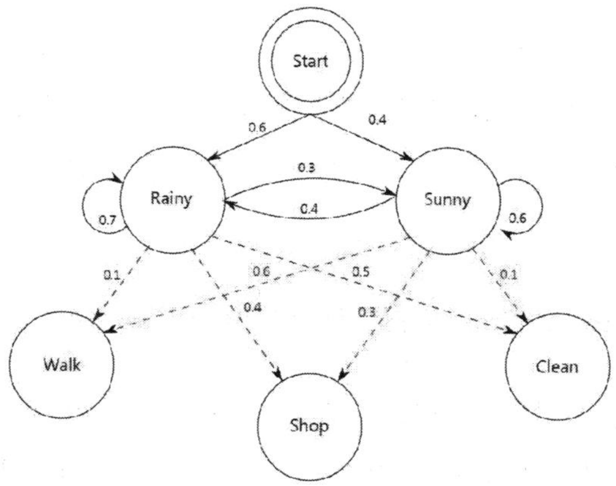

6장 은닉 마르코프 모형 (Hidden Markov Model;HMM)

6.1 서론(Introduction)

이 장에서는 마르코프 연쇄의 중요한 응용 중 하나인 은닉 마르코프 모형(hidden Markov model;HMM)을 다룬다. 모형 이름에서 예상할 수 있듯이 이 모형의 창시자는 러시아의 수학자 안드레이 마르코프(Andrey Andreyevich Markov;1856-1922)다. 마르코프는 1906년 '마르코프 연쇄(Markov chain)'라는 단어를 처음 언급한 이론을 발표하였으며, 1913년에는 이것을 이용하여 러시아 문자들의 순열에 대한 연구를 진행하였다.

1931년에 이르러 러시아 수학자 안드레이 콜모고로프(Andrey Kolmogorov)가 마르코프 연쇄의 상태 공간을 가산 무한 집합(countable infinite set)으로 확장시켜 이 이론을 일반화하였다. 마르코프 연쇄는 20세기 초 물리학계의 중요한 연구 주제였던 브라운 운동(Brownian motion)과 에르고딕 가설(ergodic hypothesis)과 연관성이 있는 것으로 밝혀져 많은 관심을 받았으나, 마르코프 자신은 대수법칙(law of large numbers)을 종속 사건들로 확장 시키는 수학적 일반화를 추구한 것 같다.

은닉 마르코프 모형은 통계적 마르코프 모델의 하나로 은닉된 상태(hidden state)와 관찰 가능한 결과(observable result)의 두 가지 요소로 이루어진 모델로, 관측되는 것들로부터 보이지 않는 시스템의 특징과 패턴을 파악하는, 즉 은닉된 마르코프 과정의 모수들을 추정하는 것을 목적으로 사용한다. 이것은 시스템의 패턴인식(pattern recognition)을 파악하는 데 활용된다. 특히 음성 인식(speech recognition), 필기 인식(handwriting recognition), 동작 인식(gesture recognition), 영상 인식(image recognition), 품사 추론[태깅](part-of-speech tagging), 악보(music score)에서 연주되는 부분을 찾는 작업, 부분 방전(partial discharge), 생물정보학(bioinformatics)과 같이 시간의 영향을 받는 시스템의 패턴을 인식하는 작업에 유용한 것으로 알려져 있다.

6.2 은닉 마르코프 모형의 구조(Structure of HMM)

은닉 마르코프 모델을 쉽게 이해하기 위해서는 간단하고 명료한 좋은 예제를 많이 살펴보는 것이 좋다. 위키백과(Wikipedia)에 있는 예제가 은닉 마르코프 모델을 이해하기 쉽고 잘 설명하고 있어서 소개하며 시작한다. 영희와 철수는 멀리 떨어져서 살고 있기 때문에 안부를 전화로 물을 수밖에 없다. 철수의 일과는 크게 '걷거나(Walk)', '쇼핑을 하거나(Shop)', '집안을 청소(Clean)'하는 세 가지 행동 형태가 있는데, 무엇을 할지는 주로 그 날의 날씨에 따라 결정된다. 영희는 철수가 살고 있는 지역의 날씨에 관해서 정확히 모르고 대략적인 경향만을 알고 있을 뿐이다.

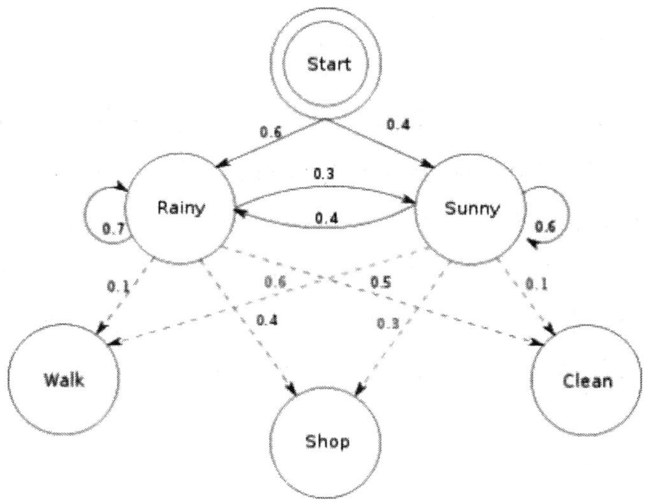

영희는 철수와의 통화내용에 기반으로 하여 철수가 사는 지역의 날씨를 예측해보려고 한다. 영희는 날씨가 이산 마르코프 연쇄로 동작한다고 믿는다. "비"가 오거나(Rainy) "맑음"(Sunny)이라는 두 가지 상태가 있다는 것을 알지만 직접 관찰할 수 없기 때문에 정확히 알 수는 없다. 즉, 날씨는 영희에게 은닉[된] 상태(hidden state)이다. 철수는 그 날의 날씨에 따라서 '걷거나'(Walk), '쇼핑을 하거나'(Shop), '청소를 한다' (Clean). 영희는 전화 통화를 통해서 그것들을 알게 된다. 그것을 관측(observation)이라한다. 이와 같은 상황은 은닉 마르코프 모델의 좋은 비유가 될 수 있다. 관측할 수 있는 사실들을 통해 보이지 않는 날씨의 정보를 얻거나 예측하는 일들을 할 수 있게 된다.

예를 들면 철수가 3일 동안 청소만 하게 될 확률은 얼마인가? 또는 영희는 철수가 3일 동안 청소만 하였다는 것을 알았다. 영희는 이것을 근거로 철수가 있는 곳의 날씨를 예측할 수도 있을 것이다. 즉 3일 내내 비가 왔는지 아니면 그렇지 않은데도 3일 동안 청소만 하였을 가능성은 얼마인가? 등을 알고자 할 수 있을 것이다. 그리고 철수의 일과를 근거로 날씨의 변화를 추정할 수 있는지? 또는 날씨에 따라서 철수의 일과의 형태는 어떠하였는지를 추정하는 것들이 관심의 대상이 될 수도 있다.

앞서 언급한 은닉 마르코프 모델을 정확하게 표현하면 다음과 같이 할 수 있다.

■ 은닉 마르코프 모형(HMM)

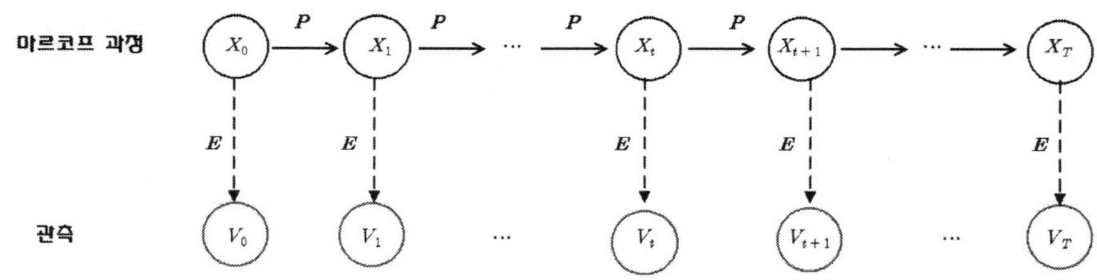

여기서 $X \equiv \{X_t, t \in \mathrm{N}_0\}$는 상태 공간 S와 추이행렬 $\boldsymbol{P}$을 갖는 마르코프 연쇄로 은닉되어 있다. 따라서 X_t를 잠재변수(latent variable)라 한다. 그리고 상태 X_t에서 방출확률(emission probability)에 의하여 V_t가 관측되는데 이들 방출확률로 만든 행렬을 $\boldsymbol{E}$로 표현한다. 현재의 관측 V_t은 이전의 관측들 $\{V_0, V_1, \cdots, V_{t-1}\}$과 독립(independent)인 관계가 있음을 알 수 있다. 또한 X_{t+1}과 $V_0, \cdots, V_t$도 독립임을 알 수 있다.

먼저 복잡한 관계를 설명하기 위해 사용하고자 하는 기호를 확실히 정리하자.

(기호) 기호(Notations)

$X \equiv \{X_t, t \in \mathrm{N}_0\}$: 마르코프 연쇄 $X_t \in S$

여기서 X_t : 잠재변수(latent variable)

$S \equiv \{s : X_t = s,\ t \in \mathrm{N}_0\} \equiv \{s_1, s_2, \cdots, s_N\}$: 상태 공간(stat space)

$\mathrm{N}_0 = \{0, 1, 2, \cdots\}$: 시간 공간(time space)

$\Pi \equiv \{\pi_1, \pi_2, \cdots, \pi_N\}$[1] : 초기확률(initial probability), $\pi_i = P(X_0 = s_i)$

$\boldsymbol{P} \equiv \left[P_{ij}\right]$: 추이확률행렬(transition probability matrix)

$$P_{ij} = P(X_{t+1} = s_j \mid X_t = s_i) \qquad i, j = 1, \cdots, N$$

$V \equiv \{V_t : t \in \mathrm{N}_0\}$: 관측열(observation sequence), $\quad V_t \in O$

$O \equiv \{o \mid V_t = o,\quad t \in N_0\} = \{o_1, o_2, \cdots, o_M\}$: 관측공간(observation space)

$O_T \equiv (o_1, o_2, \cdots, o_T)$: 관측값(observation value) 혹은 관측(observation)

$\boldsymbol{E} \equiv \left[e_i(o_j)\right]$: 방출확률행렬(emission probability matrix)

$$e_i(o_j) \equiv P(V_t = o_j \mid X_t = s_i) \quad o_j \in O,\ \ s_i \in S$$

위의 기호들을 사용하여 상태 공간 S와 관측공간 O를 갖는 은닉 마르코프 모형(HMM)을 $\lambda \equiv (\boldsymbol{P}, \boldsymbol{E}, \Pi)$ 혹은 $\lambda \equiv (S, O, \boldsymbol{P}, \boldsymbol{E}, \Pi)$으로 표현하여 사용한다.

---

1) 주의 : 4장의 정상분포와 관련된 기호 Π와 같지만 정의는 다르다.

HMM을 사용하는 것과 관련하여 3가지 중요한 과제가 있다. 첫 번째는 특정한 관측이 발생할 확률을 구하는 것이다(evaluation problem). 두 번째는 관측이 주어졌을 때 이것을 근거로 그와 같은 관측이 발생하게 될 가장 그럴듯한 은닉상태의 열을 구하는 것이다. 즉 관측열이 어떤 상태의 추이를 거쳐 발생하였는지 추정하는 것입니다. 이것은 가장 가능성이 높은 표본경로(sample path)를 알아내는 문제(decoding problem)라고 볼 수 있다. 마지막으로 관측과 일반적인 HMM의 구조가 주어졌을 때 이것들을 근거로 HMM의 모수들을 구하는 것이다. 즉 추이확률행렬과 방출확률행렬을 추정하는 것이다(learning problem or estimation problem). 이것들을 요약하고 관련된 알고리즘을 정리하여 다음과 같이 표현할 수 있다.

■ **HMM과 관련된 주요 사항들**

- 평가문제(Evaluation problem)

  전향(forward) 또는 후향 알고리즘(backward algorithm)을 사용하여 관측치 $O_T = (o_1, o_2, \cdots, o_T)$이 발생할 확률 $P(O_T \mid \lambda)$의 계산하는 것

- 판독문제(Decoding problem)

  비터비 알고리즘(Viterbi algorithm)을 사용하여 관측열이 어떤 상태의 추이[전이]를 거쳐 발생하였는지 추정하는 방법으로 관측값 O_T가 나타나게 된 확률이 가장 높은 표본경로(sample path)를 추정하는 것으로 다음을 찾는 것

$$X^* = \underset{X}{\operatorname{argmax}}\, P(X \mid O_T)$$

- 학습 또는 추정문제(Learning or Estimation problem)

  전향-후향 알고리즘(Forward-Backward algorithm)이라고도 불리는 바움-웰치 알고리즘(Baum-Welch algorithm)을 사용하여 HMM의 모수를 추정하는 방법, 즉 관측 O_T가 주어졌을 때 $P(O_T \mid \lambda)$를 최대로 하는 $\boldsymbol{P}$와 $\boldsymbol{E}$를 추정하는 것

이제 $X = (x_0, x_1, \cdots, x_{T-1})$를 상태열(state sequence)이라하자. 편리성을 고려하여 경우에 따라서는 $X = (x_1, x_2, \cdots, x_T)$로 사용하기도 한다. 이와 같은 경우 초기 상태의 값 주어졌는지에 따라서 선택적으로 사용할 것이다. 편리성을 고려하여 사용하였으므로 약간의 분별력이 필요하다. 그리고 모형의 관측 $O_T = (o_1, o_2, \cdots, o_T)$일 때 먼저 이미 알고 있는 지식에 근거하여 다음을 얻을 수 있다.

$$P(X \mid \lambda) = P(X_1 = x_1, \cdots, X_T = x_T \mid \lambda) = \pi_{x_1} P_{x_1 x_2} P_{x_2 x_3} \cdots, P_{x_{T-1} x_T}$$
$$P(O_T \mid X, \lambda) = \prod_{i=1}^{T} P(o_i \mid X_i, \lambda) = e_{x_1}(o_1) e_{x_2}(o_2) \cdots e_{x_T}(o_T)$$

그리고 위의 3가지 문제를 다루기 위해 몇 가지 성질을 알 필요가 있어 다음과 같이 정리하였다.

먼저, 관측 $O_T = (o_1, o_2, \cdots, o_T)$에 대하여 다음과 같이 표현할 수 있다.

$$\begin{aligned} &P(V_1 = o_1, V_2 = o_2, \cdots, V_T = o_T, X_t = s_i) \\ &= P(V_1 = o_1, V_2 = o_2, \cdots, V_t = o_t, X_t = s_i) \\ &\qquad \times P(V_{t+1} = o_{t+1}, \cdots, V_T = o_T \mid X_t = s_i, V_1 = o_1, V_2 = o_2, \cdots, V_t = o_t) \\ &= P(V_1 = o_1, V_2 = o_2, \cdots, V_t = o_t, X_t = s_i) P(V_{t+1} = o_{t+1}, \cdots, V_T = o_T \mid X_t = s_i) \end{aligned}$$

앞부분을 **전향확률**(forward probability)라 하고, $\alpha_t(i)$로 표현하자. 즉

$$\alpha_t(i) \equiv P(V_1 = o_1, V_2 = o_2, \cdots, V_t = o_t, X_t = s_i)$$

그리고 뒷부분을 **후향확률**(backward probability)이라 하고, $\beta_t(i)$로 표현하자.

$$\beta_t(i) \equiv P(V_{t+1} = o_{t+1}, \cdots, V_T = o_T \mid X_t = s_i)$$

그러면 위의 식은 다음과 같이 표현할 수 있다.

$$P(V_1 = o_1, V_2 = o_2, \cdots, V_T = o_T, X_t = s_i) = \alpha_t(i) \cdot \beta_t(i)$$
$$1 \le i \le N, \quad 1 \le t \le T$$

더 간단히 표현하면 다음과 같다.

$$P(X_t = s_i, V_T = O_T) = \alpha_t(i) \cdot \beta_t(i)$$

그런데 전향확률과 후향확률에 대하여 다음의 결과를 얻을 수가 있다.

먼저 전향확률을 고려하자. $O_t = (o_1, o_2, \cdots, o_t)$에 대하여,
$\alpha_t(i) \equiv P(V = O_t, X_t = s_i) = P(V_j = o_j, j = 1,2,\cdots,t, X_t = s_i)$이므로

$$\begin{aligned} \alpha_1(i) &= P(V_1 = o_1, X_1 = s_i) \\ &= P(X_1 = s_i) P(V_1 = o_1 \mid X_1 = s_i) = \pi_i e_i(o_1) \qquad 1 \le i \le N \end{aligned}$$

이 된다. 그러므로 다음을 얻을 수가 있다.

$$\alpha_t(i) = \sum_{j=1}^{N} \alpha_{t-1}(j) \cdot P_{ji} \cdot e_i(o_t) \qquad 1 \le i \le N,\ 2 \le t \le T$$

$$\begin{aligned}
\because\quad \alpha_t(i) &= P(V_1 = o_1, V_2 = o_2, \cdots, V_t = o_t, X_t = s_i) \\
&= \sum_{j=1}^{N} P(V_1 = o_1, V_2 = o_2, \cdots, V_t = o_t, X_t = s_i, X_{t-1} = s_j) \\
&= \sum_{j=1}^{N} P(V_1 = o_1, V_2 = o_2, \cdots, V_t = o_t, X_{t-1} = s_j) \\
&\qquad \cdot P(X_t = s_i \mid X_{t-1} = s_j) P(V_t = o_t \mid X_t = s_i) \\
&= \sum_{j=1}^{N} \alpha_{t-1}(j) \cdot P_{ji} \cdot e_i(o_t) \qquad 1 \le i \le N,\ 2 \le t \le T
\end{aligned}$$

이제 후향확률을 고려하자.

$$\begin{aligned}
\beta_t(i) &= P(V_{t+1} = o_{t+1}, V_{t+2} = o_{t+2}, \cdots, V_T = o_T \mid X_t = s_i) \\
&= \sum_{j=1}^{N} P(V_{t+1} = o_{t+1}, V_{t+2} = o_{t+2}, \cdots, V_T = o_T, X_{t+1} = s_j \mid X_t = s_i) \\
&= \sum_{j=1}^{N} P(V_{t+1} = o_{t+1}, \cdots\ V_T = o_T, X_{t+1} = s_j \mid X_{t+1} = s_j, X_t = s_i) \\
&\qquad \times P(X_{t+1} = s_j \mid X_t = s_i) \\
&= \sum_{j=1}^{N} P(V_{t+1} = o_{t+1}, \cdots\ V_T = o_T, X_{t+1} = s_j \mid X_{t+1} = s_j) P_{ij} \\
&= \sum_{j=1}^{N} P(V_{t+2} = o_{t+2}, \cdots\ V_T = o_T, X_{t+1} = s_j \mid V_{t+1} = o_{t+1}, X_{t+1} = s_j
\end{aligned}$$

이므로 다음과 같이 요약된다.

$$\begin{aligned}
\beta_t(i) &= P(V_{t+1} = o_{t+1}, V_{t+2} = o_{t+2}, \cdots, V_T = o_T \mid X_t = s_i) \\
&= \sum_{j=1}^{N} \beta_{t+1}(j) \cdot P_{ij} \cdot e_j(o_{t+1})
\end{aligned}$$

여기서 $\beta_T(i) = 1 \qquad 1 \le i \le N$

그리고 다음과 같은 것들이 얻어진다.

$$P(V_T = O_T) = P(V_1 = o_1, V_2 = o_2, \cdots, V_T = o_T)$$
$$= \sum_{i=1}^{N} P(V_T = O_T, X_t = s_i) = \sum_{i=1}^{N} \alpha_t(i)\beta_t(i)$$

그리고 $t = T$라 놓으면 다음과 같이 된다.

$$P(V_T = O_T) = \sum_{i=1}^{N} \alpha_T(i)$$

위의 식은 특정한 관측 O_T가 발생할 확률을 의미하고, 특정한 관측 O_T가 주어졌을 때 $X_t = s_i$가 발생할 **사후확률**(posterior probability)은 다음과 같이 된다.

$$\gamma_t(i) \equiv P(X_t = s_i \mid V_T = O_T) = \frac{P(X_t = s_i, V_T = O_T)}{P(V_T = O_T)}$$
$$= \frac{\alpha_t(i)\beta_t(i)}{\sum_{i=1}^{N} \alpha_t(i)\beta_t(i)}$$

이제부터 은닉 마르코프 모형의 3가지 중요한 문제들을 하나씩 고려해보자. 먼저 첫 번째로 특정한 관측이 발생할 확률을 구하는 문제(evaluation problem)를 다루어보자.

6.3 관측확률의 계산(Evaluation of Observation Probability)

관측열 $O_T = (o_1, o_2, \cdots, o_T)$이 얻어졌을 때, 이것이 발생할 확률 $P(O_T \mid \lambda)$을 계산하는 방법에 대하여 고려하자.

■ 전향 알고리즘(The forward algorithm)

순차적 관측 $O_T = (o_1, o_2, \cdots, o_T)$이 발생할 확률에 관한 이론을 살펴보자. 은닉 마르코프 모형 $\lambda \equiv (\boldsymbol{P}, \boldsymbol{E}, \boldsymbol{\Pi})$을 고려한 전확률 공식(total probability formula)에 의하면 다음과 같이 표현된다.

$$P(O_T) = \sum_{X} P(O_T \mid X) P(X)$$

은닉 마르코프 모형 λ을 고려하여 위의 식을 표현하면 다음과 같다.

$$P(O_T \mid \lambda) = \sum_X P(O_T \mid X, \lambda) P(X \mid \lambda)$$

$\alpha_t(i) \equiv P(V = O_t, X_t = s_i) = P(V_1 = o_1, V_2 = o_2, \cdots, V_t = o_t, X_t = s_i)$ 6.2절의 결과를 이용하면 다음과 같은 과정으로 구한다.

1. 시작

$$\alpha_1(i) = \pi_i\, e_i(o_1) \qquad 1 \le i \le N$$

2. 반복

$$\alpha_t(i) = \sum_{j=1}^{N} \alpha_{t-1}(j) \cdot P_{ji} \cdot e_i(o_t) \qquad 1 \le j \le N,\ 2 \le t \le T$$

3. 종료

$$P(O_T \mid \lambda) = \sum_{i=1}^{N} \alpha_T(i)$$

이제 위의 결과를 이용하여 어떤 관측이 발생하였을 때 그 관측이 발생하는 확률을 계산하는 문제, 즉 앞 절에서 다룬 은닉 마르코프 모형의 첫 번째 응용인 평가문제에 대한 예제를 고려하자.

예제 6.3.1 앞의 2절에서 소개한 철수와 영희 문제에서 철수가 3일 동안 청소만 하였다는 것을 알았다. 일반적으로 이와 같은 일이 발생할 확률은 얼마인가?

풀이 위에서 고려한 예의 경우를 고려하면 $S = \{Rainy, Sunny\}$이고, $N = 2$, $\pi = (0.6, 0.4)$, $\boldsymbol{P} = \begin{bmatrix} 0.7 & 0.3 \\ 0.4 & 0.6 \end{bmatrix}$, $\boldsymbol{E} = \begin{bmatrix} 0.1 & 0.4 & 0.5 \\ 0.6 & 0.3 & 0.1 \end{bmatrix}$, $O_T = (Clean, Clean, Clean)$, $T = 3$이다.

그러므로 문제는 확률 $P(O_T \mid \lambda) = P(o_1, o_2, o_3) = P(Clean, Clean, Clean)$를 구하는 것이다. 먼저

$$\alpha_1(i) = P(o_1, X_1 = s_i) = P(X_1 = s_i) P(o_1 \mid X_1 = s_i) = \pi_i\, e_i(o_1)$$

이므로 다음이 얻어진다.

$$\alpha_1(1) = \pi_1 \times e_1(o_1) = 0.6 \times 0.5 = 0.30$$
$$\alpha_1(2) = \pi_2 \times e_2(o_1) = 0.4 \times 0.1 = 0.04$$

그리고

$$\begin{aligned}\alpha_{t+1}(i) &= \sum_{j=1}^{N} P(o_1, o_2, \cdots, o_{t+1}, X_{t+1} = s_i, X_t = s_j) \\ &= \sum_{j=1}^{N} \alpha_t(j) \cdot P_{ji} \cdot e_i(o_{t+1})\end{aligned}$$

이므로 $\alpha_2(i) = \sum_{j=1}^{2} \alpha_1(j) \cdot P_{j1} \cdot e_i(o_2)$이다. 그러므로 다음이 얻어진다.

$$\begin{aligned}\alpha_2(1) &= \alpha_1(1) \cdot P_{11} \cdot e_1(o_2) + \alpha_1(2) \cdot P_{21} \cdot e_1(o_2) \\ &= 0.30 \times 0.7 \times 0.5 + 0.04 \times 0.4 \times 0.5 \\ &= 0.1130\end{aligned}$$

$$\begin{aligned}\alpha_2(2) &= \alpha_1(1) \cdot P_{12} \cdot e_2(o_2) + \alpha_1(2) \cdot P_{22} \cdot e_2(o_2) \\ &= 0.30 \times 0.3 \times 0.1 + 0.04 \times 0.6 \times 0.1 \\ &= 0.0114\end{aligned}$$

그리고 마지막으로 $\alpha_3(i) = \sum_{j=1}^{2} \alpha_2(j) \cdot P_{j1} \cdot e_i(o_3)$이므로 같은 방식으로 다음이 얻어진다.

$$\begin{aligned}\alpha_3(1) &= \alpha_2(1) \cdot P_{11} \cdot e_1(o_2) + \alpha_2(2) \cdot P_{21} \cdot e_1(o_2) \\ &= 0.1130 \times 0.7 \times 0.5 + 0.0114 \times 0.4 \times 0.5 \\ &= 0.04183\end{aligned}$$

$$\begin{aligned}\alpha_3(2) &= \alpha_2(1) \cdot P_{12} \cdot e_2(o_2) + \alpha_2(2) \cdot P_{22} \cdot e_2(o_2) \\ &= 0.1130 \times 0.3 \times 0.1 + 0.0114 \times 0.6 \times 0.1 \\ &= 0.04074\end{aligned}$$

그러므로 $P(O_T \mid \lambda) = \sum_{i=1}^{N} \alpha_T(i)$를 이용하면 다음과 같이 얻어진다.

$$P(O_3) = P(o_1, o_2, o_3) = P(Clean, Clean, Clean)$$
$$= P(Clean, Clean, Clean \mid Rainny) + P(Clean, Clean, Clean \mid sunny)$$
$$= \alpha_3(1) + \alpha_3(2) = 0.041830 + 0.004074$$
$$= 0.045904$$

철수네 지역의 날씨 변화의 정보에 의해 철수가 3일 연속 청소(Clean)하는 경우는 드문(4.5%)일이다. 즉 다른 요인이 있을 수 있다고 생각할 수 있을 것이다.

■ **R에 의한 방법**

```
> library(HMM)
> hmm = initHMM(c("Rainy","Sunny"),c("Walk","Shop","Clean"),
  startProbs=c(.6, .4), transProbs=matrix(c(.7, .3, .4, .6), 2, byrow = TRUE),
  emissionProbs=matrix(c(.1, .4, .5, .6, .3, .1), 2, 3, byrow = TRUE))
> print(hmm)
$States
[1] "Rainy" "Sunny"

$Symbols
[1] "Walk"  "Shop"  "Clean"

$startProbs
Rainy Sunny
  0.6   0.4

$transProbs
       to
from    Rainy Sunny
  Rainy   0.7   0.3
  Sunny   0.4   0.6

$emissionProbs
       symbols
states  Walk Shop Clean
  Rainy  0.1  0.4   0.5
  Sunny  0.6  0.3   0.1
> # Sequence of observations
> observations = c("Clean","Clean","Clean")
> #----------- forward ---------------#
> # Calculate forward probabilities
```

```
> logForwardProbabilities = forward(hmm,observations)
> print(exp(logForwardProbabilities))
        index
states     1      2        3
  Rainy 0.30 0.1130 0.041830
  Sunny 0.04 0.0114 0.004074
> forwardProbabilities = exp(logForwardProbabilities)
> finalAnswer = sum(forwardProbabilities[,3])
> finalAnswer
[1] 0.045904
```
□

이제 은닉 마르코프 모형의 두 번째 응용과 관련된 문제를 고려하자. 얻어진 순차적인 관측을 근거로 은닉 상태의 변화를 추정하는 것으로 표본경로의 판독이라 하겠다.

6.4 표본경로의 판독(Decoding of Sample Path)

관측열 $O_T = (o_1, o_2, \cdots, o_T)$이 얻어졌을 때 즉 $V = O_T$일 때, 이 관측열은 어떤 은닉 상태들의 전이[추이]에 의하여 발생하였는지를 추정하는 문제를 생각해 보자. 이러한 문제를 **판독문제**(decoding problem)라 하고, 이것을 구하는 방법 두 가지를 고려한다. 하나는 **비터비 알고리즘**(Viterbi algorithm)1)을 이용하는 것이고, 다른 하나는 **사후확률**(posterior probability)을 이용하는 것이다. 먼저 비터비 알고리즘을 이용하는 방법을 고려하자. 하나의 관측열 O_T가 나타나게 된 가능성이 가장 높은 표본경로(sample path)를 추정하는 것으로 다음과 같이 표현할 수 있다.

$$X^* \equiv \underset{X}{\operatorname{argmax}}\, P(X \mid O_T)$$

현재 가지고 있는 관측열이 발생하게 될 가장 가능성이 높은 표본경로를 추정하는 문제와 그것을 알아내는 알고리즘을 고려하자. $t \geq 1$에 대하여

$$\delta_t(i) \equiv \max_{x_1, x_2, \cdots, x_{t-1}} P(X_1 = x_1, \cdots, X_{t-1} = x_{t-1}, X_t = s_i, V_1 = o_1, \cdots, V_t = o_t)$$

라 놓으면, 이것은 관측 $O_t = (o_1, o_2, \cdots, o_t)$이 주어졌을 때 시간 t에서 상태가 s_i가 되는 모든 경로의 최대의 확률이다($\delta_0(i) = 0$). 특정한 $V = O_T$ 대신 일반적인 표현 V을

1) 1967년에 앤드류 비터비(Andrew Viterbi)에 의하여 제안된 알고리즘이다. 그는 전기 기술자이자 사업가이다. 현재 남 캘리포니아 공과 대학 전기공학과 교수이다.

사용하면 다음과 같다.

$$P^* \equiv \max_{1 \le i \le N} \delta_T(i) = \underset{X}{\operatorname{argmax}}\, P(X, V)$$

$$X^* \equiv \underset{X}{\operatorname{argmax}}\, P(X \mid V) = \underset{X}{\operatorname{argmax}} \frac{P(X, V)}{P(V)}$$

이므로 다음이 얻어진다.

$$\delta_1(i) = \pi_i \cdot e_i(o_1), \qquad 1 \le i \le N$$

그리고 점화식을 이용하여 다음이 얻어진다.

$$\delta_t(j) = \max_{1 \le i \le N} \delta_{t-1}(i) \cdot P_{ij} \cdot e_j(o_t), \qquad 2 \le t \le T, \quad 1 \le j \le N$$

그리고 $\phi_t(j) \equiv \underset{1 \le i \le N}{\operatorname{argmax}} \{\delta_{t-1}(i) P_{ij}\}$라 놓자. 그러면 다음이 얻어진다.

$$\phi_1(i) = 0 \qquad 1 \le i \le N$$

실제로 다음을 계산하여 비교한 후 제일 큰 확률을 가진 경로를 찾으면 된다.

$$P^* \equiv \max_{1 \le i \le N} \delta_T(i) = \underset{X}{\operatorname{argmax}}\, P(X, V)$$

■ **비터비 알고리즘(Viterbi algorithm)**

비터비 알고리즘은 주어진 관측열을 갖게 하는 가장 있음직한, 즉 발생할 확률이 가장 높은 은닉 상태를 찾기 위한 일종의 **동적 프로그래밍**(dynamic programming) 알고리즘이다. 전체적인 이론은 관측 $V = O_T$가 주어졌을 때 다음 식에 의하여 구해진다.

$$X^* = \underset{X}{\operatorname{argmax}}\, P(X \mid O_T)$$

하지만 실제로 $X^* = (x_1^*, x_2^*, \cdots, x_T^*)$를 구하는 절차는 다음과 같이 뒤에서부터 계산하여 앞으로 가는 방식의 역추적(backtracking;백트랙킹)에 의하여 얻어진다.

1. 시작

$$\delta_1(i) = \pi_i \cdot e_i(o_1), \qquad 1 \le i \le N$$

$$\phi_1(i) = 0 \qquad 1 \le i \le N$$

2. 반복

$$\delta_t(j) = \max_{1 \le i \le N} \delta_{t-1}(i) \cdot P_{ij} \cdot e_j(o_t) \qquad 2 \le t \le T, \quad 1 \le j \le N$$

$$\phi_t(j) \equiv \underset{1 \le i \le N}{\operatorname{argmax}} \{\delta_{t-1}(i) P_{ij}\} \qquad 2 \le t \le T, \quad 1 \le j \le N$$

3. 종료

$$P^* = \max_i \delta_T(i)$$

$$x_T^* = \underset{1 \le i \le N}{\operatorname{argmax}} \delta_T(i)$$

4. 역추적

$$x_t^* = \phi_{t+1}(x_{t+1}^*) = \underset{1 \le i \le N}{\operatorname{argmax}} \{\delta_t(i) \cdot P_{i x_{t+1}^*}\} \qquad t = T-1, T-2, \cdots, 2, 1$$

■ **사후확률(The posterior probability)**

사후확률을 이용하는 문제를 고려하자. 먼저 $X_t = s_i$의 사후확률은 다음과 같다.

$$\gamma_t(i) \equiv P(X_t = s_i \mid O_T) = \frac{\alpha_t(i)\beta_t(i)}{\sum_{j=1}^{N} \alpha_t(j)\beta_t(j)}$$

위의 식을 이용하면 관측O_T이 주어졌을 때 시간 $t = 1, 2, \cdots, T$에서 최대 사후확률 x_t^*을 구할 수 있다. 즉 다음과 같이 찾을 수 있다.

$$\max_i P(X_t = s_i \mid O_T) = \max_i P(X_t = s_i, V_T = O_T) = \max_i \alpha_t(i)\beta_t(i)$$

이와 같은 방법으로 각각의 t에 대하여 x_t^*을 얻은 후, $X^* = (x_1^*, x_2^*, \cdots, x_T^*)$를 구한다. 주의해야 할 점은 위의 두 가지 방법에 얻는 결과가 다를 수 있다는 것이다.

예제 6.4.1 앞의 2절에서 다룬 문제의 철수와 영희 문제에서 영희는 '철수가 지난 3일 동안 청소만 하였다'는 것을 알았다. 이것을 근거로 철수가 사는 지역의 날씨가 어떠했는지를 추정하여라.

풀이 앞에 [예제 6.3.1]에 이어서 고려한다. Viterbi 알고리즘을 이용하여 철수가 사는 지역의 날씨를 예측하자. 관측이 나타나게 될 경로의 확률을 계산하고 그것들 중에서 가장 확률이 큰이 경로를 찾으면 된다. 즉 다음을 구하자.

$$\max_i \delta_T(i) = \arg\max_X P(X, V)$$

그런데 위에서 고려한 예의 경우를 고려하면 $S=\{Rainy, Sunny\}$이고, $N=2$, $\pi=(0.6, 0.4)$, $\boldsymbol{P}=\begin{bmatrix}0.7 & 0.3\\0.4 & 0.6\end{bmatrix}$, $\boldsymbol{E}=\begin{bmatrix}0.1 & 0.4 & 0.5\\0.6 & 0.3 & 0.1\end{bmatrix}$, $O_T=(Clean, Clean, Clean)$, $T=3$이다. 그러므로 모든 경우에 대하여 다음을 계산하자.

$$\max_i \delta_T(i) = \arg\max_X P(X, V) = \arg\max_X P(X, O_T)$$

그런데 $P(X, O_T)=\pi_{x_1} e_{x_1}(O_1) P_{x_1 x_2} e_{x_2}(O_2) P_{x_2 x_3} e_{x_3}(O_3)$이다. 그러므로 각각의 경우에 대하여 확률을 구하면 다음과 같다. 간편하게 $Sunny \equiv S$, $Rainy \equiv R$로 표현하자.

$$\begin{aligned}P(Sunny, Sunny, Sunny) &= \pi_S e_S(Clean) P_{SS} e_S(Clean) P_{SS} e_S(Clean)\\&= 0.4\times0.1\times0.6\times0.1\times0.6\times0.1\\&= 0.000144\end{aligned}$$

$$\begin{aligned}P(Sunny, Sunny, Rainy) &= \pi_S e_S(Clean) P_{SS} e_S(Clean) P_{SS} e_S(Clean)\\&= 0.4\times0.1\times0.6\times0.1\times0.4\times0.5\\&= 0.00048\end{aligned}$$

$$\begin{aligned}P(Sunny, Rainy, Sunny) &= \pi_S e_S(Clean) P_{SR} e_R(Clean) P_{RS} e_S(Clean)\\&= 0.4\times0.1\times0.4\times0.5\times0.3\times0.1\\&= 0.00024\end{aligned}$$

$$\begin{aligned}P(Rainy, Rainy, Rainy) &= \pi_R e_R(Clean) P_{RR} e_R(Clean) P_{RR} e_R(Clean)\\&= 0.6\times0.5\times0.7\times0.5\times0.7\times0.5\\&= 0.03675\end{aligned}$$

$$\begin{aligned}P(Rainy, Rainy, Sunny) &= \pi_R e_R(Clean) P_{RR} e_R(Clean) P_{RS} e_S(Clean)\\&= 0.6\times0.5\times0.7\times0.5\times0.3\times0.1\\&= 0.00315\end{aligned}$$

$$\begin{aligned}P(Rainy, Sunny, Rainy) &= \pi_R e_R(Clean) P_{RS} e_S(Clean) P_{SR} e_R(Clean)\\&= 0.6\times0.5\times0.3\times0.1\times0.4\times0.5\\&= 0.0018\end{aligned}$$

이들 확률 중에서 가장 큰 값은 갖는 것은 $P(Rainy, Rainy, Rainy) = 0.03675$임을 알 수 있다. 그러므로 Viterbi 알고리즘에 의하여 구한 결과를 해석하면 관측 $O_T = (Clean, Clean, Clean)$을 근거로 철수가 사는 곳의 날씨는 $(Rainy, Rainy, Rainy)$라고 추정한다. 즉 철수가 3일 모두 청소만 했다는 정보를 근거로 영희는 철수가 사는 곳의 날씨는 3일 모두 비가 왔다고 추정하는 것이 가장 적절함을 알 수 있다.

이제 사후확률에 의한 방법을 고려하자. 먼저 사후확률을 구하면 다음과 같다.

$$\gamma_1(1) = P(X_1 = s_1 \mid O_T) = \frac{\beta_1(1)\alpha_1(1)}{\sum_{j=1}^{2} \beta_1(j)\alpha_1(j)}$$

$$= \frac{0.30 \times 0.1408}{0.30 \times 0.1408 + 0.04 \times 0.0916}$$

$$\simeq 0.9201812$$

$$\gamma_1(2) = P(X_1 = s_2 \mid O_T) = \frac{\beta_1(2)\alpha_1(2)}{\sum_{j=1}^{2} \beta_1(j)\alpha_1(j)}$$

$$= \frac{0.04 \times 0.0916}{0.30 \times 0.1408 + 0.04 \times 0.0916}$$

$$\simeq 0.07981875$$

나머지도 같은 방법으로 계산하여 다음과 같이 얻어진다.

```
          index
states             1          2          3
  Rainy 0.92018125 0.93543046 0.91124956
  Sunny 0.07981875 0.06456954 0.08875044
```

이것을 근거로 X_1, X_2, X_3를 추정하면 $X_1 = Rainy$, $X_2 = Rainy$, $X_3 = Rainy$로 추정된다. 즉 철수가 사는 곳의 날씨가 3일 모두 비가 왔다고 추정한다.

■ R에 의한 방법

```
> library(HMM)
> hmm = initHMM(c("Rainy","Sunny"),c("Walk","Shop","Clean"),
   startProbs=c(.6, .4),
   transProbs=matrix(c(.7,.3,.4,.6),2, byrow = TRUE),
   emissionProbs=matrix(c(.1,.4,.5,.6,.3,.1),2,3,byrow = TRUE))
```

```
> print(hmm)
$States
[1] "Rainy" "Sunny"
$Symbols
[1] "Walk"  "Shop"  "Clean"

$startProbs
Rainy Sunny
  0.6   0.4

$transProbs
       to
from    Rainy Sunny
  Rainy   0.7   0.3
  Sunny   0.4   0.6

$emissionProbs
       symbols
states  Walk Shop Clean
  Rainy  0.1  0.4   0.5
  Sunny  0.6  0.3   0.1
> # Sequence of observations
> observations = c("Clean","Clean","Clean")
> viterbi = viterbi(hmm,observations)
> print(viterbi)
[1] "Rainy" "Rainy" "Rainy"
> #-------- posterior --------#
> # Calculate posterior probablities of the states
> posterior = posterior(hmm,observations)
> print(posterior)
       index
states           1          2          3
  Rainy 0.92018125 0.93543046 0.91124956
  Sunny 0.07981875 0.06456954 0.08875044
```

철수가 사는 지역의 날씨 변화의 정보를 바탕으로 철수가 3일 동안 연속해서 청소(Clean)를 했다는 사실을 근거로 철수가 사는 지역을 날씨를 추정하면 3일 모두 비(Rainy)가 왔다고 추정하는 것이 가장 그럴듯한 것임을 알 수 있다. □

위의 예제의 경우 비터비 알고리즘에 의한 방법과 사후확률에 의한 추정의 결과가 같게 나왔다. 하지만 항상 같지는 않다. 특별한 경우 위의 두 방법에 따라 다르게 나오는 경우도 발생한다. 몇몇 경우에 사후확률에 의한 방법이 더 우수하다. 특히 비슷한 확률을 갖는 경로가 많은 경우에 더욱 그러한 현상이 나타날 수 있다. 그러나 두 상태의 추이확률이 0인 경우가 있다면 얻어진 결과가 타당하지 않을 수 있다.

예제 6.4.2 1970년 이후로 어느 특정 지역의 온도에 대한 기록이 보관되어 있다. 그리고 특정한 기준에 의해 온도를 따뜻하고(hot;H) 추운(cold;C)것으로 구분하여 분류하였다. 그런데 특별한 원인을 알아내기 1962년에서부터 4년간의 온도에 대하여 정보를 추정하려고 한다. 하지만 그 기간의 온도에 대한 기록이 없었다. 그래서 다른 방법을 이용하려고 하여 다음과 같은 정보를 얻게 되었다.

매년 온도는 나무의 성장에 영향을 미치고, 나무의 성장은 나이테(tree ring)의 크기에 영향을 준다. 특별한 기준에 따라 나이테의 크기 변화를 세 가지, 즉 '작다'(small;S), '중간'(medium;M), '크다'(large;L)로 분류하였다. 온도의 특성을 분석한 결과 관심을 갖고 있는 특정 지역의 온도에 대한 1970년 이후의 기록을 보면 60%는 따뜻하였고, 40%는 추웠다. 그리고 매년의 온도는 차수가 1인 마르코프 성질을 갖는 것으로 파악되었다. 그리고 어느 해의 온도가 높았는데(hot) 다음 해에 다시 높을 가능성은 70%이고, 온도가 낮았을 때 그 다음 해에 다시 낮을 가능성 60%이었다. 그리고 온도에 따라 나무의 나이테의 크기 변화는 다음과 같았다.

$$\begin{array}{c} \\ H \\ \\ C \end{array}\begin{array}{c} \begin{array}{ccc} S & M & L \end{array} \\ \begin{bmatrix} 0.1 & 0.4 & 0.5 \\ & & \\ 0.7 & 0.2 & 0.1 \end{bmatrix} \end{array}$$

기록에는 없는 1962년에서부터 4년간의 온도에 대하여 정보를 알아야 할 필요가 생겨서 온도들을 추정하려고, 대응되는 나무의 나이테에 관한 정보를 이용하려고 조사한 결과 해당년도의 나이테의 크기는 (S, M, S, L)로 관찰되었다. 이것을 근거로 1962년부터 1965년까지의 온도의 상태를 추정하여 보십시오.

풀이 먼저 이것은 판독문제로 볼 수 있다. 먼저 자료에 의하여 필요한 정보를 얻어보자. 초기확률 $\boldsymbol{\Pi}$과 은닉 마르코프 연쇄의 추이행렬 $\boldsymbol{P}$과 방출확률행렬 $\boldsymbol{E}$ 그리고 관측열 $\boldsymbol{O}_T$은 각각 다음과 같음을 알 수 있다.

$$\boldsymbol{\Pi} = \overset{\begin{array}{cc} H & C \end{array}}{(0.6 \;\; 0.4)} \quad \boldsymbol{P} = \begin{array}{c} H \\ \\ C \end{array}\overset{\begin{array}{cc} H & C \end{array}}{\begin{bmatrix} 0.7 & 0.3 \\ & \\ 0.4 & 0.6 \end{bmatrix}}, \quad \boldsymbol{E} = \begin{array}{c} H \\ \\ C \end{array}\overset{\begin{array}{ccc} S & M & L \end{array}}{\begin{bmatrix} 0.1 & 0.4 & 0.5 \\ & & \\ 0.7 & 0.2 & 0.1 \end{bmatrix}}, \quad O_T = (S, M, S, L)$$

이와 같은 정보를 이용하여 1962년부터 1965년까지의 온도의 상태를 비터비 알고리즘과 사후확률을 이용하여 추정해 보자.

■ R에 의한 방법

```
> library(HMM)
> hmm = initHMM(c("H","C"),c("S","M","L"),
  startProbs=c(.6, .4),
  transProbs=matrix(c(.7,.3,.4,.6),2, byrow = TRUE),
  emissionProbs=matrix(c(.1,.4,.5,.7,.2,.1),2,3,byrow = TRUE))
> print(hmm)
$States
[1] "H" "C"

$Symbols
[1] "S" "M" "L"

$startProbs
  H   C
0.6 0.4

$transProbs
    to
from   H   C
   H 0.7 0.3
   C 0.4 0.6

$emissionProbs
      symbols
states   S   M   L
     H 0.1 0.4 0.5
     C 0.7 0.2 0.1

> # Sequence of observations
> observations = c("S","M","S","L")
> #-------- posterior --------#
> # Calculate posterior probablities of the states
> posterior = posterior(hmm,observations)
> print(posterior)
      index
states         1         2         3         4
     H 0.1881698 0.5194318 0.2288776 0.8039794
     C 0.8118302 0.4805682 0.7711224 0.1960206
> #------- viterbi ----------#
> # Calculate Viterbi path
> viterbi = viterbi(hmm,observations)
> print(viterbi)
[1] "C" "C" "C" "H"
```

위의 결과를 보면 1962년부터 1965년까지의 온도의 상태를 사후확률에 의한 방법에 의하여 추정 온도는 (C, H, C, H)이고, 비터비 알고리즘에 의한 온도의 추정 결과는 (C, C, C, H)로 나왔다. 즉 다른 결과가 나왔음을 알 수 있다. □

이제 은닉 마르코프 모형과 관련된 마지막 문제를 고려하자. 모형의 구조에 대한 정보를 알고 있고, 이 모형에 관한 실제 관측들을 많이 알고 있을 경우, 이것들을 근거로 모형의 모수를 추정하여 완전한 모형을 구하여 보자.

6.5 모형의 모수 추정(Parameter Estimation of Model)

은닉 마르코프 모형의 구조와 관측열이 주어졌을 때 이것을 근거로 가장 그럴듯한 추이확률행렬(transition probability matrix) $\boldsymbol{P}$와 방출확률행렬(emission probability matrix) $\boldsymbol{E}$를 구하는 과정, 다른 표현을 $\boldsymbol{P}$와 $\boldsymbol{E}$의 모수를 추정하는 것을 고려하자. 이것은 은닉 마르코프 모델의 학습(learning)이라고도 한다. 그리고 바움-웰치 알고리즘(Baum-Welch algorithm)[1)]에 의하여 그것을 구한다. 이 알고리즘은 기댓값 최대화 알고리즘(EM:expectation-maximization algorithm)의 특별한 경우이며, 전향-후향 알고리즘(forward-backward algorithm)을 사용한다. 그리고 전기공학(electrical engineering), 컴퓨터 과학(computer science), 통계계산(statistical computing) 그리고 생물정보학(bioinformatics) 등에서 은닉 마르코프 모형(hidden Markov model)의 미지 모수를 찾는데 이 알고리즘을 사용한다.

■ **바움-웰치(Baum-Welch) 또는 전향-후향(The forward-backward) 알고리즘**

은닉 마르코프 모형의 모수 추정은 다음과 같은 식으로 표현할 수 있다.

$$\max_{\lambda} P(V \mid \lambda)$$

이것은 어떠한 관측값의 열이 주어졌을 때 이 관측열이 나타나게 될 여러 모형 중에서 가장 확률이 높은 모형을 찾는 것으로 볼 수 있다. 다르게 표현하면 초기확률, 추이확률행렬과 방출확률행렬 등을 찾는 것을 의미한다. 이것의 답을 찾기 위해 먼저 다음을 정의하자. 즉 방출에 관한 정보인 관측 O_T가 주어지고 모형의 구조를 알고 있는

1) 이 알고리즘은 Leonard E. Baum과 1960 년대 후반의 국방 분석 연구소의 동료들에 의해 일련의 기사에서 처음 소개되었습니다.

상태에서, t에서 은닉 마르코프 과정의 상태가 s_i이고, $t+1$에서의 상태가 s_j일 조건부확률을 다음과 같이 정의하자.

$$\gamma_t(i,j) \equiv P(X_t = s_i,\ X_{t+1} = s_j \mid O_T, \lambda) \qquad i,j = 1,2,\cdots,N,\ t = 1,2,\cdots,T-1$$

그러면 정의에 의하여 다음이 얻어진다.

$$\gamma_t(i) = \sum_{j=1}^{N} \gamma_t(i,j) \qquad t = 1,2,\cdots,T-1$$

위의 첫 번째 식은 다음과 같이 구할 수 있다.

$$\gamma_t(i,j) = \frac{\alpha_t(s_i) P_{ij}\, e_j(o_{t+1}) \beta_{t+1}(s_j)}{P(O_T \mid \lambda)}$$

왜냐하면 조건부 확률의 정의에 의하여 다음과 같이 된다.

$$\begin{aligned}\gamma_t(i,j) &= P(X_t = s_i, X_{t+1} = s_j \mid O_T, \lambda) \\ &= \frac{P(O_T, X_t = s_i, X_{t+1} = s_j \mid \lambda)}{P(O_T \mid \lambda)}\end{aligned}$$

다음 위 식의 분자의 확률을 계산하자. 관측들의 독립성을 이용하면 다음과 같이 계산된다.

$$\begin{aligned}&P(o_1,\cdots,o_t,o_{t+1},\cdots,o_T, X_t = s_i, X_{t+1} = s_j) \\ &= P(o_1,\cdots,o_t, X_t = s_i) P(o_{t+1}, X_{t+1} = s_j \mid o_1,\cdots,o_t, X_t = s_i) \\ &\quad \times P(o_{t+2},\cdots,o_T \mid X_{t+1} = s_j, X_t = s_i, o_1,\cdots,o_{t+1}) \\ &= \alpha_t(s_i) P(o_{t+1}, X_{t+1} = s_j \mid X_t = s_i) P(o_{t+2},\cdots,o_T \mid X_{t+1} = s_j) \\ &= \alpha_t(s_i) P(X_{t+1} = s_j \mid X_t = s_i) P(o_{t+1} \mid X_{t+1} = s_j, X_t = s_i) \beta_{t+1}(s_j) \\ &= \alpha_t(s_i) P_{ij} P(o_{t+1} \mid X_{t+1} = s_j) \beta_{t+1}(s_j) \\ &= \alpha_t(s_i) P_{ij}\, e_j(o_{t+1}) \beta_{t+1}(s_j)\end{aligned}$$

따라서 $\gamma_t(i,j)$을 위의 식에 의하여 구할 수가 있다. 또한, 이것에 의하여 $\gamma_t(i)$도 구할 수가 있다. 그리고 관측들이 주어진다면 대수법칙에 의하여 비율이 확률로 수렴하므로, 이것들을 이용하여 은닉 마르코프 모형 $\lambda \equiv (\boldsymbol{P}, \boldsymbol{E}, \boldsymbol{\Pi})$을 다음과 같이 추정할 수 있다.[1] Tumulty, J.(2016)

• 초기확률 : $\boldsymbol{\Pi}$

$$\hat{\pi}_i = \gamma_0(i) \qquad i = 1, 2, \cdots, N$$

• 추이확률 : $\boldsymbol{P}$

$$\begin{aligned}\hat{P}_{ij} &= P(X_{t+1} = s_j \mid X_t = s_i, O_t, \lambda) \\ &= \frac{P(X_{t+1} = s_j, X_t = s_i \mid O_T, \lambda)}{P(X_t = s_i \mid O_T, \lambda)} \\ &= \sum_{t=1}^{T-1} \gamma_t(i,j) \Big/ \sum_{t=1}^{T-1} \gamma_t(i)\end{aligned}$$

• 방출확률 : $\boldsymbol{E}$

$$\hat{e}_i(o_j) \equiv P(V_t = o_j \mid X_t = s_i) = \frac{\displaystyle\sum_{\substack{t \in \{1, 2, \cdots, T\} \\ O_t = o_j}} \gamma_t(j)}{\displaystyle\sum_{t=1}^{T} \gamma_t(j)}$$

예제 6.5.1 앞의 6.2절에서 다룬 문제의 철수와 영희 문제를 계속 고려한다. 만약 은닉 마르코프 모형에 대한 약간의 정보와 관측에 관한 정보만 있는 경우, 그 모형의 완전한 정보를 구하는 경우를 고려하자. 즉 상태 공간은 "비"가 오거나(Rainy) "맑음(Sunny)"이라는 두 가지 상태가 있다는 것과 과거의 정보에 의하며 그것들의 비율이 60%대 40%인 것으로 알려져 있다. 은닉 마르코프 모형에 대한 완전한 정보를 알기 위해 철수의 매일의 행동 유형에 관한 300개의 관측 정보를 모의실험에 의하여 확보하고, 이것을 근거로 하여 완전한 은닉 마르코프 모형을 추정하여라.

풀이 먼저 패키지 HMM을 이용하여 주어진 조건하에서 모의실험에 의하여 관측 자료를 생성하자. 철수의 행동 유형은 '걷거나(Walk)', '쇼핑을 하거나(Shop)', '집안을 청소(Clean)'하는 세 가지 형태가 있으므로 이것에 대한 300개의 관측을 패키지 HMM의 simHMM명령을 사용하여 생성하고 그것을 근거로 모형의 모수들을 추정하여 은닉 마르코프 모형을 구해 보자.

---

1) 보다 자세한 설명은 P. Jackson의 hmm_tut4.pdf를 참조하십시오.

■ **R에 의한 방법**

```
> library(HMM)
> hmm = initHMM(c("Rainy","Sunny"),c("Walk","Shop","Clean"),
        startProbs=c(0.6, 0.4))
> print(hmm)

$States
[1] "Rainy" "Sunny"

$Symbols
[1] "Walk"  "Shop"  "Clean"

$startProbs
Rainy Sunny
  0.6   0.4

$transProbs
       to
from    Rainy Sunny
  Rainy  0.75  0.25
  Sunny  0.25  0.75

$emissionProbs
       symbols
states       Walk      Shop     Clean
  Rainy 0.3333333 0.3333333 0.3333333
  Sunny 0.3333333 0.3333333 0.3333333
```

관측을 시작할 시점에 관한 정보가 없고 다만 초기확률 $\pi=(0.6, 0.4)$가 주어진 상태이므로 이것을 근거로 전이확률행렬을 구하였고, 방출확률에 대한 정보가 없기 때문에 동일한 확률 1/3을 주어졌다. 이와 같은 조건하에서 관측을 생성하고 약간의 기본 정보를 구한다.

```
> # Simulate from the HMM
> obs300 = simHMM(hmm, 300)
> str(obs300)
List of 2
 $ states     : chr [1:300] "Rainy" "Sunny" "Sunny" "Sunny" ...
 $ observation: chr [1:300] "Clean" "Shop" "Clean" "Clean" ...
```

```
> head(obs300$states)
[1] "Rainy" "Sunny" "Sunny" "Sunny" "Sunny" "Sunny"
> head(obs300$observation)
[1] "Clean" "Shop"  "Clean" "Clean" "Shop"  "Walk"
> table(obs300$states)

Rainy Sunny
  166   145
> prop.table(table(obs300$states))

    Rainy     Sunny
0.5533333 0.4466667
> table(obs300$observation)

Clean  Shop  Walk
   85   110   105
> bw300 = baumWelch(hmm, obs300$observation, maxIterations=50)
> print(bw300$hmm)
$States
[1] "Rainy" "Sunny"

$Symbols
[1] "Walk"  "Shop"  "Clean"
$startProbs
Rainy Sunny
  0.6   0.4

$transProbs
       to
from        Rainy     Sunny
  Rainy 0.7415806 0.2584194
  Sunny 0.2416801 0.7583199

$emissionProbs
       symbols
states       Walk      Shop     Clean
  Rainy 0.3199930 0.3444840 0.3355229
  Sunny 0.3588174 0.3875304 0.2536523
```

모의실험으로 생성된 관측을 근거로 바움-웰치 알고리즘을 사용하여 은닉 마르코프 모형을 추정하였다. 결과를 요약하면 추정된 초기확률은 $\hat{\Pi} = (0.55, 0.45)$이고, 추이행렬과 방출행렬은 각각 다음과 같이 추정되었다.

$$\hat{P}=\begin{array}{c c} & \begin{array}{cc} Rainy & Sunny \end{array} \\ \begin{array}{c} Rainy \\ Sunny \end{array} & \left[\begin{array}{cc} 0.75 & 0.26 \\ 0.24 & 0.76 \end{array}\right] \end{array} \qquad \hat{E}=\begin{array}{c c} & \begin{array}{ccc} Walk & Shop & Clean \end{array} \\ \begin{array}{c} Rainy \\ Clean \end{array} & \left[\begin{array}{ccc} 0.32 & 0.34 & 0.34 \\ 0.36 & 0.39 & 0.25 \end{array}\right] \end{array}$$

□

6.6 은닉 마르코프 모형의 응용(Application of HMM)

이 절에서는 은닉 마르코프 모형의 확장과 응용에 대하여, 특히 먼저 확장에 대하여 고려하자. 가장 간단한 확장은 은닉 마르코프 모형의 시간 공간을 연속으로 하는 연속 시간 마르코프 과정으로 확장하는 것이고, 다른 하나는 모형의 방출확률이 특정한 분포를 갖는 경우로 확장하는 것이다. 이 절에서는 시간 t에서의 은닉 마르코프 연쇄가 주어졌을 때, 즉 $X_t = s_i$일 때 관측 V_t의 방출확률이 특정한 분포, 예를 들면 정규분포나 지수분포, 이항분포, 포아송분포 등을 갖는 경우로 확장하는 것만을 다룬다. 이런 경우의 모형을 **혼합 은닉 마르코프 모형**(Mixed Hidden Markov Model;MHMM)이라고도 한다. 이 모형을 다루는 몇 개의 R 패키지는 HiddenMarkov, seqHMM, tileHMM, depmixS4, 등이 있다. 물론 계속해서 좋고 다양한 패키지들이 만들어지고 사용될 것이다. 이 절에서는 그중 한 패키지 HiddenMarkov를 사용한 예제를 다루고자 한다. 그리고 이 은닉 마르코프 모형을 응용하고 활용하는 분야들을 소개한다.

은닉 마르코프 모형에서 방출확률은 다음과 같다.

$$e_i(o_j) \equiv P(V_t = o_j \mid X_t = s_i) \quad \text{여기서 } o_j \in O \text{ 그리고 } s_i \in S$$

그런데 이 확률의 분포가 특정한 분포를 따르는 경우, 예를 이항분포(binomial distribution), 혹은 다항분포(multinomial distribution)를 하거나 포아송분포(Poisson distribution) 등을 고려할 수 있다. 혹은 이산 분포가 아닌 연속분포, 대표적으로 정규분포(normal distribution) 따르거나 아니면 지수분포(Exponential distribution)나 또 다른 연속분포를 따르는 경우도 있을 수 있다.

예제 6.6.1 어느 도시에서 자동차로 공항으로 가는 방법, 즉 도로가 2가지(R_1, R_2)가 있다. 한 방법(R_1)은 공항으로 가는 시간이 많이 걸리는 반면에 사고율이 낮다. 다른 한 방법(R_2)은 사고율이 높은 반면에 시간이 적게 걸린다. 그래서 그 도시 사람들은 두 방법을 60%와 40%의 비율로 사용한다. 하지만 과거 자료에 의하면 도로의 선택 방법이 다음과 같았다. 직전에 R_1을 선택한 사람이 다음에 다시 R_1을 선택하는 확률은 0.8이고, R_2을 선택한 사람이 다시 다음에 R_2을 선택하는 확률은 0.7이다. 또한, 공항으로 가는 각각의 방법에 따른 사고율은 각각 한 달에 평균 2건과 5건인 포아송분포(Poisson distribution)를 따른다고 알려졌다. 이와 같은 정보들을 근거로 혼합 은닉 마르코프 모형을 만들고, 이 모형을 이용하여 모의실험에 의하여 자료를 100개를 생성한 후 이 자료를 이용하여 혼합 은닉 마르코프 모형을 추정하라.

풀이 먼저 패키지 HiddenMarkov를 사용하기로 하자. 형식에 따라 전이확률행렬, 초기확률, 그리고 방출확률 분포인 포아송분포와 모수를 지정한다. 그리고 모의실험에서 관측들을 100개 생성하고, 이것을 근거로 모형을 추정하자. 즉 추이확률행렬과 방출확률분포의 모수들을 추정한다.

■ R에 의한 방법

```
> library(HiddenMarkov)
> TP <- matrix(c(0.8, 0.2,
                 0.3, 0.7), byrow=TRUE, nrow=2)
> colnames(TP) <- c("R1", "R2")
> rownames(TP) <- c("R1", "R2")
> IP <- matrix(c(0.6, 0.4), byrow=TRUE, nrow=1)
> colnames(IP) <- c("R1", "R2")
> hmm <- dthmm(NULL, TP, IP, "pois", list(lambda=c(2,5)), discrete = TRUE)
> hmm
$x
NULL

$Pi
    R1  R2
R1 0.8 0.2
R2 0.3 0.7

$delta
      R1  R2
[1,] 0.6 0.4

$distn
[1] "pois"

$pm
$pm$lambda
[1] 2 5
```

```
$pn
NULL

$discrete
[1] TRUE

$nonstat
[1] TRUE

attr(,"class")
[1] "dthmm"
> n <- 100
> x <- simulate(hmm, n)
> table(x$y)

 1  2
60 40
> v <- BaumWelch(x)
iter = 1
LL = -227.8414964
diff = Inf

iter = 2
LL = -224.9193740
diff = 2.922122

[---- output deleted ---]

iter = 15
LL = -224.5448681
diff = 6.503683e-06

> print(summary(v))
$delta
[1] 1.000000e+00 9.602936e-24

$Pi
          [,1]      [,2]
[1,] 0.7884255 0.2115745
[2,] 0.3252321 0.6747679

$nonstat
[1] TRUE
```

```
$distn
[1] "pois"

$pm
$pm$lambda
[1] 1.855734 5.995665

$discrete
[1] TRUE

$n
[1] 100

> print(logLik(v))
[1] -224.5449
> hist(residuals(v), col=5, main="Poisson HMM: Pseudo Residuals")
```

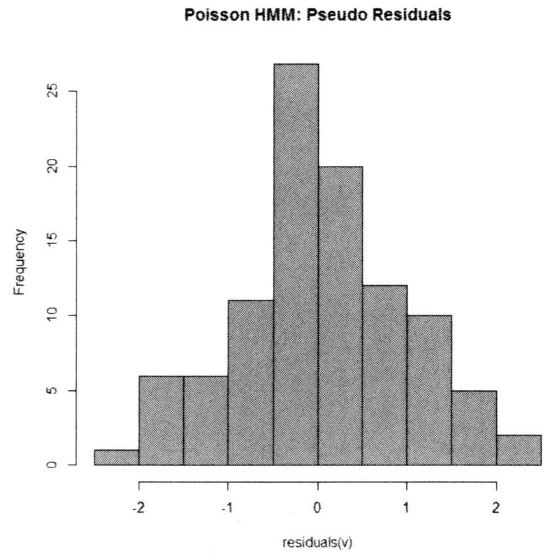


```
> print(sum(v$delta))
[1] 1
> print(v$Pi %*% rep(1, ncol(v$Pi)))

     [,1]
[1,]    1
[2,]    1
```

```
> plot(1:n,x$x,type="s",xlab="",ylab="")
> lines(1:n,x$y,col=2,type="s")
```

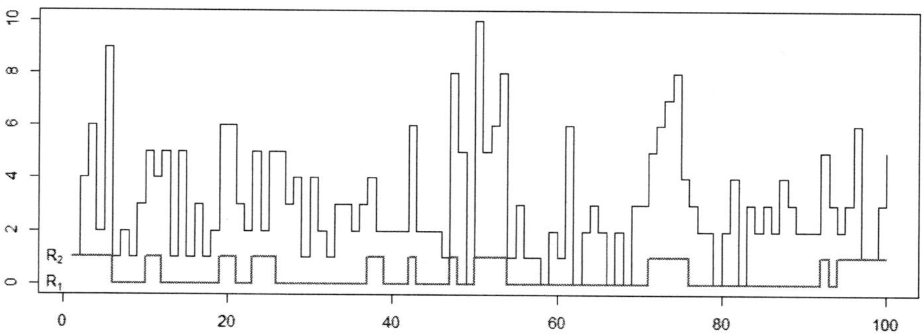

여기서 검은 선은 관측들의 값을 나타내고, 빨간 선은 상태 R_1과 R_2를 좌표 값 0과 1에 그린 것이다.

```
> mod=BaumWelch(x);mod$Pi;mod$pm
iter = 1
LL = -227.8414964
diff = Inf

iter = 2
LL = -224.9193740
diff = 2.922122

[---- output deleted ---]

iter = 14
LL = -224.5448746
diff = 1.140865e-05

iter = 15
LL = -224.5448681
diff = 6.503683e-06

          [,1]      [,2]
[1,] 0.7884255 0.2115745
[2,] 0.3252321 0.6747679
$lambda
[1] 1.855734 5.995665
```

관측값에 의한 모형의 추정의 결과 추이확률행렬은 다음과 같다.

```
          [,1]      [,2]
[1,] 0.7884255 0.2115745
[2,] 0.3252321 0.6747679
```

이것을 근거로 다음과 같음을 알 수 있다.

$$\boldsymbol{P} = \begin{array}{c} \\ R_1 \\ \\ R_2 \end{array} \begin{array}{c} \begin{matrix} R_1 & R_2 \end{matrix} \\ \begin{bmatrix} 0.8 & 0.2 \\ & \\ 0.3 & 0.7 \end{bmatrix} \end{array}$$

물론 필요하다면 적합도 검정을 수행할 수도 있다. 그리고 방출확률의 추정은 포아송 분포이고 추정한 모수 λ는 각각, 1.855734 5.995665이다. 이것을 반올림하여 2와 6으로 취급한다면 약간의 차이를 보였음을 알 수 있다. 즉 추정이 잘 되고 있음을 알 수 있다.

다음은 모의실험에서 얻은 관측값을 근거로 추정한 은닉 마르코프 모형의 상태, 표본 경로이다.

```
> Viterbi(x)
  [1] 1 1 1 1 1 2 2 2 2 2 2 2 1 1 1 1 1 1 1 1 2 1 1 1 2 1
 [27] 1 1 1 1 1 1 1 2 1 1 1 1 1 1 2 2 2 2 2 1 1 1 1 1 1 2
 [53] 1 1 2 2 2 2 2 2 2 2 2 1 1 1 1 1 1 1 1 1 2 2 2 2 2 2
 [79] 2 2 2 2 1 1 1 1 1 1 1 1 1 1 2 2 2 1 1 1 1 2 1
> lines(1:n, Viterbi(x), col=4, lw=2)
```

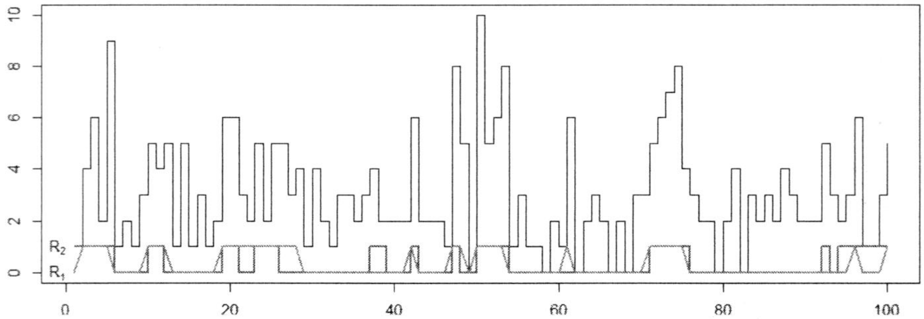

위의 그림에서 검은 선은 방출값, 즉 사고 건수이고, 빨간 선은 선택한 길의 상태 (R_1, R_2)이다. 그리고 녹색 선은 다시 구성된 상태를 나타낸다. □

주의 패키지에 따라 용어와 이름이 통일되어 있지 않기 때문에 참고할 경우 유의할 필요가 있다. 이러한 문제를 해결하기 위해서는 보다 자세한 사항들을 각각의 패키지의 매뉴얼을 참조하여 사용할 수밖에 없음을 기억해야 한다.

다른 패키지, depmixS4, seqHMM, tileHMM, ... 등등을 이용한 예제들을 익힌다면 여러 분야에 활용하고 확장하는데 도움이 될 것이다. 그리고 지금 이 순간에도 많은 패키지들이 만들어 지고 있음을 기억할 필요가 있다.

은닉 마르코프 모형의 응용

이제 은닉 마르코프 모형의 응용에 대하여 고려하자. 이 모형은 1970년대부터 음성 인식 분야에 응용되기 시작되었으며, 그 후 1980년에 후반에 생물정보학분야에, 특히 DNA의 서열을 분석하는 데 사용하기 시작하였다. 그리고 그 이후에는 그 밖에 여러 분야에 널리 응용되고 있다. 하지만 대표적인 응용분야를 고려한다면 음성 인식(speech recognition;SR) 분야, 생물정보학(bioinformatics) 그리고 금융공학(financial engineering) 등이 있다.

■ 음성 인식(speech recognition)

먼저 음성 인식(speech recognition)에 대하여 고려하자. 이것은 음성 언어를 컴퓨터가 해석하여 문자로 전환하는 처리 과정으로, **음성 텍스트(speech to text;STT)** 처리라 하는데, 음성으로 전달한 정보를 컴퓨터가 문자로 변환하여 명령을 수행하는 것으로 은닉 마르코프 모형(HMM)이 중요한 역할을 한다. 즉 음성을 인식하기 위해 주어진 음성이 어떤 문자열로부터 비롯되었는지를 판단해야 한다. 은닉 마르코프 모형의 관점으로 보면 음성은 특정 문자열로부터 나온 방출변수에서 나온 관측이라고 볼 수 있고, 텍스트는 은닉 상태라고 볼 수 있다. 그러므로 음성을 듣고 가장 잘 맞는 문자열을 찾는 과정이라고 볼 수 있다. 이때 은닉 마르코프 모형(HMM)의 비터비 알고리즘을 사용한다. 4차 산업혁명 시대에 중요한 부분을 차지하는 로봇과 인공지능 분야에서 음성 인식과 언어처리 기술에 중요하게 응용된다.

■ 생물정보학(bioinformatics)

다음 생물정보학(bioinformatics)에의 응용을 고려하자. 생물정보학은 생물학적인 문제를 응용수학, 정보과학, 통계학, 컴퓨터 과학, 인공지능, 화학, 생화학 등을 이용하여 주로 분자(molecular) 수준에서 다루는 학문이다. 생물정보학의 주된 작업 중 하나는 새롭게 밝혀진 유전자 서열(gene sequence)을 다양한 방법으로 분석하는 것이다. 하지만 일반적으로 유전자 서열의 데이터는 크기가 매우 크기 때문에 이를 처리 할 수 있는 정보 가공 기술이 요구되고는 한다. 은닉 마르코프 모형은 생물정보학에서 이러한 정보처리에 사용되는 대표적인 도구이다. 주 연구 분야는 서열 정렬(sequence alignment), 유전자 검색(gene search), 유전자 조합(gene combination), 단백질 구조 정렬(protein structure alignment), 단백질 구조 예측(protein structure prediction), 유전자 발현의 예측(prediction of gene expression), 단백질 간 상호작용(Protein-Protein Interaction) 등 다양하다. 보다 자세한 내용은 위키백과(Wikipedia)와 이근우 홈페이지[1])를 참조하시길 바랍니다.

■ 금융공학(financial engineering)

마지막으로 은닉 마르코프 모형은 금융공학(financial engineering)에 응용할 수 있다. 금융공학이란 금융시장과 관련한 혁신적인 수단과 절차를 설계, 발전 및 보완하고 금융시장에서 발생하는 다양한 문제에 대한 해결책을 연구하는 학문이다. 금융관련 시계열 자료의 분석에 은닉 마르코프 모형을 응용될 수 있다. 은닉 마르코프 모형은 다른 여러 분야, 정보추출(information extraction), 기계학습(機械學習, machine learning), 수문학(水文學, hydrology) 등에 응용 및 활용되고 있다. 엄재홍(2001), 신동규(2011).

그 밖에 대표적인 응용분야 몇 가지를 나열하면 다음과 같은 것들이 있다.

- 전산 금융(computational finance)
- 암호해독(cryptanalysis)
- 음성 합성(speech synthesis)
- 품사 추론[태깅](part-of-speech tagging)
- 기계 번역(machine translation)
- 서열 정열(sequence alignment)
- 시계열 분석(time series analysis)
- 행동 분석(activity recognition)
- 단백질 접힘(protein folding)
- 변성 바이러스 탐지(metamorphic virus detection)

보다 자세한 내용은 전문 자료를 참조하기 바랍니다.

1) http://bio.gsnu.ac.kr

6장 연습문제

1. 은닉 마르코프 모형의 활용을 설명하는 간단하고 좋은 예를 찾아서 실행하고 결과를 해석하라.

2. [예제 6.4.1]에서 영희는 철수가 4일 동안 연속해서 쇼핑(shop)만 하였다는 정보를 근거로 철수가 사는 지역의 날씨를 추정하여 보라.

3. [예제 6.4.2]에서 나무의 나이테가 점점 커져서 관측이 $O_T = (S,\ S,\ M,\ M,\ L,\ L)$와 같이 되었을 때 온도가 점점 높아졌다고 볼 수 있는지를 추론하고 모의실험을 수행하고 관련된 정보를 도출하라.

4. 상태 공간 $S = \{X,\ Y\}$이고, 관측공간 $O = \{a,\ b,\ c\}$를 갖고, 초기확률 $\boldsymbol{\Pi} = (0.3,\ 0.7)$을 갖는 은닉 마르코프 모형을 갖는 300개로 이루어진 마르코프 연쇄를 생성하여 바움-웰치 알고리즘(Baum-Welch algorithm)에 의하여 은닉 마르코프 모형을 추정하고, 패키지 markovchain에 의하여 은닉 상태에 대한 추이확률행렬을 추정한 결과와 비교하고, 차이가 있다면 그것에 대하여 논하라.

5. [예제 6.5.1]에서 은닉 마르코프 모형에 대한 정보가 온전히 알고 있는 상태에서 모의실험에 의하여 얻어진 600개의 관측을 이용하여 바움-웰치 알고리즘(BW algorithm)에 의하여 은닉 마르코프 모형을 추정한 후 원래의 모형과의 차이를 비교하고 관측의 개수를 늘릴 때 일어나는 현상의 결과를 도출하라.

6. 초기확률 $\boldsymbol{\Pi} = \begin{matrix} A & B \\ (0.3 & 0.7) \end{matrix}$, 추이확률행렬 $\boldsymbol{P} = \begin{matrix} & \begin{matrix} A & B \end{matrix} \\ \begin{matrix} A \\ B \end{matrix} & \begin{bmatrix} 0.6 & 0.4 \\ 0.3 & 0.7 \end{bmatrix} \end{matrix}$이고, 방출확률행렬 $\boldsymbol{E} = \begin{matrix} & \begin{matrix} a & b \end{matrix} \\ \begin{matrix} A \\ B \end{matrix} & \begin{bmatrix} 0.8 & 0.2 \\ 0.4 & 0.6 \end{bmatrix} \end{matrix}$

인 은닉 마르코프 모형이 있다. 그리고 $\boldsymbol{O}_5 = (a,\ b,\ a, a,\ b)$이 관측되었다. 이러한 정보를 근거로 다음을 구하라. 전향확률, 후향확률 그리고 $\boldsymbol{O}_5$가 관측될 확률과 은닉 마르코프 연쇄를 추정하여라.

7. 은닉 마르코프 모형의 기법을 이용하여, 카지노(casino)에서 납을 박아 만든 부정 주사위(loaded dice)를 사용하는 것을 탐지하는 예제를 인터넷에서 찾아서 직접 수행해보고 결과를 해석하라.

8. 음성 인식(speech recognition)에 응용되는 은닉 마르코프 모형의 간단한 예를 인터넷에서 찾아서 수행해보고 해석하여 보라.

9. 금융공학(financial engineering)에 응용된 은닉 마르코프 모형에 관한 예를 인터넷에서 찾아서 수행하고 해석하라.

10. 생물정보학(bioinformatics) 등 기타 여러 분야에 활용된 은닉 마르코프 모형의 예를 찾아서 직접 수행해보고 새로운 해석을 하여보라.

7장

몬테카를로 적분
(Monte Carlo Integration)

7.1 서론(Introduction)
7.2 적중법(Hit or Miss Method)
7.3 표본평균법(Sample Mean Method)
7.4 주표집법(Importance Sampling Method)
7.5 기각법(Rejection Sampling Method)

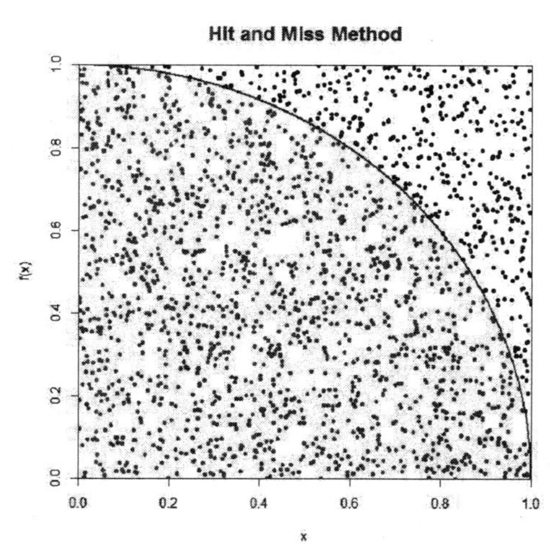

7장 몬테카를로 적분
(Monte Carlo Integration)

7.1 서론(Introduction)

과학에서 적분(integral)은 활용도가 많기 때문에 여러 분야에서 널리 사용되지만 실제로 정적분값을 구하고자 할 때 특별한 경우를 제외하고는 쉽게 구해지지 않는 경우가 의외로 많이 존재한다. 간단한 함수의 정적분값을 구하는 데는 문제가 되지 않지만, 복잡하고 관련된 변수가 많은 함수의 경우에는 일반적인 방법에 의하여 적분값을 구하는 것이 쉽지 않다. 간단히 말하면 적분하고자 하는 **피적분함수**(integrand)의 **원시함수**(primitive function)를 구하는 것이 용이하지 않은 경우가 흔하다.

이러한 문제를 해결하기 위한 방법과 기술은 오래전부터 연구되어 왔고 이론적으로 확립이 되었다. 크게 분류하면 그 해결방법은 **수치해석**(numerical analysis)에 의한 방법이고, 다른 하나는 **몬테카를로 추정**(Monte Carlo estimation)에 의한 방법이다. 그러나 실제로 이 방법들을 용이하게 실현시키기 위해서는 컴퓨터의 발전을 기다릴 수밖에 없었다. 최근에 컴퓨터의 발전과 소프트웨어 발전에 힘입어 이들의 이론과 방법이 빛을 보게 되었는데 이들의 접근방법은 기존의 방법들과는 다르다. 수치해석에 의한 방법은 정적분값을 근사적으로 구하는 알고리즘에 의한 방법이고, 몬테카를로 추정은 확률론에 의한 방법이다. 그리고 이 방법에 의한 적분을 **몬테카를로 적분**(Monte Carlo integration)이라 한다.

몬테카를로 적분은 부정적분을 구하기가 어려운 복잡한 함수의 정적분값을 확률론의 이론을 이용하여 구하는 방법으로 **난수**(random number)를 많이 생성시킨 후에 확률론에 있는 **대수법칙**(Law of Large Numbers)을 적용하여 얻고자 하는 정적분값을 추정하는 방법이다. 일찍이 1908년에 고셋(W. S. Gosset, 1876-1937)은 **t-분포**(t-distribution)에서의 상관계수(correlation coefficient)를 추정하는 문제에 이 방법을 사용하였으며, 물리학자들도 1900년대 초부터 이러한 수치적 실험을 적분에 이용하였다고 한다. 1946년에 미국의 수학자들인 폰 존 노이만(von J. Neumann, 1903-1957)과 스태니슬로 울람(S. Ulam, 1909-1984)은 핵무기 개발 연구에 필요한 적분을 수행하는데 기존의 수학적 방법으로는 해결이 안 되어, 새로운 적분방법을 고안하였다. 비밀유지를 위해 동료인 니콜라스 메트로폴리스(Nicholas Metropolis, 1915-1999)가 모나코에 있는 몬테카를로 카지노의 이름을 따서 **몬테카를로**(Monte Carlo)라는 코드명을 사용할 것을 제안하

면서 이 용어가 붙여지고 사용되었다. Vose, D.(2008)

실제로 많은 경우 일반 해석학적인 방법으로는 풀기 어려운 적분 문제들을 접하게 된다. 예를 들면, 확률변수 X의 확률함수를 모르거나 구하기 어려운 상태에서 희귀확률 $P(X>c)$ 또는 기댓값 $E(X)$ 혹은 임의 함수 h와 관련된 $E(h(X))$를 구해야 하는 상황이 발생할 수 있다. 이런 경우 컴퓨터의 발달과 소프트웨어의 기술의 힘입어 일반 해석학적인 방법으로는 풀기 어려운 문제들에 대한 근사적인 해답을 **통계적 모의실험**(statistical simulation)을 사용한 컴퓨터 알고리즘(algorithm)들에 의하여 구할 수 있다. 이러한 기법들을 통칭하여 **몬테카를로 방법**(Monte Carlo method)이라 한다. 이런 방법들에 의한 접근과 활용들은 공학이나 통계물리학, 천문학, 재정학, 유전학, 통계적 추론과 더불어 **최적해**(optimal solution)를 구하는 문제를 주로 다루는 운영연구(operations research;OR) 분야에 많이 이용되고 있고 최근에는 그 밖에 다른 여러 분야에도 활용이 확대되고 있다.

이 장에서 다루는 몬테카를로 적분법은 몬테카를로 방법을 활용하는 대표적인 것이다. 그 중에는 **적중법**(Hit or Miss method), **표본평균법**(sample mean method), **주표집법**(importance sampling method), **제어변수법**(control variate method), **대조변수**(antithetic variate)**법**, **층화추출법**(stratified sampling), 그리고 기각법(rejection sampling) 등이 있다.

7.2 적중법(Hit or Miss Method)

몬테카를로 방법을 사용하기 위해서는 중요한 몇 가지 이론을 알아야 한다. 첫째는 난수(random number)와 난수 생성(random number generating)에 대하여 알아야 하며, 확률론의 대수법칙(law of large numbers)과 중심극한정리(central limit theorem)의 의미를 잘 알아야 한다. 물론 이 이론들을 컴퓨터를 사용하여 적용하고 활용할 수 있어야 한다. 즉 알고리즘을 이해하고 활용할 수 있어야 한다. 또한 기본적으로 수학적 배경이 있어야 할 것이다. 이 책에서는 난수와 난수의 생성과 관련된 수학적 배경과 이론 및 실습에 대해서는 다루지 못한다. 다른 교재나 참고 자료를 이용하여 주시길 바랍니다. 그러나 생성한 난수를 이용하여 특정 이론에 적용하여 그 이론이 맞는 것을 직접 실험할 수 있는 모의실험 중 일부는 예제들에서 다룰 것이다.

몬테카를로 적분법의 기본 원리를 가장 잘 설명하는 대표적인 방법이 적중법(Hit or Miss method)이다. 적중 몬테카를로 적분(hit or miss Monte Carlo integration)라고도 불리는 이 방법은 다음과 같이 설명할 수 있다. 함수 $g(x)$가 다음과 같은 0과 1 사이에 정의된 연속함수일 때 정적분 $\int_0^1 g(x)dx$의 값을 구하는 문제를 생각하여 보자.

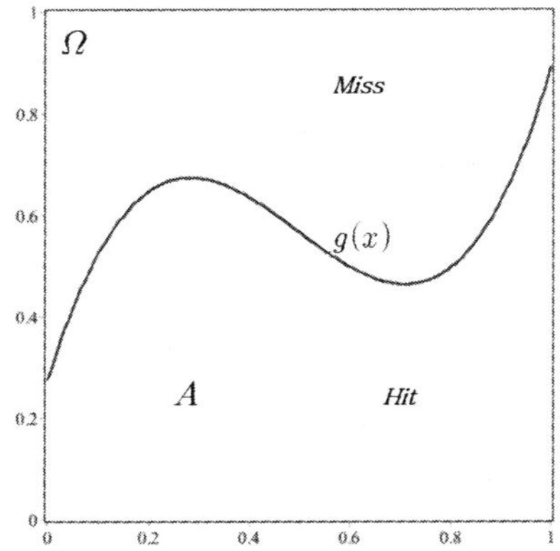

위의 그림에서 표본공간을 $\Omega \equiv \{(x,y) \mid 0 \leqq x,y \leqq 1\}$라 놓고, $A \equiv \{(x,y) \mid y \leqq g(x)\}$라 놓을 때 확률벡터의 결합밀도함수를 다음과 같이 균일분포(uniform distribution)로 놓는다.

$$(W, V) \sim f_{W,V}(x,y) = \begin{cases} 1, & (x,y) \in \Omega \\ 0, & (x,y) \notin \Omega \end{cases}$$

그러면 아래와 같이 사건 A의 확률이 얻고자 하는 면적S_A가 된다.

$$P_{W,V}(A) = \iint_A 1dxdy = S_A \equiv p$$

그리고 정적분으로 표현하면 다음과 같이 된다.

$$S_A \equiv \int_0^1 g(x)dx = \iint I_A f_{W,V}(x,y)dxdy$$

$$= E(I_A) = P(A)$$

$$\text{여기서 } I_A = \begin{cases} 1 & (x,y) \in A \\ 0 & (x,y) \notin A \end{cases}$$

이제 적분값 $S_A \equiv p$를 구하는 다른 접근법을 고려하자 먼저 $U(0,1)$에서 $2N$개의 난수 $W_1, \cdots, W_N$, $V_1, \cdots, V_N$를 생성하여, 하나씩 짝을 지어, $(W_i, V_i), i = 1,2,\cdots,N$을 만든다. 이렇게 만든 $(W_1, V_1), (W_2, V_2), \cdots, (W_N, V_N)$을 이변량(bivariate) 균일분포

$f_{W,V}(x,y)$에서의 난수(random number)라 한다. 다음 한 점$(W_i,\ V_i)$가 A안에 있으면 적중(hit), 그렇지 않으면 실패(miss)라 하고, N_A를 A안에 있는 점의 수 즉 적중수(the number of hits)라 한다면 p의 추정치는 다음과 같이 놓을 수 있다.

$$\hat{p}=\frac{N_A}{N}$$

그러면 N_A는 이항분포 $Bin(N,\ p)$를 따르고, 추정치 $\hat{p}$의 기댓값과 분산 그리고 표준편차는 다음과 같다.

$$E(\hat{p})=\frac{E(N_A)}{N}=\frac{Np}{N}=p$$

$$Var(\hat{p})=\frac{Var(N_A)}{N^2}=\frac{Np(1-p)}{N^2}=\frac{p(1-p)}{N}$$

$$s.d.(\hat{p})=\sqrt{\frac{p(1-p)}{N}}$$

그러므로 확률론의 강대수법칙[대수의 강법칙](strong law of large numbers;SLLN)에 의하여, 확률 1로(with probability 1) 다음과 같이 된다.

$$\lim_{N\to\infty}\frac{N_A}{N}=p$$

그런데 p가 A의 면적 $\int_0^1 g(x)\,dx$이므로 다음과 같이 됨을 알 수 있다.

$$\frac{N_A}{N}\ \xrightarrow{a.s.}\ \int_0^1 g(x)dx$$

실제로 난수를 하나씩 생성하고 위와 같은 절차를 직접 수행하는 것은 거의 불가능하다. 그러나 컴퓨터에 의한 유사 난수(pseudo-random number)를 생성시킨 후 이어지는 과정, 즉 N_A/N을 구하여 N를 증가시키는 것을 어렵지 않다. 즉 난수 $(W_i,\ V_i)$의 개수 N를 증가시키는 것이 문제가 되지 않는다. 위의 사실을 일반화하여 적분 $I\equiv\int_a^b g(x)dx$을 구할 수 있다.

[일반화]

- $g(x)$는 다음을 만족하는 연속함수이다. $0 \leqq g(x) \leqq c < \infty, \qquad x \in [a,b]$

- 표본공간을 $\Omega = \{(x,y) \mid a \leqq x \leqq b,\ 0 \leqq y \leqq c\}$으로 선택한다.

- 난수 $(W_i, V_i),\ i = 1,2,\cdots,N$을 생성시킨다.

$$\text{여기서 } (W, V) \sim f_{W,V}(x,y) = \begin{cases} \dfrac{1}{c(b-a)} & (x,y) \in \Omega \\ 0 & (x,y) \notin \Omega \end{cases}$$

- $I \equiv \int_a^b g(x)dx$을 $c(b-a)\dfrac{N_A}{N}$으로 추정한다.

적분값을 구하기 위한 알고리즘은 다음과 같다.

[알고리즘] 적중법(Hit or Miss method)에 의한 적분

- 단계 1 : $2N$개의 균일난수열 $\{U_j\},\quad j = 1,2,\cdots,2N$을 생성

- 단계 2 : N쌍의 난수$\{(U_i, U_i')\},\ i = 1,\cdots,N$를 만든다.
  단 어떤 난수 U_i라도 단 한 번만 사용함

- 단계 3 : $W_i = a + U_i(b-a),\ V_i = cU_i'$를 계산

- 단계 4 : $V_i \leqq g(W_i)$가 성립하면 (W_i, V_i)는 A에 있다고 함.
  N_A : A에 있는 (W_i, V_i)의 개수

- 단계 5 : 적분값 I를 $c(b-a)\dfrac{N_A}{N}$으로 추정한다.

일반적으로 적중법에 의한 적분값의 추정은 분산이 크기 때문에 사용상에 문제점이 있다. 그러므로 실제로는 많이 사용하지 않는다. 분산이 적고, 보다 효율적인 적분법을 사용한다.

7.3 표본평균법(Sample Mean Method)

앞 절에서와 같이 $\int_0^1 g(x)dx$의 적분을 생각하자. X를 확률밀도함수 $f(x)$를 갖는 확률변수라고 하면 피적분함수 $g(\cdot)$를 확률변수 X의 함수 $g(X)$로 본다면 $g(X)$의 기댓값은 다음과 같다.

$$E(g(X)) = \int_{-\infty}^{\infty} g(x) f_X(x)dx$$

여기서 만약 확률변수 X를 구간 $[0,1]$에서의 **균일[등]분포**(uniform distribution)를 따른다고 한다면 $f_X(x)$는 구간 $[0,1]$에서 $f_X(x)=1$이므로 $g(X)$의 기댓값은 다음과 같이 된다.

$$E[g(X)] = \int_0^1 g(x) \cdot 1 \ dx$$

그러면 **강대수법칙**(strong law of large numbers;SLLN)에 의하여, **확률 1로**(with probability 1), 구하는 적분값이 다음과 같이 얻어진다.

$$\overline{g(X)} \equiv \frac{1}{N}\sum_{i=1}^{N} g(X_i) \longrightarrow E[g(X)] = \int_0^1 g(x)dx \qquad w.p.\ 1$$

그러므로 $\int_0^1 g(x)dx$는 $\frac{1}{N}\sum_{i=1}^{N} g(X_i)$로 추정한다. 여기서 X_i, $i=1,2,\cdots,N$를 구간 $[0,1]$에서의 균일난수(uniform random number)이다. 그러므로 적분 구간이 보다 일반적인 형태인 $\int_a^b g(x)dx$는 $\frac{(b-a)}{N}\sum_{i=1}^{N} g(X_i) = (b-a)\overline{g(X)}$로 추정한다. 여기서 X_i는 구간 $[a,b]$에서의 균일난수이다. 이와 같은 절차에 의한 정적분값의 추정 방법을 **표본평균법**(sample mean method)이라한다.

예제 7.3.1 Hit or Miss 몬테카를로 적분법과 표본평균법을 이용하여 다음의 적분값을 추정하고, 실제의 적분값과 비교하라.

$$\text{a)} \int_0^1 4\sqrt{1-x^2}\,dx, \quad \text{b)} \int_0^2 \sin\left(\frac{\pi x}{2}\right)dx$$

(풀이)

■ Maple에 의한 방법

```
> MonteCarlo:=proc(n,f,xmin,xmax,ymax)
            local a,b,c,d,points,i,j,counter,trans,U,V:
            U:=stats[random, uniform[xmin,xmax]]('generator'):
            V:=stats[random, uniform[0,ymax]]('generator'):
            points:=[]:
            for j from 1 to n do
                    points:=[op(points),[U(),V()]]
            end do:
            a:=plot(points, style = point):
            b:=plot({f},x=xmin..xmax, color=blue):
            c:=plot({ymax},x=xmin..xmax, color=black):
            d:=plot([[xmax,0], [xmax, ymax]], color=black):
                    counter:=0:
                    trans:=unapply(f,x):
            for i from 1 to n do
                    if trans(op(i,points)[1])>=op(i,points)[2] then
                            counter:=counter+1:
                    end if:
            end do:
    print(`Hit and Miss`=evalf((counter/n)*(xmax-xmin)*(ymax)));
    print(`Mean Sample Method`=(xmax-xmin)
            *add(eval(f, x=points[i,1]),i=1..n)/n);
    plots[display]([a,b,c,d], scaling=UNCONSTRAINED,
            title=`Monte Carlo Method of f`);
    end proc:
> MonteCarlo(300,4*sqrt(1-x^2),0,1,4);
```

***Hit or Miss Method* = 3.226666667**

***Mean Sample Method* = 3.141411490**

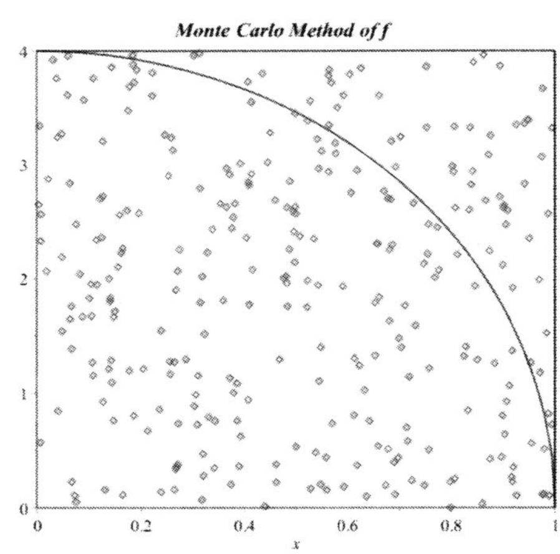

```
> evalf(int(4*sqrt(1-x^2), x=0..1));
```

3.141592654

```
> evalf(Pi);
```

3.141592654

```
> MonteCarlo(500,sin(evalf(Pi)*x/2),0,2,2);
```

***Hit or Miss Method* = 1.376000000**

***Mean Sample Method* = 1.265075899**

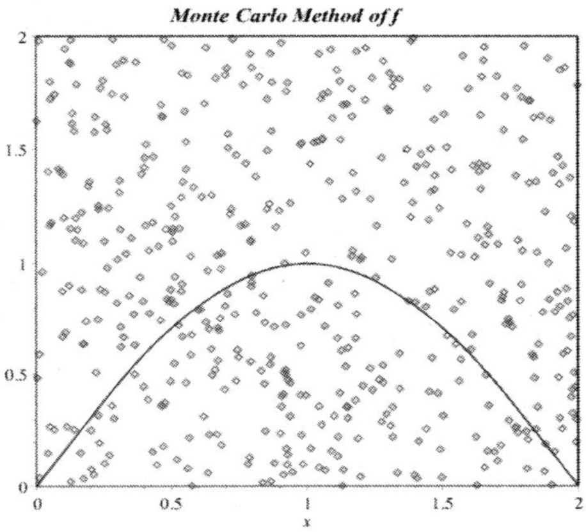


```
> int(sin(evalf(Pi)*x/2), x=0..2);
```

1.273239545

■ R에 의한 방법

```
> #--------- Hit or Miss method ---------#
> hm = function(f, a, b, c, n) {
        r = seq(a, b, by=0.001)
        x = c(a, r, b)
        y = c(0, f(r), 0)
    plot(x, y, col="blue", type="l", lwd=2, xlim=c(a, b), ylim=c(0, c),
            main="Hit or Miss Method", col.main="blue", cex.main=1.5,
            xaxs="i", yaxs="i", xlab="x", ylab ="f(x)")
        m = max(y)
        px = runif(n, min=a, b)
        py = runif(n, min=0, c)
        points(px, py, pch=20, col=(py<f(px))*1+1)
        p = sum(f(px)>= py)/n
        c(p, sqrt(p*(1-p)/n))*c*(b-a)
        cat(" Estimate :", p*c*(b-a), "₩n","Standard Deviation :",
```

```
              sqrt(p*(1-p)/n)*c*(b-a),"\n")
        }
> f = function(x) 4*sqrt(1-x^2)
> hm(f, 0, 1, 4, 2000)
 Estimate : 3.134
 Standard Deviation : 0.03683778
```

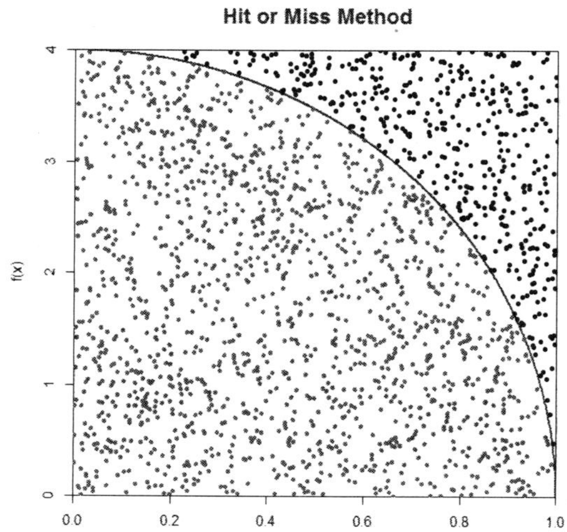

(0,1)에서의 실제 적분에 의한 값을 구하면 다음과 같다. 그러므로 이 결과로 절대오차 (absolute error)를 구해봄으로 정확도가 어느 정도인지 알 수 있을 것이다.

```
> (vf <- integrate(f, 0, 1))
3.141593 with absolute error < 0.00016
> vf[[1]]
[1] 3.141593
> vf[[2]]
[1] 0.0001554797
```

이제 난수의 개수를 2 만개로 늘려서 시행하면 다음과 같이 된다. 거의 정확한 값을 얻을 수 있고 표준편차도 작아졌음을 알 수 있다.

```
> hm(f, 0, 1, 1, 20000)
 Estimate : 3.141
 Standard Deviation : 0.0116149
```

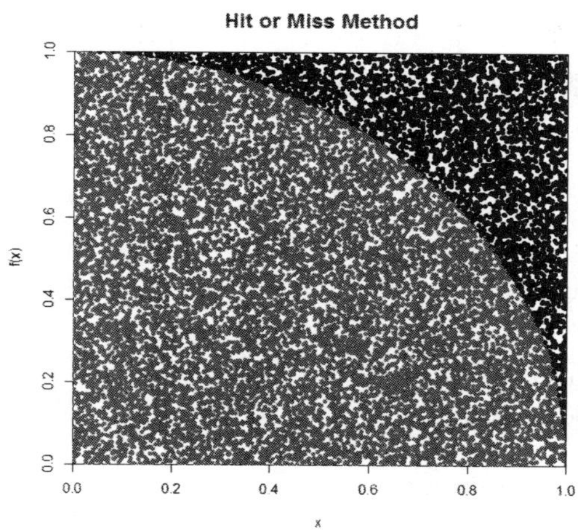


```
> #---------- The Sample Mean method ---------#
> sm = function(f, a, b, n) {
        px=runif(n, a, b)
        py=f(px)
        plot(px, py, type="h", xlim=c(a, b), col="blue",
              main="Sample Mean Method", col.main="blue", cex.main=1.5,
              xaxs="i", yaxs="i", xlab="x", ylab ="f(x)")
         curve(f(x), a, b, add = TRUE, col="red", lwd=2)
        #c(mean(py), sd(py)/sqrt(n))*(b-a)
        cat(" Estimate :", mean(py)*(b-a), "₩n",
              "Standard Deviation :", sd(py)/sqrt(n)*(b-a),"₩n")
        }

> sm(f, 0, 1, 200)*4
 Estimate : 3.099624
 Standard Deviation : 0.06616596
```

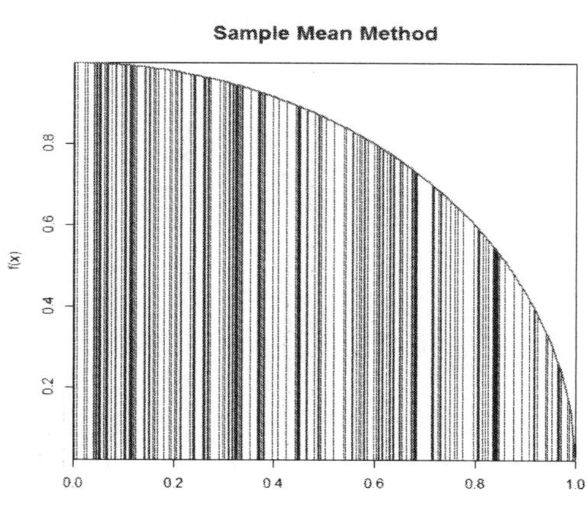

이 경우에도 난수의 개수를 늘리면 보다 π의 정확한 추정값을 얻게 된다. 실제로 R에서 사용하는 π값을 확인하여 보면 다음과 같다.

```
> pi
[1] 3.141593
```

이제 두 번째 적분값을 추정하여 보자.

```
> f = function(x) sin(pi*x/2)
> hm(f, 0, 2, 1, 2000)
 Estimate : 1.288
 Standard Deviation : 0.02141327
```

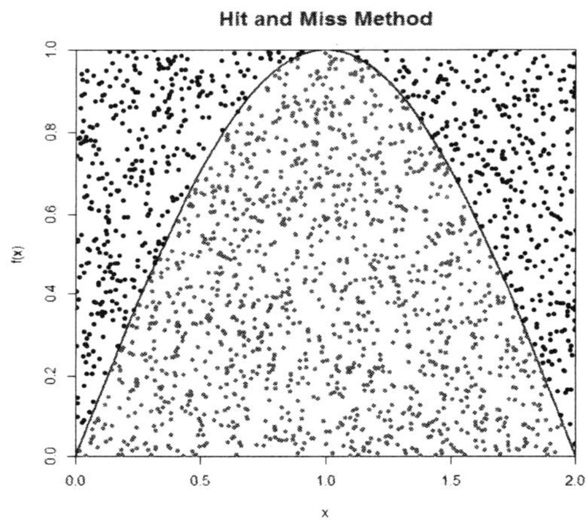


```
> sm(f, 0, 2, 200)
 Estimate : 1.270285
 Standard Deviation : 0.04369872
```

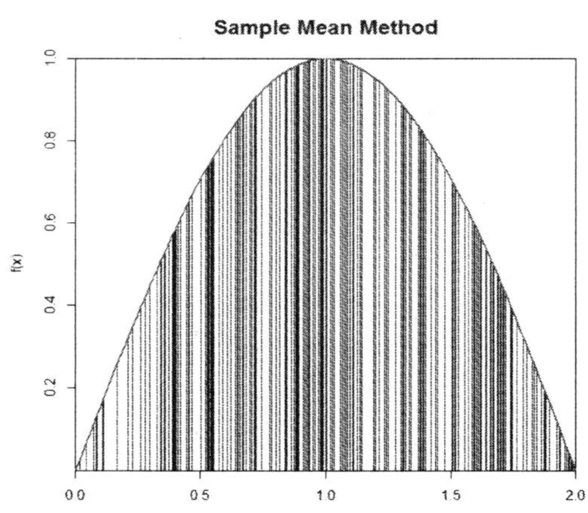

아래와 같이 난수의 개수를 2000개로 늘리면 표준편차가 아주 작은 추정값을 얻을 수 있다. 적중법에 의한 추정과 비교할 때도 표준편차가 더 작은 것을 알 수 있다.

```
> sm(f, 0, 2, 2000)
 Estimate : 1.270445
 Standard Deviation : 0.01378357
```

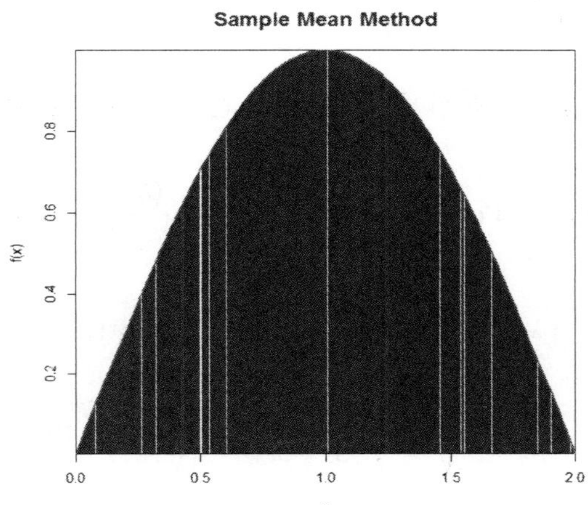

실제 적분에 의하여 적분값을 구하면 다음과 같다.

```
> (vfb <- integrate(f, 0, 2))
1.27324 with absolute error < 1.4e-14
```

□

※ 표본평균 몬테카를로 적분법은 적중법보다 효율적이다.

$\hat{\theta}_1$과 $\hat{\theta}_2$를 모수 θ에 대한 추정량이라 할 때 만약 $Var(\hat{\theta}_1) < Var(\hat{\theta}_2)$이면 $\hat{\theta}_1$이 $\hat{\theta}_2$보다 더 효율적(efficient)이라 한다.

■ **적중법과 표본 평균 몬테카를로 적분법이 효율성의 비교**

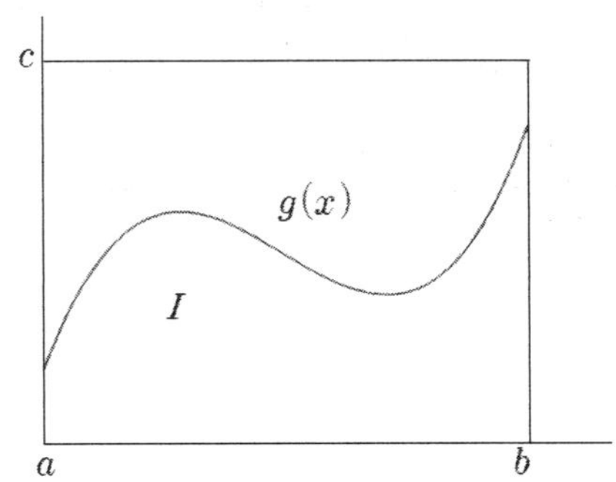

적중법과 표본평균 몬테카를로 적분에 의한 $I \equiv \int_a^b g(x)dx$의 추정량을 각각 θ_1, θ_2 라고 하자. 그리고 p를 사각형 □abc에서 I가 차지하는 비율이라 하면 $I = c(b-a)p$ 이므로

$$Var(\theta_1) = Var\left(c(b-a)\frac{N_A}{N}\right) = c^2(b-a)^2 \cdot \frac{p(1-p)}{N} = \frac{1}{N}[c(b-a)I - I^2]$$

이고, 표본평균 몬테카를로 적분의 추정량 θ_2의 분산은 다음과 같다.

$$Var(\theta_2) = Var\left(\frac{(b-a)}{N}\sum_{i=1}^{N} g(X_i)\right) = \frac{(b-a)^2}{N} Var(g(X))$$

$$= \frac{(b-a)^2}{N}\{E(g^2(X)) - [E(g(X))]^2\}$$

$$= \frac{(b-a)^2}{N}\int_a^b g^2(x)dx - \frac{I^2}{N}$$

여기서 $I = \int_a^b g(x)dx = (b-a)\int_a^b g(x)\frac{1}{b-a}dx = (b-a)E(g(X))$이고, $Y \sim U(a,b)$ 이다.

그러므로 $Var(\theta_1) - Var(\theta_2) = \frac{1}{N}(b-a)\left[cI - \int_a^b g^2(x)dx\right]$와 같이 구할 수 있는데 이 때 $g(x) \leq c$이므로 $cI - \int_a^b g^2(x)dx \geq 0$가 되어 결국 다음이 성립한다.

$$Var(\theta_1) \geqq Var(\theta_2)$$

예제 7.3.2 Hit or Miss 몬테카를로 적분법과 표본평균법을 이용하여 다음의 적분 값을 추정하고 표본평균법이 더 효율적이고 우수함을 보여라.

a) $\int_0^1 4\sqrt{1-x^2}\,dx$, b) $\int_0^2 \sin\left(\frac{\pi x}{2}\right)dx$

(풀이) a)의 경우만 수행한다.

■ **R에 의한 방법**

```
> g=function(x) sqrt(1-x^2)
> n=10000
> out1=numeric(100)
> out2=numeric(100)
> system.time(
        for(i in 1:100){
        const=1 # c
        x=runif(n, 0, 1)
        y=runif(n, 0, const)
        out1[i]=4*mean(y<=g(x))
  }
  )
   user  system elapsed
   0.07    0.00    0.06
> system.time(
        for(i in 1:100){
        x=runif(n)
        out2[i]=mean(g(x))*4
  }
  )
   user   system elapsed
   0.05     0.00    0.04
```

두 방법의 처리 속도를 보면 Hit or Miss 방법보다 표본평균법이 더 짧음을 알 수 있다.

```
> head(cbind(out1,out2))
       out1     out2
[1,] 3.1544 3.148602
[2,] 3.1400 3.136390
[3,] 3.1448 3.139190
[4,] 3.1532 3.146734
[5,] 3.1252 3.150706
[6,] 3.1328 3.149045
```

```
> apply(cbind(out1,out2), 2, summary)
            out1     out2
Min.    3.096400 3.118752
1st Qu. 3.125800 3.136347
Median  3.142000 3.142129
Mean    3.140248 3.141833
```

```
3rd Qu. 3.153600 3.146935
Max.    3.169200 3.161844
```

π값의 추정치과 절대오차는 각각 다음과 같다.

```
> (mm=apply(cbind(out1,out2), 2, mean))
    out1     out2
3.142656 3.140217
> abs(mm-pi)
        out1         out2
0.0013446536 0.0002407956
```

위의 결과를 보면 표본평균법으로 추정하면 정확도가 더 높은 것을 알 수 있다.

```
> (ss=apply(cbind(out1,out2), 2, sd))
       out1        out2
0.016684333 0.007790628
> abs(ss[1]-ss[2])/max(ss)
     out1
0.5330573
```

표본평균법이 Hit or Miss법보다 표준편차가 53.3% 정도 작다.

```
> boxplot(cbind("Hit or Miss"=out1,"Sample Mean"=out2), col=c(3,5),
          main="Comparision between HM and SM method", cex.main=1.2)
```

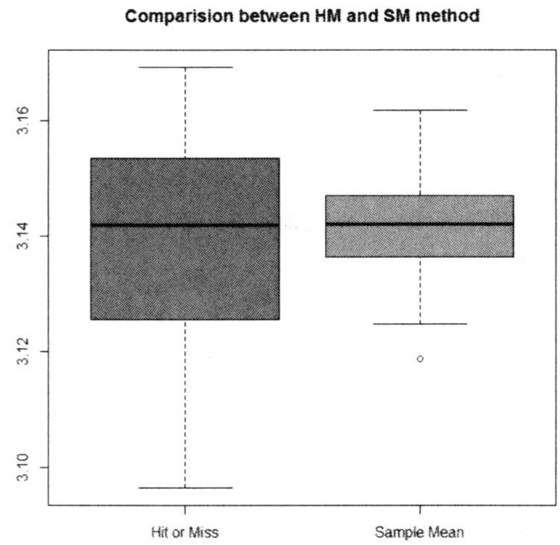

위의 상자그림(box plot)은 표본평균법에 의한 추정이 Hit or Miss 방법보다 더 효율적이며, 다시 말하면 표본평균법에 의하여 추정하면 정확도(accuracy)와 정밀도(precision)가 더 높은 것을 알 수 있다. □

위의 적분법을 보다 확장하여 일반화하는 문제를 고려해보자. 확률함수 $\pi(x)$와 관련된 다음과 같은 적분을 고려하자.

$$\mu \equiv \int g(x)\pi(x)dx = E(g(X)) \equiv E_{\pi}(g)$$

만약 위의 적분값을 해석학적으로 구할 수 없지만 확률함수 π로부터 서로 독립이고, 동일한 분포(i.i.d.)를 갖는 확률표본 $X_1, X_2, \cdots, X_n$을 구할 수 있다면 위의 적분값을 다음 식에 의하여 추정할 수 있다.

$$\hat{\mu}_n = \frac{1}{n}\sum_{i=1}^{n} g(X_i)$$

왜냐하면 강대수법칙(strong law of large numbers;SLLN)에 의하면 다음과 같이 되기 때문이다.

$$\hat{\mu}_n \longrightarrow \mu \qquad (w.p.1)$$

또한, 만약 분산 $\sigma_{\pi}^2(g) \equiv Var(g(X))$이 존재한다면, 즉 $\sigma_{\pi}^2(g) < \infty$이라면 $\hat{\mu}_n$의 분산 $\sigma^2(\hat{\mu}_n) \equiv \frac{1}{n}\sigma_{\pi}^2(g)$은 아래의 식으로 추정된다.

$$\hat{\sigma}^2(\hat{\mu}_n) \equiv \frac{1}{n}\frac{1}{n-1}\sum_{i=1}^{n}[g(X_i) - \hat{\mu}_n]^2$$

또한 중심극한정리에 의하여 다음과 같은 사실을 알 수 있다.

$$\frac{\hat{\mu}_n - \mu}{\hat{\sigma}(\hat{\mu}_n)} \xrightarrow{d} N(0,1)$$

그러나 만약 확률함수 π로부터 서로 독립이고, 동일한 분포(i.i.d.)를 갖는 확률표본 $X_1, X_2, \cdots, X_n$을 구할 수 없는 경우에는 어찌하겠는가? 이와 같은 문제를 해결하는 방법이 다음 절에서 다룰 주표집법(importance sampling method)과 다음 장에서 다룰 마르코프 연쇄 몬테카를로(Markov chain Monte Carlo;MCMC) 표집법이다.

7.4 주표집법(Importance Sampling Method)

적중법이나 표본평균법은 일반적으로 오차가 상당히 크다는 단점이 있다. 그러므로 적분값의 오차분산을 줄이는 방법을 찾는 것이 몬테카를로 적분의 중요한 과제가 된다. 오차분산을 줄이는 기법을 **분산축소기법**(variance reduction technique)이라 한다. 분산축소 기법에는 **제어변수**(또는 **제어변량**:control variate) **몬테카를로 적분법**, **대조변수**(또는 **대조변량**: antithetic variate) **몬테카를로 적분법**, **층화표집**(stratified sampling), 조건부 기댓값을 이용하는 **기댓값법**(expected value method) 그리고 **주표집법**(importance sampling method)이 있다. 지면 관계상 이 책에서는 주표집법을 다루고 나머지는 간단히 소개한다.

주표집법은 적분의 추정량의 분산을 감소시키기 위한 방법으로 여러 분야에서 연구, 활용되고 있다. 특히 **희귀사건**(rare event)의 확률을 추정하는 데 사용하기도 한다. Yue QIU, et al. (2007). 이 방법은 표본평균법을 일반화한 것으로 다음과 같은 절차를 따른다. 먼저 구하고자 하는 적분을 다른 방법으로 표현한다. 만약 $f(x)$는 구간 $[a,b]$에서 정의되는 확률변수 X의 확률밀도함수라 한다면 구하는 적분을 다음과 같이 표현할 수 있다.

$$I \equiv \int_a^b g(x)dx = \int_a^b \frac{g(x)}{f(x)} f(x)dx = E\left(\frac{g(X)}{f(X)}\right)$$

여기서 지지집합(support)들 사이에는 다음과 같은 관계가 있어야 한다.

$$\{x \mid g(x) \neq 0\} \subset \{x \mid f(x) \neq 0\} \text{ 즉 } supp(g) \subset supp(f).$$

이때 확률밀도함수 $f(x)$를 **주표집함수**(importance sampling function)라 하고, $g(x)/f(x)$를 **가중함수**(weight function)라 한다. 그러므로 적분 I의 추정량 $\hat{I}$은 다음과 같이 구한다.

$$\hat{I} \equiv \frac{1}{N}\sum_{i=1}^{N}\frac{g(X_i)}{f(X_i)}$$

여기서 $X_1, X_2, \cdots, X_N$는 주표집함수 $f(x)$를 따르는 N개의 난수열이다.

분산은 다음과 같이 얻어진다.

$$Var\left(\frac{g(X)}{f(X)}\right)=E\left(\frac{g(x)}{f(x)}\right)^2-\left[E\left(\frac{g(x)}{f(x)}\right)\right]^2$$

$$=\int\left(\frac{g(x)}{f(x)}\right)^2 f(x)dx-I^2$$

$$=\int\frac{(g(x))^2}{f(x)}dx-I^2$$

따라서 추정량의 분산의 추정량은 다음과 같이 얻어진다.

$$\widehat{Var(\hat{I})}=\frac{\hat{\sigma}^2}{N}=\frac{1}{N}\left(\frac{1}{N}\sum_{i=1}^{N}\frac{g^2(X_i)}{f^2(X_i)}-\hat{I^2}\right)$$

주의 만약 X가 $U(a, b)$를 따른다면 확률밀도함수는 다음과 같다.

$$f(x)=\frac{1}{b-a} \qquad a\leqq x\leqq b$$

그러면 주표집법은 표본평균법이 됨을 알 수 있다. 다시 말해 주표집법은 표본평균법을 일반화시킨 것임을 알 수 있다. 그리고 만약 $w(x)\equiv g(x)/f(x)$라 한다면 위의 식은 다음과 같이 간단하게 표현 할 수 있다.

$$I\equiv\int_a^b g(x)dx=\int_a^b\frac{g(x)}{f(x)}f(x)dx=\int_a^b w(x)f(x)dx=E(w(X))$$

주표집법은 사용이 쉽고 효율이 높으며 특히 많은 적분기법들이 차원이 높아지면서 급속히 떨어지는 반면, 주표집법은 다차원일 경우에도 주표집함수를 잘 선택하면 효율이 그다지 떨어지지 않아 다차원 적분에 매우 유용하게 사용될 수 있다.

[알고리즘] 주표집법(표본크기가 고정된 경우)

- 단계 1 : 적절한 주표집함수 $f(x)$를 선정한다.
- 단계 2 : 확률밀도함수 $f(x)$를 따르는 N개의 난수열 $\{X_i\}$, $i=1,2,\cdots,N$을 생성한다.
- 단계 3 : $\dfrac{g(X_i)}{f(X_i)}$, $i=1,2,\cdots,N$를 계산한다.
- 단계 4 : 적분값을 $\hat{I}=\dfrac{1}{N}\sum_{i=1}^{N}\dfrac{g(X_i)}{f(X_i)}$로 추정한다.

다음은 표본의 개수가 고정되어 있지 않고 추정의 정밀도가 주어진 경우를 고려하자.

[알고리즘] 주표집법(정밀도가 주어진 경우)

- 단계 1 : 적절한 주표집함수 $f(x)$를 선정한다.
- 단계 2 : $f(x)$로부터 N개의 랜덤표본 $X_1,\cdots,X_N$을 생성한다.
- 단계 3 : 난수 $X_1,\cdots,X_N$을 사용하여 적분값 I의 추정값과 분산의 추정값을 계산한다. 분산의 추정값이 원하는 값보다 작은지 살펴본다.
- 단계 4 : 작으면 중단하고 아니면 다시 $f(x)$로부터 N개의 랜덤표본 $X_{N+1},\cdots,X_{2N}$을 생성한다.
- 단계 5 : $2N$개의 랜덤표본 $X_1,\cdots,X_{2N}$을 사용하여 적분값 I의 추정값과 분산의 추정값을 계산한 후 분산의 추정값이 원하는 값보다 작은지 살펴본다.
- 단계 6 : 작으면 중단하고 아니면 다시 $f(x)$로부터 N개의 랜덤표본 $X_{2N+1},\cdots,X_{3N}$을 생성한다.
- 단계 7 : $3N$개의 랜덤표본 $X_1,\cdots,X_{3N}$을 사용하여 적분값 I의 추정값과 분산의 추정값을 계산 한 후 분산의 추정값이 원하는 값보다 작은지 살펴본다.

위의 알고리즘은 정밀도를 고려한 추정을 할 때 랜덤표본의 개수를 설정하거나 찾을 때 사용할 수 있다. 일반적으로 난수의 개수에 따라 정밀도를 계산하고 추정할 수 있으나 경우에 따라서는 정밀도를 지정해 놓은 상황에서 적분을 추정한다. 그런 경우에는 난수의 개수를 변화시켜서 정밀도에 적합한 난수의 개수를 설정해야 한다.

또한, 고려해야 할 중요한 문제는 단지 균일분포가 아닌 다른 분포를 따르는 난수를 생성시켜야 된다는 것이다. 임의 연속확률분포를 따르는 난수를 생성시키는 것을 가능하게 한 중요한 이론이 다음의 **확률적분변환**(probability integral transformation)이다.

정리 7.4.1 확률변수 X는 연속확률분포함수 $F(x)$를 갖고, 확률변수 U는 균일분포 $U(0,1)$를 따른다. 그러면 $F^{-1}(U)$의 분포함수는 $F(\cdot)$이다.

증명 만약 $Y=F^{-1}(U)$라하고 Y의 분포함수를 구하면 다음과 같다.

$$\begin{aligned} F_Y(y) &= P(Y \leqq y) = P(F^{-1}(U) \leqq y) \\ &= P(F(F^{-1}(U)) \leqq F(y)) \\ &= P(U \leqq F(y)) = F(y) \end{aligned}$$

그러므로 $Y=F^{-1}(U)$의 분포함수가 $F(\cdot)$가 되는 것을 알 수 있다. □

만약 위의 정리에서 $F^{-1}(\cdot)$를 다음과 같이 정의하면 연속확률분포 뿐만 아니라 이산확률분포의 경우에도 적용된다.

$$F^{-1}(y) \equiv inf\{x : F(x) \geqq y\}, \quad y \in [0,1]$$

위의 정리를 특정한 분포를 따르는 n의 난수를 생성하는 것에 적용한다면 다음과 같은 과정을 수행할 수 있다. 예를 들면 F를 따른 난수들 $X_1, X_2, \cdots, X_n$를 생성시키려면 먼저 균일분포 $U(0,1)$을 따르는 난수 $U_1, U_2, \cdots, U_n$를 생성시킨 후 F의 역함수$F^{-1}(\cdot)$를 난수 U_i를 대입하여 $X_i = F^{-1}(U_i)$, $i=1,2,\cdots,n$와 같이 구하면 된다. 이 방법에 의하여 난수를 생성하는 과정을 간단히 **역변환법**(inverse transformation method)이라 한다.

예제 7.4.2 지수분포 $\mathcal{E}(\lambda)$를 따르는 난수를 생성하는 프로그램을 짜고, 그것에 의하여 $\lambda=1$인 경우의 난수들을 생성하고 히스토그램과 실제 확률함수와 비교하는 그래프를 그려보아라.

풀이 역변환법에 의하여 지수분포를 따르는 난수 발생시켜보자. 확률변수 X가 모수 λ를 갖는 지수분포$\mathcal{E}(\lambda)$를 따른다면 분포함수는 $F(x)=1-e^{-\lambda x}$, $x>0$이다. 즉 다음과 같이 간단히 표현할 수 있다.

$$X \sim \mathcal{E}(\lambda) \Leftrightarrow F(x) = 1-e^{-\lambda x}, \quad x>0$$

따라서 역변환에 의하여 다음을 구한다.

$$F^{-1}(u) = -\frac{1}{\lambda} ln(1-u)$$

그러므로 U가 균일분포 $U(0,1)$를 따른다면 역변환에 의하여 $F^{-1}(U) = -\frac{1}{\lambda}ln(1-U)$은 지수분포 $\mathcal{E}(\lambda)$를 따른다. 한편 $U \sim U(0,1)$이면, $1-U \sim U(0,1)$이므로 $-\frac{1}{\lambda}ln$

$(1-U)$와 $-\frac{1}{\lambda}ln(U)$는 같은 지수분포를 따른다. 그러나 $-\frac{1}{\lambda}ln(U)$가 계산의 한 단계를 적게하기 때문에 더 효율적이므로 이것을 이용한다.

■ **R에 의한 실습**

```
> rexpdist <- function(n, lambda)
  {                    # n : 난수의 개수
                       # lambda : 지수분포 평균 = 1/lambda
        if (lambda<= 0) stop("lambda must be greater than zero")
        return(-log(runif(n))/lambda)
  }
> x <- rexpdist(1000,1)
> hist(x,  freq = FALSE, ylim=c(0,1), col="green")
> curve(dexp(x, rate=1), col = 2, lwd = 2, add = TRUE)
```

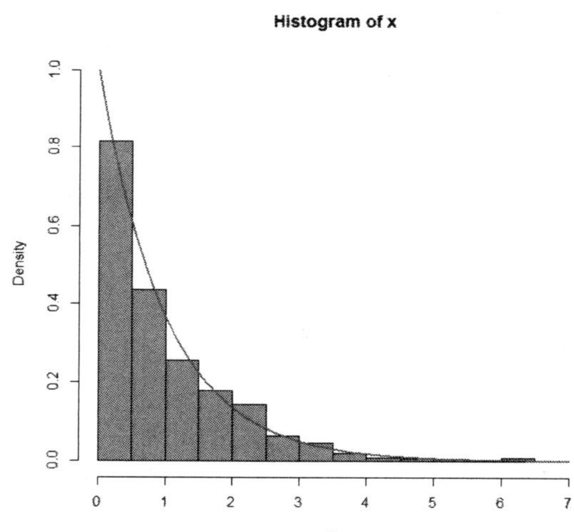

■ **Maple에 의한 방법**

```
> with(stat):
> print(ExponentialS);
  proc(t::numeric, n::posint)
        local i;
        option `August 12, 1993 -- Zaven A. Karian`;
        description "Generates sample from exponential";
            if t <= 0 then ERROR("First argument must be positive")
            end if;
            [seq(evalf(-t*log(1 - rng())), i = 1 .. n)]
  end proc
```

패키지 stat에서는 위에서 설명한 방법으로 간단히 프로그램되어 있음을 알 수 있다. 프로그램 내용을 보려면 명령어 print를 사용하고 수정도 가능하다. 그러나 패키지 Statistics에서는 다른 분포의 난수를 생성하는 것을 포함하는 포괄적인 내용으로 보다 수준 높은 프로그램으로 짜여 있음을 아래에서 확인할 수 있다.

```
> with(Statistics):
> print(RandomVariable);
  proc(X, R)
       local T;
    if type([args],
    ['name', {'function', ':-ProbabilityDistribution'}]) then
        T := Statistics:-Distribution(R);
        return DataStructure:-NewRandomVariable(X, T)
    elif nargs = 1 and
    type(args[1], {'function', 'ProbabilityDistribution'})
    then
        if assigned('_EnvStatisticsRandomVariableName') then
             return procname(_EnvStatisticsRandomVariableName,
             args[1])
        else return procname('_R', args[1])
        end if
    else
        if type(args[1], 'name') then
             T := Statistics:-Distribution(args[2 .. -1]);
             return procname(args[1], T)
        else
             T := Statistics:-Distribution(args);
             return procname(T)
        end if
    end if
end proc
```

그러므로 Maple을 이용하려면 다음과 같이 해야 한다.

```
> X := RandomVariable(Exponential(1));
                                        X := _R

> A := Sample(X, 10^6):
> P := DensityPlot(X, range = 0..6, thickness = 2, color=red):
> Q := Histogram(A, range = 0..6, color=cyan, title= "Histogram and pdf" ,
       titlefont=[ "TIMES" , 15]):
> plots[display](P, Q);
```

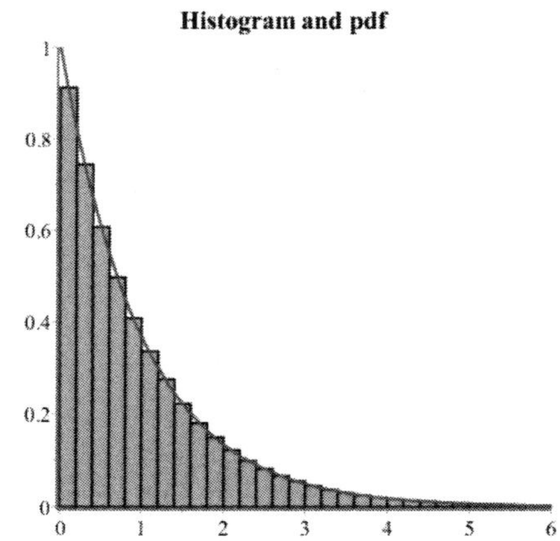

□

역변환법은 매우 효율적인 난수의 발생법이다. 문제는 통계학에서 사용하는 많은 분포들의 분포함수의 역함수를 구하기가 불가능하거나 쉽지 않은 경우가 많다는 것이다. 그러므로 난수를 생성하기 용이한 분포를 선택하여 난수를 생성한 후, 이것을 주표집법을 이용하여 직접 구하기 힘든 적분을 추정한다. 아래의 예제에서는 피적분함수의 부정적분을 구하는 것이 어렵다. 그래서 주표집법을 이용하여 적분값을 추정한다.

예제 7.4.3 다음 적분값을 구하라.

$$\int_0^8 \frac{1+e^{-x/2}}{\sqrt[3]{x}}dx$$

풀이 일반적인 적분 프로그램으로는 위의 적분값을 구하는 것이 용이하지 않다. 즉 만약

$$g(x) \equiv \frac{1+e^{-x/2}}{\sqrt[3]{x}}$$

라 놓으면 피적분함수 $g(x)$의 원시함수를 찾는 것이 쉽지 않다. 그러므로 일반적인 방법으로는 $I \equiv \int_0^8 g(x)dx$을 구할 수가 없다. 물론 이것보다 더 어렵고 복잡한 적분은 많이 존재한다. 그러므로 위의 적분을 몬테카를로 적분법으로 구해보자. 먼저 위의 적분을 다음과 같이 표현하자.

$$I \equiv \int_0^8 g(x)dx = \int_0^8 \frac{1+e^{-x/2}}{\sqrt[3]{x}}dx = \int_0^8 (1+e^{-x/2})\frac{1}{\sqrt[3]{x}}dx$$

그런데

$$F_X(x) = c\int_0^x \frac{1}{\sqrt[3]{t}}dt = \frac{3c}{2}t^{2/3}\Big|_0^x = \frac{3c}{2}x^{2/3}$$

또한 $1 = F_X(8) = \frac{3c}{2}8^{2/3} = \frac{3c}{2}4 = 6c$이므로 $c = 1/6$이고, $f_X(x) = \frac{d}{dx}F_X(x) = \frac{1}{6\sqrt[3]{x}}$이므로, 위의 적분은 다음과 같이 표현할 수 있다.

$$I \equiv \int_0^8 \frac{1+e^{-x/2}}{\sqrt[3]{x}}dx = \int_0^8 6(1+e^{-x/2})\frac{1}{6\sqrt[3]{x}}dx = \int_0^8 w(x)f_X(x)dx$$

여기서 $f_X(x) = \frac{1}{6\sqrt[3]{x}}$이고 $w(x) \equiv 6(1+e^{-x/2})$이다.

그러므로 확률함수 $f_X(x)$을 따르는 난수 X_i를 생성하기 위해서 다음과 같은 **역변환법**(inverse transformation method)을 이용한다.

$$u = F_x(x) = \frac{1}{4}x^{2/3} \qquad \Leftrightarrow \qquad x = (4u)^{3/2}$$

즉 확률함수 $f_X(x)$을 따르는 난수 X_i는, 먼저 $U_i,\ i = 1, 2, \cdots, N$를 $U(0,\ 1)$에서 생성한 후 $X_i = (4U_i)^{3/2}$에 의하여 생성한다.

그러면 위의 적분 I는 다음과 같이 표현할 수가 있다.

$$I = \int_0^8 w(x)f_X(x)dx = E(w(X))$$

그러므로 추정값 $\widehat{I_N}$은 다음과 같이 구해진다.

$$\widehat{I_N} = \frac{1}{N}\sum_{i=1}^{N} w(x) = \frac{1}{N}\sum_{i=1}^{N} 6(1+e^{-X_i/2})$$

물론 이 추정값 $\widehat{I_N}$은 생성한 난수의 개수를 늘리면 대수법칙에 의하여 원하는 적분값 I에 수렴한다.

■ Maple에 의한 방법

```
> f := (1+exp(-x/2))/x^(1/3);
```

$$f := \frac{1 + e^{\left(-\frac{x}{2}\right)}}{x^{\left(\frac{1}{3}\right)}}$$

```
> int(f, x=0..8);
```

$$6 + 4\, 2^{\left(\frac{2}{3}\right)} \left(\frac{9}{40} 2^{\left(\frac{2}{3}\right)} e^{(-2)} \text{WhittakerM}\left(\frac{1}{3}, \frac{5}{6}, 4\right) + \frac{3}{32} 2^{\left(\frac{2}{3}\right)} e^{(-2)} \text{WhittakerM}\left(\frac{4}{3}, \frac{5}{6}, 4\right) \right)$$

```
> evalf(%);
```

$$8.132401210$$

```
> #----- Sample Mean method -------#
> with(Statistics):
> Y := RandomVariable(Uniform(0,8));
```

$$Y := \_R$$

```
> Z := Sample(Y, 10^3):
> g := x -> 8*(1+exp(-x/2))/x^(1/3);
```

$$g := x \rightarrow \frac{8\left(1 + e^{\left(-\frac{1}{2}x\right)}\right)}{x^{\left(\frac{1}{3}\right)}}$$

```
> HatSM := g~(Z);
```

$$HatSM := \begin{bmatrix} \text{1000 Element Row Vector} \\ \text{Data Type: anything} \\ \text{Storage: rectangular} \\ \text{Order: Fortran\_order} \end{bmatrix}$$

```
> Mean(HatSM);
```

$$7.98291101841377$$

```
> Variance(HatSM);
```

$$39.0694297860253$$

```
> StandardDeviation(HatSM);
```

$$6.25055435829697$$

```
> #--- Importance Sampling method ---#
> with(Statistics):
> V := RandomVariable(Uniform(0,1));
```

$$V := \_R0$$

```
> U := Sample(V, 10^3):
> X := (4*U)^~(3/2);
```

$$X := \begin{bmatrix} \textbf{1000 Element Row Vector} \\ \textbf{Data Type: float[8]} \\ \textbf{Storage: rectangular} \\ \textbf{Order: Fortran\_order} \end{bmatrix}$$

```
> w := x -> 6*(1+exp(-x/2));
```

$$w := x \rightarrow 6 + 6\,\mathrm{e}^{\left(-\frac{1}{2}x\right)}$$

```
> ISm := w~(X);
```

$$ISm := \begin{bmatrix} \textbf{1000 Element Row Vector} \\ \textbf{Data Type: anything} \\ \textbf{Storage: rectangular} \\ \textbf{Order: Fortran\_order} \end{bmatrix}$$

```
> HatISm := Mean(ISm);
```

$$HatISm := 8.05341977868094$$

```
> Variance(ISm);
```

$$3.42921801101125$$

```
> StandardDeviation(ISm);
```

$$1.85181478852807$$

■ R에 의한 방법

```
> #------ Sample Mean method ------#
> SMm <- rep(0,1000)
> for (i in 1:1000){x <- runif(250,0,8);SMm[i] <- 8*mean((1+exp(-x/2))/x^(1/3))}
> mean(SMm)
[1] 8.110935
> sd(SMm)
[1] 0.457353
> #--- Importance Sampling method ---#
```

```
> ISm <- rep(0,1000)
> for (i in 1:1000){
          u<-runif(250);x<-(4*u)^(3/2)
          ISm[i]<-mean(6*(1+exp(-x/2)))
  }
> mean(ISm)
[1] 8.133588
> sd(ISm)
[1] 0.1195951
```

위의 경우는 난수 U_i을 250개를 생성하고 다시 이것으로 X_i를 만들어서 $w(X_i)$을 만들어서 평균을 구하고, 이런 과정을 다시 1000번 수행한 자료의 평균을 구했다. 실제 적분값을 얻기 위해 다음을 수행한다.

```
> f1 = function(x) (1+exp(-x/2))/x^(1/3)
> (vf1 <- integrate(f1, 0, 8))
8.132401 with absolute error < 1.8e-05
```

표본평균법에 의한 표준편차가 0.457353인데 주표집법에 의한 표준편차는 0.1195951으로 줄었음을 알 수 있다. 즉 주표집법이 표본평균법보다 효율적임을 알 수 있다. 따라서 정밀도가 높아졌다고 할 수 있다. 그리고 오차의 크기는 주표집법에 의한 추정값이 더 작다. 즉 정확도도 주표집법에 의한 추정값이 더 좋다.

또한 처음부터 직접 250000개의 난수 U_i을 생성한 후 이것으로 X_i를 만들어서 $w(X_i)$을 만들어서 평균을 구하는 방법도 있다. 단 이 경우에는 표준편차가 커진다.

```
> u <- runif(250000);x <-(4*u)^(3/2)
> mean(6*(1+exp(-x/2)))
[1] 8.132317
> sd(6*(1+exp(-x/2)))
[1] 1.891619
> sd(6*(1+exp(-x/2)))/sqrt(250000)
[1] 0.003783238
```

또한 Maple에 의하여 계산할 때는 단순히 1000개의 난수를 가지고 했기 때문에 R-project에 의한 결과보다 좋지 않게 나왔다. 물론 난수의 개수를 쉽게 증가시킬 수가 있어서 정확도와 정밀도를 높일 수가 있을 것이다. 그리고 Maple에 의하여 정확하게 계산을 하면 적분값이 8.132401210으로 정확도도 주표집법이 더 좋음을 알 수 있다. 참고로 다음은 $g(x) \equiv \dfrac{1+e^{-x/2}}{\sqrt[3]{x}}$와 $f(x) \equiv f_X(x) = \dfrac{1}{6\sqrt[3]{x}}$의 그래프이다.

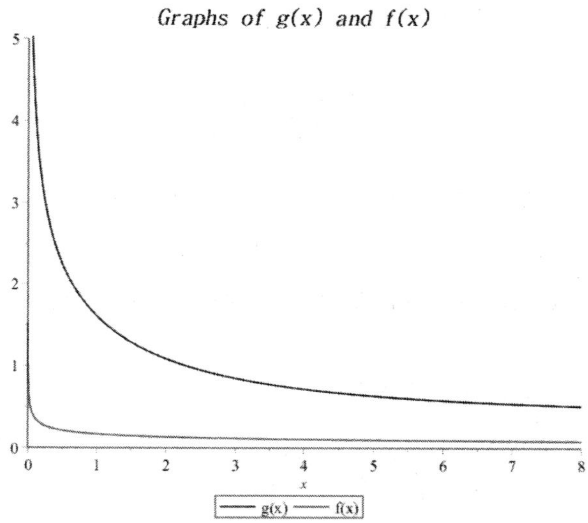

□

다음과 같은 기댓값을 구하는 경우를 고려하자.

$$\theta \equiv E(h(\boldsymbol{X})) = \int_{-\infty}^{\infty} h(\boldsymbol{x})\, f_{\boldsymbol{X}}(\boldsymbol{x}) d\boldsymbol{x}$$

여기서 $\boldsymbol{x} = (x_1, x_2, \cdots, x_n)$

표본평균법에 의하여, $\boldsymbol{X}_i$, $i = 1,2,\cdots,N$를 확률함수 $f_{\boldsymbol{X}}(\boldsymbol{x})$(간단히 $f(\boldsymbol{x})$로 쓰자)로부터 생성한 난수라 한다면, 기댓값의 추정값 $\hat{\theta}$은 적분값의 추정과 같으므로 다음과 같다.

$$\hat{\theta} = \frac{1}{N} \sum_{i=1}^{N} h(\boldsymbol{X}_i)$$

하지만 $f(\boldsymbol{x})$로부터의 난수 $\boldsymbol{X}_i$, $i = 1,2,\cdots,N$를 생성하는 것이 용이하지 않는 경우가 있다. 그뿐만 아니라 그것에 더해, $Var(h(\boldsymbol{X}))$가 커진다면 정밀도가 떨어져서 좋은 추정값을 구할 수가 없다. 이와 같은 경우에 난수의 생성이 용이한 확률함수 $g(\boldsymbol{x})$를 선정하여 다음과 같은 방법으로 표현할 수 있다.

$$\theta = \int h(\boldsymbol{x}) \frac{f(\boldsymbol{x})}{g(\boldsymbol{x})} g(\boldsymbol{x}) d\boldsymbol{x} = E\left(h(\boldsymbol{X}) \frac{f(\boldsymbol{X})}{g(\boldsymbol{X})}\right)$$

그러면 추정량은 다음과 같이 쉽게 구할 수 있게 된다.

$$\hat{\theta} \equiv \frac{1}{N}\sum_{i=1}^{N} h(\boldsymbol{X}_i)\frac{f(\boldsymbol{X}_i)}{g(\boldsymbol{X}_i)}$$

하지만 이 경우에는 확률함수 $g(\boldsymbol{x})$를 따르는 난수 $\boldsymbol{X}_i$, $i = 1,2,\cdots,N$를 생성하는 것이 용이하도록 확률함수 $g(\boldsymbol{x})$를 잘 선택하는 것이 중요하다. 이와 같은 경우 함수 $g(\cdot)$를 **주표집함수**(importance sampling function) 혹은 **포괄함수**(envelope function)라 한다.

예제 7.4.4 다음 3중 적분값을 구하라.

$$I \equiv \int_{-2}^{2}\int_{1/2}^{1}\int_{0}^{1} \frac{e^{-x^2/2y}}{x^2 z + 1} dz\, dy\, dx$$

풀이 표본평균법에 의하여 수행하자. $X_i \sim U(a_1, b_1)$, $Y_i \sim U(a_2, b_2)$, $Z_i \sim U(a_3, b_3)$라 한다면 위의 적분은 다음과 같은 추정량에 의하여 추정할 수 있다.

$$\hat{I}_n \equiv (b_1 - a_1)(b_2 - a_2)(b_3 - a_3)\frac{1}{n}\sum_{i=1}^{n} g(X_i, Y_i, Z_i)$$

$$\xrightarrow{a.s.} \quad I \equiv \int_{-2}^{2}\int_{1/2}^{1}\int_{0}^{1} \frac{e^{-x^2/2y}}{x^2 z + 1} dz\, dy\, dx$$

■ **R에 의한 방법**

```
> n <- 5000
> x <- runif(n,-2,2);y <- runif(n,1/2,1);z <- runif(n)
> g <- exp(-x^2/(2*y))/(x^2*z+1)
> 4*0.5*1*mean(g)
[1] 0.8545123
```

■ **Maple에 의한 방법**

```
> with(stat):
> g := (x,y,z) -> exp(-x^2/(2*y))/(x^2*z +1):
> n := 5000:
> x := UniformS(-2..2, n):
> y := UniformS(1/2..1, n):
> z := UniformS(0..1, n):
> hI := g~(x, y, z):
> 4*0.5*1*Mean(hI);
```

0.8676558052

일반적으로 위의 적분값을 구하는 프로그램은 많지 않다. Maple에 의하여 그 적분값을 구했는데 다음과 같이 얻어졌다.

```
> with(stat):
> g := (x,y,z) -> exp(-x^2/(2*y))/(x^2*z +1):
> int(int(int(g(x,y,z), z=0..1), y=1/2..1), x=-2..2);
```

$$\int_{-2}^{2} \frac{1}{2}\,\frac{\ln(x^2+1)\left(\mathrm{Ei}(1,x^2)\,x^2\,\mathrm{e}^{(x^2)} - \mathrm{e}^{(x^2)}\,\mathrm{Ei}\left(1,\frac{x^2}{2}\right)x^2 + 2\,\mathrm{e}^{(x^2)}\sqrt{\mathrm{e}^{(-x^2)}} - 1\right)\mathrm{e}^{(-x^2)}}{x^2}\,dx$$

```
> evalf(%);
```

$$\mathbf{0.8671445551}$$

□

주의 정확한 적분값을 추정함에 있어서 분산을 줄일 수 있다는 것은 정밀도를 높인다는 것인데 분산을 줄이는 기법에는 표본평균법 이외에도 몇 가지 방법이 있다. 대표적인 방법으로 대조변량법(antithetic variate method), 제어변량법(control variate method), 층화표집법(stratified sampling method), 그리고 주표집법(importance sampling method) 등이 있다.

분산을 줄이는 몬테카를로 적분법 몇 가지를 간략히 소개한다. 먼저 이전과 같이 다음과 같은 적분을 고려하자.

$$I = \int g(x)dx$$

■ 대조변량법(antithetic variate method)

음의 상관을 갖는 두 변수의 쌍에 대해 서로를 대조변수(antithetic variable)[1]라하고, 이 변수들의 값을 대조변량(antithetic variate)이라 한다. 이들은 모의실험에서 분산을 줄이는 데 사용한다. 예를 들면 확률변수 U가 균일분포 $U(0,1)$을 따른다고 하면 $1-U$도 균일분포 $U(0,1)$을 따른다. 그런데 이들의 공분산은 다음과 같이 음의 값을 갖는다.

$$Cov(U, 1-U) = -Var(U) = -\frac{1}{12}(<0)$$

1) The Oxford Dictionary of Statistical Terms

그러므로 이들은 음의 상관을 갖게 되면 $V \equiv 1 - U$는 확률변수 U의 대조변수가 된다.

예제 7.4.5 다음 적분을 표본평균법과 대조변량법으로 추정하고 추정분산의 차이를 구하여 추정의 효율성을 구하라.

$$I \equiv \int_0^1 e^x dx$$

풀이 표본평균법을 이용한다면 확률변수 U가 균일분포 $U(0, 1)$를 따른다고 보고, 다음과 같이 진행할 수 있다.

$$I \equiv \int_0^1 e^x dx = \int_0^1 e^u \cdot 1\, du = E(e^U)$$

그러므로 $U(0, 1)$에서 난수 2개 U_1, U_2를 생성하여 다음과 같이 추정할 수 있다.

$$\hat{I} = \frac{1}{2}(e^{U_1} + e^{U_2})$$

그러므로 N의 난수를 생성시킨다면, 다음과 같이 추정한다.

$$\hat{I} = \frac{1}{N}\sum_{i=1}^{N} e^{U_i}$$

그리고 실제값은 다음과 같이 된다.

$$E(\hat{I}) = E\left(\frac{1}{2}(e^{U_1} + e^{U_2})\right) = E(e^U) = I = e - 1 = 1.71828$$

$$Var(\hat{I}) = Var\left(\frac{1}{2}(e^{U_1} + e^{U_2})\right) = \frac{1}{2}Var(e^{U_1})$$

$$= \frac{1}{2}(E(e^{U_1})^2 - (E(e^{U_1}))^2)$$

$$= \frac{1}{2}[(e^2 - 1) - (e - 1)^2] = 0.121$$

이제 대조변수법을 적용하기 위해 다음과 같이 대조변수를 만들어 보자.

$$X_1 = e^U, \quad X_2 = e^{1-U}$$

그러면 다음이 얻어진다.

$$Cov(X_1, X_2) = Cov(e^U, e^{1-U}) = E(e^U \cdot e^{1-U}) - E(e^U)E(e^{1-U})$$
$$= e - (e-1)^2 = -0.234$$

그러므로 음의 상관을 갖게 되고 대조변수법에 의한 추정값의 분산은 아래와 같다.

$$Var\left(\frac{1}{2}(X_1 + X_2)\right) = \frac{1}{4}\left(Var(X_1) + Var(X_2) + 2Cov(X_1, X_2)\right)$$
$$= \frac{1}{4}Var(e^U) + \frac{1}{4}Var(e^{1-U}) + \frac{1}{2}Cov(e^U, e^{1-U})$$
$$= 0.242 + 0.242 + \frac{1}{2}(-0.234) = 0.0039$$

결과적으로 해석하면 표본평균법에 의한 방법보다 대조변량법으로 추정하는 경우 분산이 대단히 많이 작아졌음을 확인할 수 있다. 이제 R에 의한 모의실험을 통하여 위의 사실을 확인하여 보자.

■ **R에 의한 방법**

```
> N <- 1000
> U <- runif(N)
> cat("Expected Value :", exp(1)-1, "\n")
Expected Value : 1.718282
> cat("Variance Value :", (exp(2)-1)/2 -(exp(1)-1)^2 , "\n")
Variance Value : 0.2420356
> mean(exp(U))
[1] 1.708185
> var(exp(U))
[1] 0.2410173
> Out1 <- var(exp(U))
> cat("Direct Simulation Method : ", round(Out1, 4), "\n")
Direct Simulation Method :  0.241
> U2 <- runif(N)
> Out2 <- var((exp(U)+exp(U2)))/2
> cat("Sample Mean Method : ", round(Out2, 4), "\n")
Sample Mean Method :  0.2397
> Out3 <- var((exp(U)+exp(1-U))/2)
> cat("Antithetic Variate Method : ", round(Out3, 4), "\n")
Antithetic Variate Method :  0.0038
```
□

■ **제어변량법(control variate method)**

피적분함수 $g(x)$와 매우 근사하고 적분을 쉽게 할 수 있는 함수 $h(x)$를 선택할 수 있다면 적분 I는 다음과 같이 표현할 수 있다.

$$I \equiv \int g(x)dx = \int h(x)dx + \int (g(x) - h(x))dx$$

위 식에서 $h(x)$를 제어변량(control variate)이라한다. 그리고 적분의 추정은 앞부분은 쉽게 적분값을 구할 수 있으므로 뒷부분을 몬테카를로 적분법, 예를 들면 표본평균법을 사용하거나 주표집법을 사용하여 추정한다. 만약 주표집법을 이용하기 위해 난수를 생성하기 수월한 주표집함수 $f(x)$를 확률함수로 사용한다면 두 번째 식이 다음과 같이 된다.

$$\int \frac{(g(x) - h(x))}{f(x)} f(x)dx = E\left(\frac{(g(X) - h(X))}{f(X)}\right)$$

그러므로 I는 다음과 같이 추정한다.

$$\hat{I} = \int h(x)dx + \frac{1}{N}\sum_{i=1}^{N} \frac{g(X_i) - h(X_i)}{f(X_i)}$$

위의 식에서 $X_1, X_2, \cdots, X_N$는 확률함수 $f(x)$를 따르는 난수(random number)들이다.

이 방법을 사용하려면 분산을 줄여주는 조절변량 $h(x)$를 찾아야 하는 문제가 고려되어야 할 것이다. 즉 다음과 같은 조건을 만족해야 한다.

$$Var(g(X)) \geq Var(g(X) - h(X))$$

■ **층화표집법(stratified sampling method)**

이 방법은 적분 영역 S을 서로 겹치지 않는 작은 층(stratum) S_i, 으로 나누어서 $(S = S_1 \cup S_2 \cup \cdots \cup S_k)$ 각 층에서 작은 분산을 갖게 되도록 표집하여 적분값을 추정하여 전체 분산을 줄이는 방법이다. 그러므로 다음과 같이 표현할 수 있다.

$$I \equiv \int_S g(x)dx = \int_{\bigcup_i^k S_i} g(x)dx = \sum_{i=1}^{k} \int_{S_i} g(x)dx = \sum_{i=1}^{k} I_i$$

그리고 전체 표본의 수 m을 k개의 층에서 각각 m_i개의 표본을 추출한다. 즉 $m = m_1 + \cdots + m_k$이 되도록 하며, 분산은 다음과 같은 결과를 얻는다.

$$Var(\hat{I}(m_1, m_2, \cdots, m_k)) \leq Var(\hat{I}(m))$$

여기서 $\hat{I}(m_1, m_2, \cdots, m_k)$는 층화표집법에 의한 추정량(estimator)이고 $\hat{I}(m)$는 m개의 표집에 의한 몬테카를로 추정량이다. 김달호(2014)는 위와 같이 층을 나누었을 때 어떤 조건하에서 분산이 어떻게 줄어드는지를 다루었고, 예제를 통하여 실제로 얼마나 작아지는 보여 주었는데 연습문제에서 자세히 다룰 것이다.

위의 몇 가지 예제들과 설명에 의하면 어려운 적분값을 구하는 문제는 결국 관련된 확률함수를 따르는 난수들을 생성하는 것이 중요하다는 사실을 알게 되었다. 하지만 많은 경우 난수들을 생성하는 것이 쉽지 않고 어려울 수가 있다. 다음은 그런 문제를 해결해 주는 한 가지 방법이다.

7.5 기각법(Rejection Sampling Method)

기각법은 분포함수의 역함수를 구하는 것이 불가능하거나 어려운 경우에 사용하는 난수 발생기법으로 앞에서 다루었던 적중법(Hit or Miss method)을 보다 더 확장한 방법이다. 다음 적분을 고려하자.

$$I \equiv \int_a^b k(x) f(x) dx$$

위의 적분에서 $f(x)$는 $f(x)$는 확률변수 X의 확률밀도함수이지만 난수를 발생시키는 것이 불가능하거나 어려울 경우에 앞에서 다룬 방법들을 사용할 수 없다. 그러나 위의 적분은 기댓값 $E(k(X))$이므로 만약 난수를 발생시킬 수만 있다면 표본평균법에 의하여 다음과 같이 추정할 수 있다.

$$\hat{I} = \frac{1}{N} \sum_{i=1}^{n} k(X_i) \xrightarrow{a.s} E(k(X)) = I$$

이제 난수를 발생시키는 방법을 고려하자. 먼저 함수 $f(x)$를 다음과 같이 변환시킨다.

■ **확률함수의 변환**

$$f(x) = c \cdot h(x) \cdot g(x) \qquad (7\text{-}1)$$

위의 식에서 $c \geq 1$, $h(x)$는 확률밀도함수로 분포함수 $H(x)$를 갖는데 $H^{-1}(x)$가 쉽게 구해진다. 또 $0 \leq g(x) \leq 1$을 만족한다.

위와 같은 변환을 함에 있어서 $g(x)$는 확률밀도함수 $h(x)$로부터 유도된 확률변량이 $f(x)$의 확률밀도함수를 갖도록 변환시키는 함수이다. 여기서 $c \cdot h(x)$는 **비교함수**(comparison function) 또는 **포괄함수**(enveloping function)라 한다. 간단히 $h(x)$를 **제안분포**(proposal distribution)라 한다. 그리고 다음과 같은 절차에 의하여 난수를 생성하는 것을 기각법(rejection sampling method) 또는 **합격-기각법**(acceptance-rejection method)이라고도 한다. 물론 이것도 **몬테카를로 방법**(Monte Carlo method) 중 하나이다. 그리고 기각법에 의하여 생성된 난수에 의하여 위의 적분 I를 추정한다.

[알고리즘] 기각법

1 단계 : 서로 독립인 한 쌍의 균일난수 (u_1, u_2)를 만든다.

2 단계 : 역변환법을 이용하여 $y = H^{-1}(u_1)$를 구한다.

3 단계 : $u_2 \leq g(y)$이면 y를 난수로 채택하고
아니면 1단계부터 다시 시작한다.

3 단계에 대한 근거를 살펴보면, $g(y) = \dfrac{f(y)}{c \cdot h(y)}$이므로 $u_2 \leq g(y) \Leftrightarrow u_2 \cdot c \cdot h(y) \leq f(y)$인 y는 난수로 채택하고, $u_2 > g(y) \Leftrightarrow f(y) < u_2 \cdot c \cdot h(y) \leq c \cdot h(y)$인 y는 난수로 채택하지 않는다. 아래의 그림은 그와 같은 이유를 잘 설명한다.

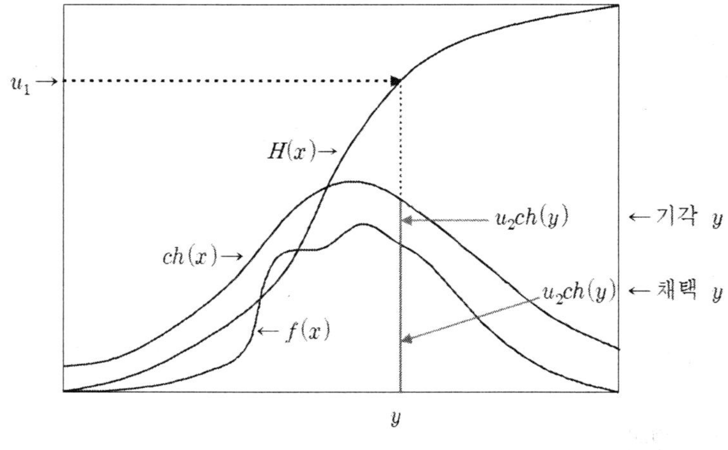

위와 같은 방법으로 생성한 난수들이 확률함수 $f(x)$의 난수라는 사실은 다음 보조정리에서 보여 준다.

보조정리 7.5.1 확률변수 X와 Y는 각각 확률밀도함수 $f(x)$와 $h(y)$를 갖는다. 그리고 어떤 $c \geqq 1$에 대하여 $ch(x) \geq f(x)$이고, 확률변수 U는 $[0,1]$에서 균일분포를 하고 Y와는 독립일 때 다음이 성립한다.

$$P(X \in A) = P(Y \in A | U \leqq g(Y))$$

증명 조건부 기댓값의 성질과 $g(y) = \dfrac{f(y)}{ch(y)}$이므로 다음을 얻는다.

$$\begin{aligned} P(U \leq g(Y)) &= P\left(U \leq \frac{f(Y)}{ch(Y)}\right) \\ &= \int P\left(U \leq \frac{f(Y)}{ch(Y)} \middle| Y = y\right) h(y)dy \\ &= \int P\left(U \leq \frac{f(y)}{ch(y)}\right) h(y)dy \\ &= \int \frac{f(y)}{ch(y)} h(y)dy = \frac{1}{c} \end{aligned}$$

마찬가지로 임의의 사건 A에 대하여 다음을 얻을 수 있다.

$$\begin{aligned} P(Y \in A, U \leq g(Y)) &= P\left(Y \in A, U \leq \frac{f(Y)}{ch(Y)}\right) \\ &= \int_A P\left(U \leq \frac{f(y)}{ch(y)}\right) h(y)dy \\ &= \int_A \frac{f(y)}{ch(y)} h(y)dy = \frac{1}{c} \int_A f(y)dy \end{aligned}$$

그러므로 위의 두 결과를 이용하면 다음을 얻는다.

$$\begin{aligned} P(Y \in A | U \leq g(Y)) &= \frac{P(Y \in A, U \leq g(Y))}{P(U \leq g(Y))} \\ &= \int_A f(y)dy = P(X \in A) \end{aligned}$$

□

정리 7.5.2 확률밀도함수 $f(x)$를 식(7-1)과 같은 형태로 표현된다면, 즉 아래와 같다면,

$$f(x) = c \cdot h(x) \cdot g(x)$$

기각법에 의하여 생성된 난수의 확률밀도함수는 $f(x)$이다.

증명 $Y \equiv H^{-1}(U_1)$라고 하면, [정리 7.4.1]에 의해 $h(y)$는 Y의 확률밀도함수가 된다. 또 X를 기각법에 의해 생성된 난수라 하면, Bayes 정리와 [보조정리 7.5.1]에 의해 다음이 성립한다.

$$\begin{aligned}F_X(x) &= P(X \leqq x) = P(Y \leqq x \mid U_2 \leqq g(Y)) \\ &= \frac{P(Y \leqq x, U_2 \leqq g(Y))}{P(U_2 \leqq g(Y))} \\ &= \frac{\int_{-\infty}^{x}\int_{-\infty}^{g(y)} h(y) f_U(u)\,du\,dy}{\int_{-\infty}^{\infty}\int_{-\infty}^{g(y)} h(y) f_U(u)\,du\,dy} \\ &= \frac{\int_{-\infty}^{x} g(y)h(y)\,dy}{\int_{-\infty}^{\infty} g(y)h(y)\,dy}\end{aligned}$$

그러므로 X의 확률밀도함수는 $F_X(x)$를 x에 대해 미분하여 다음과 같이 얻는다.

$$\frac{dF_X(x)}{dx} = \frac{h(x)g(x)}{\int_{-\infty}^{\infty} h(y)g(y)\,dy} = \frac{\frac{1}{c} f_X(x)}{\int_{-\infty}^{\infty} \frac{1}{c} f_X(y)\,dy} = f_X(x)$$

□

기각법에 의하여 확률함수 $f(x)$를 따르는 난수들 $X_1, X_2, \cdots, X_N$을 생성한 후 이것을 이용하여 적분 I의 적분값을 표본평균법을 사용하여 아래와 같이 추정한다.

$$\hat{I} = \frac{1}{N}\sum_{i=1}^{N} k(X_i)$$

이것이 기각법에 의하여 난수들을 생성하고, 이것들을 이용하여 표본평균기법에 의한 적분의 추정값이다. 그러나 만약 비교함수 $h(x)$와 $f(x)$가 매우 다른 경우에는 대단히 비효율적이다. Stéphane Paltani.(2010-2011). 그리고 허문열 외 4인(2011)은 이산인 난수를 발생을 위한 기각법도 다루었다.

또한 $f(x)$가 확률밀도함수가 아닌 경우에는 정규화 상수로 나누어서 위의 과정을 수행할 수 있다. 즉 기각법을 일반적인 함수의 적분에 적용할 수 있다. 다음 예제는 그것을 보여준다. 다만 이 경우에는 $f(x)$를 정규화 상수 c로 나누어준 $f(x)/c$로 위의 과정을 수행하면 된다. 이 경우에는 먼저 모든 x에 대하여 $f(x) < Mh(x)$를 만족하는 즉, $\frac{f(x)}{h(x)} < M$를 만족하는 M을 구한 다음, 만약 $u < \frac{f(x)}{Mh(x)}$이면 x를 선택한다. 이 경우에 알고리즘은 다음과 같다.

[알고리즘]

1 단계 : 확률밀도함수 $h(x)$에서 난수 u_1, 그리고 균일분포 $U(0,1)$에서 난수 u_2를 만든다.

2 단계 : 역변환법을 이용하여 $x = H^{-1}(u_1)$를 구한다.

3 단계 : $u_2 < \frac{f(x)}{Mh(x)}$이면 x를 난수로 채택하고 아니면 1 단계에서부터 다시 시작한다.

예제 7.5.3 다음 적분을 기각법에 의해 추정값을 구하고, 참값과 비교하여라.

$$I \equiv \int_{-4}^{4}\left(x^2 + \frac{1}{20}\right)exp\left\{-\frac{4}{10}\left(x + \frac{4}{10}\right)^2 - \frac{8}{100}x^4\right\}dx$$

풀이 먼저 피적분함수를 다음과 같이 표현하자.

$$k(x) \equiv \left(x^2 + \frac{1}{20}\right),\ f(x) \equiv exp\left\{-\frac{4}{10}\left(x + \frac{4}{10}\right)^2 - \frac{8}{100}x^4\right\}$$

그러면 다음과 같이 적분 I는 다음과 같이 나타낼 수 있다.

$$I \equiv \int_{-4}^{4} k(x)f(x)dx$$

여기서 함수 $f(x)$가 확률밀도함수가 아니므로 정규화 상수를 곱하여 확률밀도함수로 만들어 놓는다. 즉 만약 $\int_{-4}^{4} f(x)dx = m$ 이라면 $f(x) = \frac{c}{m} \cdot h(x) \cdot g(x)$로 변환하여 수행한다. 그렇지 않으면 $f(x) = c \cdot h(x) \cdot g(x)$로 수행한 후 추정값에 m을 곱해서 I의 추정값 $\hat{I}$을 구하면 된다. 즉 기각법에 의하여 $f(x)$를 따르는 난수들 $X_1, X_2, \cdots, X_{N_0}$을 생성하고 이것으로 다음과 같이 추정할 수 있다.

$$\hat{I} = \frac{1}{N_0}\sum_{i=1}^{N_0} k(X_i) \times m$$

이제 기각법에 의하여 $f(x)$를 따르는 난수들 $X_1, X_2, \cdots, X_{N_0}$을 생성하자. 먼저 $f(x)$을 다음과 같이 표현하자.

$$\begin{aligned} f(x) &= exp\left\{-\frac{4}{10}\left(x+\frac{4}{10}\right)^2 - \frac{8}{100}x^4\right\} \\ &= 8\frac{1}{8}exp\left\{-\frac{4}{10}\left(x+\frac{4}{10}\right)^2 - \frac{8}{100}x^4\right\} \\ &= c \cdot h(x) \cdot g(x) \end{aligned}$$

여기서 c는 **정규화 상수**(normalizing constant),

$h(x) = \frac{1}{8}$는 $U(-4,4)$의 확률밀도함수,

$g(x) = exp\left\{-\frac{4}{10}\left(x+\frac{4}{10}\right)^2 - \frac{8}{100}x^4\right\}$이다.

먼저 모든 x에 대하여 $\frac{f(x)}{h(x)} < M$를 만족하는 M을 구한다. 다음 $U(-4,4)$를 따르는 난수 u_1을 생성하고, $x = H^{-1}(u_1)$를 구한 다음, 이것이 $U(0,1)$를 따르는 난수 u_2를 구해서 $u_2 < \frac{f(x)}{Mh(x)}$를 만족하면 x를 선택하고 아니면 버리고 다시 처음부터 다시 수행한다.

즉 $h(x)$를 따르는 N개의 난수 $U_{11}, U_{12}, \cdots, U_{1N}$를 생성하고, $X_i = H^{-1}(U_{1i})$를 구하고, 다음 $U(0,1)$에서 N개의 난수 $U_{21}, U_{22}, \cdots, U_{2N}$를 생성한 다음

$$U_{2i} < \frac{f(X_i)}{Mh(X_i)} \qquad i = 1,2,\cdots,N$$

를 만족하는 N_0개의 $X_1, X_2, \cdots, X_{N_0}$를 선택하면 이것은 $f(x)$를 따르는 난수가 되고 이것을 이용하여 적분값 I의 추정값 $\hat{I}$를 구할 수 있다.

■ R에 의한 방법

```
> k <- function(x) {x^2 +1/20}
> f <- function(x, a=-.4, b=.08){exp(a*(x-a)^2 - b*x^4)}
> x <- seq(-4, 4, 0.1)
> plot(x, k(x)*f(x), type="l", lwd=2, col=2)
```

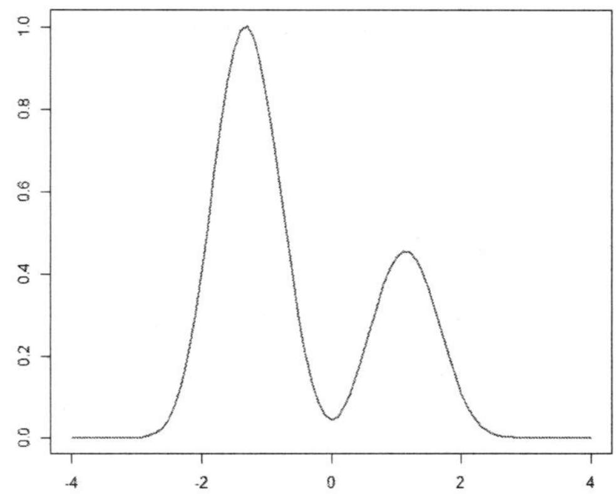

```
> # selecting of proposal function
> h <- function(x) {rep.int(1/8, length(x))}
>
> plot(x, f(x), type="l", ylab="", lwd=2, col=2)
> curve(h, -4, 4, add=T)
> abline(h=h(x))
> legend(locator(1), legend=c("f(x)", "h(x)"), lty=1, col=c(2,1), cex=0.7)
```

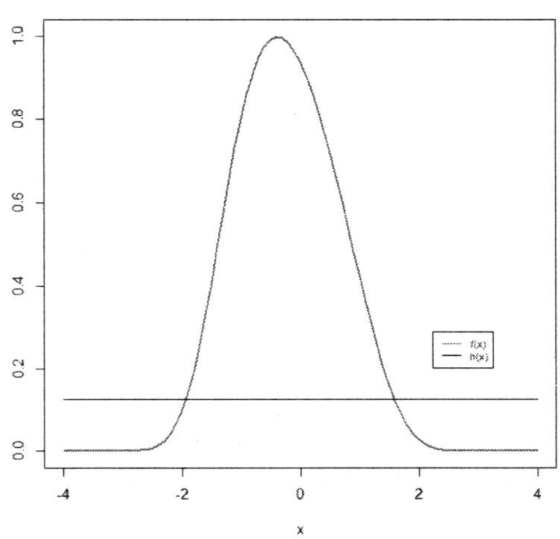


```
> # we can find M in this case:
> M <- round(max(f(x)/h(x))) + 1;M
[1] 9
```

```
> N <- 50000
> xs <- runif(N, -4, 4)
> ys <- runif(N, 0, 1)
> plot(x, k(x)*f(x), type='l', lwd=2, col=4,
          main="Rejection Sampling Method", col.main=4, cex.main=1.5)
> points(xs, ys, pch=".", col=(ys<k(xs)*f(xs))*2)
```

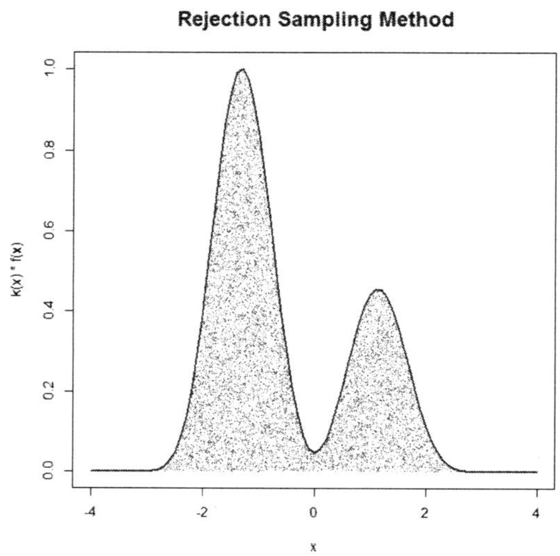


```
> integrand <- function(x, a=-.4, b=.08){(x^2 +1/20)*exp(a*(x-a)^2 - b*x^4)}
> integrate(integrand, -4, 4)
1.862171 with absolute error < 0.00022
> # number of samples
> N <- 50000
> # generate proposals and u
> x.h <- runif( N, -4, 4 )
> u <- runif( N )
> acc <- u < f(x.h) / (M * h(x.h))
> x.acc <- x.h[ acc ]
> #--- Hit or Miss Method ---#
> hmm = function(f, a, b, c, n) {
        r = seq(a, b, by=0.001)
        x = c(a, r, b)
        y = c(0, f(r), 0)
  plot(x, y, col="blue", type="l", lwd=2, xlim=c(a, b), ylim=c(0, c),
          main="Hit or Miss Method", col.main="blue", cex.main=1.5,
          xaxs="i", yaxs="i", xlab="x", ylab ="f(x)")
      m = max(y)
      px = runif(n, min=a, b)
      py = runif(n, min=0, c)
  points(px, py, pch=".", col=(py<f(px))*3+2)     #pch=20
```

```
        p = sum(f(px)>= py)/n
        c(p, sqrt(p*(1-p)/n))*c*(b-a)
    }
> hmm(integrand, -4, 4, 1, N)
[1] 1.86384000 0.01512403
```

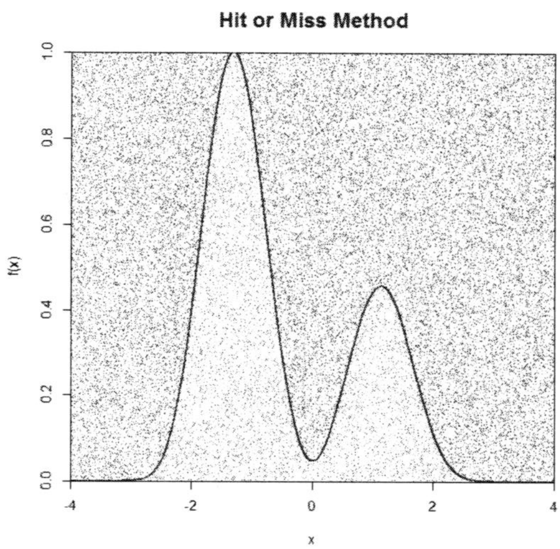


```
> # how many proposals are accepted
> sum(acc)/N
[1] 0.25618
> par(mfrow=c(1,2))
> plot(x, f(x),type="l", xlab="x",ylab="f(x)")
> barplot(table(round(x.acc,1))/length(x.acc))
> par(mfrow=c(1,1))
```

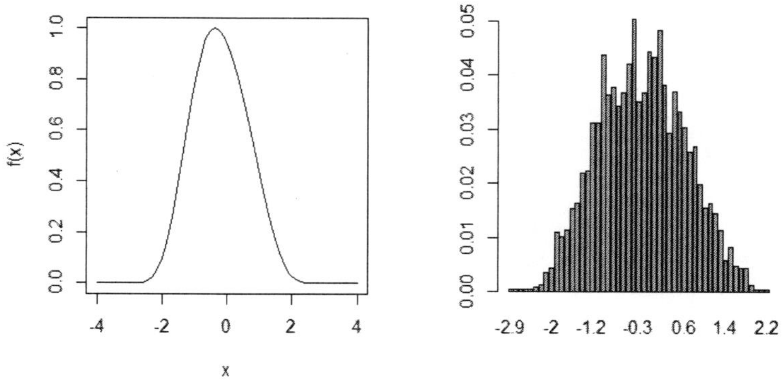


```
> m <- integrate(f, -4, 4)
> mean(k(x.acc))*m$value
[1] 1.858642
```

■ **Maple에 의한 방법(Maple로는 참값만을 구해본다.)**

```
> h := x -> (x^2 + 1/20)*exp(-4/10*(x+4/10)^2 - 8/100*x^4);
```

$$h := x \to \left(x^2 + \frac{1}{20}\right) e^{\left(-\frac{2}{5}\left(x+\frac{2}{5}\right)^2 - \frac{2}{25}x^4\right)}$$

```
> int(h(x), x=-4..4);
```

$$\int_{-4}^{4} \left(x^2 + \frac{1}{20}\right) e^{\left(-\frac{2\left(x+\frac{2}{5}\right)^2}{5} - \frac{2x^4}{25}\right)} dx$$

```
> evalf(%);
```

$$1.862170596$$

```
> plot(h(x), x=-5..5);
```

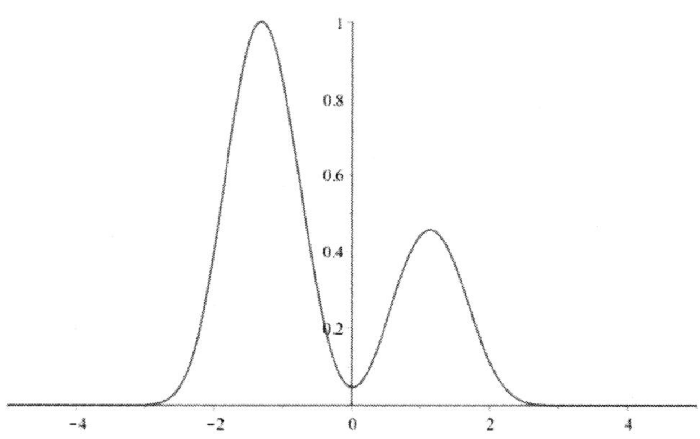

□

7장 연습문제

1. [예제 7.3.1]에서 난수의 개수를 500과 1000 혹은 10000과 같이 늘리는 경우에도 같은 결과가 나오는지 비교 확인하라.

2. Hit or Miss 몬테카를로 적분법과 표본평균법을 이용하여 다음의 적분값을 추정하고, 표본평균법이 더 효율적이고 우수함을 보여라. [예제 7.3.1]과 [예제 7.3.2]를 참조하라.

$$\int_0^2 \sin\left(\frac{\pi x}{2}\right)dx$$

3. 함수 $\cos^2(\sqrt{x^3+1})$의 그래프를 그리고, 표본평균법을 이용하여 다음 적분값을 추정하여라.

$$\int_{-1}^2 \cos^2(\sqrt{x^3+1})dx$$

4. [예제 7.4.2]에서 $U \sim U(0,1)$이면, $1-U \sim U(0,1)$이므로 $-\frac{1}{\lambda}ln(1-U)$와 $-\frac{1}{\lambda}ln(U)$는 같은 지수분포를 따른다. 그러나 $-\frac{1}{\lambda}ln(U)$가 계산의 한 단계를 덜하기 때문에 더 효율적이다. 이것을 난수를 생성하는 실험에 의해서 입증하여라.

5. 다음 적분을 표본평균법과 주표집법에 의하여 수행하여 그 값을 구하고 표준오차를 구하여 비교, 분석하라.

$$\int_0^1 e^{x^2}dx$$

6. 주표집법에 의하여 다음을 구하는데 주표집함수를 $U(0,10)$과 $N(5,1)$로 하여 적분값을 구하고, 분산을 비교한 후, 주표집함수의 선택에 대하여 논하라.

$$\int_0^{10} \exp(-2|x-5|)dx$$

7. 층별표집법, 대조변량법 그리고 제어변량법에 관한 좋은 예제를 찾아서 수행하고 해석하라.

8. 몬테카를로 적분법에 대한 기타 논제를 탐색하고 논의하라.

8장

마르코프 연쇄 몬테카를로 (Markov Chain Monte Carlo;MCMC)

8.1 서론(Introduction)

8.2 베이즈 추론(Bayesian Inference)

8.3 메트로폴리스-헤이스팅스 표집 (Metropolis-Hastings Sampling)

8.4 메트로폴리스 표집(Metropolis Sampling)

8.5 깁스 표집(Gibbs Sampling)

8.6 분할 표집(Slice Sampling)

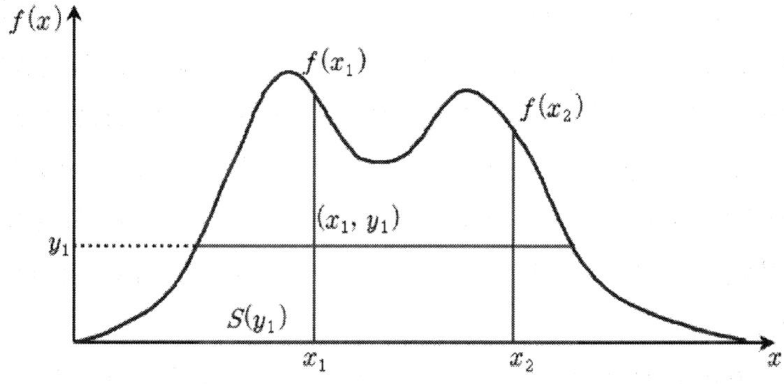

8장
마르코프 연쇄 몬테카를로
(Markov Chain Monte Carlo;MCMC)

8.1 서론(Introduction)

일반적인 해석학적인 방법으로 구하기 어려운 적분을 수행하는 방법으로 수치해석학적인 방법과 몬테카를로법이 있다. 몬테카를로법은 확률밀도함수 $\pi(x)$에서 서로 독립인 표본을 생성하여 이것을 이용하여 근사적 적분값을 구하는 방법이다. 컴퓨터를 이용하여 유사난수를 생성하여 이것으로 서로 독립인 표본을 만들어서 적분을 하는데 사용한다. 컴퓨터에 의한 유사 난수를 생성하여 표본을 만드는 방법의 최대 장점은 짧은 시간에 많은 표본을 만들 수가 있다는 것이다. 그러나 실제로는 표본을 생성할 수 없는 경우도 있으며 아주 적은 개수의 표본만 존재하고 더 이상 표본을 구할 수 없는 경우도 있다. 또한 서로 독립인 표본을 생성할 수 없는 경우도 있다. 즉 종속인 표본만 존재하는 경우도 있는데 이와 같은 경우에는 원래의 몬테카를로 적분법을 사용하는 것이 어려울 수가 있다.

실제로 알고자 하는 대상의 분포나 모수에 대한 정보가 전혀 없는 경우가 종종 있을 수 있다. 또는 그것과 관련된 약간의 자료만 존재하고 더 이상의 자료나 정보를 얻을 수가 없는 특이한 경우도 있을 수 있다. 이와 같은 경우 작은 양의 기존의 자료를 특정한 방법으로 반복 **재표집**(resampling)하여 원하는 분포나 모수 등에 관한 일부 정보에 관해 정확한 추정을 하거나 추정오차를 줄이는 방법도 있다. 이러한 방법에는 **붓스트랩법**(bootstrap method), **잭나이프법**(jacknife method), 등이 있는데 이것들도 일종의 몬테카를로 방법이라 할 수 있다.

이 장에서는 확률분포로부터 **확률표본**(random sample)을 추출하는 또 다른 방법의 한 형태의 알고리즘인 **마르코프 연쇄 몬테카를로**(Markov Chain Monte Carlo;MCMC) **방법**에 대하여 다룰 것이다. MCMC 방법이란 이름에 함축되어 있듯이 **몬테카를로 방법**(Monte Carlo method) 중 하나인데, 마르코프 연쇄(Markov Chain)를 사용한 확률표본을 추출하고 이것을 활용하여 적분값을 구하는 방법으로 대단히 수준이 높다고 할 수 있다. 주로 복잡한 확률모형, 고차원, 정규분포가 아닌 경우, 선형(linear)이 아닌 경우 그리고 **다봉분포**(multimodal distribution)인 경우에도 적용한다.

따라서 마르코프 연쇄에 관한 기본적인 지식과 용어들에 익숙해야 한다. 관심을 가지고 있는 확률분포가 고차원(high dimension)이거나 너무 복잡한 경우에는 그것을 이용하여 해석학적인 계산, 예를 들면 기댓값이나 분산 등을 구하는 것이 불가능하다. 그러나 만약 확률분포를 갖는 확률표본을 구할 수가 있다면 기댓값이나 분산 등의 추정값을 구할 수가 있게 된다. MCMC 방법은 이러한 문제를 해결해 준다. 간단히 설명하면, 얻으려고 하는 확률표본의 분포의 확률함수 $\pi(x)$를 **극한평형분포**(limiting equilibrium distribution)로 갖는 마르코프 연쇄를 만들고, 이 마르코프 연쇄에 의하여 원하는 확률분포 즉 극한평형분포를 갖는 확률표본을 구하는 것이다. 잘 알려진 MCMC 방법으로는 **메트로폴리스**(Metropolis) 알고리즘과 이것을 확장한 **메트로폴리스-헤이스팅스**(Metropolis-Hastings) 알고리즘 그리고 그것의 특수한 형태 중 하나인 **깁스 표집**(Gibbs sampling)이 있다. 그리고 이들이 갖고 있는 단점을 보완한 기법인 **분할 표집**(slice sampling) 등이 있다.

MCMC 방법은 주로 베이즈 통계학(Bayesian statistics), 전산 물리학(computational physics), 전산 생물학(computational biology) 및 전산 언어학(computational linguistics), 기후학(meteorology), 운용연구(operations research;OR) 등등의 분야에서 다차원 적분에 관한 근사적 수치를 계산할 때 활용된다. 그리고 희귀사건(rare event)이 발생하는 영역으로부터의 확률표본을 생성하는데 사용하기도 한다. 그리고 통계학에서 분포 대한 정보를 얻는데 널기 사용되고 있다. 특히 베이즈 추론(Bayesian inference)에서 사후분포(posterior distribution)에 대한 정보를 얻기 위해 사용된다. 보다 넓게 보면 기업계(business), 공학(engineering)과 재정학(finance) 등을 포함한 과학 분야 전반에서 자주 활용되고 있다.

최근에는 비트코인 마이닝(bitcoin mining)에 마르코프 연쇄 몬테카를로(MCMC) 알고리즘을 사용한 베이지안 마이닝 시스템(Bayesian mining system)을 통하여 기존의 함수에 인공지능(Artificial Intelligence;AI)을 추가하여 비트코인 채굴 알고리즘을 새롭게 만드는 일에 도전을 하고 있다. HMM이나 MCMC는 인공지능과 기계 학습(machine learning, 머신 러닝)의 응용과 활용을 위한 학습방식들을 구현시키는 새롭고 유용한 기술들이다. 이영덕(2017)

MCMC를 다루는 소프트웨어는 BUGS(WinBUGS, OpenBUGS, JAGS, ...), 파이썬(Pytheon)을 바탕으로 만들어진 PyMC가 있고, R에서 BUGS를 사용할 수 있게 해주는 패키지들 BRugs, R2WinBUGS, rbugs 등이 있고, R 자체에서 사용되는 패키지들은 여러 가지가 있다. 예를 들면, BOA, CODA, MCMCpack, mcmc, MCMCglmn, mcclust, AMCMC 등이 있다. 모두 알고 있듯이 다루고 배우기 힘들 정도로 빠르게 많은 도구들이 생겨나고 있다. 수시로 이러한 변화에 관심을 가지고 있어야 적절하고 실용적인 것을 선택할 수 있을 것이다.

8.2 베이즈 추론(Bayesian Inference)

이 절에서는 MCMC 방법에서 사용되는 중요하게 사용하는 이론인 베이즈 추론과 몇 가지 기호를 다룬다. 베이즈 추론은 베이즈 정리(Bayes' theorem)를 사용하여 유용한 정보를 증가시켜 가설에 대한 확률을 갱신시키는 통계적 추론의 중요한 한 가지 방법이다. 관련된 기초적인 이론과 기호 및 용어를 고려한다. 그리고 상태 공간 S를 이산으로 제한하지 않고 연속인 경우 확장하고 다차원을 다루는 경우도 있을 것이다. 실제로 MCMC는 이산 또는 연속인 상태 공간에 모두 적용한다. 그리고 확률론을 보다 확장한 측도론(measure theory)의 표현을 최소로 사용하게 될 것이다. 가능하면 이미 사용한, 또는 유사한 기호를 함께 고려할 것이다.

■ **전확률 법칙(Law of Total Probability)**

사건 $A_1, A_2, \cdots, A_k$가 표본공간 S의 한 분할(partition)일 때 어떤 사건 B에 대하여 다음이 성립한다.

$$P(B) = \sum_{i=1}^{k} P(B|A_i)P(A_i)$$

위의 식을 사건 B와 사건 $A_1, A_2, \cdots, A_k$를 연속확률변수 X와 Y에 의하여 변환하여 표현하면 다음과 같다.

$$f_X(x) = \int_{-\infty}^{\infty} f_{X|Y=y}(x) f_Y(y)dy$$

X와 Y 이산확률변수인 경우에는 다음과 같다.

$$f_X(x) = \sum_y P(X=x|Y=y)P(Y=y) = \sum_y f_{X|Y=y}(x)f_Y(y)$$

■ **베이즈 정리(Bayes' Theorem)**

사건 $A_1, A_2, \cdots, A_k$가 표본공간 S의 한 분할(partition)일 때 $P(B)>0$을 만족하는 한 사건 B에 대하여 다음이 성립한다.

$$P(A_j|B) = \frac{P(B|A_j)P(A_j)}{P(B)} = \frac{P(B|A_j)P(A_j)}{\sum_{i=1}^{k} P(B|A_i)P(A_i)}$$

여기서 $P(A_i)$를 사전확률(prior probability),
$P(B)$를 주변가능도(marginal likelihood),
$P(B \mid A_j)$를 가능도(likelihood), 그리고
$P(A_j \mid B)$를 사후확률(posterior probability)라 한다.

위의 식을 연속확률변수 X와 Y에 의하여 변환하여 표현하면 다음과 같다.

$$f_{Y|X=x}(y \mid x) = \frac{f_{X|Y=y}(x \mid y) f_Y(y)}{f_X(x)} = \frac{f_{X|Y=y}(x \mid y) f_Y(y)}{\int_{-\infty}^{\infty} f_{X|Y=t}(x \mid t) f_Y(t) dt}$$

X와 Y 이산확률변수인 경우에는 다음과 같다.

$$f_{Y|X=x}(y \mid x) = P(Y=y \mid X=x) = \frac{P(X=x \mid Y=y)P(Y=y)}{P(X=x)}$$

$$= \frac{f_{X|Y=y}(x \mid y) f_Y(y)}{\sum_t f_{X|Y=t}(x \mid t) f_Y(t)}$$

■ **베이즈 추론(Bayesian inference)**

추론(inference)은 자료에 근거하여 알려지지 않은 모수에 대한 정보를 알아가는 과정을 의미한다. 그런데 베이즈 추론은 모수에 대한 사전 정보가 조금이라도 있다면 그것과 유용한 자료에서 얻은 정보를 근거로 모수에 대한 정보를 더 좋게 갱신시켜 주는 추론 방법이다.

위의 수식에 $Y \equiv \Theta, y \equiv \theta, X \equiv \boldsymbol{X}, x \equiv \boldsymbol{x} = (x_1, x_2, \cdots, x_n)$로 바꾸어 주면 다음과 같이 된다.

$$f_{\Theta|\boldsymbol{X}=\boldsymbol{x}}(\theta \mid \boldsymbol{x}) = \frac{f(\boldsymbol{x} \mid \theta) f_\Theta(\theta)}{f_{\boldsymbol{X}}(\boldsymbol{x})} = \frac{f(\boldsymbol{x} \mid \theta) f_\Theta(\theta)}{\int f(\boldsymbol{x} \mid u) f_\Theta(u) du}$$

$$= \frac{f(x_1, x_2, \cdots, x_n \mid \theta) f_\Theta(\theta)}{\int f(x_1, x_2, \cdots, x_n \mid u) f_\Theta(u) du}$$

여기서 $f_{\Theta|\boldsymbol{X}=\boldsymbol{x}}(\theta \mid \boldsymbol{x})$는 Θ의 **사후확률분포**(posterior probability distribution),
$f_\Theta(\theta)$는 Θ의 **사전확률분포**(prior probability distribution)

$f_{\boldsymbol{X}}(\boldsymbol{x})$는 **주변확률분포**(marginal probability distribution)

그리고 $f(\boldsymbol{x}\,|\,\theta)$는 $\boldsymbol{x}$의 **우도[가능도]함수**(likelihood function)라 한다.

따라서 모수 θ에 관한 정보를 가지고 있는 사후확률함수 $f_{\Theta|\boldsymbol{X}=\boldsymbol{x}}(\theta\,|\,\boldsymbol{x})$를 구하려면 반드시 정규화 상수(normalizing constant)인 적분 $\int f(x_1,x_2,\cdots,x_n\,|\,u)f_{\Theta}(u)du = f_{\boldsymbol{X}}(\boldsymbol{x})$를 구해야 한다. 이것은 자료 $\boldsymbol{x}$의 **주변확률밀도**(marginal probability density)이고, θ에 종속되지 않는다. 그런데 어떤 경우에는 이것을 구하는 것이 어렵거나 불가능한 경우가 있다. 하지만 몬테카를로 방법을 사용하면 이 정규화 상수를 구하지 않아도, 다시 말해 적분값을 구하지 않아도 사후확률분포 $f_{\Theta|\boldsymbol{X}=\boldsymbol{x}}(\theta\,|\,\boldsymbol{x})$를 구할 수 있기 때문에 아주 유용함을 알 수 있다. 따라서 사후확률함수(posterior probability function)를 다음과 같이 해석하여 표현할 수 있다.

$$f_{\Theta|\boldsymbol{X}=\boldsymbol{x}}(\theta\,|\,\boldsymbol{x}) \propto f(\boldsymbol{x}\,|\,\theta)f_{\Theta}(\theta) = f(x_1,x_2,\cdots,x_n\,|\,\theta)f_{\Theta}(\theta)$$

위의 식을 해석하면 자료 $\boldsymbol{x}=(x_1,x_2,\cdots,x_n)$가 주어진 상태에서 알려지지 않은 모수 θ에 관한 정보를 가지고 있는 사후확률함수 $f_{\Theta|\boldsymbol{X}=\boldsymbol{x}}(\theta\,|\,\boldsymbol{x})$는 우도함수 $f(\boldsymbol{x}\,|\,\theta)$와 모수 Θ에 대하여 이미 알고 있는 정보를 가지고 있는 사전확률함수 $f_{\Theta}(\theta)$의 곱으로 표현된다.

$$\text{사후확률함수} \propto \text{우도함수} \times \text{사전확률함수}$$

최종 목표는 사후확률을 구하는 것인데, 직접 구할 수 없어서, 사후확률함수를 구하는 것을 목표로 하고 이것에 수렴하는 마르코프 연쇄를 구한 다음 이것을 수렴시켜서 사후확률함수를 구한다.

■ 마르코프 연쇄(Markov Chains)

$\{X_n\,|\,n\in N_0\}$를 상태 공간 S가 이산인 이산시간 마르코프 연쇄(discrete time Markov chain)라 하자. 추이확률행렬(transition probability matrix)을 $\boldsymbol{P}=\left[P_{ij}\right]$라 하면 추이확률은 다음과 같다.

$$P_{ij} \equiv P(X_{n+1}=j\mid X_n=i)$$

그러나 상태 공간을 이산에서 연속으로 확장하기 위하여 다음과 같은 기호를 적절하게 같은 의미로 사용할 것이다.

$$P(i,j) \equiv P_{ij} \equiv P(j \mid i) \qquad \forall\, i,j \in S$$

3장에서는 상태의 종류도 재귀적, 일시적 그리고 주기적인 상태로 구분하여 다루었다. 특히 재귀적인 것도 양의 재귀적인 것과 영의 재귀적인 것으로 나누었고, 상태 공간을 축소적인 것과 비축소적인 것으로 분류하였다. 특히 상태가 비주기적이고 양의 재귀적인 경우는 에르고딕(ergodic)이라 하였다. 모든 상태가 에르고딕이면 마르코프 연쇄를 에르고딕이라 정의하였다.

이제 상태 공간을 연속인 경우로 더 확장하는 것을 고려하자. 이때 당면하는 문제는 연속인 확률변수가 임의의 특정한 값을 갖게 될 확률은 0이라는 것이다. 예를 들면 연속확률변수 X는 모든 $x \in R$에 대하여 $P(X=x)=0$이므로 추이확률 $P(X_t = x \mid X_{t-1} = y)$은 다룰 수가 없다. 즉 모든 $x,y \in S$에 대해 $P(X_t = x \mid X_{t-1} = y) = 0$. 따라서 그래서 기존의 기호를 약간 변형하여 다음과 같이 정의한다. 즉 모든 $x \in S$와 $A \subset S$에 대하여, $K(x,A)$를 상태 x에서 다음 단계에 A로 가는 확률로 정의하자.

먼저 추이확률을 좀 더 확장하여 사용한다. 다음을 만족하는 함수 K를 **추이핵** 혹은 **전이핵(transition kernel)**이라 한다.

$$K(X_n, A) \equiv P(X_{n+1} \in A \mid X_n) \equiv P(A \mid X_n)$$

또한 n-단계의 추이[전이]핵(n-step transition kernel)은 $K^{(n)}(X_0,\, A) \equiv P(X_n \in A \mid X_0)$로 표현한다. 또한 **마르코프 성질(Markov property)**도 다음과 같이 표현할 수 있다.

$$P(X_{n+1} \in A \mid X_0, \cdots, X_n) = P(X_{n+1} \in A \mid X_n) \qquad \forall\, n,\ A(\subset S)$$

평형분포도 다음과 같이 정의할 수 있다. 확률분포 π가 다음 식을 만족할 때 **평형분포(equilibrium distribution)**라 한다. 모든 $A(\subset S)$에 대하여

$$\lim_{n \to \infty} K^{(n)}(x, A) \equiv \pi(A)$$

그리고 모든 $x \in S$에 대하여, 아래와 같이 표현되는 확률함수 $k(x,\ \cdot\ )$를 **전이핵밀도함수** 또는 **추이핵밀도함수(transition kernel density function)**라 한다.

$$K(x,A) = \int_{y \in A} k(x,y)\,dy \equiv \int_{y \in A} k(y \mid x)\,dy$$

여기서 임의의 주어진 x에 대하여, $k(x,\ \cdot\ ) \equiv k(\ \cdot \mid x)$는 확률밀도함수(p.d.f)이다.

즉 다음이 성립한다.

$$K(x,S)=\int_{y\in S}k(x,y)\,dy=1$$

확률함수 $\pi(\cdot)$가 다음이 성립할 때, 전이핵 K 혹은 전이핵밀도함수 k를 갖는 마르코프 연쇄에 대한 **정상분포**(stationary distribution), 혹은 **불변분포**(invariant distribution)라 한다.

$$\pi(y)=\int k(x,y)\pi(x)dx \qquad y\in S$$

혹은 모든 $A(\subset S)$에 대하여,

$$\pi(A)=\int K(x,A)\pi(x)dx=\int P(A\mid x)\pi(x)dx$$

위의 식은 4장에서 다룬 상태 공간이 이산인 경우의 식 $\boldsymbol{\pi P}=\boldsymbol{\pi}$으로 표현하여 다루었다. 벡터와 하나의 변수에 대한 표현을 혼동하지 않는다면 더 간단히 $\pi P=\pi$로 표현할 것이다. 앞에서 마르코프 연쇄의 상태도 재귀적, 일시적 그리고 주기적인 것으로 구분하여 다루었다. 이것들도 상태 공간이 이산과 연속인 경우 모두에게 적용하기 위하여 보다 확장시켜서 다루 필요가 있기 때문에 좀 더 자세히 정의한다.

$\pi(A)>0$인 모든 사건 A에 대하여, 불변분포 π를 갖는 전이핵 K가 주어진 마르코프 연쇄가 있다. 만약 각 x에 대하여 $K^{(n)}(x,A)>0$인 n가 존재한다면 그 마르코프 연쇄를 π−**비축소적**(irreducible)이라 한다. 마찬가지로 불변분포 π를 갖는 전이핵 K이 주어진 마르코프 연쇄가 다음이 만족 될 때 π−재귀적(recurrent) 혹은 간단히 재귀적(recurrent)이라 한다.

$\pi(B)>0$이고, 모든 x에 대하여 $P(X_1,X_2,\cdots\in B,\ i.o.\mid X_0=x)>0$인 B에 대하여,

$$P(X_1,X_2,\cdots\in B, i.o.\mid X_0=x)=1, \quad a.s.$$

여기서 $i.o.$은 infinitely often의 약자이다.

그리고 이것에 더해서, 만약 모든 x에 대하여

$$P(X_1,X_2,\cdots\in B,\ i.o.\mid X_0=x)=1$$

가 만족 되면 **해리스 재귀적**(Harris recurrent)이라 한다.

마찬가지로 **주기성**(periodicity)과 **가역성**(reversibility) 등과 같은 성질에 대하여 확장된

정의와 기호를 사용하여 다시 정의하면 다음과 같다. 하지만 지나치게 많은 부분을 할애하지 않았다. 경우에 따라서 더 자세한 내용을 취급해야 할 경우에는 더 전문적인 서적을 참고하기 바랍니다.

만약 다음을 만족하는 $n(>2)$와 서로 배반인 집합 $A_1, A_2, \cdots, A_n$가 존재해서

$$\text{모든 } x \in A_j (j < n)\text{에 대하여, } K(x, A_{j+1}) = 1,$$
$$\text{모든 } x \in A_n\text{에 대하여, } K(x, A_1) = 1$$

을 만족한다면 그 마르코프 연쇄를 **주기적(periodic)**이라 하고, n을 **주기(period)**라 한다. 그리고 주기적이 아니면 **비주기적(aperiodic)**이라 한다.

그리고 전이핵밀도함수 $k(x,y)$를 갖는 동질인 마르코프 연쇄가 아래 식을 만족하는 함수 $f(\cdot)$가 존재할 때 **상세 균형(detailed balance)**이다 또는 **가역성(reversibility)**을 갖는다고 한다.

$$f(x)k(x,y) = f(y)k(y,x) \qquad \forall\, x,\, y$$

주의 정의를 사용함에 있어서 대상에 따라 약간의 표현 방법이 다를 수가 있는데 예를 들면 마르코프 연쇄를 대상으로 정의할 수도 있고, 시간 공간을 연속으로 하는 마르코프 과정을 대상을 정의할 수도 있기 때문에 세심한 주의가 필요하다.

마르코프 연쇄에 관한 극한분포의 존재와 구하는 방법을 [정리 4.2.8]에서 다루었다. 이 정리를 연속 상태 공간으로 확장 시킨다면 다음과 같이 된다. 여기서는 증명 없이 소개한다.

정리 8.2.1 K가 마르코프 연쇄의 전이핵이고, 불변분포 π를 갖는다. 비축소적이고 비주기적이라면 다음이 성립한다. 모든 $A \subset S$에 대하여, 다음이 성립한다.

$$\|K^{(n)}(x, A) - \pi(A)\|_{TV} \longrightarrow 0$$

여기서 $\|\cdot\|_{TV}$는 **총변동 노름(total variation norm)**이라 하는데,
두 확률함수 π_1과 π_2에 대하여 다음과 같이 정의된다.

$$\|\pi_1 - \pi_2\|_{TV} \equiv \sup_A |\pi_1(A) - \pi_2(A)|$$

그리고 P가 해리스 재귀적이면 모든 x에 대하여 수렴한다. □

또한 [정리 4.3.3]을 참조하면 확률함수 $\pi(\cdot)$가 전이핵(transition kernel) K에 대하여 **불변분포**(invariant distribution)가 될 필요충분조건은 상세 균형(detailed balance)이다. 또한 전이핵밀도 $k(x,y) \equiv k(y \mid x)$를 갖는 마르코프 연쇄가 다음 상세균형 조건을 만족한다면

$$k(y \mid x)\pi(x) = k(x \mid y)\pi(y) \qquad x,y \in S$$

분포함수 π는 정상(불변)이고, 그 연쇄는 가역적이다.

이와 같은 사실을 근거로 다음과 같은 마르코프 연쇄에 대한 에르고딕 정리(ergodic theorem)를 얻는다. 증명 없이 소개만 한다.

정리 8.2.2 마르코프 연쇄 $\{X_n : n \in N_0\}$가 에르고딕이고, 불변분포 $\pi(\cdot)$를 갖는다. 그리고 함수 g가 π에 대하여 절대 적분가능(absolutely integrable)하다면 초기 상태와 관계없이 $n \to \infty$일 때 다음이 성립한다.

$$\frac{1}{n}\sum_{i=1}^{n} g(X_i) \to \int g(x)\pi(x)dx \qquad almost\ surely$$ □

만약 $\bar{g}_n \equiv \frac{1}{n}\sum_{i=1}^{n} g(X_i)$, $E_\pi g \equiv \int g(x)\pi(x)dx$로 한다면 위의 정리는 다음과 같이 간단히 표현할 수 있다.

$$\bar{g}_n \xrightarrow{a.s} E_\pi(g)$$

이것에 더해 Jones(2004)은 마르코프 연쇄에 대한 중심극한정리가 성립함을 보였다.

정리 8.2.3 $\{X_n : n \in N_0\}$가 해리스 에르고딕 마르코프 연쇄이고 불변분포 π를 갖는다. 또한 함수 g가 π에 대하여 절대 적분가능(absolutely integrable)하다면, 다음이 성립한다.

$$\sqrt{n}\,(\bar{g}_n - E_\pi(g)) \xrightarrow{d} N(0,\ \sigma_g^2) \quad n \to \infty \text{일 때}$$

여기서 $\sigma_g^2 \equiv Var_\pi(g(X_0)) + 2\sum_{i=1}^{\infty} Cov_\pi(g(X_0), g(X_i))(< \infty)$ □

위의 정리에 의하면, 불변분포 π를 갖는 에르고딕 마르코프 연쇄를 생성하면 적분 가능한 함수의 기댓값과 분산 등을 추정할 수 있게 된다.

8.3 메트로폴리스-헤이스팅스 표집(Metropolis-Hastings Sampling)

메트로폴리스 알고리즘에 의한 표본 추출법은 MCMC 발전에 기초가 되었다. 이것은 메트로폴리스가 1953년에 제안하였고, 이후 1970년에 윌프레드 헤이스팅스(Wilfred Hastings)라는 통계학자에 의해 일반화되면서 '메트로폴리스-헤이스팅스 알고리즘'이라는 이름을 갖게 되었다. 먼저 지금까지 고려한 적분을 가지고 시작하자.

$$\int g(x)\pi(x)dx$$

여기서 $\pi(x)$를 **목표함수**(target function)라 하고, 다음을 **목표분포**(target distribution)라 한다.

$$\Pi(A) \equiv \int_A \pi(x)dx \qquad A \subset S$$

전체적인 수행 과정은 몇 단계로 다음과 같이 나눌 수가 있다. 먼저 적분을 수행하려고 하는 목표함수 $\pi(x)$, $x \in R^d$를 극한분포로 갖는 마르코프 연쇄를 만든다. 그 과정은 다음과 같다. 먼저 임의 $x \in S$에 대하여, $q(x,y) \equiv q(y \mid x)$를 이용하여 현재 위치 x에서 다음 단계의 위치 y를 제안한다. 이런 의미에서 $q(x,y)$를 **제안밀도함수**(proposal density function) 혹은 간단히 **제안함수**(proposal function)라 한다. 그리고 **제안분포함수**(proposal distribution function)를 다음과 같이 정의한다.

$$Q(x,A) \equiv \int_A q(x,y)dy \qquad A \subset S$$

다음 제안된 y를 선택할 것인가 아니면 그대로 현 위치 x로 할 것인가는 확률 $\alpha(x,y)$를 가지고 선택한다. 따라서 $X_t = x$일 때 다음 단계 X_{t+1}에서 확률 $\alpha(x,y)$를 가지고, y를 선택한다. 즉 다음과 같이 표현할 수 있다.

$$X_{t+1} = \begin{cases} y & \text{확률 } \alpha(x,y) \\ x & \text{그렇지 않으면} \end{cases}$$

$$\text{여기서} \quad \alpha(x,y) \equiv \min\{H(x,y), 1\}, \quad H(x,y) \equiv \frac{\pi(y)q(y,x)}{\pi(x)q(x,y)}$$

$$supp(\pi) \subset \cup_x supp(q(\cdot, x))$$ 이다.

제안함수 $q(x,y)$는 여러 가지 방법으로 취할 수 있는데 이것에 따라 표본의 선택이 달라진다. 즉 채택 여부가 결정된다. 따라서 $\alpha(x,y)$을 **채택확률**(acceptance probability) 혹은 **채택함수**(acceptance function)라 한다. 그리고 이 방법으로 만들어진 마르코프 연쇄의 추이확률은 아래와 같이 놓는다.

$$P(x,y) = \begin{cases} q(x,y)\alpha(x,y) & \text{if } x \neq y \\ 1 - \sum_{z \neq x} q(x,z)\alpha(x,z) & \text{if } x = y \end{cases}$$

그러면 다음이 성립하는 것을 알 수 있다.

$$\pi(x)P(x,y) = \pi(y)P(y,x) \qquad x,y \in S$$

그러므로 이것은 상세균형(detailed balance)임을 알 수 있다. 그러므로 추이확률 $P(x,y)$를 갖는 마르코프 연쇄가 비축소적이고 비주기적이므로 극한분포가 존재하며 정상분포와 같다는 것을 알 수 있다. 그리고 극한분포가 목표함수 $\pi(\cdot)$가 된다. 이와 같은 방법으로 추출한 표본들을 이용하여 적분을 수행할 수가 있게 된다.

■ **MCMC의 전체적인 절차**

- 목표함수 설정 : $\pi(x)$ $x \in R^N$

  특징 : 고차원, 복잡, 해석학적 계산이 불가능, 표본추출이 불가능

- 초기 상태 선택 : $X_0 \sim \pi(x)$

- 제안함수 지정 : $q(x,y)$

  현재 상태 X_n일 때 제안함수 $q(X_n, Y_{n+1})$에 의하여

  Y_{n+1}를 제안한다. 즉 $X_{n+1} = Y_{n+1}$

- 채택확률 선택 : $\alpha(x,y)$

  $$\alpha(x,y) \equiv \min\{H(x,y), 1\}, \quad H(x,y) \equiv \frac{\pi(y)q(y,x)}{\pi(x)q(x,y)}$$

- 채택확률에 의하여 X_{n+1}을 지정한다.

  $U(0,1)$에서 난수 u를 생성한다.

채택될 경우($u \le \alpha(X_n, Y_n)$) : $X_{n+1} = Y_{n+1}$

채택되지 않을 경우($u > \alpha(X_n, Y_n)$) : $X_{n+1} = X_n$

- 반복하여 마르코프 연쇄 $\{X_0, X_1, \cdots\}$를 생성한다.

  그리고 추이확률을 아래와 같이 놓는다.

$$P(x,y) = \begin{cases} q(x,y)\alpha(x,y) & \text{if } x \ne y \\ 1 - \sum_{z \ne x} q(x,z)\alpha(x,z) & \text{if } x = y \end{cases}$$

  그러면 얻어진 마르코프 연쇄는 π에 관해 가역적이고, 비축소적이고, 양의 재귀적이 되어 다음이 성립한다.

$$\lim_{n\to\infty} K^{(n)}(x,A) = \pi(A) \qquad \text{모든 } A(\subset S)$$

- 충분히 큰 m에 대하여, $X_m, X_{m+1}, \cdots$,를 이용하여 목표함수 $\pi(x)$에 대한 정보를 추출한다. 예를 들면

$$\mu_g \equiv E[g(X)] = \int g(x)\pi(x)dx$$

  을 확률표본에 의하여 다음과 같이 추정한다.

$$\hat{\mu}_g = \frac{1}{n}\sum_{i=m}^{m+n-1} g(X_i)$$

이와 같은 방법으로 난수를 생성하는 알고리즘은 채택확률 $\alpha(x,y)$에 따라 달라진다. 1953년에 메트로폴리스(Metropolis)는 $q(x,y) = q(y,x)$의 조건하에서 채택확률을 다음과 같이 제안하였다.

$$\alpha(x,y) = \min\left\{1, \frac{\pi(y)}{\pi(x)}\right\} \equiv 1 \wedge \frac{\pi(y)}{\pi(x)}$$

이것을 이용하여 난수를 생성하는 것을 **메트로폴리스 표집**(Metropolis sampling) 혹은 간단히 **메트로폴리스 알고리즘**(Metropolis algorithm)이라 한다. 1970년에 헤이스팅스(Hastings)는 메트로폴리스 표집을 위한 채택확률을 좀 더 확장하여 다음을 제시하였다.

$$\alpha(x,y) = \begin{cases} 1 \wedge \dfrac{\pi(y)q(y,x)}{\pi(x)q(x,y)} & \pi(x)q(x,y) > 0 \\ 1 & \pi(x)q(x,y) = 0 \end{cases}$$

위 식에서 $H(x,y) \equiv \dfrac{\pi(y)q(y,x)}{\pi(x)q(x,y)}$를 **헤이스팅스 비율**(Hastings ratio)라 하고, 이것을 이용하여 표본을 추출하는 것을 **메트로폴리스-헤이스팅스 표집**(Metropolis-Hastings sampling) 혹은 **메트로폴리스-헤이스팅스 알고리즘**(Metropolis-Hastings algorithm)이라 한다. 그리고 만약 제안함수가 $q(x,y) = q(y,x)$이면 메트로폴리스-헤이스팅스 알고리즘은 메트로폴리스 알고리즘이 된다.

[알고리즘]

- 초기값 선정 : $x_0 \sim \pi(x)$
- 반복 : $i = 1,2,\cdots$
  - 제안값 선정 : $x^{cand} \sim q(x_{i+1} \mid x_i)$
  - 채택확률 계산 :

$$\alpha(x^{cand}, x_i) = \min\left\{1, \frac{q(x_i \mid x^{cand})\pi(x^{cand})}{q(x^{cand} \mid x_i)\pi(x_i)}\right\}$$

$$u \sim U(0,1)$$

$u < \alpha$ 이면 $\qquad x_{i+1} = x^{cand}$

그렇지 않으면 $\qquad x_{i+1} = x_i$

그리고 제안함수를 $q(x,y) = q(y-x)$로 지정하는 경우에는 **랜덤워크 메트로폴리스-헤이스팅스**(Random walk Metropolis-Hastings) 알고리즘이고, 만약 제안함수를 $q(x,y) = \pi(y)$로 주면, $\alpha(x,y) = 1$가 되며, 이 경우에는 독립이고, 동일한 분포를 하는 확률표본(i.i.d. random sample)이 된다. 이것을 **독립 메트로폴리스**(independence Metropolis) 알고리즘이라 한다. 그밖에도 몇 가지 알고리즘이 있다. 특히 $q(x,y) = \pi(y \mid x)$라 놓으면 $\alpha(x,y) = 1$이고, 이와 같은 경우에는 **깁스 표집법**(Gibbs sampling method)이 된다.

좋은 제안함수를 찾는 것은 중요한 과제이다. 그러한 방법 중 하나는 특정한 채택확률을 갖는 분포를 선택하는 것인데 채택비율이 약 50%인 제안함수를 선택하는 것으로 알려져 있다. 모든 후보 표본을 채택하거나 반대로 모두 채택하지 않는 제안함수는 바람직하지 않다. 제안함수의 **지지집합**(support)이 너무 좁거나 넓은 경우는 채택 비율이 지나치게 높아지거나 낮아져 오차가 커질 수 있다.

예제 8.3.1 상태 공간이 $S = \{0, 1, 2, 3\}$이고, 정상분포(stationary distribution) 혹은 불변분포(invariant distribution)가 $\pi(\boldsymbol{x}) = (0.1,\ 0.2,\ 0.3,\ 0.4)$인 이산시간 마르코프 연쇄를 메트로폴리스-헤이스팅스 알고리즘에 의하여 마르코프 연쇄 $\{X_n : n \in N_0\}$를 생성하고 추이확률행렬 $\boldsymbol{P}$를 구한 후 추이도를 그려라.

풀이 위의 먼저 목표함수는 불변분포 $\boldsymbol{\pi} = (0.1,\ 0.2,\ 0.3,\ 0.4)$임을 알 수 있다. 그리고 초기 상태는 $X^{(0)} = 0$을 잡는다. 제안함수는 $p = 1/2$을 갖는 원(circle) 상에서 움직이는 랜덤워크(random walk)를 고려한다. 이 경우에 추이[전이](transition)에 대하여 고려해야한다. 만약 $X_m = i$라 하면 다음 상태 X_{m+1}은 다음 두 가지 절차에 의하여 결정된다.

1 단계 : 추이확률 P_{ij}에 의하여 제안 상태 j를 결정하는데 원(circle) 상의 랜덤워크에서 제안 상태 j는 mod 4에 의하여 $i-1$ 또는 $i+1$가 될 것이다.
2 단계 : 제안 상태를 선택할 것인가는 다음의 선택확률에 의하여 결정된다.

$$\alpha(i,j) = \frac{\pi(j)P(j,i)}{\pi(i)P(i,j)}$$

다음 균일분포 $U(0,1)$를 따르는 난수 u를 생성한다. 그러면 연쇄의 다음 상태는 아래와 같다.

$$X_{m+1} = \begin{cases} j & \text{if } u \le \alpha(i,j) \\ i & \text{if } u > \alpha(i,j) \end{cases}$$

그런데 $p = 1/2$이면 $P(i,j) = P(j,i)$이므로 $\alpha(i,j) = \dfrac{\pi(j)}{\pi(i)}$이므로 만약 $u \le \dfrac{\pi(j)}{\pi(i)}$이면 다음 상태는 $X_{m+1} = j$이고 그렇지 않으면 다시 $X_{m+1} = i$가 된다.

■ **R-project에 의한 방법**

```
> Pi <- c(0.1, 0.2, 0.3, 0.4)
> MHmcmc <- function(n) { # n=number of steps to take
     currentstate <- 0 # initial state X0=0
  for (i in 1:n) {
      proposal <- (currentstate + sample(c(-1,1),1)) %% 4 # mod 4
      accept <- Pi[proposal+1]/Pi[currentstate+1]
     u <- runif(1,0,1)
     if (u < accept) currentstate <- proposal }
  currentstate }
```

함수 MHmcmc(n)는 X_n의 상태를 의미한다. 즉 n단계에서의 상태를 나타낸다.

```
> trials <- 10000
> simlist <- replicate(trials, MHmcmc(100))
> head(simlist)
[1] 3 3 2 3 1 2
> table(simlist)/trials
simlist
    0     1     2     3
0.096 0.202 0.302 0.400
> tb <- table(simlist)/trials
> chisq.test(tb, Pi)

        Chi-squared test for given probabilities

data:  tb
X-squared = 0.00019333, df = 3, p-value = 1

Warning message:
In chisq.test(tb, p = Pi) : Chi-squared approximation may be incorrect
```

카이제곱 적합도(chi-squared goodness-of-fit) 검정의 결과를 해석하면 추정하여 얻어진 자료는 $\pi = (0.1, 0.2, 0.3, 0.4)$에 잘 적합된다는 귀무가설을 기각할 근거가 없음을 알 수 있다. 이제 메트로폴리스-헤이스팅스 알고리즘에 의하여 얻어진 확률표본으로 마르코프 연쇄의 추이행렬을 추정해보자.

```
> library(markovchain)
> markovchainFit(data=simlist)$estimate

MLE Fit
 A  4 - dimensional discrete Markov Chain defined by the following states:
 0, 1, 2, 3
 The transition matrix  (by rows)  is defined as follows:
           0         1         2         3
0 0.07500000 0.2270833 0.3104167 0.3875000
1 0.10495050 0.2064356 0.2945545 0.3940594
2 0.10132450 0.1910596 0.3000000 0.4076159
3 0.09252313 0.2018005 0.3053263 0.4003501
> Rt <- markovchainFit(data=simlist)$estimate
> Pt <- round(Rt@transitionMatrix, 3)
> Pt
```

```
      0     1     2     3
0 0.075 0.227 0.310 0.388
1 0.105 0.206 0.295 0.394
2 0.101 0.191 0.300 0.408
3 0.093 0.202 0.305 0.400
> markovchainFit(data=simlist)$standardError
            0           1           2          3
0 0.008838835 0.015380024 0.017981955 0.02009094
1 0.007208030 0.010109197 0.012075555 0.01396707
2 0.005792336 0.007953915 0.009966832 0.01161775
3 0.004810049 0.007103712 0.008737887 0.01000563
> plot(Rt, edge.color="sienna")
> title(main="Transition Diagram of Production", cex.main=2, col.main="blue")
```

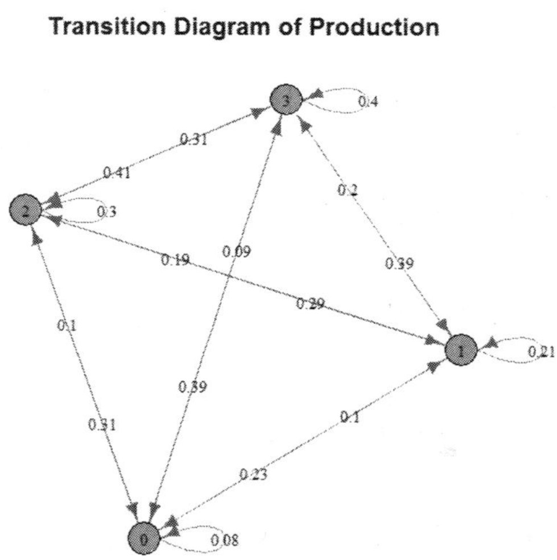

□

다음 예제는 Jones(2012)가 다룬 것인데 MCMC를 가장 잘 설명하여 주는 것으로 판단되어 소개된 것보다 좀 더 보완하여 다루었다.

예제 8.3.2 다음 적분값을 구하라.

$$\int_0^\infty \frac{1}{(x+1)^{2.3}[\log(x+3)]^2}dx$$

풀이 위의 적분은 일반적인 해석학적인 방법으로는 구하기가 어렵다. 그러므로 수치해석(numerical analysis)에 의한 방법과 MCMC법이 있을 것이다. 물론 수준 있는 패키지를 사용하면 구할 수가 있다. 먼저 R을 이용하여 정확한 적분값을 구하고 비교하자.

■ **R-project에 의한 방법**

```
> integrand<-function(w){
      1/(((w+1)^(2.3))*(log(w+3))^2)
  }
> integrate(integrand, lower=0, upper=Inf)
0.419317 with absolute error < 7e-05
> sol <- integrate(integrand, lower=0, upper=Inf)
> sol[1]
$value
[1] 0.419317
> tv = sol[[1]]
> tv
[1] 0.419317
```

이제 몬테카를로 적분의 기본 개념을 적용시켜 보자. 만약 확률변수 X가 모수 3/2와 1을 갖는 감마분포 $Ga(3/2, 1)$를 따른다고 하자. 즉 목표함수를 $Ga(3/2, 1)$하자. 그러므로 $Ga(k, \theta)$의 확률밀도함수는 다음과 같다.

$$f(x;k,\theta) = x^{k-1}\frac{e^{-x/\theta}}{\theta^k \Gamma(k)} \qquad x > 0$$

여기서 $\Gamma(a) = \int_0^\infty t^{a-1}e^{-t}dt$이다.

따라서 감마분포 $Ga(3/2, 1)$의 확률밀도함수는 다음과 같다.

$$f(x;3/2,1) = x^{1/2}\frac{e^{-x}}{\Gamma(3/2)} = \frac{2\sqrt{x}}{e^x\sqrt{\pi}} \qquad x > 0$$

그러므로 구하고자 하는 적분은 다음과 같이 표현할 수 있다.

$$\int_0^\infty \frac{1}{(x+1)^{2.3}[\log(x+3)]^2}dx = \int_0^\infty \frac{1}{(x+1)^{2.3}[\log(x+3)]^2}\frac{f(x)}{f(x)}dx$$

$$= \int_0^\infty \frac{\sqrt{\pi}\,e^x}{2\sqrt{x}(x+1)^{2.3}[\log(x+3)]^2}\frac{2\sqrt{x}}{e^x\sqrt{\pi}}dx$$

$$= E\left(\frac{\sqrt{\pi}\,e^X}{2\sqrt{X}(X+1)^{2.3}[\log(X+3)]^2}\right)$$

그러므로 $Ga(3/2, 1)$를 따르는 확률표본 $X_1, \cdots, X_N$를 구한다면 위의 적분은 다음과 같이 추정할 수 있게 된다. 대수법칙에 의하여 충분히 큰 N라면 다음과 같이 되어 추정할 수 있다.

$$E\left(\frac{\sqrt{\pi}\, e^X}{2\sqrt{X}(X+1)^{2.3}[\log(X+3)]^2}\right) \approx \frac{1}{N}\sum_{i=1}^{N}\frac{\sqrt{\pi}\, e^{X_i}}{2\sqrt{X_i}(X_i+1)^{2.3}[\log(X_i+3)]^2}$$

R에 의하여 위의 과정을 수행하면 다음과 같다.

```
> set.seed(5245)
> nsim <- 1e4
> x <- rgamma(nsim, 3/2, 1)
> g.hat <- sqrt(pi)*exp(x) / (2 * sqrt(x) *
+           (x+1)^2.3 * (log(x+3))^2)
> Est.int <- mean(g.hat)
> Est.int
[1] 0.4146935
> abs(Est.int-tv)
[1] 0.004623549
```

위에서 구한 적분값은 0.419317이었으므로 약간의 오차 0.004623549가 발생하였음을 알 수 있다. 그런데 위의 추정값은 프로그램을 수행할 때마다 다른 결과가 나온다.

```
> x <- rgamma(nsim, 3/2, 1)
> g.hat <- sqrt(pi)*exp(x) / (2 * sqrt(x) *
+           (x+1)^2.3 * (log(x+3))^2)
> Est.int <- mean(g.hat)
> Est.int
[1] 0.4246306
> abs(Est.int-tv)
[1] 0.005313548
```

하지만 확률표본의 크기가 아주 크다면 그 차이가 크지 않을 것이다. 예를 들면 10^7개의 확률표본을 이용하여 위의 과정을 수행하면 원래의 적분값이 0.419317과 큰 차이가 없을 것이다. 실제로 수행하여 확인하여 보길 바란다.

```
> Est.int
[1] 0.4187282
> abs(Est.int-tv)
[1] 0.0005887684
```

이러한 차이는 결국 확률표본을 추출하는 것에 원인이 있음을 알 수 있다. 다음의 결과에서 확인할 수 있다. 만약 $X \sim Ga(3/2,1)$일 때 $E(X) = \int_0^\infty x \frac{2\sqrt{x}}{e^x \sqrt{\pi}} dx = \frac{3}{2}$를 추정하는 경우에 다음과 같이 된다.

```
> nsim <- 1e4
> mean(rgamma(nsim, 3/2,1))
[1] 1.519449
> mean(rgamma(nsim, 3/2,1))
[1] 1.490942
> mean(rgamma(nsim, 3/2,1))
[1] 1.517869
```

이제 Metropolis-Hastings 알고리즘을 사용하여 $Ga(3/2, 1)$를 따르는 확률표본 $X_1, \cdots, X_N$를 생성하여 그것에 의하여 구하려는 적분값을 구해보자. 그러면 목표함수는 $Ga(3/2, 1)$가 된다. 초기상태를 $X_0 = 1$를 선택한다. 제안함수를 $Ga(1, 1) \equiv \mathcal{E}(1)$로 한다. 그리고 채택확률은 다음과 같다.

$$\alpha(x(t-1), g(t)) = \frac{f_G(g(t);3/2,1)}{f_G(x(t-1);3/2,1)} \frac{f_G(x(t-1);1,1)}{f_G(g(t);1,1)}$$

여기서 $g(t)$는 제안함수 $Ga(1, 1) \equiv \mathcal{E}(1)$에 의하여 생성된 확률표본이다. 이것을 반복하여 $t = 2,3,\cdots,$에 대하여 수행하여 $X_1, X_2, \cdots, X_N$를 추출한다. 그리고 이것들 중에서 뒤의 부분을 사용하여 적분값을 추정한다.

```
> g=rgamma(15000, 1, 1)
> X=rep(0,15000)
> X[1]=1 #rgamma(1,3/2,1)
> for (t in 2:15000){
      alpha=(dgamma(g[t], 3/2, 1)*dgamma(X[t-1],1,1))/
        (dgamma(X[t-1], 3/2, 1)*dgamma(g[t], 1, 1))
      X[t]=X[t-1]+(g[t]-X[t-1])*(runif(1)<alpha)
  }
> par(mfrow=c(1,2)) # open an object
> hist(X,freq=FALSE,xlab="", ylab="",col="wheat2", ylim=c(0,.5), breaks=50,
     main="Metropolis-Hastings with Ga(1,1) proposal")
> curve(dgamma(x,3/2,1),lwd=2,col="sienna",add=T)
> hist(rgamma(5000, 3/2, 1), freq = FALSE, ylim=c(0,.5), breaks=50,
  xlab="", col="green")
> curve(dgamma(x, 3/2, 1), col=2, lwd=2, add=TRUE)
> par(mfrow=c(1,1))
```

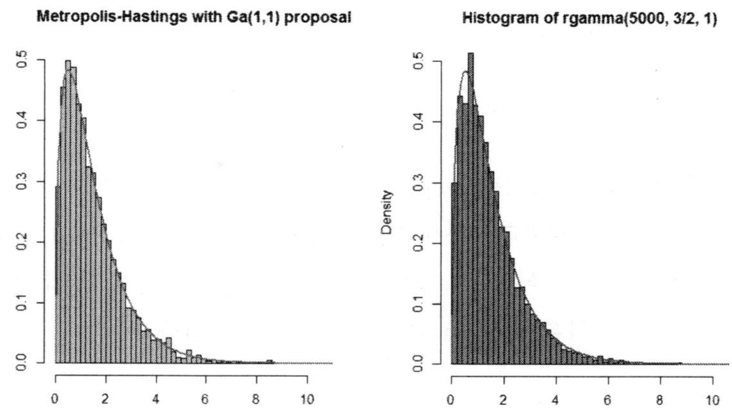

그래프 상으로는 MH알고리즘에 의한 확률표본과 일반적인 방법으로 구한 것과 거의 같아 차이가 없음을 알 수 있다. 또한 채택확률(acceptance probability)은 다음과 같은 채택률(acceptance ratio)에 의하여 추정한다.

```
> length(unique(X))/15000
[1] 0.7056
> xticks <- seq(10000,15000, 1000)
> xt <- seq(0, 5000, 1000)
> plot(X[10001:15000], type="l",col="sienna", xlab="Iterations", ylab="X",
       axes=FALSE)
> axis(2)
> axis(1, at = xt, labels = xticks, las=1)
```

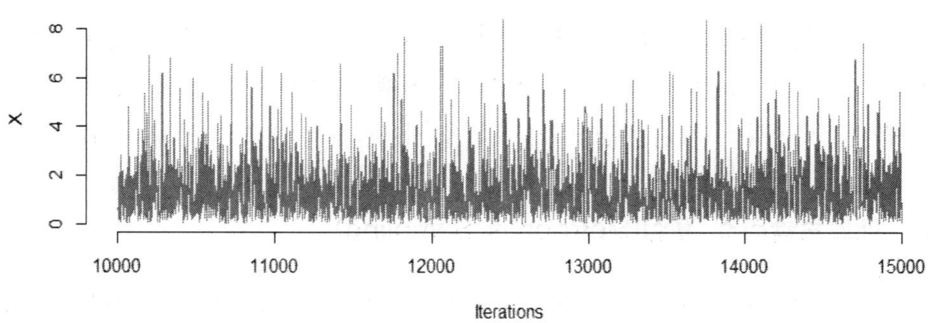

위의 그래프를 보면 시간에 따른 변화가 매우 정상(stationary)임을 알 수 있다. 그러므로 수렴함을 알 수 있다.

```
> ks.test(jitter(X), rgamma(15000,3/2,1))

        Two-sample Kolmogorov-Smirnov test
```

```
data:  jitter(X) and rgamma(15000, 3/2, 1)
D = 0.0075333, p-value = 0.7883
alternative hypothesis: two-sided
```

결과를 해석하면 Metropolis-Hastings에 의하여 생성한 확률표본과 직접 생성한 확률표본과의 차이에 대한 **콜모고로프-스미르노프(Kolmogorov-Smirnov;K-S)** 검정의 결과는 유의적인 차이가 없음을 보여준다. 여기서 jitter(X)는 동일한 값을 갖지 않게 하기 위하여 원래의 자료에 아주 작은 값(noise)을 더하는 역할을 한다.

```
> head(X)
[1] 1.0000000 0.5040976 0.8829913 0.8829913 2.0508988 0.7663239
> head(jitter(X))
[1] 0.9985836 0.5029096 0.8834117 0.8820472 2.0520601 0.7668109
```

이제 마지막 부분의 5000개의 확률표본으로 원하는 적분값을 추정하자.

```
> W <- X[10001:15000]
> MH.hat <- sqrt(pi)*exp(W)/(2*sqrt(W)*
         (W+1)^(2.3) * (log(W+3))^2)
> MHEst.int <- mean(MH.hat)
> MHEst.int
[1] 0.4097244
> abs(MHEst.int-tv)
[1] 0.009592576
```
□

전체적인 해석을 해보면, 위의 결과는 메트로폴리스-헤이스팅스 확률표본에 의한 추정값의 오차가 크게 나왔다. 그럼에도 불구하고 실제로 직접 확률표본을 구할 수가 없는 경우에 메트로폴리스-헤이스팅스 확률표본을 사용한다는 것을 기억해야 한다.

8.4 메트로폴리스 표집(Metropolis Sampling)

메트로폴리스 표본법은 다음 절에 다루게 될 메트로폴리스-헤이스팅스 표본법의 특별한 경우이다. 앞 절에서 언급하였지만 제안함수가 $q(x,y)=q(y,x)$이면 메트로폴리스-헤이스팅스 표본추출은 메트로폴리스 표본추출이 된다. 그러므로 채택확률을 다음과 같다.

$$\alpha(x,y)=\min\left\{1,\frac{\pi(y)}{\pi(x)}\right\}\equiv 1\wedge\frac{\pi(y)}{\pi(x)}$$

예를 들면 [예제 8.3.2]에서 제안함수를 표준정규분포로 지정하면, 즉 $q(x,y)=\phi(y-x)$ 하면 메트로폴리스-헤이스팅스 표본법은 메트로폴리스 표본법이 된다.

예제 8.4.1 다음 적분값을 메트로폴리스 표본법으로 구하라. 단 제안함수를 표준정규분포, $N(0,1)$로 지정하여 수행하고, [예제 8.3.2]의 결과와 비교하라.

$$\int_0^\infty \frac{1}{(x+1)^{2.3}[\log(x+3)]^2}dx$$

풀이 위의 적분을 위해 제안함수를 $N(0,\,1^2)$로 한다. 그리고 목표함수는 $Ga(3/2,\,1)$가 된다. 초기상태를 $X_0=1$를 선택한다. 제안함수를 표준정규분포 $N(0,1^2)$로 지정하면, 표준정규분포의 확률밀도함수 $\phi(x)$로 채택확률은 다음과 같다.

$$\alpha(x_{t-1},\,x_t)=\frac{f_G(x_t\,;3/2,1)}{f_G(x_{t-1};3/2,1)}\,\frac{\phi(x_t-x_{t-1})}{\phi(x_{t-1}-x_t)}=\frac{f_G(x_t\,;3/2,1)}{f_G(x_{t-1};3/2,1)}$$

여기서 x_t는 제안함수 $N(0,1)$에 의하여 생성된 확률표본이다. 이것을 반복하여 $t=1,2,\cdots,\ X_1,X_2,\cdots,X_N$를 추출한다. 그리고 이것들 중에서 뒤의 부분을 사용하여 적분값을 추정한다.

- **R에 의한 방법**

```
> integrand<-function(w){
     1/(((w+1)^(2.3))*(log(w+3))^2)
  }
> curve(integrand, 0, 12, col="blue")
```

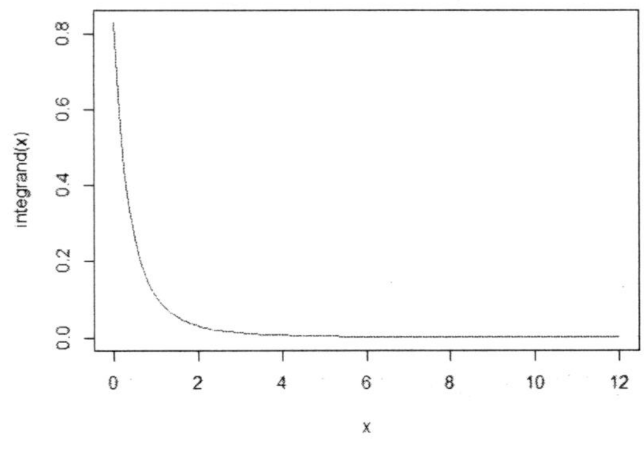


```
> integrate(integrand, lower=0, upper=Inf)
0.419317 with absolute error < 7e-05
```

```
> tv = 0.419317
> Mt=function(n)
   {
     xvec=numeric(n)
     x=1
     for (i in 1:n) {
       xs=x+rnorm(1)
       A=dgamma(xs,3/2,1)/dgamma(x,3/2,1)
       if (runif(1)<A)
         x=xs
       xvec[i]=x
     }
    return(xvec)
   }
>
> n=100000
> out=Mt(n)
> hist(out, 100, freq=FALSE, col="green", main="Metropolis Sampling")
> curve(dgamma(x,3/2,1), add=TRUE, col=2,lwd=2)
```

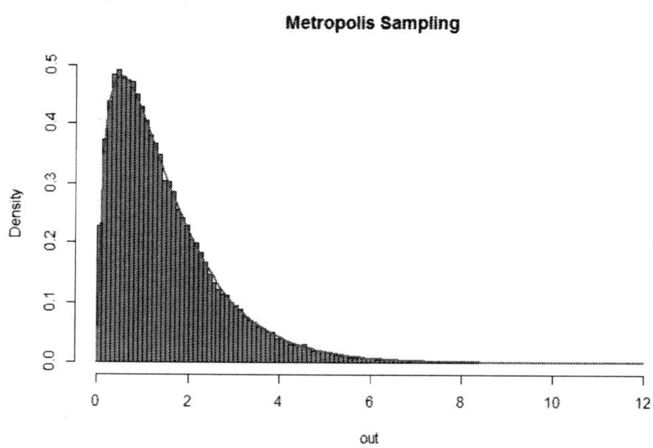


```
> head(out)
[1] 1.0000000 1.0000000 1.0264710 1.0264710 0.1198108 0.3498166
> head(jitter(out))
[1] 0.9987944 0.9984895 1.0281112 1.0253905 0.1213158 0.3488068
```

메트로폴리스 표집법에 의한 확률표본에 근거하여 확률함수를 추정하여 그래프로 표현한다.

```
> plot(density(out), main="Smoothed Estimate of Target Density", col.main=4,
       xlim=c(0,10))
```

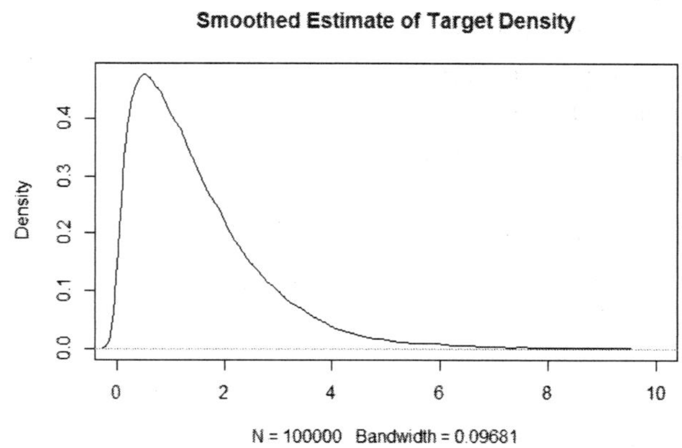

다음은 일반적인 방법(rgamma)에 의하여 생성한 확률표본과 메트로폴리스 표집에 의해 추출한 확률표본으로 그린 히스토그램과 확률밀도함수를 동시에 비교하기 위한 그래프이다.

```
> par(mfrow=c(1,2)) # open an object
> hist(out, freq=FALSE,xlab="", ylab="", col="wheat2", ylim=c(0,.5), breaks=50,
  main="Metropolis with proposal dist. N(0,1)")
> curve(dgamma(x,3/2,1),lwd=2,col="sienna",add=TRUE)
> hist(rgamma(1e6, 3/2, 1), freq = FALSE, ylim=c(0,.5), breaks=50,
  xlab="", col="green")
> curve(dgamma(x, 3/2, 1), col=2, lwd=2, add=TRUE)
> par(mfrow=c(1,1))
```

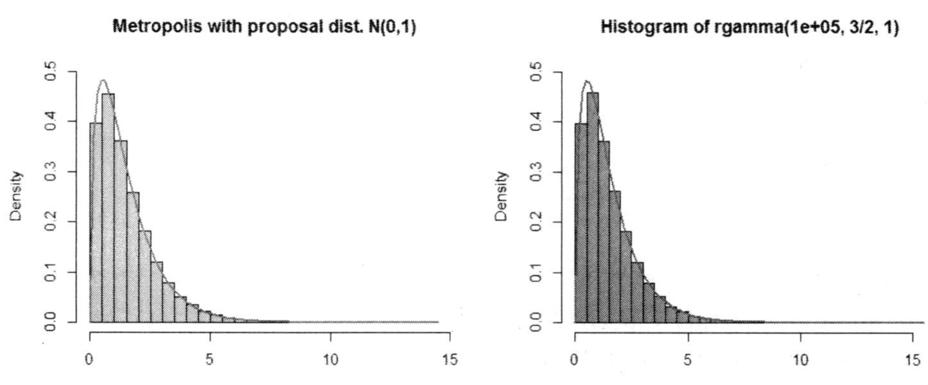

두 가지 방법에 의한 결과를 비교한 결과 거의 유사한 것으로 보인다.

다시 통계적 검정에 의하여 이것을 확인하여 보자.

```
> ks.test(jitter(out),rgamma(1e5,3/2,1))
Two-sample Kolmogorov-Smirnov test
data:  jitter(out) and rgamma(1e+05, 3/2, 1)
D = 0.0011, p-value = 0.5806
alternative hypothesis: two-sided
> out1 <- out[100001:105000]
> MH.hatout1 <- sqrt(pi)*exp(out1)/(2*sqrt(out1)*
           (out1+1)^(2.3) * (log(out1+3))^2)
> MHEst.int <- mean(MH.hatout1)
> MHEst.int
[1] 0.4236207
> abs(MHEst.int-tv)
[1] 0.004303715
> mean(integrand(out1)/dgamma(out1,3/2,1))
[1] 0.4236207
```

다음은 패키지에 의한 방법을 고려하자. 먼저 기댓값 $E(X)=3/2$와 주어진 적분값을 구하는 것을 패키지 mcmc에 의하여 추정하고 오차 분석까지 수행하여보자.

■ **패키지 mcmc에 의한 방법**

```
> library(mcmc)
> lu <- function(w){dgamma(w, 3/2, 1, log=TRUE)}
> Met <- metrop(lu, init=1, 1e5)
> x <- Met$batch
> mean(x)
[1] 1.495403
> library(mcmcse)
> mcse(x)
$est
[1] 1.495403

$se
[1] 0.01749746
> MH.mcmcout <- sqrt(pi)*exp(x)/(2*sqrt(x)*
          (x+1)^(2.3) * (log(x+3))^2)
> MHEst.intmcmc <- mean(MH.mcmcout)
> MHEst.intmcmc
```

```
[1] 0.4218657
> abs(MHEst.intmcmc-tv)
[1] 0.002548705
```

패키지 mcmc에 의하여 추정한 적분값이 작은 오차를 갖고 있음을 알 수 있다.

```
> Met$accept
[1] 0.66146
> plot(ts(x), col="brown", main="Time-Series vs.Iterations",
        col.main="blue", xlab="Iterations", ylab="")
```

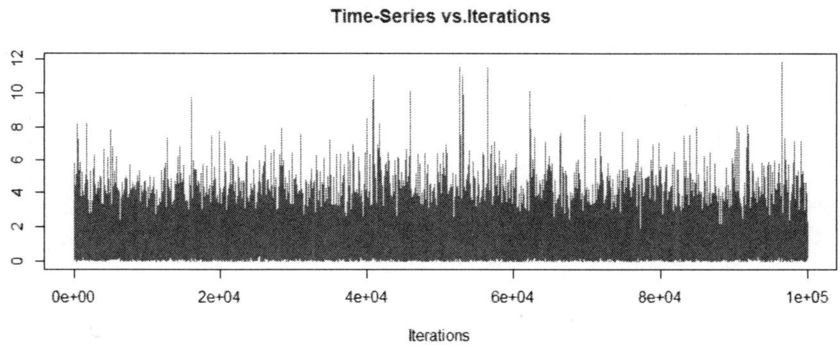


```
> acf(x)
```

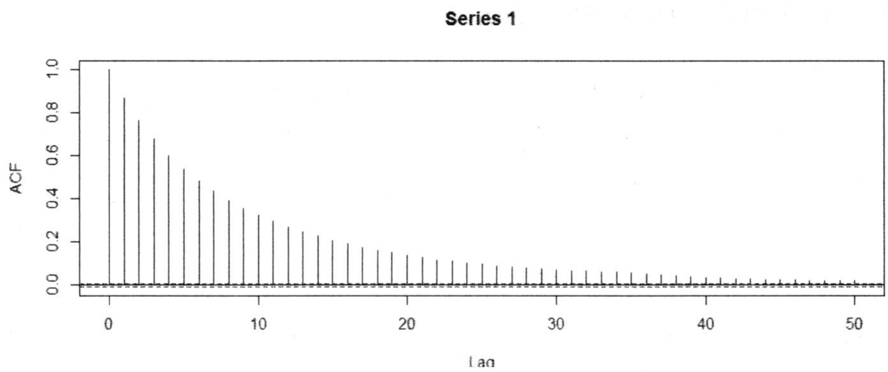


```
> par(mfrow=c(2,1))
> plot(density(x), main="Smoothed Estimate of Target Density", xlim=c(0,10))
> t <- 1:9e5
> t <- t/1e5
> plot(t, dgamma(t,3/2,1), main ="True Density", type="l", xlab ="x",
       xlim=c(0,10))
> par(mfrow=c(1,1))
```

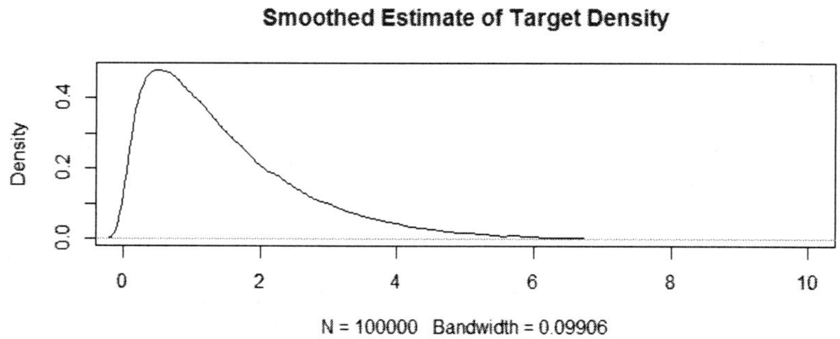

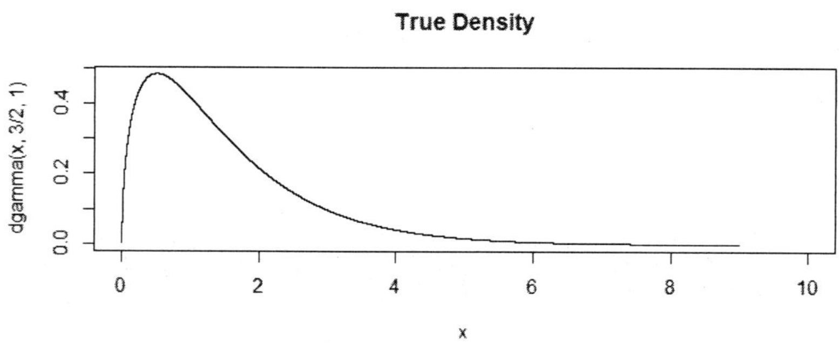

패키지에 의한 결과를 비교하여도 거의 유사함을 알 수 있다. □

8.5 깁스 표집(Gibbs Sampling)

깁스 표집은 다변량 확률분포에서 독립이고 동일한 확률표본을 추출하는 것이 불가능하거나 확률분포가 복잡하여 추출하는 것이 어려울 때 사용하는 MCMC 방법 중 하나이다. 좀 더 자세히 설명하면 메트로폴리스-헤이스팅스 알고리즘의 특별한 경우의 예로서 제안함수가 $q(x,y)=\pi(y \mid x)$인 경우이다. 따라서 채택확률 $\alpha(x,y)=1$이 된다. 그러므로 깁스 알고리즘은 마르코프 연쇄 몬테카를로 알고리즘의 한 예로 볼 수 있다. 이 알고리즘은 미국의 물리학자 조사이어 윌러드 깁스(Josiah Willard Gibbs, 1839년-1903년)의 이름을 따서 명명되었다. 그리고 만약 제안함수를 어떤 확률함수 q^*를 사용하여, $q(x,y)=q^*(y-x)$와 같이 선택한다면 **랜덤워크(Random walk) 메트로폴리스-헤이스팅스 알고리즘**이 된다.

특히 목적함수 $\pi(x) \sim N(0,1)$이고, 제안함수 $q(x,y) \sim N(x,\sigma^2)$인 경우에는 채택확률은 다음과 같이 된다.

$$\alpha(x,y) = \min\left[1, \frac{\pi(y)q(y,x)}{\pi(x)q(x,y)}\right]$$
$$= \min\left[1, \exp\left(-\frac{1}{2}(y^2 - x^2)\right)\right]$$

이 경우를 **랜덤워크 메트로폴리스 알고리즘**(Random walk metropolis algorithm)이라 한다.

2변량 이상의 확률분포에서 직접 확률표본을 추출하는 것은 쉽지 않거나 불가능한 경우가 흔히 있다. 예를 들면 3변량 확률함수 $f(x,y,z)$에서 직접 확률표본을 구하는 것이 불가능하다. 하지만 $f(x \mid y,z)$, $f(y \mid x,z)$ 그리고 $f(z \mid x,y)$에서는 확률표본을 구하는 것이 가능한 경우에 사용할 수 있는 표본추출 방법이 깁스 표집이다.

[알고리즘]

단계 1 : 3 변수의 초기값 (x_0, y_0, z_0)를 지정한다.

단계 2 : i번째 확률벡터 (x_i, y_i, z_i)가 주어졌을 때
$i+1$번째 확률벡터는 다음과 같은 방법으로 추출한다.

$$x_{i+1} \sim f(x \mid y_i, z_i)$$
$$y_{i+1} \sim f(y \mid x_{i+1}, z_i)$$
$$z_{i+1} \sim f(z \mid x_{i+1}, y_{i+1})$$

단계 3 : 위의 과정을 반복한 후 확률벡터를 만든다.

먼저 간단하고 이해하기 쉬운 2 변량의 경우를 고려하자.

예제 8.5.1 아래의 이변량 정규분포에서 $\rho = 0.8$일 때 깁스 표집에 의하여 확률표본을 추출하여라.

$$(X,Y)^T \sim N_2\left(\begin{pmatrix}0\\0\end{pmatrix}, \begin{pmatrix}1 & \rho\\ \rho & 1\end{pmatrix}\right) = N_2(0, \Sigma)$$

풀이 이 경우에 깁스 알고리즘을 적용하려면 다음과 같은 몇 가지를 알아야 한다.

$$X \sim N(0,1^2),\quad Y \mid X = x \sim N(\rho x, 1-\rho^2),\quad X \mid Y = y \sim N(\rho y, 1-\rho^2)$$

그러므로 x_t가 주어졌을 때 다음과 같이 생성한다.

$$Y_{t+1} \mid X_t = x_t \sim N(\rho x_t, 1-\rho^2)$$
$$X_{t+1} \mid Y_{t+1} = y_{t+1} \sim N(\rho y_{t+1}, 1-\rho^2)$$

마르코프 연쇄 $X \equiv \{X_t : t \in T\}$을 고려하면 다음과 같다.

$$X_{t+1} \mid X_t = x_t \sim N(\rho^2 x_t, 1-\rho^2)$$

그리고 반복하면 아래와 같이 된다.

$$X_t \mid X_0 = x_0 \sim N(\rho^{2t} x_0, 1-\rho^{4t})$$

또한 $t \to \infty$이면 $N(0, 1^2)$가 됨을 알 수 있다. 그러므로 코딩을 위한 알고리즘은 다음과 같다.

[알고리즘]

1 단계 : 초기값을 지정한다.

$$X_0 = x_0, \quad Y_0 = y_0$$

2 단계 : $t = 1, 2, \cdots$에 관해

1. $Y_t \sim f_{Y \mid X}(\cdot \mid x_{t-1})$
2. $X_t \sim f_{X \mid Y}(\cdot \mid y_{t-1})$

3 단계 : 반복 시행한 후

확률벡터 (X, Y)를 만든다.

■ R에 의한 방법

```
> gibbs <- function (n, rho)
  {
  mat <- matrix(ncol = 2, nrow = n)
       x <- 0
       y <- 0
       mat[1, ] <- c(x, y)
       for (i in 2:n) {
       x <- rnorm(1, rho * y, sqrt(1 - rho^2))
       y <- rnorm(1, rho * x, sqrt(1 - rho^2))
       mat[i, ] <- c(x, y)
       }
  mat
  }
> bvn<-gibbs(10000, 0.8)
> par(mfrow=c(4,2))
> plot(bvn,col=1:10000)
> plot(bvn,type="l")
> plot(ts(bvn[,1]), col=2)
```

```
> plot(ts(bvn[,2]), col=2)
> acf(bvn[,1], col=4)
> acf(bvn[,2], col=4)
> hist(bvn[,1],40, col=3)
> hist(bvn[,2],40, col=3)
> par(mfrow=c(1,1))
```

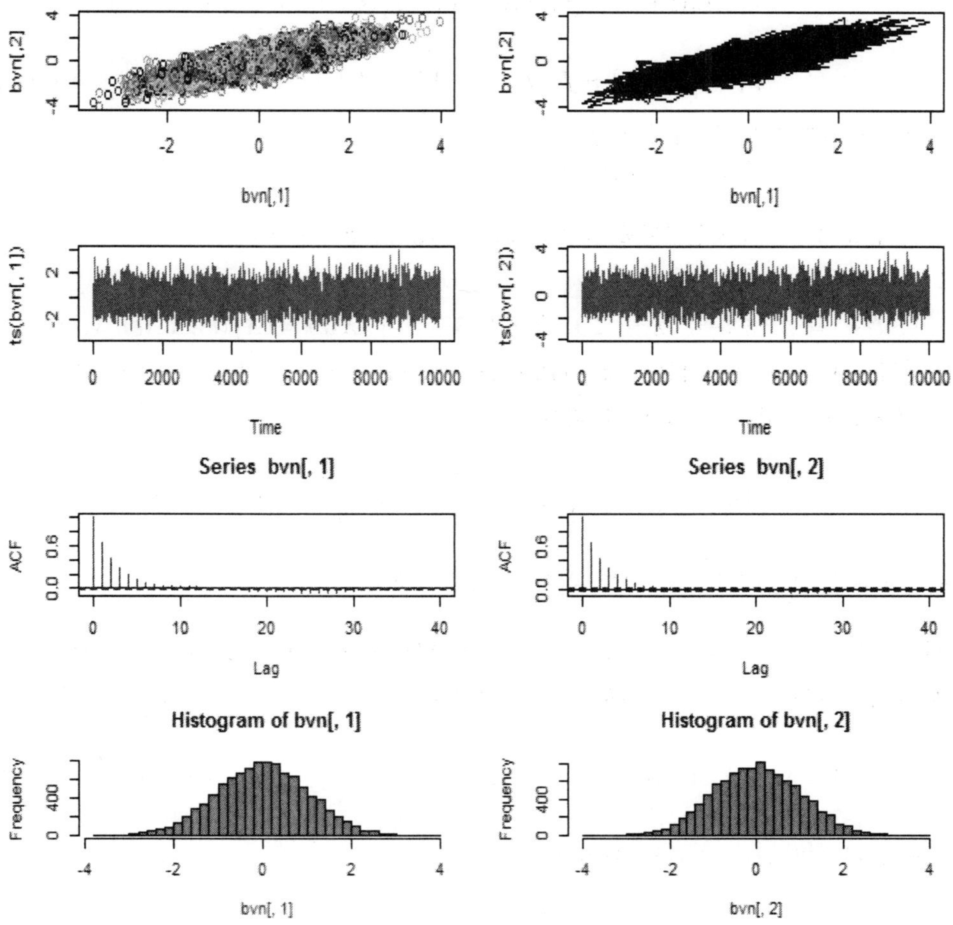

일반적인 경우로 p변량을 고려하자. 그러므로 $\boldsymbol{X}(t) = (X_1(t), \cdots, X_p(t))$이고, $i = 1,2, \cdots, p$에 대항 $X_i(t) \sim f_i(\cdot\,;\, t)$라 하자. 만약 $p-1$변량을 근거로 나머지 변량의 확률 표본을 생성할 수 있다고 가정한다면 이것을 근거로 깁스 표집을 수행할 수가 있다.

$$X_i(t) \mid x_1(t), x_2(t), \cdots, x_{i-1}(t), x_{i+1}(t), \cdots, x_p(t)$$
$$\sim f_i(x_i(t) \mid x_1(t), x_2(t), \cdots, x_{i-1}(t), x_{i+1}(t), \cdots, x_p(t)) \qquad i = 1,2,\cdots,p$$

[알고리즘]

단계 1 : p변수의 초기값 $\boldsymbol{X}(1)=(x_1(1), x_2(1), \cdots, x_p(1))$를 지정한다.

단계 2 : $\boldsymbol{x}(t)=(x_1(t), \cdots, x_p(t))$, $t=1,2,\cdots$가 주어졌을 때 다음과 같이 생성한다.

1. $X_1(t+1) \sim f_1(x_1(t+1) \mid x_2(t), \cdots, x_p(t))$
2. $X_2(t+1) \sim f_2(x_2(t+1) \mid x_1(t+1), x_3(t), \cdots, x_p(t))$

$\vdots$

p. $X_p(t+1) \sim f_p(x_p(t+1) \mid x_1(t+1), x_2(t+1), \cdots, x_{p-1}(t+1))$

3 단계 : 반복 시행한 후
확률벡터 $\boldsymbol{X}(t+1)=(X_1(t+1), \cdots, X_p(t+1))$를 만든다.

위의 분포들을 **완전조건부분포**(full conditional distribution)라 한다.

예제 8.5.2 특정 종류의 동물 197마리가 4구역에 $\boldsymbol{X}(t)=(X_1(t), X_2(t), X_3(t), X_4(t))$ 분포되어 있다. 관찰에 따르면 $\boldsymbol{x}=(125, 18, 20, 34)$이였다. 이들은 다음과 같은 다항분포(multinomial distribution)를 따른다.

$$Mul\left(n; \frac{1}{2}+\frac{\theta}{4}, \frac{1}{4}(1-\theta), \frac{1}{4}(1-\theta), \frac{\theta}{4}\right) \qquad 0<\theta<1$$

깁스표집을 이용하여 모수 θ에 대한 정보를 구하라.

풀이 EM(expectation-maximization) 또는 MCEM(Markov chain expectation-maximization) 알고리즘에 의하여 추정하려고 **잠재변수**(latent variable) Z를 이용하여 다음과 같이 표현한다.

$$(Z, X_1-Z, X_2, X_3, X_4) \sim Mul\left(n; \frac{1}{2}, \frac{\theta}{4}, \frac{1}{4}(1-\theta), \frac{1}{4}(1-\theta), \frac{\theta}{4}\right)$$

그래서 다음과 같은 결과를 얻었다.

$$\theta \sim Be(z+x_4+1,\ x_2+x_3+1), \quad Z \sim Bin\left(x_1, \frac{\theta}{2+\theta}\right)$$

이것을 이용하여 깁스 표본을 생성하여 θ를 추정한다. 그리고

$$E(Z)=x_1 \times \frac{\theta}{2+\theta},\ E(\theta)=\frac{z+x_4+1}{(z+x_4+1)+(x_2+x_3+1)}$$

이므로 추정치 $\bar{z}_m=\dfrac{1}{m}\sum_{i=1}^{m} z_i$를 이용하여 MCEM에 의한

추정치 $\hat{\theta}=\dfrac{\bar{z}_m+x_4}{(\bar{z}_m+x_4)+(x_2+x_3)}$를 얻는다. 참고로 Dempster(1977)은 θ의 추정치로 0.6268214980을 얻었다.

■ **R에 의한 방법**

```
> Nsim=5000 #initial values
> x=c(125,18,20,34) #data
> theta=z=rep(.5,Nsim) #init chain
> for (j in 2:Nsim){
      theta[j]=rbeta(1,z[j-1]+x[4]+1,x[2]+x[3]+1)
      z[j]=rbinom(1,x[1],(theta[j]/(2+theta[j])))
  }
> par(mfrow=c(1,2)) # open an object
> plot(ts(theta), col=2)
> plot(ts(z), col=2)
> hist(theta, probability = TRUE, xlab=expression(theta), col="wheat2",
       ylim=c(0,10), breaks=50, main=expression(Theta))
> hist(z, probability = TRUE, xlab="Z", col="green", ylim=c(0,.1), breaks=50,
  main="Z")
> par(mfrow=c(1,1))
```

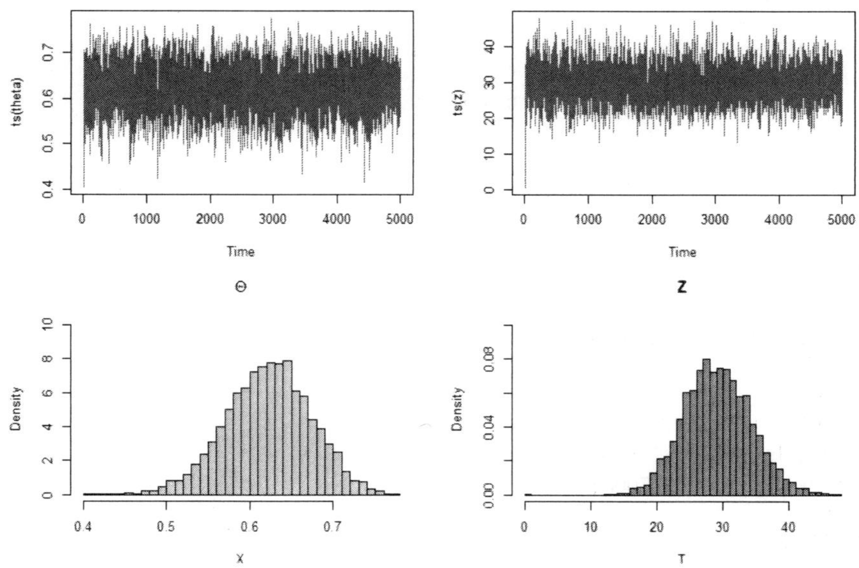


```
> summary(theta)
   Min. 1st Qu.  Median    Mean 3rd Qu.    Max.
 0.4341  0.5903  0.6252  0.6234  0.6579  0.7747
```

```
> summary(z)
   Min. 1st Qu.  Median    Mean 3rd Qu.    Max.
   0.50   26.00   29.00   29.48   33.00   48.00

> library(mcmcse)
> mcse(theta)
$est
[1] 0.6233972

$se
[1] 0.000892196
> quantile(theta, c(.025, .975))
     2.5%     97.5%
0.5186804 0.7195454
> Htheta <- mean(theta)
> Htheta/(2+Htheta)
[1] 0.2376297
> x[1]*Htheta/(2+Htheta)
[1] 29.70372
> mean(z)
[1] 29.4841
> (al = mean(z)+x[4]+1)
[1] 64.4841
> (bt = x[2]+x[3]+1)
[1] 39
> ks.test(theta, "pbeta", al, bt)

        One-sample Kolmogorov-Smirnov test

data:  theta
D = 0.022572, p-value = 0.01226
alternative hypothesis: two-sided

> theta1 <- theta[4001:5000]
> ks.test(theta1, "pbeta", al, bt)
        One-sample Kolmogorov-Smirnov test

data:  theta1
D = 0.036269, p-value = 0.144
alternative hypothesis: two-sided
> theta2 <- theta[3001:5000]

> ks.test(theta2, "pbeta", al, bt)

        One-sample Kolmogorov-Smirnov test

data:  theta2
D = 0.017958, p-value = 0.5391
alternative hypothesis: two-sided
```

생성된 자료에서 뒷부분의 개수를 늘려 사용하면 보다 잘 적합 하는 것을 알 수 있다. 그리고 다음은 생성한 확률표본의 경험적 누적분포와 이론적인 분포와 어느 정도 일치하는가를 그래프로 그렸다.

```
> u <- seq(0,1,0.02)
> plot(u, pbeta(u, al, bt), type="l", col="red", lwd=2)
> plot(ecdf(theta1), col=4, add=TRUE)
```

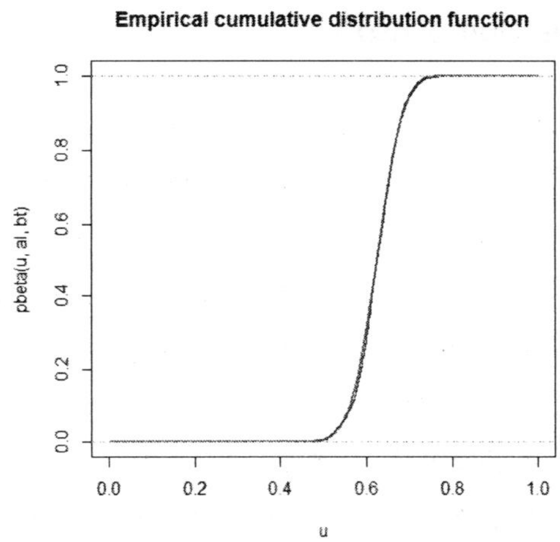


```
> library(fitdistrplus)
> fitg <- fitdist(theta1, "beta")
> summary(fitg)
Fitting of the distribution ' beta ' by maximum likelihood
Parameters :
       estimate Std. Error
shape1 63.89824   2.854116
shape2 38.34154   1.708117
Loglikelihood:  1625.889   AIC:  -3247.778   BIC:  -3237.962
Correlation matrix:
          shape1    shape2
shape1 1.0000000 0.9896199
shape2 0.9896199 1.0000000
```

위의 결과는 패키지 fitdistrplus를 사용하여 생성된 확률표본를 베타분포에 적합시켜 모수를 추정한 결과이다. 최우추정치는 각각 63.89824, 38.34154로 앞서 구한 64.4841, 39과 유사함을 알 수 있다. 위의 결과로 θ의 추정치를 다음과 같이 구할 수 있다.

```
> (mean(z)+x[4])/(mean(z)+x[2]+x[3]+x[4])
[1] 0.6255571
> mean(theta)
[1] 0.6233972
> mean(theta1)
[1] 0.6249846
```

위의 결과는 뒷부분의 확률표본에 의한 추정이 오차가 작음을 알려준다. □

8.6 분할 표집(Slice Sampling)

기본적으로 목표함수 $f(x)$로부터 확률표본을 얻으려고 하는 것이 우리가 원하는 것인데 함수의 형태나 복잡성 등에 의하여 그것이 어렵거나 불가능한 경우가 종종 있기 때문에 이와 같은 문제를 해결하는 방법의 하나로 MCMC 방법을 사용한다. 여러 가지 방법들을 다루어 왔다. 특히 메트로폴리스-해이스팅 알고리즘은 많은 좋은 점들에도 불구하고 좋은 제안분포(proposal distribution)를 찾아야 하는 어려움이 있는데 특히 그 분포의 모수들이 적절한 값을 갖도록 단계의 크기를 설정해야 한다는 문제를 갖고 있다. 깁스 표집 또한 매우 효율적이고 실행하기가 쉽지만 완전조건부분포(full conditional distribution)들을 해석학적으로 완전히 알아야 하며 그들의 확률표본을 구하는 것이 수월해야 한다는 조건들을 만족해야만 사용할 수 있다는 단점이 있다.

분할 표집(slice sampling)은 위에 언급한 문제들을 극복하기 위해 만든 MCMC 중 하나이다. 다음과 같은 순서로 진행된다.

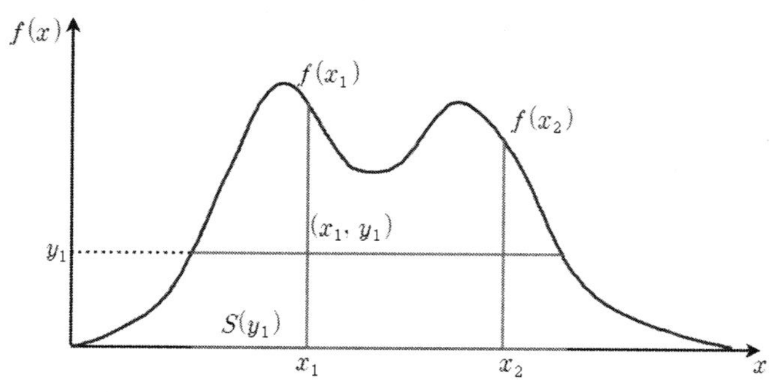

먼저 초기값 X_1을 $\{x: f(x)>0\}$에서 선택한다. 그리고 Y_1를 $U(0, f(X_1))$에서 생성한다. 즉 $U_1 \sim U(0,1)$를 생성한 후 $Y_1 \equiv U_1 f(X_1)$를 취한다. 여기서 $S(Y_1) \equiv \{x: Y_1 < f(x)\}$을 Y_1의 분할(slice)이라 한다. 다음 X_2를 $S(Y_1)$에서 균일하게 선택한

다. 그리고 $U_2 \sim U(0,1)$를 생성한 후 $Y_2 \equiv U_2 f(X_2)$를 취한다. 반복하여 X_m를 $S(Y_{m-1})$에서 균일하게 생성한다. $U_m \sim U(0,1)$을 생성한 후 $Y_m \equiv U_m f(X_m)$라 놓는다. 이 과정을 $m=N$이 될 때까지 반복하여 $(X_i, Y_i), i=1,2,\cdots,N$를 생성한다. 여기서 $X_1, X_2, \cdots, X_N$가 우리가 원하던 $f(x)$의의 확률표본이다.

[알고리즘]

1 단계 : 초기값 지정 $X_1 (\in \{x : f(x) > 0\})$,
$Y_1 \sim U(0, f(X_1))$ $S(Y_1) = \{x : Y_1 < f(x)\}$: 분할

2 단계 : $X_2 \sim S(Y_1)$, $Y_2 \sim U(0, f(X_2))$
$S(Y_2) = \{x : Y_2 < f(x)\}$: 분할

3 단계 : 반복

예제 8.6.1 확률변수 X가 지수분포 $\mathcal{E}(1)$를 따른다. 지수분포 $\mathcal{E}(1)$의 확률밀도함수를 목표함수로 놓고, 분할 표집법에 의하여 확률표본을 구하라. 얻어진 확률표본을 이용하여 평균과 분산을 추정하고 이론에 의하여 얻어지는 평균과 분산과의 차이를 비교하라. 그리고 $P(X > 4)$를 확률표본에 의하여 구하고 실제값과 비교하라.

풀이 지수분포 $\mathcal{E}(1)$의 확률함수는 $f(x) = e^{-x}$ $0 < x$이므로 그래프를 그리면 다음과 같다. 그리고 평균 $E(X)$과 분산 $V(X)$은 각각 1인 것을 알 수 있다.

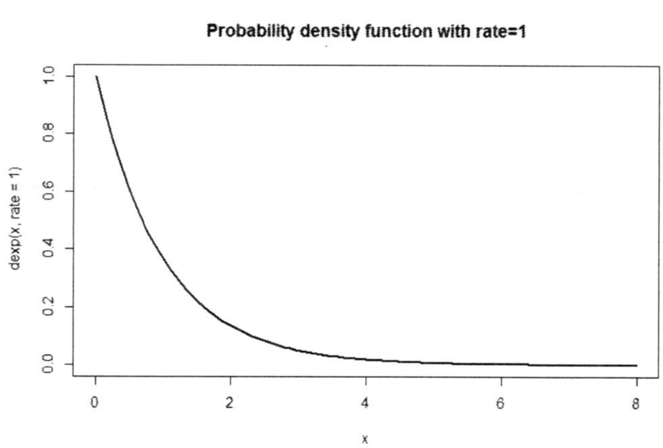

그러므로 분할 표집은 다음과 같은 방법과 절차로 수행된다. 먼저 임의의 x_1를 $[0, \infty)$에서 선택하고 y_1를 $[0, e^{-x_1})$를 임의로 선택한다. 그러면 $S(y_1) = \{x : y_1 < e^{-x_1}\}$은 y_1에 의하여 만들어진 분할이다. 다음 x_2는 분할 $S(y_1)$에서 임의로 하나를 선택하고 y_2를

$[0, e^{-x_2})$에서 임의로 추출한다. 이와 같은 방법으로 N회 반복하여 얻어지는 $x_1, x_2, x_3, \ldots, x_N$가 분할 표집에 의하여 생성된다.

■ **R에 의한 방법**

```
> # Slice sampler
> slice = function(n, init_x, target, A) {
        u = x = rep(NA, n)
        x[1] = init_x
        u[1] = runif(1, 0, target(x[1]))
        for (i in 2:n) {
                u[i] = runif(1, 0, target(x[i-1]))
                endpoints = A(u[i], x[i-1])
                x[i] = runif(1, endpoints[1], endpoints[2])
        }
        return(list(x = x, u = u))
  }
> # Exponential example
> set.seed(245)
> A = function(u, x = NA) c(0, -log(u))
> res = slice(1000, 0.1, dexp, A)
> x = res$x
> u = res$u
> par(mfrow=c(1,2)) # open an object
> hist(res$x, col=5, freq = F, 100)
> curve(dexp, col=2, lwd=2, add = TRUE)
> acf(res$x)
> par(mfrow=c(1,1))
```

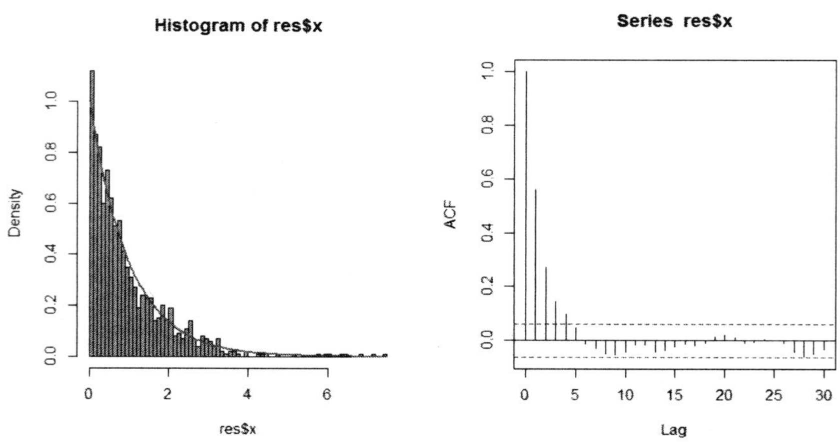

```
> mean(x)
[1] 0.9630609
> var(x)
[1] 0.9958047
>
> 1-pexp(4)
[1] 0.01831564
> length(x[x>4])/length(x)
[1] 0.013
> mean(rexp(1000))
[1] 1.005347
> var(rexp(1000))
[1] 1.02266
> ks.test(x, "pexp",1)

        One-sample Kolmogorov-Smirnov test

data:  x
D = 0.036401, p-value = 0.1412
alternative hypothesis: two-sided
```

분할법에 의하여 생성한 확률표본은 모수가 $\lambda=1$인 지수분포를 따른다는 것을 기각할 근거가 없음을 알 수 있다. □

지금까지 추정에 관한 것들을 다루었다. 일반적으로 사용하는 대부분의 방법들은 추정을 위한 확률표본의 수를 증가시켜서 추정량이 참값에 수렴하는 것을 이용하는 것이다. 그러므로 당연히 수렴에 대한 진단을 수행하는 것이 필연적으로 수반될 것이다. 그러나 이 책의 적절한 지면의 한계 때문에 이 부분은 다루지 않는다. 수렴진단(convergence diagnostics)에 대해서는 Ford(2015)과 Lam의 자료를 참조하길 바란다.

8장 연습문제

1. 마르코프 연쇄 몬테카를로(MCMC)법을 잘 설명해주는 간단한 예를 찾거나 또는 만들어서 실행한 후 결과를 설명하라.

2. [예제 8.3.2]에서 얻은 추정값과 확률표본의 개수를 증가시켜서, 예를 들면 10^7개로 하여 추정한 값과 비교하고 이것을 해석하라.

3. 랜덤워크 메트로폴리스 표집법을 이용하여 $N(0,1)$에서 표본을 추출하라.
제안함수는 $U(x-a,\, x+a)$ 즉, $q(x,y)=1/(2a) \quad y\in(x-a,\ x+a)$를 활용하라.

4. 메트로폴리스-헤이스팅스 알고리즘에 관한 좋은 예를 찾아서 설명하고 평가하라.

5. 메트로폴리스-헤이스팅스 알고리즘에서 제안함수를 선택하는 문제에 대하여 논의하라.

6. [예제 8.5.1]에서 확률표본의 앞부분 1000개와 뒷부분 1000개에 대하여 그래프로 비교하여 결과를 평가하고 설명하여라.

7. 적응형 마르코프 연쇄 몬테카를로(adaptive MCMC)에 대하여 조사하여 설명하라.

8. 분할 표집법을 이용하여 표준정규분포 $N(0,1)$에서 확률표본을 추출하여라. 그리고 다른 알고리즘에 의한 결과와 비교하라. 예를 들면 2번 문제와 결과를 비교하여라.

9. 분할 표집법의 문제점을 논의하고, Neal(2003)이 제시한 두 가지 절차에 대하여 설명하라.

10. 붓스트랩법과 잭나이프법에 대하여 알아보고, 좋은 예를 수행하고 해석하라.

11. [예제 8.5.2]에서 언급한 EM(expectation-maximization) 또는 MCEM(Markov chain expectation-maximization) 알고리즘에 대하여 조사하고 좋은 예를 수행하고 해석하라.

12. MCMC법의 기타 논제, 예를 들면 수렴진단(convergence diagnostics) 등등에 대하여 조사하고, 논의하라.

해 답

1장 확률과정

1.4 모든 t에 대하여, $X(t)$가 동일한 분포를 하므로, 임의의 $s,t>0$에 대하여 $X(t)-X(0)$와 $X(t+s)-X(s)$이 같은 분포를 함으로 강정과정이다. 그리고 $\mu(t)=E[X(t)]=0$이고 $\sigma^2(t)=V(X(t))=\sigma^2$이다. 또한

$$\gamma(h)=Cov(X(t),\,X(t+h))=\begin{cases}\sigma^2 & \text{if}\, h=0\\ 0 & \text{if}\, h\neq 0\end{cases}$$

이므로 백색잡음이다.

1.6 ϵ_t가 백색잡음이므로 $E(X_t)=[E(\epsilon_t)+E(\epsilon_{t-1})]/2=0$이고, $Cov(X_t,\,X_s)$는 다음과 같다.

$$Cov(X_t,\,X_s)=\begin{cases}\frac{1}{4}[Var(\epsilon_t)+Var(\epsilon_{t-1})] & s=t\\ \frac{1}{4}Cov(\epsilon_t+\epsilon_{t-1},\,\epsilon_{t+1}+\epsilon_t) & s=t+1\\ \frac{1}{4}Cov(\epsilon_t+\epsilon_{t-1},\,\epsilon_{t+2}+\epsilon_{t+1}) & s=t+2\\ \quad\vdots & \end{cases}$$

가정에 의하여 ϵ_t들은 서로 무상관이므로 다음과 같이 된다.

$$\begin{aligned}&Cov(\epsilon_t+\epsilon_{t-1},\,\epsilon_{t+2}+\epsilon_{t+1})\\ &\quad=Cov(\epsilon_t,\,\epsilon_{t+2})+Cov(\epsilon_t,\,\epsilon_{t+1})\\ &\qquad+Cov(\epsilon_{t-1},\,\epsilon_{t+2})+Cov(\epsilon_{t-1},\,\epsilon_{t+1})=0\end{aligned}$$

그러므로 $s=t$와 $s=t+1$일 경우에만 영이 아닌 공분산을 갖는다. 즉 $Cov(\epsilon_t,\,\epsilon_t)=\sigma^2$이므로 다음이 얻어진다.

$$Cov(X_t,\,X_s)=\begin{cases}\dfrac{\sigma^2}{2} & s=t\\[2ex] \dfrac{\sigma^2}{4} & |s-t|=1\\[2ex] 0 & otherwise\end{cases}$$

이것은 오직 $|s-t|$에만 종속되므로 이 과정은 정상이다.

1.8 두 확률변수 A, B가 서로 상관이 없고 각각의 기댓값이 모두 0이고, 각각의 분산이 모두 σ^2이므로 다음을 얻는다. t에 관계없이 다음을 얻는다.

$$E(X_n) = \cos(nt)E(A) + \sin(nt)E(B) = 0$$

그리고 정의에 의하여 다음을 얻는다.

$$\begin{aligned} E(X_n X_{n+k}) &= E(A^2\cos(n\lambda)\cos(n(\lambda+k)) + AB\cos(n\lambda)\sin(n(\lambda+k)) \\ &\quad + B^2\sin(n\lambda)\sin(n(\lambda+k)) + BA\sin(n\lambda)\cos(n(\lambda+k)) \\ &= E(A^2)[\cos(n\lambda)\cos(n(\lambda+k)) + \sin(n\lambda)\sin(n(\lambda+k))] \\ &= E(A^2)\cos(nk) \end{aligned}$$

그러므로 확률과정 $\{X_n \mid n = \cdots, -1, 0, 1, \cdots\}$가 약정상과정임을 알 수 있다.

1.9 $E(X_t) = 0$이고, 모든 $t, k > 0$에 대하여 $Cov(X_t, X_{t+k}) = t\sigma^2$이므로 정상이 아니다.

2장 마르코프 연쇄

2.2 각 행의 확률의 합은 1이 되므로 다음과 같이 구할 수 있다.

$$x = 1 - 0.1 - 0.6 = 0.3,\ y = 1 - 0.2 - 0.1 = 0.7,\ z = 1 - 0.2 - 0.4 = 0.4$$

$$P(X_7 = C \mid X_6 = B) = 0.2$$

$$\begin{aligned} &P(X_5 = B, X_6 = C, X_7 = A \mid X_4 = B) \\ &= P(X_5 = B \mid X_4 = B)P(X_6 = C \mid X_5 = B)P(X_7 = A \mid X_6 = C) \\ &= 0.7 \times 0.1 \times 0.4 = 0.028 \end{aligned}$$

$$\begin{aligned} &P(X_0 = C, X_1 = C, X_2 = A) \\ &= P(X_0 = C)P(X_1 = C \mid X_0 = C)P(X_2 = A \mid X_1 = C) \\ &= 0.4 \times 0.4 \times 0.4 = 0.4^3 \end{aligned}$$

2.3 상태 공간 $S = \{1, 2\}$이고, 2단계 추이행렬에 의하여 $P_{12}^{(2)} = 0.56$, $P_{21}^{(2)} = 0.28$임을 알 수 있다. 그리고 이 마르코프 연쇄는 단계 수가 증가할수록 일정한 추이확률을 갖는 것을 확인할 수 있다. 그리고 차수가 증가하면 극한확률을 갖는 것을 알 수 있다.

$$\begin{bmatrix} 1/3 & 2/3 \\ 1/3 & 2/3 \end{bmatrix}$$

♣ R-project에 의한 방법

```
> library(expm)
> P <- matrix(c(0.6,0.4,0.2,0.8), nrow=2, byrow=TRUE)
```

```
> P
     [,1] [,2]
[1,]  0.6  0.4
[2,]  0.2  0.8
> rownames(P) <- c("1","2")
> colnames(P) <- rownames(P)
> P
    1   2
1 0.6 0.4
2 0.2 0.8
> P %^% 2
     1    2
1 0.44 0.56
2 0.28 0.72
> P %^% 20
          1         2
1 0.3333333 0.6666667
2 0.3333333 0.6666667
> library(markovchain)
> States <- rownames(P)
> TP <- new("markovchain", stat=States, transitionMatrix=P,
              name="Transition Matrix")
> TP
Transition Matrix
 A  2 - dimensional discrete Markov Chain defined by the following states:
 1, 2
 The transition matrix  (by rows)  is defined as follows:
    1   2
1 0.6 0.4
2 0.2 0.8
> plot(TP)
> title(main="Transition Diagram", cex.main=2, col.main="blue")
```

Transition Diagram

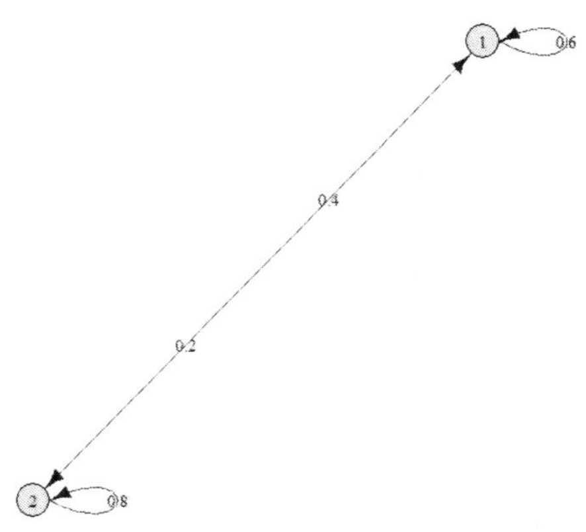

2.6 먼저 추이행렬의 정준형을 구하고 그 밖에 정보를 도출한다. 정준형의 추이행렬의 차수를 증가시켜보면 상태, a, b, c는 잠시 있다가 상태 d, e로 가는 것을 알 수 있고 상태 d나 e로 가면 다시는 다른 상태로 갈 수 없는 것을 알 수 있다.

2.7

♣ R-project에 의한 방법

```
> library(markovchain)
> P <- matrix(c(0.2, 0.5, 0.3,
                0.0, 0.2, 0.8,
                0.1, 0.8, 0.1), byrow=T, nrow=3)
> P
     [,1] [,2] [,3]
[1,]  0.2  0.5  0.3
[2,]  0.0  0.2  0.8
[3,]  0.1  0.8  0.1
> rownames(P) <- c(LETTERS[1:3])
> colnames(P) <- rownames(P)
> P
    A   B   C
A 0.2 0.5 0.3
B 0.0 0.2 0.8
C 0.1 0.8 0.1
> States <- rownames(P)
> TP <- new("markovchain", stat=States, transitionMatrix=P,
              name="Transition Matrix")
> TP
Transition Matrix
 A  3 - dimensional discrete Markov Chain defined by the following states:
 A, B, C
 The transition matrix  (by rows)  is defined as follows:
    A   B   C
A 0.2 0.5 0.3
B 0.0 0.2 0.8
C 0.1 0.8 0.1
```

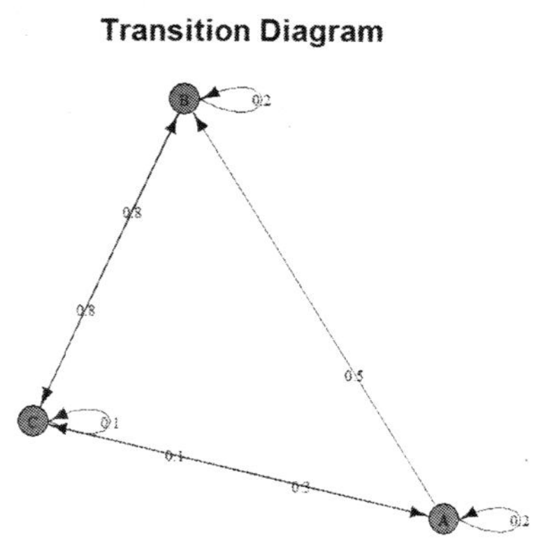


```
> #-------- Simulation(Homogeneous Case) ----------#
> SimDt <- markovchainSequence(n = 100, markovchain = TP, t0 = "B",
+ include.t0=T)
> SimDt
  [1] "B" "C" "A" "A" "B" "C" "B" "C" "B" "B"
```

```
 [11] "C" "B" "C" "B" "C" "B" "C" "B" "C" "B"
 [21] "C" "B" "C" "B" "C" "B" "C" "B" "C" "B"
 [31] "C" "B" "C" "B" "C" "B" "C" "B" "C" "B"
 [41] "B" "C" "B" "C" "B" "B" "C" "B" "C" "B"
 [51] "B" "C" "B" "B" "C" "B" "C" "B" "C" "B"
 [61] "B" "C" "B" "C" "B" "B" "C" "B" "B" "B"
 [71] "C" "B" "B" "C" "C" "B" "C" "B" "C" "B"
 [81] "C" "C" "C" "C" "B" "C" "B" "C" "B" "C"
 [91] "B" "C" "B" "C" "B" "C" "B" "B" "C" "B"
> length(SimDt)
[1] 100
> table(SimDt)
SimDt
 A  B  C
 2 53 45
> NFreq <- table(SimDt[1:(length(SimDt)-1)], SimDt[2:length(SimDt)])
> NFreq
     A  B  C
  A  1  1  0
  B  0 11 41
  C  1 40  4
> EstTP <- round(prop.table(NFreq,1), 2)
> EstTP
       A    B    C
  A 0.50 0.50 0.00
  B 0.00 0.21 0.79
  C 0.02 0.89 0.09
> P
    A   B   C
A 0.2 0.5 0.3
B 0.0 0.2 0.8
C 0.1 0.8 0.1
> abs(P - EstTP)
     A    B    C
A 0.30 0.00 0.30
B 0.00 0.01 0.01
C 0.08 0.09 0.01
> ETpMLE <- markovchainFit(data=SimDt, method="mle", name="statesNames")
> ETpMLE
$estimate
           A         B          C
A 0.50000000 0.5000000 0.00000000
B 0.00000000 0.2115385 0.78846154
C 0.02222222 0.8888889 0.08888889

$standardError
           A          B          C
A 0.50000000 0.50000000 0.00000000
B 0.00000000 0.06378125 0.12313700
C 0.02222222 0.14054567 0.04444444

$confidenceLevel
[1] 0.95
```

```
$lowerEndpointMatrix
  A         B          C
A 0 0.0000000 0.00000000
B 0 0.1066276 0.58591919
C 0 0.6577118 0.01578428

$upperEndpointMatrix
           A         B         C
A 1.00000000 1.0000000 0.0000000
B 0.00000000 0.3164493 0.9910039
C 0.05877453 1.0000000 0.1619935

$logLikelihood
[1] -46.41712

> #-------- Simulation(Non-Homogeneous Case) ----------#
> NHSimDt <- rmarkovchain(n = 100, object = TP)
> NHSimDt
  [1] "B" "C" "B" "C" "B" "C" "B" "C" "B" "C"
 [11] "B" "C" "B" "C" "B" "C" "B" "C" "B" "C"
 [21] "B" "C" "B" "C" "B" "C" "C" "C" "C" "B"
 [31] "C" "B" "C" "A" "A" "C" "B" "C" "B" "C"
 [41] "B" "C" "B" "C" "B" "C" "B" "C" "B" "C"
 [51] "C" "B" "C" "B" "B" "B" "B" "B" "C" "B"
 [61] "C" "B" "C" "B" "C" "B" "C" "B" "C" "B"
 [71] "B" "C" "B" "C" "B" "C" "C" "B" "C" "A"
 [81] "B" "C" "B" "C" "B" "C" "B" "B" "C" "B"
 [91] "B" "B" "C" "B" "C" "C" "B" "C" "B" "B"
> length(NHSimDt)
[1] 100
> table(NHSimDt)
NHSimDt
 A  B  C
 3 50 47
> NHNFreq <- table(NHSimDt[1:(length(NHSimDt)-1)],
     NHSimDt[2:length(NHSimDt)])
> NHNFreq
     A  B  C
  A  1  1  1
  B  0  9 40
  C  2 39  6
> NHEstTP <- round(prop.table(NHNFreq,1), 2)
> NHEstTP
       A    B    C
  A 0.33 0.33 0.33
  B 0.00 0.18 0.82
  C 0.04 0.83 0.13
> abs(P - NHEstTP)
     A    B    C
A 0.13 0.17 0.03
B 0.00 0.02 0.02
C 0.06 0.03 0.03
> NHETpMLE <- markovchainFit(data=NHSimDt, method="mle", name="statesNames")
> NHETpMLE
```

```
$estimate
           A         B         C
A 0.33333333 0.3333333 0.3333333
B 0.00000000 0.1836735 0.8163265
C 0.04255319 0.8297872 0.1276596


$standardError
           A          B         C
A 0.33333333 0.33333333 0.3333333
B 0.00000000 0.06122449 0.1290726
C 0.03008965 0.13287230 0.0521168

$confidenceLevel
[1] 0.95

$lowerEndpointMatrix
  A          B          C
A 0 0.00000000 0.00000000
B 0 0.08296815 0.60402107
C 0 0.61123175 0.04193506

$upperEndpointMatrix
           A         B         C
A 0.88161788 0.8816179 0.8816179
B 0.00000000 0.2843788 1.0000000
C 0.09204626 1.0000000 0.2133841

$logLikelihood
[1] -52.60601
```

※ 전체적으로 생성된 난수의 개수가 적어서 이 자료를 가지고 추이행렬을 추정하는 것에 큰 의미를 둘 필요가 없을 것이다. 즉 자료의 개수가 많을 때 추정에 의미가 있으며 모의실험의 경우에는 난수를 많이 생성하는 것에 문제가 없으므로 모의실험을 하는 경우에는 난수의 개수를 늘려서 원하는 정보를 얻을 수 있다.

2.8 아래의 모의실험의 결과를 보면 이길 확률을 2배인 2/3로 하는 경우에 게임을 할수록 따는 금액이 늘어날 것을 확인할 수 있다.

♣ R-project에 의한 방법

```
> n <- 100 # Number of steps
> game <- sample(c(-1,1),n,replace=TRUE, prob=c(1/3, 2/3))
> walk <- cumsum(game) # position after each game
> for (k in 1:n) {
 plot(1:k, walk[1:k],xlim=c(1,n), ylim=c(-n/2,n/2), col="blue",
 type="l",xlab="Step",ylab="Position",
 main="Random Walk Model", col.main="blue"
 )
 Sys.sleep(0.1) # short pause so can watch random walk step by step
 }
> abline(h=0, col="red")
```

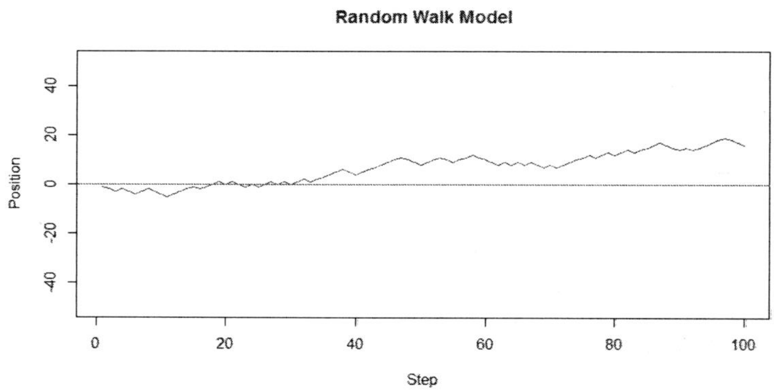

3장 상태의 분류

3.1 재귀적인 상태들의 동치류 : {s1, s2}, {s5}
일시적인 상태들의 동치류 : {s3, s4}
흡수상태 : s5

3.2 단계 수가 증가할수록 일시상태 s3이나 s4가 재귀상태들의 동치류{s1, s2}로 가면 다시는 못 나오며, s1과 s2에 갈 확률은 1/3과 2/3이고, 일시상태 s3이나 s4가 흡수상태 s5로 가면 이후에는 흡수상태 s5에서 계속 머물게 된다.

3.5

♣ R-project에 의한 방법

```
> library(markovchain)
> TP <- matrix(c( 1,   0,   0,   0,
                0.2,   0, 0.8,   0,
                  0, 0.3,   0, 0.7,
                  0,   0,   1,   0), byrow=T, nrow=4)
> TP
     [,1] [,2] [,3] [,4]
[1,]  1.0  0.0  0.0  0.0
[2,]  0.2  0.0  0.8  0.0
[3,]  0.0  0.3  0.0  0.7
[4,]  0.0  0.0  1.0  0.0
> rownames(TP) <- letters[1:4]
> colnames(TP) <- rownames(TP)
> TP
    a   b   c   d
a 1.0 0.0 0.0 0.0
b 0.2 0.0 0.8 0.0
c 0.0 0.3 0.0 0.7
d 0.0 0.0 1.0 0.0
> (States <- rownames(TP))
[1] "a" "b" "c" "d"
> mcTP <- new("markovchain", stat=States, transitionMatrix=TP,
+             name="Transition Matrix")
```

```
> mcTP
Transition Matrix
 A  4 - dimensional discrete Markov Chain defined by the following states:
 a, b, c, d
 The transition matrix  (by rows)  is defined as follows:
    a   b   c   d
a 1.0 0.0 0.0 0.0
b 0.2 0.0 0.8 0.0
c 0.0 0.3 0.0 0.7
d 0.0 0.0 1.0 0.0
> summary(mcTP)
Transition Matrix  Markov chain that is composed by:
Closed classes:
a
Recurrent classes:
{a}
Transient classes:
{b,c,d}
The Markov chain is not irreducible
The absorbing states are: a
```

상태 a는 흡수상태이고, 일시집단은 {b,c,d}이고 재귀집단은 {a}이다. 그리고 이 마르코프 연쇄는 축소적임을 알 수 있다. 추이도는 다음과 같다.

```
> plot(mcTP, package ="diagram", box.size=0.06, box.cex=1.5, dtext=0.8,
+        cex.txt=1.2, self.cex=0.8, shadow.size = 0, arr.pos=0.7,
+        arr.col="red", lcol="blue", txt.col="blue")
> title(main="Transition Diagram", cex.main=2, col.main="blue")
```

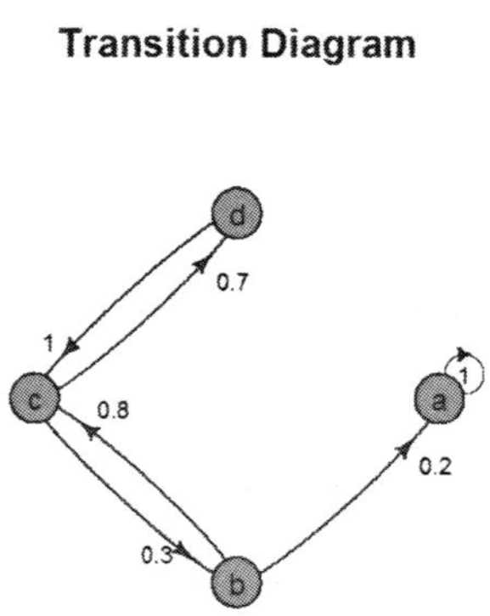


```
> round(TranP(230, TP),3)
      a b     c     d
a 1.000 0 0.000 0.000
b 0.999 0 0.000 0.000
c 0.999 0 0.001 0.000
d 0.999 0 0.000 0.001
> round(TranP(130, TP),3)
      a     b     c     d
a 1.000 0.000 0.000 0.000
```

```
b 0.985 0.005 0.000 0.011
c 0.982 0.000 0.018 0.000
d 0.981 0.006 0.000 0.013
```

이 마르코프 연쇄는 단계 수가 증가할수록 흡수상태로 흡수될 확률이 높아지는 것을 알 수 있다. 결국, 상태 {a}로 흡수되고야 만다. 그리고 마르코프 연쇄는 정칙이 아님을 알 수 있다.

3.7 예제의 결과 기댓값과 분산은 각각 4와 8이었다. 100번의 모의실험에 의하여 확인한 결과 유사하게 나왔음을 알 수 있다.

♣ R-project에 의한 방법

```
> library(markovchain)
> P <- matrix(c( 1,   0,   0,   0,   0,
               1/2,   0, 1/2,   0,   0,
                 0, 1/2,   0, 1/2,   0,
                 0,   0, 1/2,   0, 1/2,
                 0,   0,   0,   0,   1), byrow=T, nrow=5)
> P
     [,1] [,2] [,3] [,4] [,5]
[1,]  1.0  0.0  0.0  0.0  0.0
[2,]  0.5  0.0  0.5  0.0  0.0
[3,]  0.0  0.5  0.0  0.5  0.0
[4,]  0.0  0.0  0.5  0.0  0.5
[5,]  0.0  0.0  0.0  0.0  1.0
> rownames(P) <- letters[1:5]
> colnames(P) <- rownames(P)
> P
    a   b   c   d   e
a 1.0 0.0 0.0 0.0 0.0
b 0.5 0.0 0.5 0.0 0.0
c 0.0 0.5 0.0 0.5 0.0
d 0.0 0.0 0.5 0.0 0.5
e 0.0 0.0 0.0 0.0 1.0
> (States <- rownames(P))
[1] "a" "b" "c" "d" "e"
> TP <- new("markovchain", stat=States, transitionMatrix=P,
            name="Transition Matrix")
> TP
Transition Matrix
 A  5 - dimensional discrete Markov Chain defined by the following states:
 a, b, c, d, e
 The transition matrix  (by rows)  is defined as follows:
    a   b   c   d   e
a 1.0 0.0 0.0 0.0 0.0
b 0.5 0.0 0.5 0.0 0.0
c 0.0 0.5 0.0 0.5 0.0
d 0.0 0.0 0.5 0.0 0.5
e 0.0 0.0 0.0 0.0 1.0
> SimOut <- function(n, TP, recs) {
         sim <- as.numeric(n)
       for (i in 1:n) {
         outs <- rmarkovchain(n = 60, object = TP, what = "list", t0="c")
         sim[i] <- min(which(outs==recs))
```

```
        }
  sim
}
> result <- SimOut(100, TP, c("e","a"))
> result
  [1] 13  2  5  3  4  4  5  4  2  4  3  4  3  2  3  5  3  8  3 11
 [21]  2  2 13  2 17  6  3  4  2  7  2  6  3  4  2  6  4  5  2  2
 [41]  5  3  5  2  5  3  4  5  2 12  7  8  3  6  9  2  2  3  8  5
 [61]  5  9  7  5  5  7  5  2  8  2  2  5  5  7  2  2  3  4  3  6
 [81]  2  3  5  9  4  4  2  6  8  3  7  2  2  3  2  3  2  3 10  6
> mean(result)
[1] 4.64
> var(result)
[1] 8.232727
```

4장 마르코프 연쇄의 극한분포

4.2 먼저 추이행렬은 마르코프 행렬이므로 각각의 열의 합이 1이 되어야 하므로 이 성질을 이용하면 $x=1-(0.6+0.1)=0.3$, $y=1-(0.2+0.1)=0.7$, $z=1-(0.2+0.4)=0.4$이다.

♣ R-project에 의한 방법

```
> (x <- 1-(0.6+0.1))
[1] 0.3
> (y <- 1-(0.2+0.1))
[1] 0.7
> (z <- 1-(0.2+0.4))
[1] 0.4
> P <- matrix(c(0.6, 0.1,   x,
                0.2,   y, 0.1,
                  z, 0.2, 0.4), byrow=T,nrow=3)
> P
     [,1] [,2] [,3]
[1,]  0.6  0.1  0.3
[2,]  0.2  0.7  0.1
[3,]  0.4  0.2  0.4
> rownames(P) <- LETTERS[1:3]
> colnames(P) <- rownames(P)
> P
    A   B   C
A 0.6 0.1 0.3
B 0.2 0.7 0.1
C 0.4 0.2 0.4
> (Prob1 <- P[2,3])
[1] 0.1
> (Prob2 <- P[2,2]*P[2,3]*P[3,1])
[1] 0.028
> (Prob3 <- 0.4*P[3,3]*P[3,1])
[1] 0.064
> States <- rownames(P)
> TP <- new("markovchain", stat=States, transitionMatrix=P,
            name="Share Transition Matrix")
> TP
```

```
Share Transition Matrix
 A  3 - dimensional discrete Markov Chain defined by the following states:
 A, B, C
 The transition matrix  (by rows)  is defined as follows:
    A   B   C
A 0.6 0.1 0.3
B 0.2 0.7 0.1
C 0.4 0.2 0.4
> plot(TP, vertex.color="green", edge.color="brown",edge.arrow.size=0.5)
> title(main="Share Transition Diagram", cex.main=2, col.main="blue")
```

Share Transition Diagram

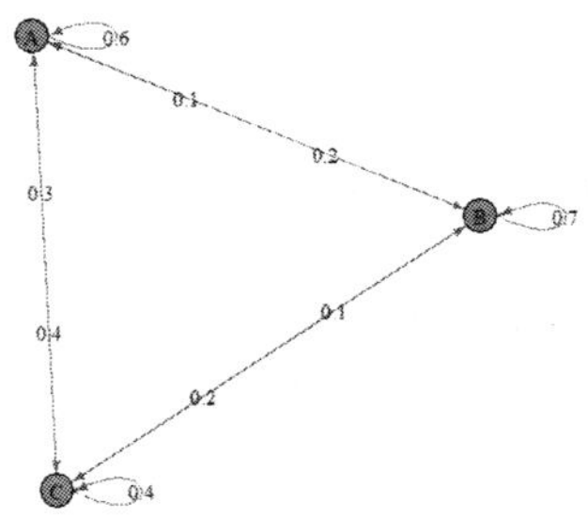

```
> summary(TP)
Share Transition Matrix  Markov chain that is composed by:
Closed classes:
A B C
Recurrent classes:
{A,B,C}
Transient classes:
NONE
The Markov chain is irreducible
The absorbing states are: NONE
```

추이행렬로 보면 비축소적이고, 모든 상태가 재귀적이다. 그리고 정칙임을 알 수 있다. 따라서 극한분포가 존재한다. 그리고 그것은 정상분포와 같다. 아래와 같이 구할 수 있다.

```
> (pi <- steadyStates(TP))
             A         B         C
[1,] 0.4210526 0.3157895 0.2631579
> (pi <- round(steadyStates(TP),3))
         A     B     C
[1,] 0.421 0.316 0.263
```

4.3 이 문제의 경우는 Maple로 푸는 것이 R-project 보다 여러 면에서 용이하다.

1) $P(X_5=3, X_6=1, X_7=3, X_8=3 \mid X_4=2)$

$=P(X_5=3 \mid X_4=2)P(X_6=1 \mid X_5=3)P(X_7=3 \mid X_6=1)P(X_8=3 \mid X_7=3)$

$=P_{23}P_{31}P_{13}P_{33}=0.6\times 0.8\times 1\times 0.2=0.096$

2)
$$E(f(X_5)f(X_6) \mid X_4=4)=\sum_{s,t} f(s)f(t)P(X_5=s, X_6=t \mid X_4=4)$$
$$=\sum_{s,t} f(s)f(t)P_{4s}P_{st}$$
$$=f(1)f(1)P_{41}P_{11}+\cdots+f(1)f(4)P_{41}P_{44}$$
$$+\cdots+f(4)f(4)P_{44}P_{44}=14.41$$

3) 상태 3에서 출발하는 경우는 한번 만에 다시 돌아오는 경우와 상태 1로 갔다가 다시 상태 3으로 돌아오는 경우밖에 없으므로

$$f_{33}(1)=0.2,\ \ f_{33}(2)=P_{31}\times P_{13}=0.8\times 1=0.8$$

이고, 상태 2에서 출발하여 처음으로 상태 3을 방문하는 즉 통과하는 시간에 대한 분포는 k단계만에 처음으로 방문하는 확률이 상태 2에서 $k-1$번 만큼 제자리에 있다가 상태 3으로 가는 확률이므로 다음과 같이 얻어진다.

$$f_{23}(k)=(P_{22})^{k-1}\times P_{23}=0.4^{k-1}0.6 \quad k\geqq 1$$

4) 추이행렬의 정준형을 구하기 위하여 추이도를 구하면

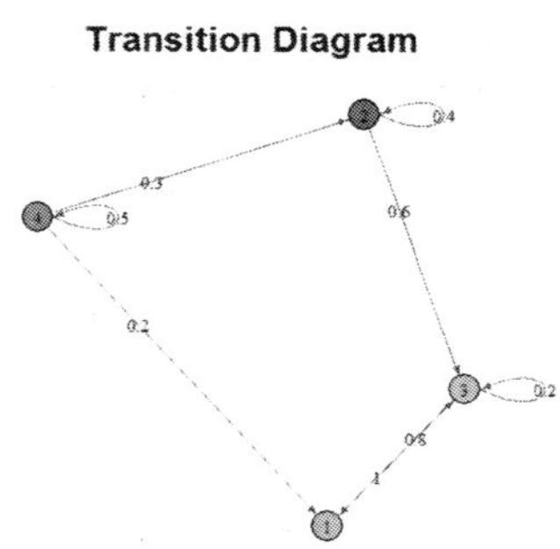

이므로 상태 $\{a,c\}$는 비주기적이고 양의 재귀적이고 상태 $\{b,d\}$는 일시적이다. 따라서 정준형의 추이행렬은 다음과 같다.

$$\overline{\boldsymbol{P}}=\begin{array}{c} \\ 1 \\ 3 \\ 2 \\ 4 \end{array}\begin{array}{c} \begin{array}{cccc} 1 & 3 & 2 & 4 \end{array} \\ \begin{bmatrix} 0 & 1 & 0 & 0 \\ 0.8 & 0.2 & 0 & 0 \\ 0 & 0.6 & 0.4 & 0 \\ 0.2 & 0 & 0.3 & 0.5 \end{bmatrix} \end{array}$$

따라서

$$\boldsymbol{P}_1=\begin{bmatrix} 0 & 1 \\ 0.8 & 0.2 \end{bmatrix},\ \ \boldsymbol{C}=\begin{bmatrix} 0 & 0.6 \\ 0.2 & 0 \end{bmatrix},\ \ \boldsymbol{Q}=\begin{bmatrix} 0.4 & 0 \\ 0.3 & 0.5 \end{bmatrix}$$

이다. 그러므로 기본행렬은, 【정리 3.4.2】에 의하여

$$\boldsymbol{N}=(\boldsymbol{I}-\boldsymbol{Q})^{-1}=\begin{bmatrix}1.6667 & 0\\ 1 & 2\end{bmatrix}$$

이다. 이것을 수식으로 확인하여 보면, 상태 4에서 출발하여 재귀상태로 가기 전에 상태 2에 방문하는 횟수의 기댓값은, 상태 4에 있다가 상태 2로 가서 재귀상태로 가는 경우와 상태 2에서 다음 단계에 다시 상태 2에 있다가, 즉 상태 2에 두 번 방문한 후에 재귀상태로 가는 경우 또는 3번 상태 2에 머물러 있다가 재귀상태로 가는 경우 또는 4번 머무르는 경우, 5번 머무르는 경우....와 상태4에 2번 머물러 있다가 2로 간 후 재귀상태로 들어가는 경우, 또는 상태 2에서 2번, 3번, ...머물러 있다가 재귀상태로 가는 경우, 그리고 상태 4에서 3번 머무른 다음에 상태 2로 가서, 다음에 바로 재귀상태로 가는 경우, 또는 상태 2에서 2번, 3번 .... 머물러 있다가 재귀상태로 가는 경우가 있고, 마찬가지로 반복되므로 이것을 수식으로 구하면

$$\begin{aligned}\mu_{42}&=\sum_{n=1}^{\infty}(P_{44})^{n-1}\times P_{42}\times\sum_{m=1}^{\infty}m\times(P_{22})^{m-1}\times P_{23}\\&=\sum_{n=1}^{\infty}0.5^{n-1}\times 0.3\times\sum_{m=1}^{\infty}m\times 0.4^{m-1}\times 0.6\\&=\frac{1}{1-0.5}\times 0.3\times\frac{1}{(1-0.4)^2}\times 0.6=1\end{aligned}$$

이고 상태 2를 출발하여 재귀상태로 들어가기 전까지 상태 2에 머물러 있는, 방문한 횟수의 기댓값은 다음과 같다.

$$\begin{aligned}\mu_{22}&=\sum_{n=1}^{\infty}n(P_{22})^{n-1}P_{23}\\&=\sum_{n=1}^{\infty}n\times 0.4^{n-1}\times 0.6\\&=0.6\times 1/(1-0.4)^2\\&=5/3=1.66667\end{aligned}$$

마찬가지로

$$\begin{aligned}\mu_{44}&=(P_{41}+P_{42})\sum_{n=1}^{\infty}n\times(P_{44})^{n-1}\\&=(0.2+0.3)\sum_{n=1}^{\infty}n\times 0.5^{n-1}\\&=0.5\times\frac{1}{0.5^2}=2\end{aligned}$$

이고, 마지막으로 $P_{24}=0$이므로 $\mu_{24}=0$ 은 분명하다. 마찬가지 방법으로 분산도 구할 수가 있다. 예를 들면 상태 4를 출발하여 재귀상태로 들어가기 전까지 상태 4에 방문하는 횟수의 분산은 다음과 같이 구해진다.

$$\sigma_{44}^2=(P_{41}+P_{42})\sum_{n=1}^{\infty}(n-\mu_{44})^2\times(P_{44})^{n-1}$$

$$=(0.3+0.2)\sum_{n-1}^{\infty}(n-2)^2 0.4^{n-1}=2$$

다른 것들도 같은 방법으로 구할 수가 있다. 다음 일시적인 상태가 재귀상태로 들어가지 전까지 방문한 총횟수 N_i, $(i\in K=R^c)$ 에 대한 기댓값과 분산은 【정리 3.4.7】과 【정리 3.4.8】의하여 구할 수가 있다. 즉 재귀상태로 가기 전까지 일시적인 상태들에 머물러 있던 총 단계의 수에 대한 기댓값과 분산은 다음과 같이 구해진다.

$$\begin{bmatrix} E(N_i) \end{bmatrix}=\boldsymbol{N_s}=\begin{bmatrix}1.667\\ 3\end{bmatrix}$$

$$\begin{bmatrix} V(N_i) \end{bmatrix}=\boldsymbol{VN}=(2\boldsymbol{N}-\boldsymbol{I})\boldsymbol{N_s}-\boldsymbol{N_{s\,2}}=\begin{bmatrix}1.111889\\ 3.334\end{bmatrix}$$

다음 일시상태에만 있다가 특정한 재귀상태로 첫 통과 시간에 대한 확률은 $\boldsymbol{F}(1)=\boldsymbol{C}$ 이고

$$\boldsymbol{F}(2)=\begin{bmatrix}0 & \frac{6}{25}\\ \frac{1}{10} & \frac{9}{50}\end{bmatrix},\quad \boldsymbol{F}(3)=\begin{bmatrix}0 & \frac{12}{125}\\ \frac{1}{20} & \frac{81}{500}\end{bmatrix},\quad \boldsymbol{F}(4)=\begin{bmatrix}0 & \frac{24}{625}\\ \frac{1}{40} & \frac{549}{5000}\end{bmatrix}$$

인데, 이것은 다음과 같이 확인 할 수 있다. 먼저 일시적인 상태 2에서 재귀적인 상태 1로는 2단계 만에 또 다른 재귀상태를 거치지 않고 갈 수 없으므로

$$f_{21}(2)=0$$

이고, 일시적인 상태 2에서 재귀적인 상태 3으로 2 단계만에 처음으로 통과하는 확률은

$$f_{23}(2)=P_{22}\times P_{23}=0.4\times0.6=\frac{6}{25}$$

이고, 일시적인 상태 4에서 재귀적인 상태 1로 2단계 만에 처음으로 통과하는 확률은

$$f_{41}(2)=P_{44}\times P_{41}=0.5\times0.2=\frac{1}{10}$$

이고, 일시적인 상태 4에서 재귀적인 상태 3으로 2단계 만에 처음으로 통과하는 확률은

$$f_{43}(2)=P_{42}\times P_{23}=0.3\times0.6=\frac{9}{50}$$

이다. 이제 재귀상태에 관한 정보는 정상분포와 평균재귀시간 그리고 일시적인 상태에서 궁극적으로 재귀상태로 가게될 확률 등을 구할 수가 있다.

$$\boldsymbol{\pi}=\boldsymbol{\pi}\boldsymbol{P}_1, \quad \boldsymbol{\pi}\cdot\mathbf{1}=1$$

을 이용하여 구하면 정상분포는 다음과 같이 얻어진다.

$$\boldsymbol{\pi}=\left(\frac{4}{9}\ \frac{5}{9}\right)$$

이고, 평균재귀시간은 다음과 같이 구해진다.

$$\boldsymbol{\tau}=\left(\frac{9}{4}\ \frac{9}{5}\right)$$

그리고 궁극적으로 일시적인 상태 4와 2가 재귀상태 1과 3에 가게 될 확률은 다음과 같다.

$$\begin{bmatrix} 0.4444 & 0.5556 \\ 0.4444 & 0.5556 \end{bmatrix}$$

그러므로 추이행렬의 극한행렬은 다음과 같이 구해진다.

$$\lim_{n\to\infty}\boldsymbol{P}^{(n)}=\begin{bmatrix} 0.4444 & 0.5556 & 0 & 0 & 0 \\ 0.4444 & 0.5556 & 0 & 0 & 0 \\ 0.4444 & 0.5556 & 0 & 0 & 0 \\ 0.4444 & 0.5556 & 0 & 0 & 0 \\ 0.4444 & 0.5556 & 0 & 0 & 0 \end{bmatrix}$$

실제로 50-단계의 추이행렬을 구하면

$$\boldsymbol{P}^{(50)}=\begin{bmatrix} 0.4445 & 0.5555 & 0. & 0. \\ 0.4445 & 0.5556 & 0. & 0. \\ 0.4444 & 0.5556 & 0.1268\ 10^{-19} & 0. \\ 0.4444 & 0.5556 & 0.2664\ 10^{-14} & 0.8882\ 10^{-15} \end{bmatrix}$$

가 되어, 이론적인 결과로 수렴함을 확인할 수 있다.

4.4 축소적이고, 닫힌 집단(closed class)이 {1}, {2,3,4}이고 각각은 재귀집단이다. 그리고 일시집단은 {5},{6,7}이다. 상태 1는 흡수상태이다. 그러므로 상태 {2,3,4}는 극한분포 (0.333 0.500 0.167)를 갖는다. 그리고 일시상태 {5,6,7}에서 재귀상태 {1,2,3,4}로 가게될 확률은 상태 5에서는 (0.667 0.111 0.167 0.056)이고 상태6과 7에서는 (0.333 0.222 0.333 0.111)이다.

4.5 이 마르코프 연쇄는 비축소적이고 유한이지만 주기적(주기는 3)이므로, 에르고딕이 아니다. 그러므로 정상분포는 존재하지만 극한분포는 존재하지 않는다.

4.8 추이행렬로 보면 비축소적이고, 모든 상태가 재귀적이다. 따라서 극한분포가 존재한다. 그리고 그것은 정상분포와 같다.

♣ R-project에 의한 방법

```
> library(markovchain)
> P <- matrix(c(1/2, 1/4, 1/4,
+              1/2,   0, 1/2,
+              1/4, 1/4, 1/2), byrow=T,nrow=3)
> P
     [,1] [,2] [,3]
[1,] 0.50 0.25 0.25
[2,] 0.50 0.00 0.50
[3,] 0.25 0.25 0.50
> rownames(P) <- c(1:3)
> colnames(P) <- rownames(P)
> P
     1    2    3
1 0.50 0.25 0.25
2 0.50 0.00 0.50
3 0.25 0.25 0.50
> States <- rownames(P)
> TP <- new("markovchain", stat=States, transitionMatrix=P,
            name="Transition Matrix")
> TP
Transition Matrix
 A  3 - dimensional discrete Markov Chain with following states
 1 2 3
 The transition matrix   (by rows)  is defined as follows
     1    2    3
1 0.50 0.25 0.25
2 0.50 0.00 0.50
3 0.25 0.25 0.50
> plot(TP, vertex.color="green", edge.color="brown",edge.arrow.size=0.5)
> title(main="Transition Diagram", cex.main=2, col.main="blue")
```

Transition Diagram

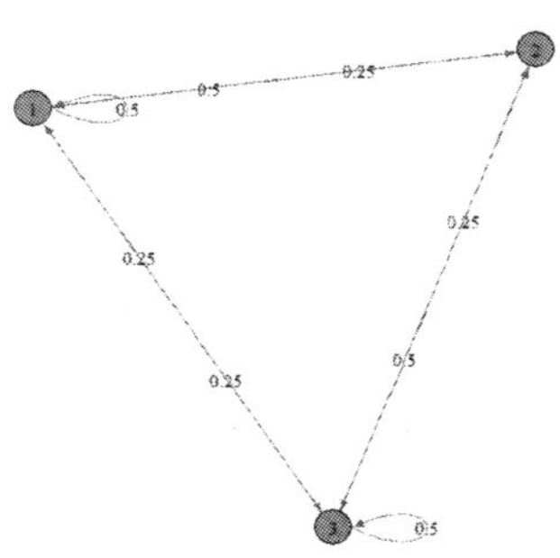


```
> is.irreducible(TP)
```

```
[1] TRUE
> period(TP)
[1] 1
> TP^20
Transition Matrix^20
 A  3 - dimensional discrete Markov Chain with following states
 1 2 3
 The transition matrix  (by rows)  is defined as follows
    1   2   3
1 0.4 0.2 0.4
2 0.4 0.2 0.4
3 0.4 0.2 0.4
> summary(TP)
Transition Matrix  Markov chain that is composed by:
Closed classes:
1 2 3
Recurrent classes:
{1,2,3}
Transient classes:
NONE
The Markov chain is irreducible
The absorbing states are: NONE
> (pi <- steadyStates(TP))
       1   2   3
[1,] 0.4 0.2 0.4
> (tau <- 1/pi)
       1 2   3
[1,] 2.5 5 2.5
> for (i in 1:2) {
+     print(all.equal(pi[i]*TP[i, i+1],pi[i+1]*TP[i+1,i]))
+ }
[1] TRUE
[1] TRUE
> pi[1]*TP[1,2];pi[2]*TP[2,1]
[1] 0.1
[1] 0.1
> pi[2]*TP[2,3];pi[3]*TP[3,2]
[1] 0.1
[1] 0.1
```

TP^20의 결과 대칭이고 실제로 정의에 의하여 가역임을 알 수 있다.

4.12 방법 1에 의해 가역적이 아님을 알 수 있다.

♣ R-project에 의한 방법

```
> library(markovchain)
> P <- matrix(c(0.1, 0.5, 0.4,
                  0, 0.5, 0.5,
                0.9, 0.1,   0), byrow=T, nrow=3)
> P
     [,1] [,2] [,3]
[1,]  0.1  0.5  0.4
[2,]  0.0  0.5  0.5
```

```
[3,] 0.9 0.1 0.0
> rownames(P) <- c(1:3)
> colnames(P) <- rownames(P)
> P
    1   2   3
1 0.1 0.5 0.4
2 0.0 0.5 0.5
3 0.9 0.1 0.0
> States <- rownames(P)
> TP <- new("markovchain", stat=States, transitionMatrix=P,
               name="Ehrenfest Transition Matrix")
> TP
Ehrenfest Transition Matrix
 A  3 - dimensional discrete Markov Chain defined by the following states:
 1, 2, 3
 The transition matrix  (by rows)  is defined as follows:
    1   2   3
1 0.1 0.5 0.4
2 0.0 0.5 0.5
3 0.9 0.1 0.0
> summary(TP)
Ehrenfest Transition Matrix  Markov chain that is composed by:
Closed classes:
1 2 3
Recurrent classes:
{1,2,3}
Transient classes:
NONE
The Markov chain is irreducible
The absorbing states are: NONE
> P <- TP@transitionMatrix
> library(expm)
Loading required package: Matrix

Attaching package: 'expm'

The following object is masked from 'package:Matrix':

    expm

> TranP <- function(n){
       P %^% n
  }
> t(TranP(20))*P
        1       2      3
1 0.03125 0.15625 0.1250
2 0.00000 0.18750 0.1875
3 0.28125 0.03125 0.0000
>
> t(TranP(120))*P
        1       2      3
1 0.03125 0.15625 0.1250
2 0.00000 0.18750 0.1875
3 0.28125 0.03125 0.0000
```

5장 마르코프 연쇄의 추론

5.1-5.2

♣ R-project에 의한 방법

```
> library(markovchain)
> TPM <- matrix(c(0.8,0.2, 0.4, 0.6), ncol=2, byrow=TRUE)
> statesNames <- c("0", "1")
> TM <- new("markovchain", states = statesNames, transitionMatrix = TPM)
> #--- show the sequence ---#
> WP <- markovchainSequence(n = 100, markovchain = TM, t0 = "0",
     include.t0=0)
> WP
  [1] "1" "0" "0" "0" "0" "1" "1" "0" "0" "1" "1" "1" "0" "0"
 [15] "0" "0" "0" "0" "0" "1" "1" "0" "0" "0" "0" "0" "0" "1"
 [29] "1" "1" "0" "0" "1" "1" "0" "0" "0" "0" "0" "0" "0" "1"
 [43] "1" "1" "1" "1" "1" "1" "0" "1" "0" "0" "0" "0" "1" "0"
 [57] "0" "1" "1" "1" "0" "1" "1" "0" "0" "0" "0" "0" "1" "1"
 [71] "1" "1" "0" "0" "0" "0" "1" "1" "0" "1" "1" "0" "0" "0"
 [85] "0" "0" "0" "0" "0" "0" "1" "0" "0" "0" "0" "0" "0" "1"
 [99] "0" "1"
> markovchainFit(data=WP)
$`estimate`
          0         1
0 0.7419355 0.2580645
1 0.4324324 0.5675676

$standardError
          0          1
0 0.1093924 0.06451613
1 0.1081081 0.12385340

$confidenceLevel
[1] 0.95

$lowerEndpointMatrix
          0         1
0 0.5620010 0.1519449
1 0.2546104 0.3638469

$upperEndpointMatrix
          0         1
0 0.9218700 0.3641841
1 0.6102544 0.7712883

$logLikelihood
[1] -60.71098
> markovchainFit(data=WP)$estimate
MLE Fit
 A  2 - dimensional discrete Markov Chain defined by the following states:
 0, 1
 The transition matrix  (by rows)  is defined as follows:
          0         1
```

```
0 0.7419355 0.2580645
1 0.4324324 0.5675676
> markovchainFit(data=WP, method="map")
$`estimate`
          0         1
0 0.7419355 0.2580645
1 0.4324324 0.5675676

$expectedValue
          0         1
0 0.7343750 0.2656250
1 0.4358974 0.5641026

$standardError
           [,1]       [,2]
[1,] 0.05478186 0.05478186
[2,] 0.07840454 0.07840454

$confidenceInterval
$confidenceInterval$`confidenceLevel`
[1] 0.95

$confidenceInterval$lowerEndpointMatrix
          [,1]      [,2]
[1,] 0.6401677 0.0000000
[2,] 0.2683297 0.4216312

$confidenceInterval$upperEndpointMatrix
          [,1]      [,2]
[1,] 1.0000000 0.3598323
[2,] 0.5783688 0.7316703

$logLikelihood
[1] -60.71098

> markovchainFit(data=WP, method="map")$estimate
Bayesian Fit
 A  2 - dimensional discrete Markov Chain defined by the following states:
 0, 1
 The transition matrix  (by rows)  is defined as follows:
          0         1
0 0.7419355 0.2580645
1 0.4324324 0.5675676
> markovchainFit(data=WP, method="bootstrap", nboot=5)
$`estimate`
          0         1
0 0.7911206 0.2088794
1 0.4003464 0.5996536

$standardError
           0          1
0 0.03812012 0.03812012
1 0.03271721 0.03271721
```

```
$confidenceInterval
$confidenceInterval$`confidenceLevel`
[1] 0.95

$confidenceInterval$lowerEndpointMatrix
          0         1
0 0.7284186 0.1461774
1 0.3465314 0.5458386

$confidenceInterval$upperEndpointMatrix
          0         1
0 0.8538226 0.2715814
1 0.4541614 0.6534686

$bootStrapSamples
$bootStrapSamples[[1]]
         0        1
0 0.826087 0.173913
1 0.400000 0.600000

$bootStrapSamples[[2]]
          0         1
0 0.6458333 0.3541667
1 0.3333333 0.6666667

$bootStrapSamples[[3]]
          0         1
0 0.8507463 0.1492537
1 0.3437500 0.6562500

$bootStrapSamples[[4]]
          0         1
0 0.8472222 0.1527778
1 0.4074074 0.5925926

$bootStrapSamples[[5]]
          0         1
0 0.7857143 0.2142857
1 0.5172414 0.4827586

$logLikelihood
[1] -61.22026
> markovchainFit(data=WP, method="bootstrap", nboot=5)$estimate
BootStrap Estimate
 A  2 - dimensional discrete Markov Chain defined by the following states:
 0, 1
 The transition matrix  (by rows)  is defined as follows:
          0         1
0 0.7747528 0.2252472
1 0.4721238 0.5278762
> markovchainFit(data=WP, method="laplace")
$`estimate`
          0         1
0 0.7419355 0.2580645
```

```
1 0.4324324 0.5675676

$logLikelihood
[1] -60.71098
> #-------- Test for Markov Property ---------#
> verifyMarkovProperty(WP)
Testing markovianity property on given data sequence
Chi - square statistic is: 2.659813  degrees of freedom are: 8  and
     corresponding p-value is: 0.9538618
> #--------- Test for Stationarity -----------#
> assessStationarity(WP, 10)
The assessStationarity test statistic is:  5.410147  the Chi-Square d.f. are:
     18  the p-value is:  0.9980624
Warning messages:
1: In chisq.test(mat) : Chi-squared approximation may be incorrect
2: In chisq.test(mat) : Chi-squared approximation may be incorrect
> library(MOrder)
> WP1 <- factor(WP)
> checkTH(WP1)
[1] "Time homogeneity present in given sequence"
> #--------- Estimation for Order ------------#
> library(MOrder)
> getOrderAIC(WP)
      test1                test2
Order "0"                  "1"
AIC   "-6.49392545425908" "-11.5117670107121"
      test3                test4
Order "2"                  "3"
AIC   "-8.78126444539945" "1.01072145990745"
[1] "The order for the given sequence is: 1"
> getOrderBIC(WP)
      test1                test2
Order "0"                  "1"
BIC   "-45.5714782440805" "-47.9841496145454"
      test3                test4
Order "2"                  "3"
BIC   "-40.0433066772566" "-19.8306400279973"
[1] "The order for the given sequence is: 1"
> getOrderPval(WP)
         test1                 test2
Order    "0"                   "1"
P-values "0.00623102713103265" "0.11058408998585"
         test3                test4
Order    "2"                  "3"
P-values "0.682632708471655" "0.0299976314344586"
         test5                test6
Order    "4"                  "5"
P-values "0.991797375665354" "0.977344368533432"
[1] "The given sequence is of Fourth Order"
> assessOrder(WP)
The assessOrder test statistic is:  1.44  the Chi-Square d.f. are:
     2  the p-value is:  0.4867523
Warning message:
In chisq.test(mat) : Chi-squared approximation may be incorrect
```

5.6

♣ R-project에 의한 방법

```
> library(MOrder)
> Mt <- rep(1:3, each = 2, times = 4)
> Mt
 [1] 1 1 2 2 3 3 1 1 2 2 3 3 1 1 2 2 3 3 1 1 2 2 3 3
> getOrderAIC(Mt)
      test1              test2
Order "0"                "1"
AIC   "-277.781600887986" "-282.548020342892"
      test3              test4
Order "2"                "3"
AIC   "-286.273907565289" "-214.273907565289"
[1] "The order for the given sequence is: 2"
> getOrderBIC(Mt)
      test1              test2
Order "0"                "1"
BIC   "-466.270213743658" "-466.324417877171"
      test3              test4
Order "2"                "3"
BIC   "-455.913659135394" "-341.503721242867"
[1] "The order for the given sequence is: 1"
> getOrderPval(Mt)
         test1                 test2                 test3
Order    "0"                   "1"                   "2"
P-values "0.00199861934496235" "0.00127752908636994" "1"
         test4 test5 test6
Order    "3"   "4"   "5"
P-values "1"   "1"   "1"
[1] "The given sequence is of Second Order"
> library(markovchain)
> assessOrder(Mt)
The assessOrder test statistic is:  NaN  the Chi-Square d.f. are:  12
     the p-value is:  NaN
Warning messages:
1: In chisq.test(mat) : Chi-squared approximation may be incorrect
2: In chisq.test(mat) : Chi-squared approximation may be incorrect
3: In chisq.test(mat) : Chi-squared approximation may be incorrect
> fitHigherOrder(Mt, 1)
$`lambda`
[1] 1

$Q
$Q[[1]]
    1   2         3
1 0.5 0.0 0.4285714
2 0.5 0.5 0.0000000
3 0.0 0.5 0.5714286

$X
        1         2         3
0.3333333 0.3333333 0.3333333
```

```
> fitHigherOrder(Mt, 2)
$`lambda`
[1] 0.0001211503 0.9998788497

$Q
$Q[[1]]
    1   2         3
1 0.5 0.0 0.4285714
2 0.5 0.5 0.0000000
3 0.0 0.5 0.5714286

$Q[[2]]
  1 2 3
1 0 0 1
2 1 0 0
3 0 1 0

$X
        1         2         3
0.3333333 0.3333333 0.3333333

> fitHigherOrder(Mt, 3)
$`lambda`
[1] 0.0002245335 0.9995516188 0.0002238477

$Q
$Q[[1]]
    1   2         3
1 0.5 0.0 0.4285714
2 0.5 0.5 0.0000000
3 0.0 0.5 0.5714286

$Q[[2]]
  1 2 3
1 0 0 1
2 1 0 0
3 0 1 0

$Q[[3]]
    1         2   3
1 0.0 0.4285714 0.5
2 0.5 0.0000000 0.5
3 0.5 0.5714286 0.0

$X
        1         2         3
0.3333333 0.3333333 0.3333333
```

※ 전체적으로 일관성 있는 결과가 나오지 않았지만 1차로 결론을 내는 것이 무난한 것으로 판단된다.

5.10

♣ R-project에 의한 방법

```
> library(markovchain)
> stateNames=c("R", "D", "DK")
> June <- matrix(c(125,   5,   16,
                    7, 106,   15,
                   11,  18,  142), byrow=T, nrow=3)
> June
     [,1] [,2] [,3]
[1,]  125    5   16
[2,]    7  106   15
[3,]   11   18  142
> rownames(June) <- stateNames
> colnames(June) <- stateNames
> June
     R   D  DK
R  125   5  16
D    7 106  15
DK  11  18 142
> July <- matrix(c(124,   3,   16,
                    6, 109,   14,
                   22,   9,  142), byrow=T, nrow=3)
> July
     [,1] [,2] [,3]
[1,]  124    3   16
[2,]    6  109   14
[3,]   22    9  142
> rownames(July) <- stateNames
> colnames(July) <- stateNames
> July
     R   D  DK
R  124   3  16
D    6 109  14
DK  22   9 142
> August <- matrix(c(146,   2,  4,
                      6, 111,  4,
                     40,  36, 96), byrow=T, nrow=3)
> August
     [,1] [,2] [,3]
[1,]  146    2    4
[2,]    6  111    4
[3,]   40   36   96
> rownames(August) <- stateNames
> colnames(August) <- stateNames
> August
     R   D DK
R  146   2  4
D    6 111  4
DK  40  36 96
> VP <- list(June, July, August)
> VP
[[1]]
     R   D  DK
```

```
R  125   5  16
D    7 106  15
DK  11  18 142

[[2]]
     R   D  DK
R  124   3  16
D    6 109  14
DK  22   9 142

[[3]]
     R   D DK
R  146   2  4
D    6 111  4
DK  40  36 96
> verifyHomogeneity(inputList=VP, verbose=TRUE)
Testing homogeneity of DTMC underlying input list
ChiSq statistic is 69.03898 d.o.f are 16 corresponding p-value is 1.469401e-08
$statistic
[1] 69.03898

$dof
[1] 16

$pvalue
[1] 1.469401e-08
```

※ 여기서 자유도가 16이 나온 것을 확인하기 위하여 프로그램을 다음과 같이 확인한다.

※ 자유도를 확인하기

```
> all.names <- character()
>     for (i in 1:length(VP)) {
        all.names <- c(all.names, rownames(VP[[i]]))
     }
> (all.names <- sort(unique(all.names)))
[1] "D"  "DK" "R"
> (degrees_of_freedom <- (length(VP) - 1) * (length(all.names)^2 - 1))
[1] 16
```

위의 결과를 보면 자유도를 다음과 같이 계산하였음을 할 수 있다.

$$df = (T-1)*(m^2-1) = (3-1)\times(3^2-1) = 2\times 8 = 16$$

그러나 자유도가 위와 같다는 논문을 찾을 수가 없었다. 그러므로 저자를 프로그램을 작성할 때 잘못 입력하지 않았나 생각한다. Bhat(1984)와 Anderson(1957)을 참조하라.

```
> #------ Check!!--------#
> statistic <- 68.4397989
> 69.03898
[1] 69.03898
> 1 - pchisq(q = statistic, df = 12)
[1] 6.265317e-10
> (TM <- June+July+August)
     R   D  DK
```

```
R  395  10  36
D   19 326  33
DK  73  63 380
> (TP <- round(prop.table(TM,1),3))
      R     D    DK
R  0.896 0.023 0.082
D  0.050 0.862 0.087
DK 0.141 0.122 0.736
```

6장 은닉마르코프 모형

6.3

♣ R-project에 의한 방법

```
> library(HMM)
> hmm = initHMM(c("H","C"),c("S","M","L"),
  startProbs=c(.6, .4),
  transProbs=matrix(c(.7,.3,.4,.6),2, byrow = TRUE),
  emissionProbs=matrix(c(.1,.4,.5,.7,.2,.1),2,3,byrow = TRUE))
> print(hmm)
$`States`
[1] "H" "C"

$Symbols
[1] "S" "M" "L"

$startProbs
  H   C
0.6 0.4

$transProbs
    to
from   H   C
   H 0.7 0.3
   C 0.4 0.6

$emissionProbs
      symbols
states   S   M   L
     H 0.1 0.4 0.5
     C 0.7 0.2 0.1
> # Sequence of observations
> observations = c("S","S","M","M","L","L")
> #----------- forward ---------------#
> # Calculate forward probablities
> logForwardProbabilities = forward(hmm,observations)
> print(exp(logForwardProbabilities))
      index
states    1      2        3         4           5            6
     H 0.06 0.0154 0.025144 0.0096880 0.004089680 0.0015314488
     C 0.28 0.1302 0.016548 0.0034944 0.000500304 0.0001527086
> forwardProbabilities = exp(logForwardProbabilities)
> finalAnswer = sum(forwardProbabilities[,4])
```

```
> finalAnswer
[1] 0.0131824
> #----------- backward ---------------#
> # Calculate backward probablities
> logBackwardProbabilities = backward(hmm,observations)
> print(exp(logBackwardProbabilities))
      index
states           1         2       3      4    5 6
     H 0.003375232 0.0145888 0.04492 0.1408 0.38 1
     C 0.005291584 0.0112096 0.03352 0.0916 0.26 1
> #-------- posterior --------#
> # Calculate posterior probablities of the states
> posterior = posterior(hmm,observations)
> print(posterior)
      index
states         1         2        3         4          5          6
     H 0.1202464 0.1334005 0.670643 0.8099423 0.92276314 0.90932639
     C 0.8797536 0.8665995 0.329357 0.1900577 0.07723686 0.09067361
> #------- viterbi ----------#
> # Calculate Viterbi path
> viterbi = viterbi(hmm,observations)
> print(viterbi)
[1] "C" "C" "H" "H" "H" "H"
```

위의 결과를 보면 사후확률에 의한 추정과 비터비 알고리즘에 의한 추정 모두 Cold, Cold, Hot, Hot, Hot, Hot으로 나와 연속적으로 Hot이 나와 온도 상승이 되었다고 추정할 수 있다.

6.5

♣ R-project에 의한 방법

```
> hmm = initHMM(c("Rainy","Sunny"),c("Walk","Shop","Clean"),
   startProbs=c(.6, .4),
   transProbs=matrix(c(.7,.3,.4,.6),2, byrow = TRUE),
   emissionProbs=matrix(c(.1,.4,.5,.6,.3,.1),2,3,byrow = TRUE))
> print(hmm)
$States
[1] "Rainy" "Sunny"

$Symbols
[1] "Walk"  "Shop"  "Clean"

$startProbs
Rainy Sunny
  0.6   0.4

$transProbs
       to
from    Rainy Sunny
  Rainy   0.7   0.3
  Sunny   0.4   0.6

$emissionProbs
       symbols
```

```
states  Walk Shop Clean
  Rainy  0.1  0.4   0.5
  Sunny  0.6  0.3   0.1
> a = sample(c(rep("Walk",100),rep("Shop",200),rep("Clean",300)))
> b = sample(c(rep("Walk",200),rep("Shop",300),rep("Clean",100)))
> c = sample(c(rep("Walk",300),rep("Shop",100),rep("Clean",200)))
> observation = c(a,b,c)
> bw = baumWelch(hmm, observation, maxIterations=50)
> print(bw$hmm)
$States
[1] "Rainy" "Sunny"

$Symbols
[1] "Walk"  "Shop"  "Clean"

$startProbs
Rainy Sunny
  0.6   0.4

$transProbs
       to
from        Rainy     Sunny
  Rainy 0.7588451 0.2411549
  Sunny 0.2443134 0.7556866

$emissionProbs
       symbols
states       Walk      Shop     Clean
  Rainy 0.2232655 0.2192821 0.5574524
  Sunny 0.4447553 0.4487877 0.1064570
> obs100 = simHMM(hmm, 100)
> bw100 = baumWelch(hmm, obs100$observation, maxIterations=50)
> print(bw100$hmm)
$States
[1] "Rainy" "Sunny"

$Symbols
[1] "Walk"  "Shop"  "Clean"

$startProbs
Rainy Sunny
  0.6   0.4

$transProbs
       to
from        Rainy     Sunny
  Rainy 0.6627619 0.3372381
  Sunny 0.4220931 0.5779069

$emissionProbs
       symbols
states       Walk      Shop      Clean
  Rainy 0.0130099 0.4297794 0.55721074
  Sunny 0.8226787 0.1581147 0.01920667
```

6.6

♣ R-project에 의한 방법

```
> library(HMM)
> hmm = initHMM(c("A","B"), c("a","b"), c(.7,.3),
     matrix(c(.6,.4,.3,.7),2, byrow = TRUE),
     matrix(c(.8,.2,.4,.6),2, byrow = TRUE))
> hmm
$`States`
[1] "A" "B"

$Symbols
[1] "a" "b"

$startProbs
  A   B
0.7 0.3

$transProbs
    to
from   A   B
   A 0.6 0.4
   B 0.3 0.7

$emissionProbs
      symbols
states   a   b
     A 0.8 0.2
     B 0.4 0.6
> print(hmm)
$`States`
[1] "A" "B"

$Symbols
[1] "a" "b"

$startProbs
  A   B
0.7 0.3

$transProbs
    to
from   A   B
   A 0.6 0.4
   B 0.3 0.7

$emissionProbs
      symbols
states   a   b
     A 0.8 0.2
     B 0.4 0.6
> # Observations
> observations = c("a","b","a","a","b")
> # Calculate forward probablities
```

```
> logForwardProbabilities = forward(hmm,observations)
> print(exp(logForwardProbabilities))
      index
states    1      2        3          4          5
     A 0.56 0.0744 0.080064 0.05370624 0.00828265
     B 0.12 0.1848 0.063648 0.03063168 0.02575480
> forwardProbabilities = exp(logForwardProbabilities)
> finalAnswer = sum(forwardProbabilities[,5])
> finalAnswer
[1] 0.03403745
> # Calculate posterior probablities of the states
> posterior = posterior(hmm,observations)
> print(posterior)
      index
states         1         2         3         4         5
     A 0.7869385 0.3391005 0.5871172 0.5680286 0.2433393
     B 0.2130615 0.6608995 0.4128828 0.4319714 0.7566607
>
> obs300 = simHMM(hmm, 300)
>
> # Calculate Viterbi path
> viterbi = viterbi(hmm,observations)
> print(viterbi)
[1] "A" "B" "B" "B" "B"
```

7장 몬테카를로 적분

7.2

♣ R-project에 의한 방법

```
> g=function(x) sin(pi*x/2)
> n=10000
> out1=numeric(500)
> out2=numeric(500)
> # Hit or Miss Method
> system.time(
  for(i in 1:500){
  const=1 # c
  x=runif(n, 0,2)
  y=runif(n, 0, const)
  out1[i]=2*mean(y<=g(x))
  }
  )
   user  system elapsed
   0.95    0.00    0.96
> # Sample Mean Method
> system.time(
  for(i in 1:500){
  x=runif(n)
  out2[i]=2*mean(g(x))
  }
  )
   user  system elapsed
   0.62    0.00    0.63
```

두 방법의 처리 속도를 보면 Hit or Miss 방법보다 표본평균법이 더 짧음을 알 수 있다.

```
> head(cbind(out1,out2))
       out1     out2
[1,] 1.2558 1.272530
[2,] 1.2786 1.279349
[3,] 1.2608 1.283212
[4,] 1.2728 1.274299
[5,] 1.2798 1.273508
[6,] 1.2742 1.269559
> apply(cbind(out1,out2), 2, summary)
            out1     out2
Min.    1.243800 1.256037
1st Qu. 1.267800 1.269139
Median  1.274200 1.273293
Mean    1.274115 1.273304
3rd Qu. 1.280400 1.277308
Max.    1.304000 1.294015
> (mm=apply(cbind(out1,out2), 2, mean))
    out1     out2
1.274115 1.273304
> abs(mm-pi)
    out1     out2
1.867478 1.868289
> (ss=apply(cbind(out1,out2), 2, sd))
       out1        out2
0.009742374 0.006201592
> abs(ss[1]-ss[2])/max(ss)
     out1
0.3634414
> (vg <- integrate(g, 0, 2))
1.27324 with absolute error < 1.4e-14
> boxplot(cbind("Hit or Miss"=out1,"Sample Mean"=out2), col=c(3,5),
+         main="Comparision between HM and SM method", cex.main=1.2)
```

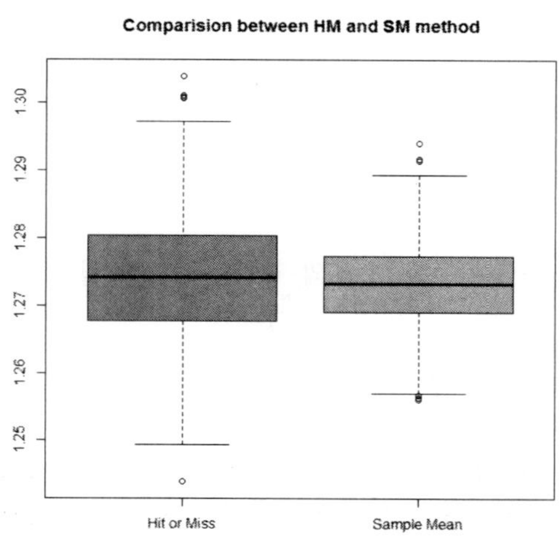

7.4 $-\frac{1}{\lambda}ln(1-U)$를 사용하는 경웅

♣ R-project에 의한 방법

```
> rexpdist <- function(n, lambda){
            # n : 난수의 개수
            # lambda : 지수분포 평균 = 1/lambda
  if (lambda<= 0) stop("lambda must be greater than zero")
  return(-log(1-runif(n))/lambda)
  # return(-log(runif(n))/lambda)
  }
```

$-\frac{1}{\lambda}ln(U)$를 사용하는 경우

```
> system.time(rexpdist(1e7,1))
   user  system elapsed
   1.23    0.01    1.25
> rexpdist <- function(n, lambda){
            # n : 난수의 개수
            # lambda : 지수분포 평균 = 1/lambda
  if (lambda<= 0) stop("lambda must be greater than zero")
  # return(-log(1-runif(n))/lambda)
   return(-log(runif(n))/lambda)
  }
> system.time(rexpdist(1e7,1))
   user  system elapsed
   1.01    0.01    1.03
```

$-\frac{1}{\lambda}ln(U)$를 사용하는 경우가 수행속도가 더 짧은 것을 확인할 수가 있었다.

7.5 먼저 표본평균법을 사용하여 추정하자.

$$I \equiv \int_0^1 e^{x^2}dx = \int_0^1 e^{x^2} \cdot 1 \ dx = \int_0^1 e^{x^2} f(x)dx = E(e^{X^2})$$

여기서 $f(x)$는 $X \sim U(0,1)$의 확률함수이다. 그러면 표본평균법에 의한 추정을 다음과 같다.

$$\hat{I} = \frac{1}{N}\sum_{i=1}^{N} \exp(U_i^2)$$

다음 주표집법을 사용하여 적분값을 추정하자. $g(x) = e^{x^2}$라 놓고, $\int_0^1 e^x dx = e-1$이므로 주표집함수 $f(x) = \frac{e^x}{e-1}$로 하면, 원래의 적분은 다음과 같이 표현된다.

$$\int_0^1 e^x dx = (e-1)\int_0^1 e^{x^2-x}\frac{e^x}{e-1}dx$$

그러므로 가중함수는 $(e-1)e^{x^2-x}$가 된다. 이제 주표집함수를 따르는 난수를 역변환법에 의하여 생성하자. 먼저 주표집함수 $f(x)$의 분포함수 $F(x)$를 다음과 같이 구하자.

$$F(x)=\frac{1}{e-1}\int_0^x e^t dt=\frac{e^x-1}{e-1}$$

이제 역함수 $F^{-1}(x)=\ln(1+(e-1))x$이므로 $F^{-1}(U_i)=\ln(1+(e-1)U_i)$이다.
즉 $X_i=\ln(1+(e-1)U_i)$, $i=1,2,3,\cdots$,는 주표집함수 $f(x)$를 따르는 난수가 된다.
그러므로 주표집법에 의하여 주어진 적분은 다음과 같이 추정하여 구한다.

$$\hat{I}=\frac{(e-1)}{N}\sum_{i=1}^{N}e^{X_i^2-X_i}$$

♣ R-project에 의한 방법

```
> #--------- Sample Mean Method ------#
> N = 10000; U = runif(N); Y = exp(U^2);
> c(mean(Y), sd(Y)/sqrt(N)) #% simple MC
[1] 1.467897404 0.004776585
> library(plotrix)
> std.error(Y, na.rm)
[1] 0.004776585
> #--------- Importance Sample Method ------#
> e = exp(1); X = log(1+(e-1)*U);
> T = (e-1)*exp(X*(X-1));
> c(mean(T), sd(T)/sqrt(N))
[1] 1.462515138 0.001137256
> library(plotrix)
> std.error(T, na.rm)
[1] 0.001137256
> f = function(x) (exp(x^2))
> (vf <- integrate(f, 0, 1))
1.462652 with absolute error < 1.6e-14
```

해석 : 주표집법에 의한 추정의 표준오차가 표본평균법에 의한 것보다 작음을 알 수 있다.
그리고 R-project에 의한 방법의 절대오차는 매우 적음을 알 수 있다.

8장 마르코프 연쇄 몬테카를로 방법

8.2

♣ R-project에 의한 방법

```
> integrate(integrand, lower=0, upper=Inf)
0.419317 with absolute error < 7e-05
> sol <- integrate(integrand, lower=0, upper=Inf)
> sol[1]
$`value`
[1] 0.419317
> tv = sol[[1]]
> tv
[1] 0.419317
> nsim <- 1e7
> x <- rgamma(nsim, 3/2, 1)
> g.hat <- sqrt(pi)*exp(x) / (2 * sqrt(x) *
```

```
          (x+1)^(2.3) * (log(x+3))^2)
> Est.int <- mean(g.hat)
> Est.int
[1] 0.4183424
> abs(Est.int-tv)
[1] 0.0009746446
```

예제 8.3.2의 결과와 비교할 때 절대오차가 줄어들었음을 알 수 있다.

8.4 참조 : Metropolis Hastings MCMC when the proposal and target have differing support

목표함수를 감마분포 $Ga(2,1)$하면, 다음과 같다.

$$\pi(x) = xe^{-x} \qquad x \geq 0$$

제안함수를 표준정규분포 $N(0,1)$로 채택하면, 즉 $q(x,y) = \phi(y-x)$로 선택하면 랜덤워크 메트로폴리스-헤이스팅스(Random walk Metropolis Hastings) 표집법이다. 그리고 이 경우 채택확률은 다음과 같이 된다.

$$\alpha(x,y) = \frac{\pi(y)\phi(x-y)}{\pi(x)\phi(y-x)} = \frac{\pi(y)}{\pi(x)}.$$

이제 이것을 이용하여 다음과 같이 수행한다.

$U(0,1)$에서 난수 u를 생성한다.

채택될 경우($u \leq \alpha(X_n, Y_n)$) : $X_{n+1} = Y_{n+1}$

채택되지 않을 경우($u > \alpha(X_n, Y_n)$) : $X_{n+1} = X_n$

♣ R-project에 의한 방법

```
> set.seed(5245)
> nsim <- 1e4
> x <- rgamma(nsim, 2, 1)
> hist(x, 30,  freq=FALSE, col=3)
> curve(dgamma(x,2,1),add=TRUE,col=2,lwd=2)
```

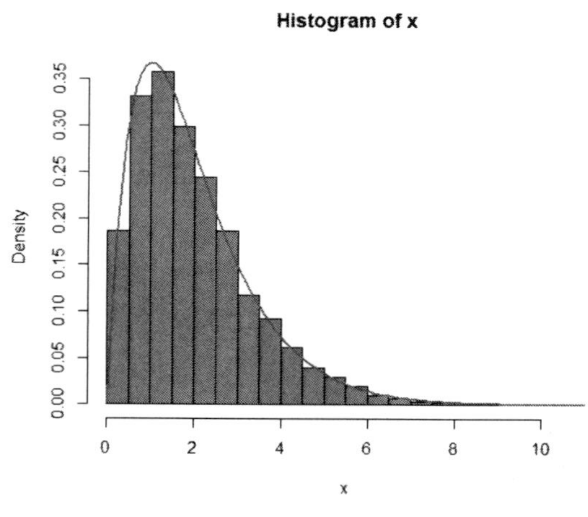

```
> met1=function(iters)
  {
     xvec=numeric(iters)
     x=1
     for (i in 1:iters) {
     xs=x+rnorm(1)
     A=dgamma(xs,2,1)/dgamma(x,2,1)
     if (runif(1)<A)
              x=xs
              xvec[i]=x
 }
 return(xvec)
 }
> iters=1000000
> out=met1(iters)
> par(mfrow=c(2,1))
> plot(ts(out), col="sienna")
> title(main="Random Walk Metropolis Sampling of Ga(2,1) ₩n
            Trace Plot")
> hist(out,30,  freq=FALSE, col=3)
> curve(dgamma(x, 2, 1),col=2, lwd=2, add=TRUE)
> par(mfrow=c(1,1))
```

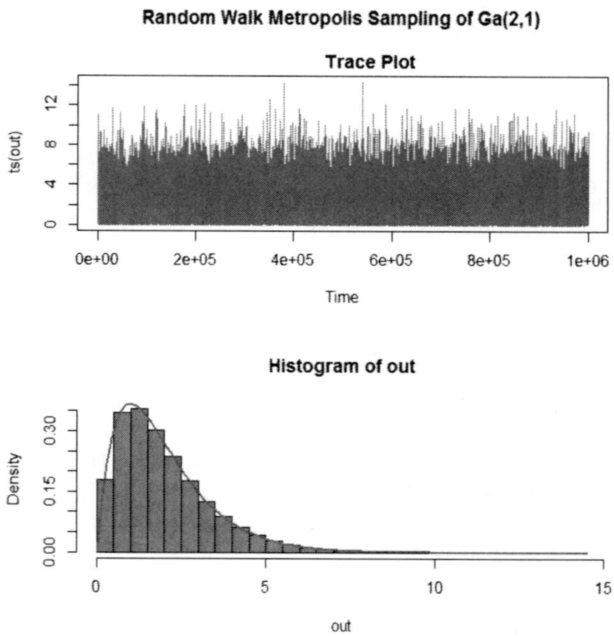

8.5 참조

Darren Wilkinson.(2012). Metropolis Hastings MCMC when the proposal and target have differing support. Available at https://darrenjw.wordpress.com/2012/06/04/

Jeffrey S. Rosenthal.(2010). Optimal Proposal Distributions and Adaptive MCMC

8.9 제시한 문제점은 다봉분포의 경우에 슬라이스가 끊어지는 경우가 발생하는 이와 같은 경우에 처리 방법을 제시하였는데 그것이 "Stepping-out" procedure과 "Doubling" procdure이다. 자세한 것을 Neal(2003)의 논문과 그와 관련 자료들 중 Niemi(2013)를 참조하길 바란다.

예제 목표함수는 $N(-2,\ 1)/2+N(2,\ 1)/2$이다. 이것은 양봉분포(bimodal distribution)이다. 두 절차를 사용하여 수행하여 보고 비교하라.

풀이

```
Stepping-out procedure
> #-- Stepping-out Procedure --#
> slice = function(n, init_x, target, w, max_steps) {
    u = x = rep(NA, n)
    x[1] = init_x
            for (i in 2:n) {
            u[i] = runif(1, 0, target(x[i - 1]))
            L = x[i - 1] - runif(1, 0, w)
            R = L + w

    # Step out
    J = floor(max_steps * runif(1))
    K = (max_steps - 1) - J
    while ((u[i] < target(L)) & J > 0) {
    L = L - w
    J = J - 1
    }
    while ((u[i] < target(R)) & K > 0) {
    R = R + w
    K = K - 1
    }

    # Sample and shrink
    repeat {
            x[i] = runif(1, L, R)
            if (u[i] < target(x[i]))
                    break
            # shrink
            if (x[i] > x[i - 1])
                    R = x[i]
            if (x[i] < x[i - 1])
                    L = x[i]
            }
    }
    return(list(x = x, u = u))
 }
> target = function(x) dnorm(x, -2)/2 + dnorm(x, 2)/2
> res = slice(10000, 0, target, 1, 10)
> hist(res$x, freq = F, 100, col=5)
> curve(target, add = TRUE, lwd=2, col=4)
```

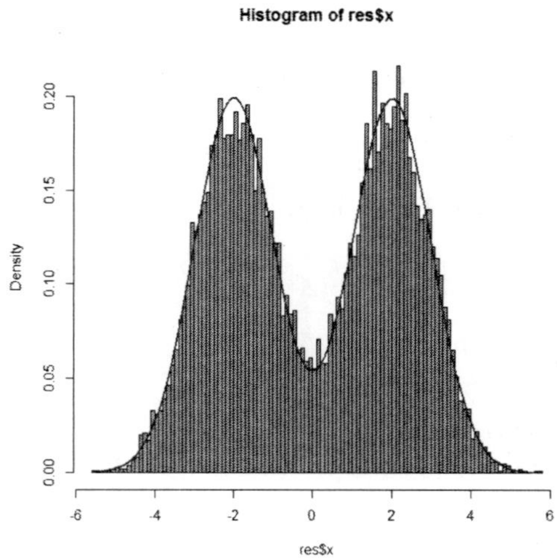


```
> mean(res$x)
[1] 0.02234166
> integrate(target, lower=-6, upper=6)
0.9999683 with absolute error < 3e-07
> mean(target(res$x))
[1] 0.1423702
```

Doubling Procedure

```
> #-- Doubling Procedure --#
> accept = function(x0, x1, L, R, u, w) {
     D = FALSE
     while (R - L > 1.1 * w) {
             M = (L + R)/2
             if ((x0 < M & x1 >= M) | (x0 >= M & x1 < M))
                     D = TRUE
             if (x1 < M) {
                     R = M
             } else {
                     L = M
             }
             if (D & u >= target(L) & u >= target(R)) {
             return(FALSE)
             }
     }
     return(TRUE)
  }
> slice = function(n, init_x, target, w, max_doubling) {
     u = x = rep(NA, n)
     x[1] = init_x

     for (i in 2:n) {
             u[i] = runif(1, 0, target(x[i - 1]))

             L = x[i - 1] - runif(1, 0, w)
             R = L + w
```

```
    # Step out
    K = max_doubling
    while ((u[i] < target(L) | u[i] < target(R)) & K > 0) {
            if (runif(1) < 0.5) {
                    L = L - (R - L)
            } else {
                    R = R + (R - L)
            }
            K = K - 1
    }

    # Sample and shrink
    repeat {
            x[i] = runif(1, L, R)
    if (u[i] < target(x[i]) & accept(x[i - 1], x[i], L, R, u[i], w))
            break

            # shrink
            if (x[i] > x[i - 1])
                    R = x[i]
            if (x[i] < x[i - 1])
                    L = x[i]
            }
    }
    return(list(x = x, u = u))
}
> target = function(x) dnorm(x, -2)/2 + dnorm(x, 2)/2
> res = slice(10000, 0, target, 1, 10)
> hist(res$x, freq = F, 100, col=5)
> curve(target, add = TRUE, col=4, lwd=2)
```

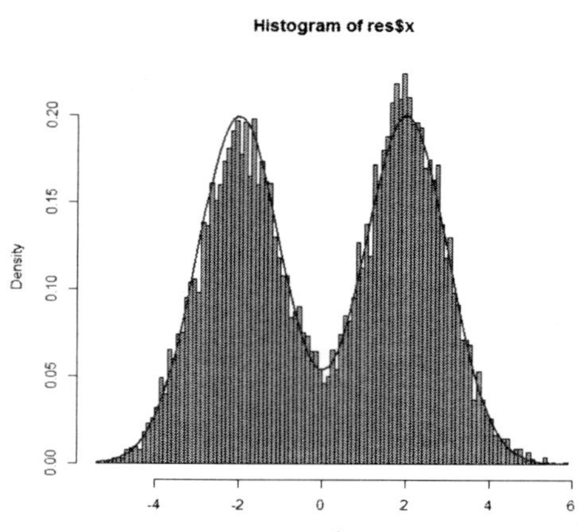

8.10 참조 :

EM(expectation – maximization) 또는 MCEM(Markov chain expectation – maximization) 알고리즘
Convergence Diagnostics

참 고 문 헌

김달호(2014), 몬테칼로 통계계산, 자유아카데미.

김용대, 박홍선, 신기일, 신민웅, 이상은(2000), 베이지안 통계학, 자유아카데미.

박경수, 한동숭(2001), Maple VI 미적분학을 중심으로, 경문사.

성내경, 오만숙(1995), 몬테칼로 적분, 자유아카데미.

손건태(2014), R을 활용한 전산통계개론, 자유아카데미.

신동규, 신동일, 황구연, 최진옥(2011), 유비쿼터스 홈 네트워크 시스템에서 은닉 마르코프 모델을 이용한 사용자 행동 상태 분석 및 예측 알고리즘. 한국 인터넷 정보학회. 12권 23호 9-17.

안윤기(1993), 확률과정입문, 자유아카데미.

엄재홍(2001), 은닉마르코프모델을 이용한 정보추출, 석사학위 논문, 서울대

이영덕(2017), 2017 데이터 산업 백서, 한국데이터진흥원, 20호.

이상호(2003), 마르코프 연쇄, 자유아카데미.

이호우(1999), 대기행렬 이론, 개정판, 시그마프레스.

전종우, 손건태(2000), 확률의 개념 및 응용, 개정판, 자유아카데미.

최재룡, 전영국, 추인선(2016), Maple 길잡이, 교우사.

한상준, 조성배(2005), 진화신경망을 이용한 효과적인 침입탐지, 정보과학회논문지:정보통신 제 32권 제 3호, 301-309.

허문열, 이승천, 차경준, 박종선, 유종영(2011), R & 통계계산, 박영사.

Anderson, T. W.(1954), Probability Models for Analyzing Time Changes in Attitudes, in P. F. Lazarsfeld (ed.), Mathematical Thinking in the Social Sciences. New York:Macmillian.

Anderson and Goodman (1957) Statistical Inference about Markov Chains. Ann. Math. Statist. Vol. 28. Number 1 89-110.

Baigorri, A. R., Gonçalves, C. R. and Resende, P. A. A.(2014), Markov chain order esitmation based on the chi-square divergence. The Canadian Journal of Statistics Vol. 42, No. 4, 2014, Pages 563-578.

Bernardin, L., Chin, P., DeMarco, P., Geddes, K. O., Hare, D.E.G., Heal, K. M., Labahn, G., May, J.P., McCarron, J., Monagan, M. B., Ohashi, D. and Vorkoetter, S. M.(2017), Maple Programming Guide, Maplesoft, a division of Waterloo Maple Inc.

Bhat, U. N.(1984), Elements of Applied Stochastic Processes, John Wiley & Sons, Inc.

Bockmayr, A. and Reinert, K.(2011). Markov chains and Hidden Markov Models. hmms-em.pdf

Çinlar, E.(1975). Introduction to Stochastic Processes, Prentice-Hall, Inc.

Dempster, A., Laird, N., and Rubin, D. (1977). Maximum likelihood from incomplete data via the EM algorithm (with discussion). Journal of the Royal Statistical Society Series B, 39:1-38.

Feller, W.(1950). An Introduction to Probability Theory and Its Applications, John Wiley & Sons, Inc.

Ford, E. B.(2015). Convergence Diagnostics For Markov chain Monte Carlo. Available at http://astrostatistics.psu.edu/RLectures/diagnosticsMCMC.pdf

Gelfand, A. E., and Smith, A. F. M.(1990), Sampling-based approaches to calculating marginal densities, JASA, Vol. 85, 398-409.

Geman, S., and Geman, D.(1984), Stochastic relation, Gibbs distribution and the Bayesian restoration of images, IEEE Transactions on Pattern Analysis and Machine Intelligende, Vol.6, 721-227.

Grimmett, G. R. and Stirzaker, D. R.(1992). Probability and Random Processes, 2nd, Oxford Science Publications.

Jones, G. L.(2004). On the Markov chain central limit theorem. Probability Surveys, Vol.1, 299-320.

Jones, G. L.(2012). An Introduction to Markov Chain Monte Carlo. Technical report, University of Minnesota.

Kemeny, J. G., Snell, J. L. and Thompson, G. L.(1974). Finite Markov Chains, 3rd Edition. Englewood Cliffs, NJ: Prentice-Hall.

Kemeny, J. G. and Snell, J. L.1976). Finite Markov chains. New York: Springer-Verlag.

Kouemou, G. L.(2011). History and Theoretical Basics of Hidden Markov Models, Hidden Markov Models, Theory and Applications, Dr. Przemyslaw Dymarski(Ed.).

Lam, P. Convergence Diagnostics. Available at https://cran.rproject.org/web/

Lawrence, R. Rabiner (February 1989). "A tutorial on Hidden Markov Models and selected applications in speech recognition" (PDF). 《Proceedings of the IEEE》 77 (2): 257-286. doi:10.1109/5.18626

Leandro Pardo(2006) Statistical Inference Based on Divergence Measures. Chapman & Hall/CRC.

Stamp, M.(2015) A Revealing Introduction to Hidden Markov Models. San Jose State University.

Metropolis, A. W. Rosenbluth, M. N. Rosenbluth, Teller, A. H. and Teller, E.(1953), Equations of state Calculation by fast Computing Machine, J. Chem. Physics, vol. 21, pp 1087.

Neal, R. M.(2003) Slice sampling. Annals of Statistics, 31(3):705-767.

Patrick Lam. Convergence Diagnostics
URL : http://patricklam.org/teaching/convergence_print.pdf

Papapetrou, M. and Kugiumtzis, D.(2013), Markov chain order estimation with conditional mutual information, Physica A: Statistical Mechanics and its Applications, Available online 26 December 2012, ISSN 0378-4371.

Qian Jiang.(2009), Construction of Transition Matrices of Reversible Markov Chains. master's thesis, Windsor, Ontario, Canada.

Rajeeva L. Karandikar.(2006), On the Markov Chain Monte Carlo (MCMC) method. Sādhanā Vol. 31, Part 2, April 2006, pp. 81-104. © Printed in India

Robert, C. P. and Casella, P. R.(2009), Introducing Monte Carlo Method with R, Springer-Verlag.

Ross, S. M.(2014), Introduction to Probability Models, 11th Edition, Academic Press.

Samis T. and Nikolaos L.(2008), Variance Estimation in the Central Limit Theorem for Markov Chains, Preprint submitted to Elsevier.

Snell J. L.(1997), Introduction to Probability: Second Revised Edition, AMS.

Spedicato, G. A., Kang, T. S. and Yalamanchi, S. B.(2015), The markovchain Package for Easily Handling Discrete Markov Chain in R.

Spedicato, G. A., Kang, T. S. and Yalamanchi, S. B.(2015), The markovchain Package: A Package for Easily Handling Discrete Markov Chains in R, Available at https://cran.rproject.org/web/packages/markovchain/vignettes/an_introduction_to_markovchain_package.pdf, The Comprehensive R Archive Network (CRAN), Consultado 15-3, 2016. Package 'markovchain'

Stéphane Paltani.(2010-2011), Monte Carlo Methods. Statistics Course for Astrophysicists. ISDC Data Center for Astrophysics. Astronomical Observatory of the University of Geneva. 3_Paltani_MonteCarlo.pdf

Stirzaker, D. R.(1993). Elementary Probability, Cambridge University Press.

Tumulty, J.(2016), The Hidden Markov Model and Applications in Machine Learning. Term Paper for Physics 502 Drexel University.

Vose, D.(2008). Risk Analysis. A quantitative guide. 3rd Edition, John Wildy & Sons, Ltd.

Yue QIU, Hong ZHOU, and Yue-qin WU.(2007), An Importance Sampling Method with Applications to Rare Event Probability. Proceedings of 2007 IEEE International Conference on Grey Systems and Intelligent Services, November 18-20, 2007, Nanjing, China.

기 호 찾 기

※ 기호문제가 어렵다. 특히 벡터 $\boldsymbol{x}$와 일 변수 x와 구분을 그때그때 독자가 구별할 수 있어야 한다. 가능한 통일성과 압축성을 유지하겠지만 독자의 이해력이 요구된다.

$$\boldsymbol{X}=(X_1,X_2,\cdots,X_d)\ \Rightarrow\ \boldsymbol{x}=(x_1,x_2,\cdots,x_d)$$

1장 확률과정

$(\Omega\times T,\ \mathscr{F}\times T,\ P\times T)$	확률공간(probability space)
$\{X(\omega,t)\mid(\omega,t)\in\Omega\times T\}$	확률과정(stochastic process)
T	시간 공간(time space)
$S\equiv\{s\mid s=X(\omega,t),\ t\in T,\ \omega\in\Omega\}$	상태 공간(state space)
$X(t)\equiv X(\omega,t)$	표본경로(sample path)
$X(\omega)\equiv X(\omega,t)$	확률변수(random variable)
$X(t)\equiv X_t$	일변량인 경우에 한하여 사용. 특히 이산인 경우에 사용함
$\boldsymbol{X}(t)=(X_1(t),X_2(t),\cdots,X_d(t))=(X_1^{(t)},X_2^{(t)},\cdots,X_d^{(t)})$ $\Rightarrow\ \boldsymbol{x}(t)=(x_1(t),x_2(t),\cdots,x_d(t))=(x_1^{(t)},x_2^{(t)},\cdots,x_d^{(t)})$	
$F(x:t)\equiv P(X(t)\le x)$	1계 분포함수 (first order distribution function)
$F(x_1,x_2:t_1,t_2)\equiv P(X(t_1)\le x_1,\ X(t_2)\le x_2)$	2계 분포함수 (second order distribution function)
$F(x_1,x_2,\cdots,x_n:t_1,t_2,\cdots,t_n)\equiv P(X(t_1)\le x_1,\cdots,X(t_n)\le x_n)$	n계 분포함수 (n-th order distribution function)
$f(x:t)=\dfrac{\partial F(x:t)}{\partial x}$	1계 밀도함수 (first order density function)
$f(x_1,x_2:t_1,t_2)\equiv\dfrac{\partial^2F(x_1,x_2:t_1,t_2)}{\partial x_1\partial x_2}$	2계 밀도함수 (second order density function)
$f(x_1,x_2,\cdots,x_n:t_1,t_2,\cdots,t_n)=\dfrac{\partial^nF(x_1,\cdots,x_n:t_1,\cdots,t_n)}{\partial x_1\cdots\partial x_n}$	n계 밀도함수 (n-th order density function)
$\mu(t)\equiv E[X(t)]=\int_{-\infty}^{\infty}x\,f(x,t)dx$	평균[기대값]함수 (mean[expectation] function)
$\sigma^2(t)\equiv Var(X(t))\equiv E[(X(t)-\mu(t))^2]$	분산함수(variance function)
$R(t_1,t_2)\equiv E[X(t_1)X(t_2)]=\int_{-\infty}^{\infty}x_1x_2f(x_1,x_2:t_1,t_2)dx_1dx_2$	

$C(t_1,t_2) \equiv Cov(X(t_1),X(t_2))$ $K(t,t+h) \equiv Cov(X(t),X(t+h)) \equiv \gamma(h)$	자기공분산함수 (auto-covariance function)
$Corr(X(s),X(t)) \equiv \dfrac{Cov(X(s),X(t))}{\sigma(s)\sigma(t)}$	자기상관함수 (autocorrelation function;ACF)
$ACF(h) \equiv \rho(h) \equiv Corr(X(t),\ X(t+h))$	자기상관함수 (autocorrelation function;ACF)
$WN(0,\ \sigma^2)$	백색잡음(white noise)
$X_n = \alpha_0 Y_n + \alpha_1 Y_{n-1} + \cdots + \alpha_k Y_{n-k} \qquad n \geq k$	$k+1$차 이동평균 (moving average of order $k+1$)

2장 마르코프 연쇄

$T \equiv \mathrm{N}_0 \equiv \{0,1,\cdots\}$	시간 공간(time space)
$X \equiv \{X_t \mid t \in T\}$	확률과정(stochastic process)
$P_{ij}(t) \equiv P(X(s+t)=j \mid X(s)=i)$	
$P^{(n,m)}(i,j) \equiv P_{ij}^{(n,m)} \equiv P(X_m = j \mid X_n = i)$	
$P_{ij} \equiv P(i,j) \equiv P(X(n)=j \mid X(n-1)=i) \equiv P(j \mid i)$	1-단계 추이(전이)확률 (1 step transition probability)
$P_{ij}^{(m)} \equiv P^{(m)}(i,j) \equiv P(X(n+m)=j \mid X(n)=i)$	m-단계 추이(전이)확률 : m-단계 추이(전이) 확률
$\delta_{ij} = \begin{cases} 1 & i=j \\ 0 & i \neq j \end{cases}$	크로네커 델타(Kronecker delta)
$P(X_{n+1} \in A \mid X_0,\cdots,X_n) = P(X_{n+1} \in A \mid X_n) \equiv P(X_n, A)$ $\equiv P(A \mid X_n)$ or $P(x,A)$ $P(X(t+1) \in A \mid X(0),\cdots,X(t)) = P(X(t+1) \in A \mid X(t))$ $\equiv P(X(t),A) \equiv P(A \mid X(t))$ or $P(x,A)$	추이핵(transition core)
$p(x,\ \cdot\ ),\ \ p(x,y),\ \ p(y \mid x)$	전이핵밀도(transition kernel density) 함수
$\boldsymbol{\pi} = (\pi_1,\pi_2,\cdots,\pi_d)$	정상분포(stationary distribution)
$\pi(\ \cdot\ )$ $\pi(y) = \int p(x,y)\pi(x)dx \qquad y \in S$	정상분포(stationary distribution)
$\boldsymbol{P}^{(1)} \equiv \boldsymbol{P} \equiv \left[P_{ij}\right] \equiv \begin{array}{c} i\backslash j \\ 0 \\ 1 \\ 2 \\ \vdots \end{array} \begin{array}{c} \begin{array}{cccc} 0 & 1 & 2 & \cdots \end{array} \\ \begin{bmatrix} P_{00} & P_{01} & P_{02} \cdots \\ P_{10} & P_{11} & P_{12} \cdots \\ P_{20} & P_{21} & P_{22} \cdots \\ \vdots & \vdots & \vdots & \ddots \end{bmatrix} \end{array}$	1-단계 추이(전이)[확률]행렬 (1-step transition [probability] matrix)

$\boldsymbol{P}^{(k)} = \left[P_{ij}^{(k)} \right] = \begin{array}{c|cccc} i \backslash j & 0 & 1 & 2 & \cdots \\ \hline 0 & P_{00}^{(k)} & P_{01}^{(k)} & P_{02}^{(k)} & \cdots \\ 1 & P_{10}^{(k)} & P_{11}^{(k)} & P_{12}^{(k)} & \cdots \\ 2 & P_{20}^{(k)} & P_{21}^{(k)} & P_{22}^{(k)} & \cdots \\ \vdots & \vdots & \vdots & \vdots & \ddots \end{array}$	k-단계 추이(전이)[확률]행렬 (1-step transition [probability] matrix)
$\boldsymbol{P}^{(0)} = \boldsymbol{I} = \begin{bmatrix} 1 & 0 & 0 & \cdots & 0 \\ 0 & 1 & 0 & \cdots & 0 \\ \vdots & \vdots & \vdots & \ddots & \vdots \\ 0 & 0 & 0 & \cdots & 1 \end{bmatrix}$	0-단계 추이(전이)[확률]행렬 (0-step transition [probability] matrix)
$P(t) \equiv \left[P_{ij}(t) \right]$	시간 t에서 1-단계 추이(전이)[확률]행렬(1-step transition [probability] matrix at time t)
$i \longrightarrow j$	상태 i에서 상태 j에 도달가능(accessible)하다.
$u_i^{(0)} \equiv P(X_0 = i)$	초기확률(initial probability)
$\boldsymbol{U}^{(n)} \equiv (P(X_n = i_1), P(X_n = i_2), \cdots) = (u_{i_1}^{(n)}, u_{i_2}^{(n)}, \cdots)$	n-단계 상태확률 (n-step state probability)
$\boldsymbol{U}^{(0)} \equiv (P(X_0 = i_1), P(X_0 = i_2), \cdots) = (u_{i_1}^{(0)}, u_{i_2}^{(0)}, \cdots)$	0-단계 상태확률 (0-step state probability)
$n(H)$	동전을 n번 던져서 앞면(head;H)이 나온 횟수

3장 상태의 분류

N_{ij}	상태 i에서 출발하여 상태 j에 방문하는 횟수
$N_i = \sum_{j \in K} N_{ij}$	일시상태 $i \in K$에서 재귀집단으로 들어가는데 걸리는 단계 수
$T_{ij} \equiv T_{ij}^{(1)} \equiv \min\{n > 0 : X_n = j \mid X_0 = i\}$	첫 통과시간(first passage time) 상태 i에서 출발하여 상태 j에 처음으로 방문하기까지의 걸린 단계
$T_{ij}^{(k)}$	상태 i에서 출발하여 상태 j에 k번째 통과하는 시간
$f_{ij}(n) \equiv P(T_{ij} = n)$	T_{ij}의 확률(질량)함수
$f_{ij} \equiv \sum_{n=0}^{\infty} f_{ij}(n) = P\left(\bigcup_{n=0}^{\infty} (X_n = j) \,\middle|\, X_0 = i \right)$	상태 i에서 출발하여 언젠가 상태 j에 도달하게 될 확률
$S = R \cup K$	상태 공간
R	재귀적인 상태들의 집합
K	일시적인 상태들의 집합

$GP_{ij}(s) \equiv \sum_{n=0}^{\infty} s^n P_{ij}^{(n)}$	$P_{ij}^{(n)}$에 대한 확률생성함수(probability generating function; pgf)
$GF_{ij}(s) \equiv E(s^{T_{ij}}) = \sum_{n=0}^{\infty} s^n P(T_{ij}=n) \equiv \sum_{n=0}^{\infty} s^n f_{ij}(n)$	T_{ij}에 대한 확률생성함수(probability generating function; pgf)
$S = R \cup K = R_1 \cup R_2 \cup \cdots \cup R_k \cup K$	상태 공간
$R = R_1 \cup R_2 \cup \cdots \cup R_k$	재귀적인 상태들의 집합
R_i	추이행렬 P_i를 갖는 닫혀있는 재귀적인 상태들의 집합들
K	추이행렬 Q를 갖는 일시적인 상태들의 집합
$\overline{\boldsymbol{P}} = \begin{bmatrix} \boldsymbol{P}_1 & 0 & 0 \cdots & 0 \\ 0 & \boldsymbol{P}_2 & 0 \cdots & 0 \\ 0 & 0 & \boldsymbol{P}_3 \cdots & 0 \\ \cdot & \cdot & \cdot \cdots & \cdot \\ 0 & 0 & 0 \cdots \boldsymbol{P}_k & 0 \\ \boldsymbol{C}_1 & \boldsymbol{C}_2 & \boldsymbol{C}_3 \cdots \boldsymbol{C}_k & \boldsymbol{Q} \end{bmatrix}$	정준형(canonical form)의 추이행렬
$\boldsymbol{P}_1, \boldsymbol{P}_2, \cdots, \boldsymbol{P}_k$	비축소적이고 닫혀있는 재귀적인 상태들의 집합들 R_i, $i=1,2,\cdots,k$에 대응되는 마르코프 행렬
$\boldsymbol{C}_i$	재귀상태들의 집합 R_i로 가게 될 일시적인 상태들의 추이확률행렬
$\boldsymbol{Q}$	일시적인 상태들의 집합 $K \equiv R^c$와 관련된 정방행렬
$i \longrightarrow j$	상태 i에서 상태 j에 도달가능(accessible)
$i \longleftrightarrow j$	상호도달가능(communicate)
$C_i = \{j \mid j \leftrightarrow i\} (\subset S)$	동치류(equivalence class)
$d(i) \equiv GCD\{n \geq 1 \mid P_{ii}^{(n)} > 0\}$	상태 i의 주기(period)
$\mu_{ij} \equiv E(N_{ij})$	상태 i에서 출발하여 상태 j에 방문하는 횟수의 기댓값
$\boldsymbol{N} \equiv [\mu_{ij}] = [E(N_{ij})]$	기본행렬(fundamental matrix)
$\boldsymbol{N}_2 \equiv [(E(N_{ij}))^2] = \begin{bmatrix} \mu^2_{r+1\ r+1} & \mu^2_{r+1\ r+2} & \cdots & \mu^2_{r+1\ d} \\ \mu^2_{r+1\ r+1} & \mu^2_{r+1\ r+2} & \cdots & \mu^2_{r+1\ d} \\ \vdots & \vdots & \cdots & \vdots \\ \mu^2_{d\ r+1} & \mu^2_{d\ r+2} & \cdots & \mu^2_{d\ d} \end{bmatrix}$	

$$N_D \equiv \begin{bmatrix} \mu_{r+1\ r+1} & 0 & 0 & \cdots & 0 \\ 0 & \mu_{r+2\ r+2} & 0 & \cdots & 0 \\ 0 & 0 & \mu_{r+3\ r+3} & \cdots & 0 \\ \vdots & \vdots & \vdots & \ddots & \vdots \\ 0 & 0 & 0 & \cdots & \mu_{d\,d} \end{bmatrix}$$

$\boldsymbol{V} \equiv \left[Var(N_{ij}) \right]$ — N_{ij}의 분산행렬

$N_i = \sum_{j \in K} N_{ij}$ — 일시상태 $i \in K$ 에서 재귀집단으로 들어가는데 걸리는 단계 수

$\boldsymbol{N_s} \equiv \left[\sum_{j \in K} \mu_{ij} \right] = \boldsymbol{N} \cdot \boldsymbol{I}$

$\boldsymbol{N_{s2}} \equiv \left[\left(\sum_{j \in K} \mu_{ij} \right)^2 \right]$

$\boldsymbol{VN} \equiv \left[Var(N_i) \right]$

$\boldsymbol{F}(n) \equiv \left[f_{ij}(n) \right]$ — n단계에 처음으로 재귀상태에 도달하는 확률행렬

$\boldsymbol{F} \equiv \left[f_{ij} \right]$ — 궁극적으로 재귀상태로 돌아가는 확률행렬

$\boldsymbol{F} = \sum_{n=1}^{\infty} \boldsymbol{F}(n)$

$\tau_i \equiv E(T_{ii}^{(1)}) \qquad i \in R$ — 상태 i의 평균 재귀시간 (mean recurrence time)

$\boldsymbol{\tau} \equiv (\tau_1, \cdots, \tau_r)$ — 평균 재귀 벡터

$$\binom{-a}{k} = (-1)^k \frac{\Gamma(a+k)}{k!\,\Gamma(a)} = (-1)^k \frac{(a+k-1)\cdots a}{k!}$$

$V_i(n)$ — n단계 전에 상태 i에 방문한 횟수

4장 마르코프 연쇄의 극한분포

$\pi_j \equiv \lim_{n \to \infty} P_{ij}^{(n)}$ — 극한분포(limiting distribution)

$\boldsymbol{\Pi} \equiv \lim_{n \to \infty} \boldsymbol{P}^n$ — 극한행렬(limiting matrix)

$$\boldsymbol{\Pi} \equiv \begin{bmatrix} \boldsymbol{\pi} \\ \boldsymbol{\pi} \\ \vdots \\ \boldsymbol{\pi} \end{bmatrix} = \begin{bmatrix} \pi_1\ \pi_2 \cdots \pi_r \\ \pi_1\ \pi_2 \cdots \pi_r \\ \vdots\ \ \vdots\ \cdots\ \vdots \\ \pi_1\ \pi_2 \cdots \pi_r \end{bmatrix}$$

$\overline{\boldsymbol{P}}=\begin{bmatrix} \boldsymbol{P}_1 & 0 & 0 \\ 0 & \boldsymbol{P}_2 & 0 \\ \boldsymbol{C}_1 & \boldsymbol{C}_2 & \boldsymbol{Q} \end{bmatrix}$	정준형(canonical form)의 추이행렬
$\boldsymbol{F1}(n) \equiv \boldsymbol{Q}^{n-1}\boldsymbol{C}_1$	n단계에 처음으로 재귀상태에 도달하는 확률행렬
$\boldsymbol{F2}(n) \equiv \boldsymbol{Q}^{n-1}\boldsymbol{C}_2$	
$m_{ij} = E(T_{ij})$	상태 i에서 출발하여 상태 $j(\neq i)$에 처음으로 도달하는 시간의 기댓값, 평균 첫 통과시간
$\boldsymbol{M}\equiv\left[\ m_{ij}\ \right]$	평균 첫 통과시간 행렬
$\boldsymbol{E}\equiv\begin{bmatrix} 1 & 1 & \cdots & 1 \\ 1 & 1 & \cdots & 1 \\ & & \cdots & \\ 1 & 1 & \cdots & 1 \end{bmatrix}$	1 행렬
$\boldsymbol{M_D}\equiv\left[\ \tau_j\delta_{ij}\ \right]$	
$R_{ij} \equiv P(X_n = j \mid X_{n+1} = i)$	가역추이확률
$S_j^{(n)}$	처음 n 단계 내에 상태 s_j에 머물러 있었던 횟수

5장 마르코프 연쇄의 통계적 추론

$L(\theta) \equiv L(\theta \mid \boldsymbol{x}) \equiv f(\boldsymbol{x} \mid \theta)$	모수 θ의 우도함수(likelihood function)
$\hat{\theta}^{MLE} \equiv \underset{\theta}{\operatorname{argmax}}\ L(\theta) = \underset{\theta}{\operatorname{argmax}}\ f(\boldsymbol{x} \mid \theta)$	모수 θ의 최대우도추정량
$L^*(\boldsymbol{P}) \equiv \ln L(\boldsymbol{P})$ $L^*(P_{ij}) \equiv \ln L(P_{ij})$	로그우도함수 (log likelihood function)
$\hat{\boldsymbol{P}}^{MLE} = \left[\hat{P}_{ij}^{MLE}\right]$	$\boldsymbol{P}$의 최대우도법에 의한 추정치
$SE_{ij} = \dfrac{\hat{P}_{ij}^{MLE}}{\sqrt{n_{ij}}}$	최대우도법에 의한 추정치의 표준오차(standard error)
$\hat{P}_{ij}^{LSE} \equiv \dfrac{n_{ij}+\alpha}{\sum_{k=1}^{m}(n_{ik}+\alpha)}$	라프라스 평활 추정량(Laplace smoothing estimator:LSE)
$\hat{\theta}^{MAP} \equiv \underset{\theta}{\operatorname{argmax}}\ f(\boldsymbol{x} \mid \theta)P(\theta)$	모수 θ의 최대 사후(maximum a posterior;MAP) 추정량

$\Lambda \equiv \dfrac{L(P_{ij}^0)}{L(\hat{P}_{ij})}$	우비도(likelihood ratio)
$Bin(n_{ij}, P_{ij})$	이항분포(binomial distribution)
$\lvert S \rvert$	상태 S의 원소의 개수
$P_{ij}(t) \equiv P[X(t+1) = j \mid X(t) = i]$	시간 t에서 상태 i에 있다가 1 단계 후인 시간 $t+1$에 상태 j에 있을 확률
$\widehat{P_{ij}}(t) = \dfrac{n_{ij}(t)}{n_i(t-1)}$	$P_{ij}(t)$의 최우추정치
$n_i(t-1) = \sum_{j=1}^{m} n_{ij}(t)$	시각 $t-1$에서 확률과정이 상태 i에 있는 횟수
$P_{ijk} \equiv P(X_n = k \mid X_{n-1} = j, X_{n-2} = i)$	2차 추이확률
n_{ijk}	확률과정이 $X_n = k \mid X_{n-1} = j, X_{n-2} = i$가 되는 횟수
$n_{ij}^* = \sum_k n_{ijk}$	
$\hat{P}_{ijk} = \dfrac{n_{ijk}}{n_{ij}^*}$	P_{ijk}의 최우추정치

6장 은닉 마르코프 모형

V_t	시간 t에서의 관측(observation)
$V \equiv \{ V_t : t \in \mathrm{N}_0 \}$	관측열(observation sequence)
$\boldsymbol{\Pi} \equiv \{\pi_1, \pi_2, \cdots, \pi_N\}$	초기확률(initial probability)
$O \equiv \{o \mid V_t = o, \quad t \in N_0\} = \{o_1, o_2, \cdots, o_M\}$	관측공간(observation space)
$O_T \equiv (o_1, o_2, \cdots, o_T)$	관측값[치](observation value)
$\boldsymbol{E} \equiv \left[e_i(o_j) \right]$ $e_i(o_j) \equiv P(V_t = o_j \mid X_t = s_i)$	방출확률행렬 (emission probability matrix)
$\lambda \equiv (S, O, \boldsymbol{P}, \boldsymbol{E}, \boldsymbol{\Pi})$ 혹은 $\lambda \equiv (\boldsymbol{P}, \boldsymbol{E}, \boldsymbol{\Pi})$	은닉 마르코프 모형(HMM)
$P(O_T \mid \lambda)$	은닉 마르코프 모형에서 관측치 $O_T = (o_1, o_2, \cdots, o_T)$이 발생할 확률
$X^* = \underset{X}{\arg\max}\, P(X \mid O_T)$	관측값 O_T가 나타나게 된 확률이 가장 높은 표본경로(sample path)
$\alpha_t(i) \equiv P(V_1 = o_1, V_2 = o_2, \cdots, V_t = o_t, X_t = s_i)$	전향확률(forward probability)
$\beta_t(i) \equiv P(V_{t+1} = o_{t+1}, \cdots, V_T = o_T \mid X_t = s_i)$	후향확률(backward probability)
$\gamma_t(i) \equiv P(X_t = s_i \mid V_T = O_T)$	관측 O_T가 주어졌을 때 $X_t = s_i$가 발생할 사후확률(posterior probability)

$\delta_t(i) \equiv \max_{x_1, x_2, \cdots, x_{t-1}} P(X_1 = x_1, X_2 = x_2, \cdots, X_{t-1} = x_{t-1}, X_t = s_i, V_1 = o_1$

$P^* \equiv \max_i \delta_T(i) = \arg\max_X P(X, V)$

$\phi_t(j) \equiv \arg\max_{1 \le i \le N} \{\delta_{t-1}(i) P_{ij}\}$

$x_T^* = \arg\max_{1 \le i \le N} \delta_T(i)$

$\gamma_t(i) \equiv P(X_t = s_i \mid O_T)$	$X_t = s_i$의 사후확률
$\gamma_t(i) = \sum_{j=1}^{N} \gamma_t(i,j) \qquad t = 1, 2, \cdots, T-1$	
$\max_i P(X_t = s_i \mid O_T)$	관측 O_T이 주어졌을 때 시간 $t = 1, 2, \cdots, T$에서 최대 사후확률
$\max_\lambda P(V \mid \lambda)$	은닉 마르코프 모형의 모수 추정
$\gamma_t(i,j) \equiv P(X_t = s_i, X_{t+1} = s_j \mid O_T, \lambda)$ $\quad i, j = 1, 2, \cdots, N, \ t = 1, 2, \cdots, T-1$	방출에 관한 정보인 관측 O_T가 주어지고 모형의 구조를 알고 있는 상태에서, t에서 은닉 마르코프 과정의 상태가 s_i이고, $t+1$에서의 상태가 s_j일 조건부확률

7장 몬테카를로 적분

N_A	A안에 있는 점의 수 즉 적중 수 (the number of hits)
$\hat{p} = \frac{N_A}{N}$	p의 추정치
$s.d.(\hat{p}) = \sqrt{\frac{p(1-p)}{N}}$	추정치 $\hat{p}$의 표준편차 (standard deviation)
$\hat{I}(m_1, m_2, \cdots, m_k)$	층화추출법에 의한 추정량
$\hat{I}(m)$	m개의 표집에 의한 몬테카를로 추정량

8장 마르코프 연쇄 몬테카를로

$f_{\Theta \mid \boldsymbol{X} = \boldsymbol{x}}(\theta \mid \boldsymbol{x})$	Θ의 사후확률분포 (posterior probability distribution)
$f_\Theta(\theta)$	Θ의 사전확률분포 (prior probability distribution)

$f_{\boldsymbol{X}}(\boldsymbol{x})$	주변확률분포 (marginal probability distribution)
$f(\boldsymbol{x}\mid\theta)$	$\boldsymbol{x}$의 우도[가능도]함수 (likelihood function)
$P(i,j) \equiv P_{ij} \equiv P(j \mid i)$	추이확률 (transition probability)
$P(X_{n+1} \in A \mid X_n) \equiv P(X_n, A) \equiv P(A \mid X_n)$	추이핵 혹은 전이핵 (transition kernel)
$P^{(n)}(X_0, A) \equiv P(X_n \in A \mid X_0)$	전이핵 혹은 추이핵 (transition kernel)
$P^{(n)}(X_0, A) \equiv P(X_n \in A \mid X_0)$	n 단계 추이[전이]핵 (n-step transition kernel)
$K(x,A)$	상태 x에서 다음 단계에 A로 가는 확률
$K(X_n,A) \equiv P(X_{n+1} \in A \mid X_n) \equiv P(A \mid X_n)$	추이[전이]핵
$K^{(n)}(X_0, A) \equiv P(X_n \in A \mid X_0)$	n-단계 추이[전이]핵 (n-step transition kernel)
$k(x, \cdot)$	전이핵밀도함수 또는 추이핵밀도함수 (transition kernel density function)
$k(x,y) \equiv k(y \mid x)$	
$\Vert\pi_1 - \pi_2\Vert_{TV} \equiv \sup_A \vert\pi_1(A) - \pi_2(A)\vert$	
$\Vert \cdot \Vert_{TV}$	총변동 노름(total variation norm)
$E_\pi g \equiv \int g(x)\pi(x)dx$	
$\Pi(A) \equiv \int_A \pi(x)dx \quad A \subset S$	목표분포 (target distribution)
$q(x,y) \equiv q(y \mid x)$	제안함수(proposal function) 혹은 제안밀도함수(proposal density function)
$Q(x,A) \equiv \int_A q(x,y)dy \quad A \subset S$	제안분포함수 (proposal distribution function)
$\alpha(x,y) \equiv \min\{H(x,y),1\}, \quad H(x,y) \equiv \frac{\pi(y)q(y,x)}{\pi(x)q(x,y)}$	채택확률(acceptance probability) 또는 채택함수(acceptance function)
$H(x,y) \equiv \frac{\pi(y)q(y,x)}{\pi(x)q(x,y)}$	헤이스팅스 비율 (Hastings ratio)
$supp(\pi) \equiv \{x \mid \pi(x) \neq 0\}$	지지집합(support)
$P(x,y) = \begin{cases} q(x,y)\alpha(x,y) & \text{if } x \neq y \\ 1 - \sum_{z \neq x} q(x,z)\alpha(x,z) & \text{if } x = y \end{cases}$	MCMC에 의한 추이확률 (transition probability)
$\alpha(x^{cand}, x_i) = \min\left\{1, \frac{q(x_i \mid x^{cand})\pi(x^{cand})}{q(x^{cand} \mid x_i)\pi(x_i)}\right\}$	메트로폴리스-헤이스팅스 알고리즘에 의한 채택확률

$\phi(x) \equiv \frac{1}{\sqrt{2\pi}} e^{-x^2}$	표준정규분포 $N(0,1)$의 확률밀도함수
$Ga(\alpha, \beta)$	모수 α와 β를 갖는 감마분포 (gamma distribution)
$Mul\left(n;\frac{1}{2}+\frac{\theta}{4,}\frac{1}{4}(1-\theta),\frac{1}{4}(1-\theta),\frac{\theta}{4}\right)$	다항분포 (multinomial distribution)
$Be(\alpha,\beta)$	형상모수(shape parameter) $\alpha(>0)$과 $\beta(>0)$를 갖는 베타분포 (beta distribution)
$\mathscr{E}(\lambda)$	모수 λ를 갖는 지수분포(exponential distribution)
$X_n \xrightarrow{a.s.} X$	almost surely convergence
$X_n \xrightarrow{d} X$	convergence in distribution

찾 아 보 기_ 국문

숫자

1-단계 추이(one-step transition) 60
2-상태 마르코프 연쇄
(two-state Markov chain) 213
k차 마르코프 연쇄
(kth order Markov chain) 210, 212

기호

AIC(Akaike information criterion) 246, 247
BIC(Bayes information criterion)246, 247
C_p(Mallow's C_p) 246
DNA(deoxyribonucleic acid) 5, 281
EM(Expectation - Maximization)270, 362
$i.o.$(infinitely often) 338
MCEM(Markov Chain Expectation-Maximization) 알고리즘 362
OR(operation reach) 287, 333
π-비축소적(irreducible) 338
π-재귀적(recurrent) 338
t-분포(t-distribution) 286

ㄱ

가능도[우도](likelihood) 335
가능도[우도]비(likelihood ratio) 225, 230, 239, 246
가산 무한 집합(countable infinite set) 252
가역 마르코프 연쇄
(reversible Markov chain) 126, 184
가역성(reversibility) 190, 198, 338, 339
가역적(reversible),
시간-가역적(time-reversible) 184, 185, 186, 190, 192, 194, 198, 199, 200, 340, 343
가우스 과정(Gaussian process) 4
가중함수(weight function) 302
강정상 과정(strongly stationary or strictly stationary process) 10
강정상성(strong stationarity) 10
검정(test) 210, 224, 225, 226, 230, 231, 232, 237, 238, 239, 241, 244, 246, 247, 248
검정통계량(test statistic) 225, 231, 232, 240, 242, 246
고등미적분학(advanced calculus) 5
고차원(high dimension) 332, 342
공분산-정상(covariance-stationary) 10
공학(engineering) 333
과정(process) 2, 7, 16, 54, 56, 88, 151, 177, 210, 219, 233, 239, 240, 246, 259, 270, 281, 289, 305, 312, 322, 323, 335, 341, 349, 359, 367
과학(science) 232, 286, 333
관찰 가능한 결과(observable result) 252
관측(observation) 252, 253, 254, 255, 256, 258, 259, 262, 263, 264, 265, 266, 270, 271, 272, 273, 274, 275, 276, 279, 281
관측값[치](observation value) 237, 254, 255, 270, 280
관측공간(observation space) 254
관측열(observations sequence) 254, 255, 258, 262, 263, 268, 270

균일난수(uniform random number) 291, 320
균일분포(uniform distribution) 288, 304, 305, 315, 316, 321, 323, 345
극한분포(limiting distribution) 126, 127, 128, 129, 130, 133, 134, 135, 138, 140, 142, 143, 151, 152, 154, 168, 174, 181, 182, 185, 186, 191, 193, 194, 197, 339, 341, 342
극한평형분포
(limiting equilibrium distribution or limiting stable distribution) 127, 333
극한행렬(limiting matrix) 41, 128, 171, 174, 175
극한확률(limiting probability) 153, 154
금융공학(financial engineering) 281, 282
기각법(rejection sampling method) 287, 319, 320, 321, 322, 323, 324
기계 번역(machine translation) 282
기계수리(machine repair) 83
기계학습(機械學習, machine learning, 머신 러닝) 282
기댓값 최대화 알고리즘(EM: expectation-maximization algorithm) 270
기댓값법(expected value method) 302
기본행렬(fundamental matrix) 89, 90, 91, 92, 94, 99, 103
기업계(business) 333
기하분포(geometric distribution) 90, 183
기호계산(symbolic computation) 88
기후학(meteorology) 333
깁스 표본(Gibbs sample) 362
깁스 표집(Gibbs sampling) 333, 358, 359, 361, 366
깁스 표집법(Gibbs sampling method or Gibbs sampler) 344

ㄴ

나이테(tree ring) 268
난수(random number) 56, 57, 62, 286, 287, 288, 289, 290, 294, 296, 297, 304, 305, 307, 308, 309, 312, 313, 314, 316, 318, 319, 320, 321, 322, 323, 324, 342, 343, 345
네이만-피어슨(Neyman-Pearson)의 보조정리 225, 232

ㄷ

다봉분포(multimodal distribution) 332
다항분포(multinomial distribution) 216, 275, 362
단계(step) 18, 47, 48, 54, 72, 77, 93, 94, 102, 103, 105, 107, 110, 116, 119, 126, 130, 141, 151, 154, 168, 174, 203, 210, 211, 306, 337, 341, 366
단백질 간 상호작용
(Protein-Protein Interaction) 282
단백질 구조 예측
(protein structure prediction) 282
단백질 구조 정렬
(protein structure alignment) 282
단백질 접힘(protein folding) 282
단순 랜덤워크(simple random walk) 22, 118
단순화(simplification) 7
닫혀있다(closed) 77
닫힌 집단(closed class) 77, 130
대기과정(queueing process) 4
대수의 강법칙[강대수법칙](strong law of large numbers; SLLN) 289, 291, 301
대수의 법칙[대수법칙]
(law of large numbers) 57, 121, 252, 271, 286, 287, 309, 349
대조변량(antithetic variate) 315
대조변량법(antithetic variate method) 315, 316, 317
대조변수(antithetic variable) 315, 316

대조변수(antithetic variate)법 287, 316, 317
대조변수(또는 대조변량:antithetic variate) 몬테카를로 적분법 302
대칭성(symmetry) 76
도달가능(accessible) 76, 186
도달가능집단(communicating class) 77
도달집단(communication class) 77
독립 메트로폴리스(independence Metropolis) 알고리즘 344
독립성(independence) 184, 237, 271
독립증분(independent increment) 9, 12
동작 인식(gesture recognition) 252
동적 프로그래밍(dynamic programming) 263
동적(dynamic) 2
동질(homogeneous) 61, 62, 64, 339
동치관계(equivalence relation) 76
동치류(equivalence class) 76, 77, 78, 79, 138, 139, 140, 141, 142, 152

ㄹ

라프라스 평활 추정량 (Laplace smoothing estimator;LSE) 219
라플라스 방법(Laplace's method) 212
랜덤[확률]표본(random sample) 57, 301, 304, 332, 333, 343, 344, 346, 349, 350, 351, 352, 353, 354, 355, 358, 359, 361, 365, 366, 367, 369
랜덤워크 메트로폴리스 알고리즘 (random walk metropolis algorithm) 359
랜덤워크 메트로폴리스-헤이스팅스(random walk Metropolis-Hastings) 알고리즘 344, 358
랜덤워크(random walk) 4, 21, 117, 118, 345
로그우도함수(log likelihood function) 214, 216, 217

ㅁ

마르코프 과정(Markov process) 339
마르코프 성질(Markov property) 17, 25, 30, 36, 210, 220, 224, 237, 238, 268, 337
마르코프 연쇄 몬테카를로 (Markov Chain Monte Carlo;MCMC) 126, 301, 332, 333, 358
마르코프 연쇄(Markov chain)
  k-차 마르코프 연쇄 (k-th order Markov chain) 211
마르코프 행렬(Markov matrix) 24, 78, 79, 91, 169, 170
마르코프(A. A. Markov) 16
매개변수 공간(parameter space) 3
매개변수 집합(parameter set) 3
메트로폴리스 알고리즘(Metropolis algorithm) 333, 341, 343, 344
메트로폴리스 표집(Metropolis sampling) 343, 352, 355
메트로폴리스(Metropolis) 286, 343
메트로폴리스-헤이스팅스 알고리즘 (Metropolis-Hastings algorithm) 333, 341, 344, 345, 346, 358
메트로폴리스-헤이스팅스 표집 (Metropolis-Hastings sampling) 341, 344
모의실험(simulation) 56, 58, 59, 126, 151, 272, 274, 276, 280, 287, 315, 317
목표분포(target distribution) 341
목표함수(target function) 341, 342, 343, 345, 348, 350, 353, 366, 367
몬테카를로 방법(Monte Carlo method) 287, 320, 332, 336
몬테카를로 적분(Monte Carlo integration) 286, 298, 302, 348
몬테카를로 추정 (Monte Carlo estimation) 286
몬테카를로(Monte Carlo) 286

무작위(random) 2
밀도함수(density function)
1계 밀도함수
(first order density function) 8
2계 밀도함수
(second order density function) 8
n계 밀도함수
(n-th order density function) 8

ㅂ

바움-웰치 알고리즘
(Baum-Welch algorithm) 255, 270, 274
반사성(reflectivity) 76
방출확률(emission probability)
254, 272, 273, 274, 275, 280
방출확률행렬(emission probability matrix)
254, 255, 268, 270
백색 잡음(white noise) 10
백트래킹(backtracking) 263
베르누이 과정(Bernoulli process) 4
베르누이 시행(Bernoulli trial) 213
베이즈 정리(Bayes' theorem) 334
베이즈 추론(Bayesian inference)
333, 334, 335
베이즈 통계학(Bayesian statistics) 333
베이지안 마이닝 시스템
(Bayesian mining system) 333
변량(variate) 56, 61, 63, 66, 67, 361
변성 바이러스 탐지
(metamorphic virus detection) 282
변수(variable) 315
복원추출(sampling with replacement) 219
부분 방전(partial discharge) 252
부울(Boolean) 61, 62, 63, 64
부정 주사위(loaded dice) 283
분기 과정(branching process) 4
분산축소기법
(variance reduction technique) 302
분산함수(variance function) 8
분자(molecular) 271, 281
분자생물학(molecular biology) 5
분포함수(distribution function)
1계 분포함수
(first order distribution function) 7
2계 분포함수
(second order distribution function) 8
n계 분포함수
(n-th order distribution function) 8
분할 표집(slice sampling)
333, 366, 367, 368
분할(partition) 334
분할(slice) 366
분할표(contingency table) 237
불변(invariant) 128, 340
불변분포(invariant distribution)
128, 338, 339, 340, 341, 345
붓스트랩 추정량(bootstrap estimator) 219
붓스트랩법(bootstrap method)
212, 219, 332
브라운 운동(Brownian motion) 252
비교함수(comparison function) 320, 322
비동질(nonhomogenous) 61, 63, 64
비음(nonnegative) 24
비정칙(nonregular) 119, 193
비주기적(aperiodic) 83, 119, 127, 133, 134, 142, 173, 181, 182, 186, 337, 339, 342
비축소적(irreducible) 77, 78, 122, 128, 129, 130, 133, 134, 140, 142, 168, 169, 171, 173, 181, 182, 185, 186, 191, 193, 197, 202, 247, 337, 339, 342, 343
비터비 알고리즘(Viterbi algorithm)
255, 262, 263, 267, 268, 270, 281
비트코인 마이닝(bitcoin mining) 333

ㅅ

사건(event) 2, 72, 73, 184, 252, 288, 321, 334, 338

사전확률(prior probability) 219, 335
사전확률분포
(prior probability distribution) 335
사후분포(posterior distribution) 333
사후확률(posterior probability) 258, 262, 264, 266, 267, 268, 270, 335, 336
사후확률분포
(posterior probability distribution) 335, 336
사후확률함수
(posterior probability function) 336
상세 균형(detailed balance) 185, 339, 340, 342
상자그림(box plot) 300
상태 공간(state space) 3, 4, 5, 6, 7, 9, 11, 16, 19, 20, 47, 48, 73, 77, 78, 79, 91, 92, 93, 94, 127, 128, 129, 134, 139, 140, 152, 168, 169, 171, 173, 181, 182, 184, 185, 186, 190, 202, 231, 237, 238, 245, 252, 254, 272, 334, 336, 337, 338, 339, 345
상태열(state sequence) 255
상태확률(state probability)
n-단계 상태 확률
(n-step state probability) 23, 39
상호도달가능(communicate) 76, 77, 78, 79
생물정보학(bioinformatics) 252, 270, 281, 282
서열 정열(sequence alignment) 282
선형(linear) 332
선형대수학(linear algebra) 5
수렴진단(convergence diagnostics) 369
수문학(水文學, hydrology) 282
수치해석(numerical analysis) 286, 347
수학공식(mathematical formula) 7
수학기호(mathematical symbol) 7
순양(strictly positive) 129
시간 공간(time space) 3, 4, 5, 6, 7, 9, 11, 16, 254, 275, 339
시간 동질(time homogeneous) 12
시간 불변(time invariant) 12
시간-가역적 마르코프 연쇄
(time-reversible Markov chain) 184
시간-가역적(time-reversible),
가역적(reversible) 184, 185, 186, 190, 192, 194, 198, 199, 200, 340, 343
시간적으로 동질(homogeneous in time) 19, 245
시계열 분석(time series analysis) 12, 282
시차(lag) 10
실패(miss) 289

ㅇ

악보(music score) 252
알고리즘(algorithm) 255, 262, 270, 286, 287, 290, 303, 304, 320, 323, 332, 343, 344, 358, 359, 360, 362, 367
암호해독(cryptanalysis) 282
약정상 과정(weakly stationary or wide sense stationary process) 10, 11, 12
약정상성(weakly stationarity) 10
양의 재귀적(non-null or positive recurrent) 116, 119, 127, 128, 129, 130, 133, 134, 142, 152, 168, 173, 181, 182, 183, 185, 337, 343
에르고딕 가설(ergodic hypothesis) 252
에르고딕 마르코프 연쇄
(ergodic Markov chain) 119, 128, 129, 134, 168, 169, 171, 173, 185, 186, 197, 202, 340, 341
에르고딕 이론(ergodic theory) 121
에르고딕 정리(ergodic theorem) 122, 340
에르고딕(ergodic)
119, 121, 134, 142, 194, 337, 340
에르고딕성(ergodicity) 121, 122
역변환법(inverse transformation method) 305, 308, 309, 320, 323
역추적(backtracking;백트랙킹) 263, 264

연속(continuous) 4, 5, 6, 7, 9, 16, 17, 232, 240, 261, 267, 275, 334, 336, 337, 338, 339
연속시간 마르코프 연쇄(continuous time Markov chain;CTMC) 17, 20
연속시간 확률과정(continuous time stochastic process;CTSP) 4, 16
열벡터(row vector) 93, 109, 169
영상 인식(image recognition) 252
영의 재귀적(null-recurrent) 116, 118, 127, 181, 337
예측(prediction) 2, 12, 16, 25, 55, 219, 253, 265
완전조건부분포 (full conditional distribution) 362, 366
우도[가능도]함수(likelihood function) 212, 214, 216, 232, 336
우도비[가능도](likelihood ratio) 225, 230, 239, 246, 335
우도비[가능도]검정(likelihood ratio test) 225, 232
운용연구(operations research;OR) 333
원시함수(primitive function) 286, 308
위너 과정(Wiener process) 4
유사 난수(pseudo-random number) 56, 289, 332
유전자 검색(gene search) 282
유전자 발현의 예측 (prediction of gene expression) 282
유전자 서열(gene sequence) 282
유전자 조합(gene combination) 282
유전학(genetics) 5, 287
유한(finite) 10, 19, 20, 91, 119, 127, 129, 134, 168, 169, 171, 181, 182, 212
은닉 마르코프 모형[모델] (hidden Markov model;HMM) 252, 253, 254, 258, 259, 262, 270, 272, 274, 275, 280, 281, 282
은닉[된] 상태(hidden state) 252, 253, 262, 263, 281
음성 인식(speech recognition;SR)252, 281
음성 텍스트(speech to text;STT)처리 281
음성 합성(speech synthesis) 282
이동-불변성(shift-invariance) 10
이동평균(moving average) 11, 12
이변량(bivariate) 288, 359
이산(discrete) 4, 5, 6, 7, 11, 16, 17, 213, 253, 275, 322, 334, 336, 338
이산시간 마르코프 과정 (discrete time Markov process) 4
이산시간 확률과정(discrete time stochastic process;DTSP) 4, 16
이항분포(binomial distribution) 237, 275, 289
인공지능(artificial intelligence;AI) 281, 333
일반화된 이항정리 (generalized binomial coefficient) 117
일시상태(transient state) 72, 93, 105, 108, 110, 111, 139, 152, 153, 154, 155, 156
일시적(transient) 72, 73, 75, 77, 78, 79, 82, 83, 89, 91, 92, 93, 94, 99, 102, 103, 105, 106, 108, 109, 110, 111, 127, 139, 140, 141, 181, 183, 191, 337, 338
일시집단(transient class) 73
임의성(randomness) 56

ㅈ

자기공분산(auto-covariance) 9, 10, 11
자기공분산함수 (auto-covariance function) 9
자기상관함수 (autocorrelation fucntion;ACF) 9, 10
자유도(degree of freedom;dof) 225, 230, 231, 232, 240, 246
잠재변수(latent variable) 254, 362

재귀상태(recurrent state) 72, 78, 89, 93, 105, 107, 108, 110, 111, 116, 127, 139, 140, 141, 153, 154, 155, 156
재귀성(recurrence) 74, 89, 117
재귀시간(recurrence time) 73, 116
재귀적
(recurrent or recursive or persistent)
72, 73, 75, 77, 78, 79, 82, 88, 89, 90, 91, 92, 93, 94, 99, 102, 103, 105, 108, 109, 110, 116, 118, 119, 127, 130, 139, 140, 141, 191, 197, 337, 338
재귀집단(recurrent class) 73
재생과정(renewal process) 4
재정학(finance) 287, 333
재표집(resampling) 219, 332
잭나이프법(jacknife method) 332
적률(moment) 10
적응형 마르코프 연쇄 몬테카를로
(adaptive MCMC) 370
적중 몬테카를로 적분(hit or miss Monte Carlo integration) 287
적중 수(the number of hits) 289
적중(hit) 289
적중법(Hit or Miss method)
287, 290, 297, 298, 302, 319
적합도 검정(goodness-of-fit test)
225, 231, 280
전기공학(electrical engineering) 270
전산 금융(computational finance) 282
전산 물리학(computational physics) 333
전산 생물학(computational biology) 333
전산 언어학(computational linguistics) 333
전이[추이](transition) 61, 255, 262, 345
전이[추이]핵(transition kernel) 337
전이[추이]핵(transition kernel)
337, 338, 339, 340
전이[추이]핵밀도함수(transition kernel density function) 337, 338, 339
전이[추이]행렬(transition matrix) 19, 20, 23, 24, 29, 31, 32, 36, 38, 39, 40, 41, 47, 48, 49, 52, 56, 59, 60, 61, 62, 64, 67, 72, 77, 78, 79, 91, 92, 93, 94, 117, 119, 122, 126, 128, 129, 134, 139, 140, 141, 151, 152, 169, 170, 173, 184, 186, 190, 191, 193, 197, 199, 200, 210, 212, 213, 215, 219, 220, 222, 224, 226, 230, 232, 233, 236, 238, 241, 242, 254, 268, 274, 346
전이[추이]확률행렬
(transition probability matrix) 64, 79, 83, 182, 210, 211, 224, 241, 254, 255, 270, 273, 276, 280, 336, 345
전향 알고리즘(forward algorithm) 258
전향-후향 알고리즘
(forward-backward algorithm) 255, 270
전향확률(forward probability) 256
전확률 공식(total probability formular) 258
전확률 법칙(law of total probability) 334
절대 적분가능(absolutely integrable) 340
절대오차(absolute error) 294, 300
정규분포(normal distribution)
231, 275, 332, 359
정규화 상수(normalizing constant)
322, 323, 324, 336
정규화(normalization) 202
정밀도(precision) 300, 304, 312, 313, 315
정방행렬(square matrix) 20, 24, 29, 79, 91, 92, 99, 169, 200, 211, 212
정보추출(information extraction;IE) 282
정상 과정(stationary process) 18
정상 분포(stationary distribution) 127, 128, 129, 130, 133, 134, 135, 142, 151, 152, 168, 169, 170, 173, 181, 182, 185, 186, 191, 192, 193, 194, 197, 202, 203, 254, 338, 342, 345
정상 추(전)이확률
(stationary transition probability) 19
정상(stationary) 10, 12, 19,

121, 128, 130, 199, 215, 340, 351
정상성(stationarity) 19, 210, 224, 241, 242, 244, 245
정적(static) 2
정준형(canonical form) 48, 49, 52, 78, 79, 94, 139, 140, 141, 152
정지시간(stopping time) 72
정칙 마르코프 연쇄(regular Markov chain) 77, 119, 128, 129
정칙(regular) 119, 129, 130, 191
정확도(accuracy) 294, 300, 312
제안분포(proposal distribution) 320, 366
제안함수(proposal function) 341, 342, 344, 345, 350, 352, 353, 358
제어변량법(control variate method) 315, 318
제어변수(또는 제어변량:control variate) 몬테카를로 적분법 302
좌고유벡터(left eigenvector) 128
주기(period) 41, 72, 83, 84, 130, 181, 191, 193, 197, 247, 339
주기성(periodicity) 83, 338
주기적(periodic) 41, 72, 83, 133, 181, 191, 193, 197, 247, 337, 338, 339
주변가능도(marginal likelihood) 335
주변분포함수 (marginal distribution function) 8
주변확률밀도함수 (marginal probability density function) 8
주표집법(importance sampling method) 287, 301, 302, 303, 304, 308, 312, 315, 318
주표집함수(importance sampling function) 302, 303, 304, 314, 318
중첩(convolution) 74
지수분포(exponential distribution) 275, 305, 306, 367, 369
지지집합(support) 302, 344

ㅊ

차수(order) 72, 126, 151, 210, 224, 237, 245, 246, 247, 248, 268
채택률(acceptance ratio) 351
채택함수(acceptance function) 342
채택확률(acceptance probability) 342, 343, 344, 350, 351, 352, 353, 358
채프만-콜모고로프의 방정식(Chapman-Kolmogorov equation) 30, 36, 39, 76
첫 통과시간(first passage time) 72, 168, 171, 174
초기확률(initial probability) 23, 25, 31, 111, 122, 254, 268, 270, 272, 273, 274, 276
초기확률벡터(initial probability vector) 134
총변동 노름(total variation norm) 339
최대공약수(greatest common divisor;GCD) 41, 83
최대사후(maximum a posteriori;MAP)법 212, 219
최대사후(maximum a posteriori;MAP)추정량 219
최대우도법(maximum likelihood method) 212, 215, 218, 219
최대우도추정량(maximum likelihood estimator; MLE) 67, 212, 213, 216, 219, 241
최적해(optimal solution) 287
추론(inference) 224, 335
추이[전이](transition) 61, 255, 262, 345
추이[전이]도 또는 추이 다이어그램 (transition diagram) 19, 20, 21, 22, 40, 47, 48, 51, 52, 55, 69, 79, 83, 84, 94, 117, 130, 140, 161, 173, 192, 345
추이[전이]성(transitivity) 76
추이[전이]핵(transition kernel) 337
추이[전이]핵(transition kernel) 337, 338, 339, 340

추이[전이]핵밀도함수(transition kernel density function) 337, 338, 339
추이[전이]행렬(transition matrix) 19, 20, 21, 23, 24, 29, 31, 32, 36, 38, 39, 40, 41, 47, 48, 49, 52, 56, 59, 60, 61, 62, 64, 67, 72, 77, 78, 79, 91, 92, 93, 94, 117, 119, 122, 126, 128, 129, 134, 139, 140, 141, 151, 152, 169, 170, 173, 184, 186, 190, 191, 193, 197, 199, 200, 210, 212, 213, 215, 219, 220, 222, 224, 226, 230, 232, 233, 236, 238, 241, 242, 254, 268, 274, 346
추이[전이]확률(transition probability)
  0-단계 추이확률 (0-step transition probability) 18
  1-단계 추이확률 (1-step transition probability) 18, 19, 20
  k-단계 추이확률 (k-step transition probability) 18, 20, 29
추이[전이]확률행렬 (transition probability matrix) 64, 79, 83, 182, 210, 211, 224, 241, 254, 255, 270, 273, 276, 280, 336, 345
추정(estimation) 59, 60, 62, 64, 67, 210, 212, 224, 226, 232, 233, 237, 241, 246, 247, 248, 252, 253, 255, 262, 264, 266, 267, 268, 270, 272, 274, 276, 280, 286, 290, 291, 296, 297, 298, 300, 301, 303, 304, 308, 315, 316, 317, 318, 319, 320, 322, 323, 332, 341, 343, 346, 349, 350, 351, 352, 353, 354, 356, 357, 362, 365, 366, 367, 369
추정량(estimator) 212, 219, 297, 298, 302, 303, 314, 319, 369
추정문제(estimation problem) 255
추정의 정밀도(precision of estimation) 304
축소적(reducible) 77, 94, 337
출생-사망 과정(birth and death process) 4
충돌시간(hitting time) 72
충분통계량(sufficient statistic) 216
측도론(measure theory) 5, 334
층(stratum) 318, 319
층화추출법(stratified sampling) 287, 319

ㅋ

카이제곱 검정(chi-squared test) 237, 238
카이제곱 적합도 (chi-squared goodness-of-fit) 346
컴퓨터 과학(computer science) 270, 281
콜모고로프-스미르노프 (Kolmogorov-Smirnov;K-S) 352
크로네커 델타(Kronecker delta) 18, 102

ㅌ

통계계산(statistical computing) 270
통계적 모의실험(statistical simulation) 287
통계적 추론(statistical inference) 210, 287, 334
통과시간(passage time)
  k번째 통과시간 (kth passage time) 73
  첫 통과시간 (first passage time) 72, 168, 171, 174

ㅍ

파이썬(Pytheon) 333
판독문제(decoding problem) 255, 262, 268
패턴인식(pattern recognition) 252
평가문제(evaluation problem) 255, 259
평균 첫 통과시간(mean first passage time) 168, 171
평균재귀시간(mean recurrence time) 116, 119, 128, 130, 135, 142, 153, 168, 171, 174, 175, 186

평형분포(equilibrium distribution) 128, 337
평활(smoothing) 12
포괄함수(envelope function) 314, 320
포아송 과정(Poisson process) 4
포아송분포(Poisson distribution) 275, 276
표본경로(sample path or realization) 4, 255, 262, 280
표본평균법(sample mean method) 287, 291, 298, 299, 300, 302, 303, 312, 313, 314, 315, 316, 317, 318, 319, 322
표준오차(standard error) 219
표집기(sampler) 64
품사 추론[태깅] (part-of-speech tagging) 252, 282
피적분함수(integrand) 286, 291, 308, 318, 323
필기 인식(handwriting recognition) 252

ㅎ

함수해석학(functional analysis) 5
합격-기각법 (acceptance-rejection method) 320
해리스 재귀적(Harris recurrent) 338, 339
핵산(nucleic acid) 5
행동 분석(activity recognition) 282
행렬(matrix) 19, 20, 24, 108, 109, 169, 176
헤이스팅스 비율(Hastings ratio) 344
헤이스팅스(Hastings) 343
혼합 은닉 마르코프 모형(mixed hidden Markov model:MHMM) 275, 276
확률 1로 수렴 (convergence with probability 1) 121
확률 1로(with probability 1) 289, 291
확률[랜덤]표본(random sample) 57, 301, 332, 333, 343, 344, 346, 349, 350, 351, 352, 353, 354, 355, 358, 359, 361, 365, 366, 367, 369
확률과정(stochastic process or random process) 2, 3, 4, 5, 6, 7, 9, 10, 11, 12, 16, 17, 18, 21, 23, 25, 49, 58, 59, 72, 73, 108, 117, 121, 184, 224, 237, 238, 239, 240, 244, 245
확률벡터(probability vector) 24, 288, 359, 360, 362
확률변수(random variable) 2, 3, 4, 8, 21, 25, 58, 72, 105, 117, 202, 203, 211, 212, 213, 216, 219, 287, 291, 302, 304, 305, 315, 316, 319, 321, 337, 348, 367
확률보행 모형[모델] (random walk model) 21, 58, 117
확률보행(random walk) 21
확률생성함수(probability generating function; pgf) 74, 118
확률적분변환(probability integral transformation) 304
확률행렬(stochastic matrix) 24
효율적(efficient) 290, 297, 298, 300, 306, 308, 312, 366
후향확률(backward probability) 256, 257
흡수 마르코프 연쇄 (absorbing Markov chain) 77, 110
흡수상태(absorbing state) 77, 79, 94, 108, 110, 111, 119, 138, 140
흡수확률(absorption probability) 110, 111
희귀사건(rare event) 302, 333

찾 아 보 기_ 영문

기호

AIC(Akaike information criterion) 246, 247
BIC(Bayes information criterion) 246, 247
C_p(Mallow's C_p) 246
DNA(deoxyribonucleic acid) 5, 281
EM(Expectation - Maximization) 270, 362
i.o.(infinitely often) 338
MCEM(Markov Chain Expectation-Maximization) 362
OR(operation reach) 287, 333

A

absolute error(절대오차) 294
absolutely integrable(절대 적분가능) 340
absorbing Markov chain (흡수 마르코프 연쇄) 77, 110
absorbing state(흡수상태) 77
absorption probability(흡수확률) 110
acceptance function(채택함수) 342
acceptance probability(채택확률) 342, 351
acceptance ratio(채택률) 351
acceptance-rejection method(합격-기각법) 320
accessible(도달가능) 76
accuracy(정확도) 300
activity recognition(행동 분석) 282
adaptive MCMC (적응형 마르코프 연쇄 몬테카를로) 370
advanced calculus(고등미적분학) 5
algorithm(알고리즘) 287
antithetic variable(대조변수) 315
antithetic variate method(대조변량법) 315
antithetic variate method(대조변수법) 315
antithetic variate(대조변량) 302, 315
aperiodic(비주기적) 83, 339
artificial intelligence;AI(인공지능) 333
auto-covariance function(자기공분산함수) 9
auto-covariance(자기공분산) 9
autocorrelation fucntion;ACF (자기상관함수) 9, 10

B

backtracking(백트래킹) 263
backtracking(역추적[백트랙킹]) 263
backward probability(후향확률) 256
Baum-Welch algorithm (바움-웰치 알고리즘) 255, 270
Bayesian inference(베이즈 추론) 333, 334, 335
Bayesian mining system (베이지안 마이닝 시스템) 333
Bayesian statistics(베이즈 통계학) 333
Bayes' theorem(베이즈 정리) 334
Bernoulli process(베르누이 과정) 4
Bernoulli trial(베르누이 시행) 213
binomial distribution(이항분포) 275
bioinformatics(생물정보학) 252, 270, 281
birth and death process(출생-사망 과정) 4
bitcoin mining(비트코인 마이닝) 333
bivariate(이변량) 288
Boolean(부울) 61, 62, 63, 64

bootstrap estimator(붓스트랩 추정량) 219
bootstrap method(붓스트랩법) 212, 332
box plot(상자그림) 300
branching process(분기 과정) 4
Brownian motion(브라운 운동) 252
business(기업계) 333

C

canonical form(정준형) 48, 78, 139
Chapman-Kolmogorov equation (채프만-콜모고로프의 방정식) 30
chi-squared goodness-of-fit (카이제곱 적합도) 346
chi-squared test(카이제곱 검정) 237
closed class(닫힌 집단) 77
closed(닫혀있다) 77
communicate(상호도달가능) 76
communicating class(도달가능집단) 77
communication class(도달집단) 77
comparison function(비교함수) 320
computational biology(전산 생물학) 333
computational finance(전산 금융) 282
computational linguistics(전산 언어학) 333
computational physics(전산 물리학) 333
computer science(컴퓨터 과학) 270
contingency table(분할표) 237
continuous time Markov chain;CTMC(연속시간 마르코프 연쇄) 17
continuous time stochastic process;CTSP(연속시간 확률과정) 4
continuous(연속) 4
control variate method(제어변량법) 287, 315, 318
control variate Monte carlo integration (제어변수[제어변량]) 몬테카를로 적분법 302
convergence diagnostics(수렴진단) 369
convergence with probability 1 (확률 1로 수렴) 121
convolution(중첩) 74
correlation coefficient(상관계수) 286
countable infinite set(가산 무한 집합) 252
covariance-stationary(공분산-정상) 10
cryptanalysis(암호해독) 282

D

decoding problem(판독문제) 255, 262
degree of freedom;dof(자유도) 225
density function(밀도함수)
  first order density function (1계 밀도함수) 8
  second order density function (2계 밀도함수) 8
  n-th order density function (n계 밀도함수) 8
detailed balance(상세 균형) 185, 339, 340, 342
discrete time Markov process (이산시간 마르코프 과정) 4
discrete time stochastic process;DTSP(이산시간 확률과정) 4, 16
discrete(이산) 4, 16, 213
distribution function(분포함수)
  first order distribution function (1계 분포함수) 7
  second order distribution function (2계 분포함수) 8
  n-th order distribution function (n계 분포함수) 8
dynamic programming(동적 프로그래밍) 263
dynamic(동적) 2

E

efficient(효율적) 297
electrical engineering(전기공학) 270
emission probability matrix (방출확률행렬) 254, 270

emission probability(방출확률) 254
engineering(공학) 333
envelope function(포괄함수) 314
equilibrium distribution(평형분포) 128, 337
equivalence class(동치류) 76
equivalence relation(동치관계) 76
ergodic hypothesis(에르고딕 가설) 252
ergodic Markov chain (에르고딕 마르코프 연쇄) 119
ergodic theorem(에르고딕 정리) 122, 340
ergodic theory(에르고딕 이론) 121
ergodic(에르고딕) 119, 337
ergodicity(에르고딕성) 121
estimation problem(추정문제) 255
estimation(추정) 210
estimator(추정량) 319
evaluation problem(평가문제) 255, 258
event(사건) 2
expectation-maximization(EM) algorithm (기댓값 최대화 알고리즘) 270
expected value method(기댓값법) 302
exponential distribution(지수분포) 275

F

finance(재정학) 333
financial engineering(금융공학) 281, 282
finite(유한) 127
first passage time(첫 통과시간) 72, 168
forward algorithm(전향 알고리즘) 258
forward probability(전향확률) 256
forward-backward algorithm (전향-후향 알고리즘) 255, 270
full conditional distribution (완전조건부분포) 362, 366
functional analysis(함수해석학) 5
fundamental matrix(기본행렬) 89, 90

G

Gaussian process(가우스 과정) 4
gene combination(유전자 조합) 282
gene search(유전자 검색) 282
gene sequence(유전자 서열) 282
generalized binomial coefficient (일반화된 이항정리) 117
genetics(유전학) 5
geometric distribution(기하분포) 90
gesture recognition(동작 인식) 252
Gibbs sample(깁스 표본) 362
Gibbs sampling method or Gibbs sampler(깁스 표집법) 344
Gibbs sampling(깁스 표집) 333, 358
goodness-of-fit test(적합도 검정) 225
greatest common divisor;GCD (최대공약수) 41, 83

H

handwriting recognition(필기 인식) 252
Harris recurrent(해리스 재귀적) 338
Hastings(헤이스팅스) 343
hidden Markov model;HMM (은닉 마르코프 모형[모델]) 252
hidden state(은닉[된] 상태) 252, 253
high dimension(고차원) 332
hit or miss method(적중법) 287, 290, 319
hit or miss Monte Carlo integration (적중 몬테카를로 적분) 287
hit(적중) 289
hitting time(충돌시간) 72
homogeneous in time(시간적으로 동질) 19, 245
homogeneous(동질) 12
hydrology(수문학(水文學)) 282

I

image recognition(영상 인식) 252
importance sampling function(주표집함수) 302, 314
importance sampling method(주표집법) 287, 301, 302, 315
independence Metropolis algorithm (독립 메트로폴리스 알고리즘) 344
independence(독립성) 237
independent increment(독립증분) 9
inference(추론) 335
information extraction;IE(정보추출) 282
initial probability(초기확률) 23, 254
integrand(피적분함수) 286
invariant distribution(불변분포) 128, 338, 340, 345
invariant(불변) 128
inverse transformation method (역변환법) 305, 309
irreducible(비축소적) 77

J

jacknife method(잭나이프법) 332

K

Kolmogorov-Smirnov;K-S (콜모고로프-스미르노프) 352
Kronecker delta(크로네커 델타) 18

L

lag(시차) 10
Laplace smoothing estimator;LSE(라프라스 평활 추정량) 219
Laplace's method(라플라스 방법) 212
latent variable(잠재변수) 254, 362
law of large numbers (대수의 법칙[대수법칙]) 57, 252, 286, 287
law of total probability(전확률 법칙) 334
learning problem(학습 문제) 255
left eigenvector(좌고유벡터) 128
likelihood function(우도[가능도]함수) 212, 214, 336
likelihood ratio test(우도비[가능도]검정) 225, 232
likelihood ratio(우도[가능도]비) 225
likelihood ratio(우도비[가능도]) 225
likelihood(우도[가능도]) 335
limiting distribution(극한분포) 127
limiting equilibrium distribution or limiting stable distribution(극한평형분포) 127, 333
limiting matrix(극한행렬) 128
limiting probability(극한확률) 154
linear algebra(선형대수학) 5
linear(선형) 332
loaded dice(부정 주사위) 283
log likelihood function(로그우도함수) 214

M

machine learning (기계학습(機械學習), 머신 러닝) 282, 333
machine repair(기계수리) 83
machine translation(기계 번역) 282
marginal distribution function (주변분포함수) 8
marginal likelihood(주변가능도) 335
marginal probability density function(주변확률밀도함수) 8
Markov Chain Monte Carlo;MCMC (마르코프 연쇄 몬테카를로) 126, 301, 332
Markov chain(마르코프 연쇄)
  kth order Markov chain (k차 마르코프 연쇄) 210, 211

Markov matrix(마르코프 행렬) 24
Markov process(마르코프 과정) 4
Markov property(마르코프 성질) 17, 210, 224, 237, 337
Markov, A. A.(마르코프) 16
mathematical formula(수학공식) 7
mathematical symbol(수학기호) 7
matrix(행렬) 19, 63
maximum a posteriori;MAP(최대사후확률) 212, 219
maximum likelihood estimator;MLE (최대우도추정량) 67, 212, 216
maximum likelihood method(최대우도법) 212
MCEM(Markov Chain Expectation-Maximization) 알고리즘 362
mean first passage time(평균 첫 통과시간) 168
mean function(평균[기대값]함수) 8
mean recurrence time(평균재귀시간) 116, 168
measure theory(측도론) 5, 334
metamorphic virus detection (변성 바이러스 탐지) 282
meteorology(기후학) 333
Metropolis algorithm (메트로폴리스 알고리즘) 343
Metropolis sampling (메트로폴리스 표집) 343, 352
Metropolis-Hastings sampling (메트로폴리스-헤이스팅스 표집) 341, 344
Metropolis-Hastings algorithm (메트로폴리스-헤이스팅스 알고리즘) 344
miss(실패) 289
mixed hidden Markov model;MHMM (혼합 은닉 마르코프 모형) 275
molecular biology(분자생물학) 5
molecular(분자) 281
moment(적률) 10
Monte Carlo estimation (몬테카를로 추정) 286
Monte Carlo integration (몬테카를로 적분) 286
Monte Carlo method(몬테카를로 방법) 287, 320, 332
Monte Carlo(몬테카를로) 286
moving average(이동평균) 11
multimodal distribution(다봉분포) 332
multinomial distribution(다항분포) 216, 275, 362
music score(악보) 252

N

Neyman-Pearson lemma (네이만-피어슨의 보조정리) 225
non-null or positive recurrent (양의 재귀적) 116
nonhomogenous(비동질) 61
nonnegative(비음) 24
nonregular(비정칙) 119
normal distribution(정규분포) 275
normalization(정규화) 202
normalizing constant(정규화 상수) 324, 336
nucleic acid(핵산) 5
null-recurrent(영의 재귀적) 116
numerical analysis(수치해석) 286, 347

O

observable result(관찰 가능한 결과) 252
observation space(관측공간) 254
observation value(관측값[치]) 237, 254
observation(관측) 253, 254
observations sequence(관측열) 254
one-step transition(1-단계 추이) 213

operations research;OR(운용연구) 287, 333
optimal solution(최적해) 287
order(차수) 210, 224, 245

P

parameter set(매개변수 집합) 3
parameter space(매개변수 공간) 3
part-of-speech tagging (품사 추론[태깅]) 252, 282
partial discharge(부분 방전) 252
partition(분할) 334
passage time(통과시간)
  first passage time(첫 통과시간) 72, 168
  kth passage time(k번째 통과시간) 73
pattern recognition(패턴인식) 252
period(주기) 41, 83, 339
periodic(주기적) 41, 83, 339
periodicity(주기성) 338
Poisson distribution(포아송분포) 275, 276
Poisson process(포아송 과정) 4
posterior distribution(사후분포) 333
posterior probability distribution(사후확률분포) 335
posterior probability function (사후확률함수) 336
posterior probability(사후확률) 258, 262, 264, 335
precision(정밀도) 300
prediction of gene expression (유전자 발현의 예측) 282
prediction(예측) 12
primitive function(원시함수) 286
prior probability distribution (사전확률분포) 335
prior probability(사전확률) 219, 335
probability generating function;pgf (확률생성함수) 74
probability integral transformation (확률적분변환) 304
probability vector(확률벡터) 24
process(과정) 2
proposal distribution(제안분포) 320, 366
proposal function(제안함수) 341
protein folding(단백질 접힘) 282
protein structure alignment (단백질 구조 정렬) 282
protein structure prediction (단백질 구조 예측) 282
Protein-Protein Interaction (단백질 간 상호작용) 282
pseudo-random number(유사 난수) 56, 289
Pytheon(파이썬) 333

Q

queueing process(대기과정) 4

R

random number(난수) 286, 287, 289, 318
random sample(확률표본) 57, 332, 344
random variable(확률변수) 4
random walk metropolis algorithm (랜덤워크 메트로폴리스 알고리즘) 359
random walk Metropolis-Hastings algorithm (랜덤워크 메트로폴리스-헤이스팅스 알고리즘) 344
random walk model(확률보행 모형[모델]) 21, 58, 117
random walk(랜덤워크) 4, 21, 117, 345
random walk(확률보행) 4, 21, 117, 345
random(무작위) 2
randomness(임의성) 56
rare event(희귀사건) 302, 333
recurrence time(재귀시간) 73, 116

recurrent class(재귀집단) 73
recurrent or recursive or persistent (재귀적) 73
recurrent state(재귀상태) 72
reducible(축소적) 77
reflectivity(반사성) 76
regular Markov chain (정칙 마르코프 연쇄) 77, 119
regular(정칙) 119
rejection sampling method(기각법) 319, 320
renewal process(재생과정) 4
resampling(재표집) 219, 332
reversibility(가역성) 338, 339
reversible Markov chain (가역 마르코프 연쇄) 126, 184
reversible(가역적) 184
row vector(열벡터) 23

S

sample mean method(표본평균법)287, 291
sample path or realization(표본경로) 4
sampler(표집기) 64
sampling with replacement(복원추출) 219
sequence alignment(서열 정열) 282
shift-invariance(이동-불변성) 10
simple random walk(단순 랜덤워크) 22, 118
simplification(단순화) 7
simulation(모의실험) 56
slice sampling(분할 표집) 333, 366
slice sampling(분할[슬라이스] 표집) 333, 366
slice(분할) 366
smoothing(평활) 12
speech recognition;SR(음성 인식) 281
speech synthesis(음성 합성) 282
speech to text;STT(음성 텍스트 처리) 281
square matrix(정방행렬) 20, 24, 211
standard error(표준오차) 219
state probability(상태확률) 23
state sequence(상태열) 255
state space(상태 공간) 3
static(정적) 2
stationarity(정상성) 19, 210, 224, 238
stationary distribution(정상 분포) 127, 128, 338, 345
stationary process(정상 과정) 18
stationary transition probability (정상 추이[전이]확률) 19
stationary(정상) 10, 19, 128, 351
statistical computing(통계계산) 270
statistical inference(통계적 추론) 210
statistical simulation(통계적 모의실험) 287
step(단계) 18
stochastic matrix(확률행렬) 24
stochastic process or random process (확률과정) 3
stopping time(정지시간) 72
stratified sampling(층화추출법) 287, 302
stratum(층) 318
strictly positive(순양) 129
strong law of large numbers;SLLN (대수의 강법칙[강대수법칙]) 289, 291, 301
strong stationarity(강정상성) 10
strongly stationary or strictly stationary process(강정상과정) 10
sufficient statistic(충분통계량) 216
support(지지집합) 302, 344
symbolic computation(기호 계산) 88
symmetry(대칭성) 76

T

t-distribution(t-분포) 286
target distribution(목표분포) 341
target function(목표함수) 341

test statistic(검정통계량) 225
test(검정) 210
the number of hits(적중 수) 289
time homogeneous(시간 동질) 12
time invariant(시간 불변) 12
time series analysis(시계열 분석) 12, 282
time space(시간 공간) 3, 254
time-reversible Markov chain(시간-가역적 마르코프 연쇄) 184
time-reversible(시간-가역적) 184
total probability formular(전확률 공식) 258
total variation norm(총변동 노름) 339
transient class(일시집단) 73
transient state(일시상태) 72
transient(일시적) 73
transition diagram(추이[전이]도 또는 추이 다이어그램) 19, 20, 40
transition kernel density function(추이[전이]핵밀도 함수) 337
transition kernel(추이[전이]핵) 337, 340
transition matrix(추이[전이]행렬) 19, 23, 40
transition probability matrix (추이[전이]확률행렬) 210, 254, 270, 336
transition probability(추이[전이]확률)
  0-step transition probability (0-단계 추이확률) 18
  1-step transition probability (1-단계 추이확률) 18
  k-step transition probability (k-단계 추이확률) 18
transition(추이[전이]) 60, 255, 262, 345
transitivity(추이[전이]성) 76
tree ring(나이테) 268
two-state Markov chain (2-상태 마르코프 연쇄) 213

U

uniform distribution(균일분포) 288, 291
uniform random number(균일난수) 291

V

variance function(분산함수) 8
variance reduction technique (분산축소기법) 302
variate(변량) 56
Viterbi algorithm(비터비 알고리즘) 255, 262, 263

W

weakly stationarity(약정상성) 10
weakly[wide sense] stationary process (약정상 과정) 10
weight function(가중함수) 302
white noise(백색 잡음) 10
Wiener process(위너 과정) 4
with probability 1(확률 1로) 289, 291

▌저자 소개

이 상 호

인하대학교 수학과 확률론전공 이학박사
스탠포드 대학교 통계학과 객원교수
샌디에고 주립대학 기계공학과 객원교수
현재 강릉원주대학교 정보통계학과 교수

저 서 ▌ 마르코프 연쇄, 2003, 자유아카데미
확률계산, 2010, 자유아카데미(문화체육관광부 우수도서)
이상치 검출과 처리, 2015, 자유아카데미

Maple과 R-project에 의한 **마르코프 연쇄 몬테카를로**

1판3쇄발행 2023년 10월 25일

지은이 이상호
펴낸이 오판근
펴낸곳 (주) 교우
주　소 서울시 동대문구 약령시로 8 교우빌딩 2층 (주)교우
전　화 02-925-2861 / **팩　스** 02-925-2860. **편집부** 02-925-2825
홈페이지&북스토어 www.kyowoo.co.kr / **이메일** kyowoo@kyowoo.co.kr

등　록 1994년 3월 24일 제1994-000013호
ISBN 979-11-251-0252-6 (93310)

Published by Kyowoo Co., Ltd. Printed in Korea

(주) 교우는 보다 혁신적이고 참신한 도서를 다양하게 기획하고 있습니다.
책으로 펴내고자 하는 아이디어나 원고는 메일로 보내주세요.
(주) 교우는 전과정을 책임지고 최선을 다하겠습니다.

값 36,000원

교우미디어는 (주) 교우의 Imprint 사입니다.
수학정원·과학정원은 (주) 교우의 새로운 브랜드명입니다.

잘못된 책은 구입하신 서점에서 교환해 드립니다.